ÉLÉMENTS DE DISTRIBUTIONS ET D'ÉQUATIONS AUX DÉRIVÉES PARTIELLES

Cours et problèmes résolus

Claude Zuily
Professeur à l'université de Paris XI-Orsay

DUNOD

Illustration de couverture : WavebreakMediaMicro. Adobe Stock

11 rue Paul Bert, 92240 Malakoff

www.dunod.com

ISBN 978-2-10-082182-2

Table des matières

CHAPITRE 9 • **L'ÉQUATION DES ONDES DANS $\mathbb{R}_t \times \mathbb{R}_x^3$**

CHAPITRE 10 • **LA TRANSFORMATION DE FOURIER**

CHAPITRE 11 • **LES ESPACES DE SOBOLEV**

Avant-propos

Les équations aux dérivées partielles (en abrégé edp) constituent la généralisation naturelle des équations différentielles au cas où l'inconnue dépend de plusieurs variables. Elles modélisent de très nombreux phénomènes physiques, chimiques, biologiques ou économiques. Classiquement, une solution d'une edp d'ordre m est une fonction m fois continûment différentiable. Cependant, il est apparu au début du XXe siècle que cette notion était trop restrictive et que si l'on voulait rendre compte, de manière satisfaisante, de certains phénomènes il convenait d'affaiblir la notion de solution afin d'y inclure des objets plus singuliers – par exemple des fonctions discontinues. C'est ainsi que dans les années 1930, sous l'impulsion notamment des mathématiciens Jean Leray et Leonid Sobolev, est apparue la notion de solution faible qui contenait en germe celle de distribution. Inspiré par ces travaux, le mathématicien Laurent Schwartz a élaboré dans les années 1945–50, une théorie générale, rigoureuse et d'utilisation aisée qu'il a baptisée « théorie des distributions ». Le lecteur intéressé par la genèse de cette découverte pourra se reporter au chapitre du livre de mémoires (*) que L. Schwartz consacre à cette question ainsi qu'à l'introduction de son livre [S] (voir bibliographie). Immédiatement après leurs publications, ses travaux ont été utilisés par de très nombreux chercheurs et les bases d'une théorie moderne des edp ont été jetées.

Le texte qui suit a pour but d'exposer en détail la théorie de L. Schwartz et de montrer comment celle-ci fournit un cadre naturel et efficace aux edp. Il constitue une version étendue d'un cours enseigné pendant plusieurs années à l'Université de Paris XI-Orsay dans le cadre de la maîtrise de Mathématique.

Les travaux en edp se comptent par milliers et dépassent, pour la plupart, le niveau auquel on se place ici. Aussi avons-nous choisi de présenter les équations les plus simples qui représentent les principales familles d'edp. Il s'agit des équations de Laplace, des ondes, de la chaleur et de Schrödinger.

Décrivons maintenant le contenu de ce volume.

Le chapitre 1 est constitué de préliminaires. On y traite de certains espaces de fonctions différentiables du point de vue de leurs propriétés

(*) *Un mathématicien aux prises avec le siècle, Odile Jacob, 1997.*

topologiques et métriques et on présente des outils utiles pour la suite : fonctions plateaux, partitions de l'unité, théorèmes de densité.

C'est au chapitre 2 qu'est introduite la notion de distribution. Celle-ci étant abstraite, nous présentons plusieurs exemples destinés à familiariser le lecteur avec cette notion.

Les chapitres 3 à 7 sont consacrés aux diverses opérations permises dans la théorie – multiplication par une fonction C^∞, dérivation, produit tensoriel, produit de convolution, image – ainsi qu'à la notion de suite convergente, ce qui nous donne l'occasion de détailler un théorème fondamental d'analyse fonctionnelle : le théorème de Banach-Steinhaus. Une attention particulière est portée aux espaces $C^k(\mathbb{R}, \mathcal{D}'(\Omega))$ si utiles pour formuler rigoureusement le problème de Cauchy. Toute distribution est, en un sens approprié, indéfiniment dérivable ; un outil pour calculer les dérivées de certaines d'entre-elles est constitué par les formules de Gauss et Green dont on trouvera ici des preuves détaillées.

Vient ensuite, aux chapitres 8 et 9, l'étude des premières edp – équations de Laplace et des ondes – modèles les plus simples des équations elliptiques et hyperboliques. On y détaille les problèmes pertinents qui leurs sont associés, le problème de Dirichlet et celui de Cauchy.

Le chapitre 10 est capital. On y montre que les distributions (tempérées) fournissent un cadre idéal à la transformation de Fourier. Outre ses applications en théorie du signal (où elle sert à analyser un signal selon ses fréquences) elle permet de transformer des problèmes de nature différentielle en des problèmes algébriques ; son utilisation dans des théorie récentes – analyse microlocale par exemple – a permis de considérables progrès.

Le chapitre 11 présente une étude systématique des espaces de Sobolev construits sur L^2. Ces espaces qui permettent de mesurer très finement la régularité des distributions constituent également une chaîne continue entre les distributions à support compact et les fonctions C^∞ permettant ainsi de faire le lien entre les notions de solutions faibles et classiques.

Une autre équation, célèbre pour son utilisation en mécanique quantique – l'équation de Schrödinger – est présentée au chapitre 12.

Le chapitre suivant revient sur le problème de Dirichlet pour l'équation de Laplace (sur un ouvert borné) et s'attarde sur sa théorie spectrale ; celle-ci peut être vue comme une généralisation aux ouverts de $\mathbb{R}^n$ de la théorie des séries de Fourier sur $]0, 2\pi[$. On montre comment elle permet de résoudre le problème mixte (Cauchy-Dirichlet) pour les équations des ondes et de la chaleur. L'étude du spectre du Laplacien et de son asymptotique est une question fondamentale, en particulier pour les applications à la géométrie. L'expression du premier terme du développement asymptotique est un résultat célèbre du mathématicien Herman Weyl ; on en trouvera ici une preuve détaillée.

Enfin, comme il n'y a pas de véritable assimilation sans exercices, on présente, au chapitre 14, un choix de quatorze (longs) problèmes avec leurs solutions détaillées.

Pour terminer je voudrais citer ceux qui, à des degrés divers ont exercé une influence sur ce texte. En premier lieu je voudrais rendre hommage à l'un des grands maîtres de la théorie, le mathématicien Lars Hörmander dont l'influence sur les edp modernes est immense. Le lecteur averti reconnaîtra sans mal, dans les lignes qui suivent, l'influence de son enseignement. Qu'il en soit remercié. J'ai eu ensuite des discussions avec mes collègues Johannes Sjöstrand et Patrick Gérard (pour le chapitre 13) et je les remercie. Enfin ce texte a bénéficié des remarques des promotions successives d'étudiants à qui ce cours à été dispensé.

La réalisation technique de ce volume est l'œuvre de Mme Antoinette Bardot qui s'est acquittée de sa tâche avec beaucoup de patience, de gentillesse et de compétence. Je lui en suis reconnaissant.

Claude Zuily

Orsay, juin 2002

Chapitre 1

Espaces de fonctions différentiables

On introduit l'espace de fonctions k fois continûment différentiables sur un ouvert de $\mathbb{R}^n$ et on étudie sa topologie naturelle. On fait de même pour le sous-espace des éléments à support compact. On développe ensuite des outils utiles pour la suite : fonctions plateaux, partitions de l'unité, théorèmes de densité.

1 • Les espaces $C^k(\Omega)$

Soit Ω un ouvert de $\mathbb{R}^n$. On désignera par $C^0(\Omega)$ (resp. $C^1(\Omega)$) l'espace des fonctions continues (resp. continûment différentiables) sur Ω à valeurs complexes puis, pour $k \in \mathbb{N}$, $k \geq 2$, on pose,

$$C^k(\Omega) = \Big\{u \in C^{k-1}(\Omega) : \frac{\partial u}{\partial x_i} \in C^{k-1}(\Omega),\ i = 1, \ldots, n\Big\}. \tag{1.1}$$

C'est l'espace des fonctions k fois continûment différentiables sur Ω à valeurs dans $\mathbb{C}$. On notera enfin

$$C^\infty(\Omega) = \bigcap_{k \in \mathbb{N}} C^k(\Omega) \tag{1.2}$$

l'espace des fonctions indéfiniment différentiables sur Ω. Pour désigner les dérivées partielles d'ordre supérieur à 1, il sera commode d'introduire les notations suivantes.

1.1. Notations

Un multi-indice α est un $n-$uple d'entiers, $\alpha = (\alpha_1, \ldots, \alpha_n) \in \mathbb{N}^n$. Pour $\alpha, \beta \in \mathbb{N}^n$ on pose

$$\begin{cases} |\alpha| = \alpha_1 + \ldots + \alpha_n,\ \ \alpha! = \alpha_1! \ldots \alpha_n!, \\ \alpha \leq \beta \Leftrightarrow \alpha_i \leq \beta_i, \forall i = 1, \ldots, n, \\ \text{si } \alpha \geq \beta,\ \ \alpha - \beta = (\alpha_1 - \beta_1, \ldots, \alpha_n - \beta_n) \text{ et} \\ \begin{pmatrix} \alpha \\ \beta \end{pmatrix} = \dfrac{\alpha!}{\beta!(\alpha - \beta)!}, \\ \partial^\alpha = \Big(\dfrac{\partial}{\partial x_1}\Big)^{\alpha_1} \cdots \Big(\dfrac{\partial}{\partial x_n}\Big)^{\alpha_n}. \end{cases} \tag{1.3}$$

Alors $u \in C^k(\Omega)$ si et seulement si, pour tout $\alpha \in \mathbb{N}^n$ tel que $|\alpha| \leq k$, $\partial^\alpha u$ existe et appartient à $C^0(\Omega)$.

Si u, v sont deux éléments de $C^k(\Omega)$ et $\lambda \in \mathbb{C}$ alors, $u+v$, λu, $u \cdot v$ et $\frac{1}{u}$ (si $u(x) \neq 0$, $\forall x \in \Omega$) appartiennent à $C^k(\Omega)$.

1.2. Formule de Leibniz

Soit $k \geq 1$ et $u, v \in C^k(\Omega)$. Alors pour $\alpha \in \mathbb{N}^n$ tel que $|\alpha| \leq k$ on a

$$\partial^\alpha(u \cdot v) = \sum_{\beta \leq \alpha} \binom{\alpha}{\beta} \partial^\beta u \cdot \partial^{\alpha-\beta} v. \tag{1.4}$$

1.3. Topologie des espaces $C^k(\Omega)$

Pour définir la topologie naturelle de ces espaces nous commençons par écrire l'ouvert Ω comme une réunion croissante de compacts.

Lemme 1.1. *Pour $i \in \mathbb{N}^*$, on pose*

$$K_i = \{x \in \mathbb{R}^n : |x| \leq i\} \cap \left\{x \in \Omega : d(x, \Omega^c) \geq \frac{1}{i}\right\}$$

où d est la distance euclidienne sur $\mathbb{R}^n$. Alors,

1) Chaque K_i est un compact et $K_i \subset \overset{\circ}{K}_{i+1}$.

2) $\Omega = \bigcup_{i=1}^{+\infty} K_i = \bigcup_{i=2}^{+\infty} \overset{\circ}{K}_i$.

3) Pour tout compact K de Ω il existe $i_0 \in \mathbb{N}^*$ tel que $K \subset K_{i_0}$.

Démonstration

1) K_i est évidemment borné et, l'application $x \mapsto d(x, \Omega^c)$ étant continue, c'est l'intersection de deux fermés. Il est donc compact. On a ensuite,

$$K_i \subset \{x \in \mathbb{R}^n : |x| < i+1\} \cap \left\{x \in \Omega : d(x, \Omega^c) > \frac{1}{i+1}\right\} \subset \overset{\circ}{K}_{i+1} .$$

2) Soit $x \in \Omega$; il existe $i_x \in \mathbb{N}^*$ tel que $|x| \leq i_x$. D'autre part, on a $d(x, \Omega^c) > 0$, car $d(x, \Omega^c) = 0$ implique $x \in \Omega^c$ puisque Ω^c est fermé. Il existe donc $i'_x \in \mathbb{N}^*$ tel que $d(x, \Omega^c) \geq \frac{1}{i'_x}$. Alors $x \in K_{\max(i_x, i'_x)}$.

3) Il existe $i_0 \in \mathbb{N}^*$ tel que $K \subset \{x \in \mathbb{R}^n : |x| \leq i_0\}$. Ensuite, l'application $x \mapsto d(x, \Omega^c)$ de Ω dans $\mathbb{R}^+$ étant continue, elle est bornée sur K et y atteint ses bornes; il existe donc $x_0 \in K$ tel que $\inf_{x \in K} d(x, \Omega^c) = d(x_0, \Omega^c) > 0$, (car $d(x_0, \Omega^c) = 0$ entraînerait que $x_0 \in \Omega^c$ ce qui contredit le fait que $x_0 \in K \subset \Omega$). Il existe alors $i_1 \in \mathbb{N}^*$ tel que $d(x, \Omega^c) \geq \frac{1}{i_1}$. D'où $K \subset K_{\max(i_0, i_1)}$. ■

On peut alors introduire les quantités suivantes. Pour $i \in \mathbb{N}^*$, posons,

$$(1.5) \qquad \begin{cases} p_i(u) = \sum_{|\alpha| \leq k} \sup_{x \in K_i} |\partial^\alpha u(x)|, & \text{si } u \in C^k(\Omega), \ k \in \mathbb{N}, \\ p_i(u) = \sum_{|\alpha| \leq i} \sup_{x \in K_i} |\partial^\alpha u(x)|, & \text{si } u \in C^\infty(\Omega). \end{cases}$$

On vérifie facilement que chaque p_i possède les propriétés suivantes,

$$p_i(0) = 0, \ \ p_i(\lambda u) = |\lambda| p_i(u) \text{ si } \lambda \in \mathbb{C}, \ \ p_i(u+v) \leq p_i(u) + p_i(v).$$

Les p_i sont appelées des **semi-normes** car elles vérifient les axiomes des normes sauf que $p_i(u) = 0 \not\Rightarrow u = 0$ mais seulement $u = 0$ sur K_i.

On peut définir la topologie que nous allons mettre sur ces espaces, à l'aide d'une base de voisinages.

Pour $u \in C^k(\Omega)$, $k \in \mathbb{N} \cup \{+\infty\}$, $\varepsilon > 0$ et $i \in \mathbb{N}^*$ on pose,

$$V_{i,\varepsilon}(u) = \{v \in C^k(\Omega) : p_i(v - u) < \varepsilon\}.$$

Un voisinage de u sera alors un sous-ensemble de $C^k(\Omega)$ qui contient un $V_{i,\varepsilon}(u)$ pour un certain couple (i, ε). En définissant les ouverts comme étant les sous ensembles qui sont voisinages de chacun de leurs points, on vérifie facilement que l'on obtient une topologie $\mathcal{T}$ sur $C^k(\Omega)$.

Proposition 1.2. *Soit $(u_n)_{n\in\mathbb{N}}$ une suite de $C^k(\Omega)$ et $u \in C^k(\Omega)$. Les deux conditions suivantes sont équivalentes.*

1) La suite $(u_n)_{n\in\mathbb{N}}$ converge vers u pour $\mathcal{T}$.

2) Pour tout $|\alpha| \leq k$ (tout α si $k = +\infty$) et pour tout compact K de Ω, la suite $(\partial^\alpha u_n)_{n\in\mathbb{N}}$ converge uniformément sur K vers $\partial^\alpha u$.

Démonstration. 1) $\Rightarrow$ 2). On traite le cas $k = +\infty$ (l'autre étant analogue). Soit $\ell \in \mathbb{N}$ et K un compact de Ω. D'après le lemme 1.1, il existe $i_0 \in \mathbb{N}^*$ tel que $K \subset K_{i_0}$. Posons $i = \max(i_0, \ell)$. Soit $\varepsilon > 0$; l'ensemble $V_{i,\varepsilon}(u)$ est un voisinage de u. D'après 1) il existe $N \in \mathbb{N}$ tel que $u_n \in V_{i,\varepsilon}(u)$ pour $n \geq N$ *i.e.* $\sum_{|\alpha|\leq i} \sup_{K_i} |\partial^\alpha(u_n - u)| < \varepsilon$. Comme $i \geq \ell$ et $K \subset K_i$, on a $\sup_K |\partial^\alpha(u_n - u)| < \varepsilon$ pour $n \geq N$ et $|\alpha| \leq \ell$. La réciproque est analogue et laissée au lecteur. ■

Proposition 1.3. *La topologie $\mathcal{T}$ définie ci-dessus est métrisable. Plus précisément, posons pour $u, v \in C^k(\Omega)$, $d(u,v) = \sum_{i=1}^{+\infty} \frac{1}{2^i} \frac{p_i(u-v)}{1+p_i(u-v)}$. Alors,*

1) d est une métrique sur $C^k(\Omega)$ qui définit la même topologie que $\mathcal{T}$.

2) Muni de cette métrique, $C^k(\Omega)$ est un espace complet.

Démonstration

1) Tout d'abord le terme général de la série définissant d étant majoré par 2^{-i}, d a bien un sens. Ensuite d est clairement symétrique et $d(u,u) = 0$; si $d(u,v) = 0$ on a $p_i(u-v) = 0$ pour tout $i \in \mathbb{N}^*$, donc $u = v$ sur K_i pour tout $i \geq 1$, donc sur Ω d'après le lemme 1.1. Enfin la fonction $x \mapsto \frac{x}{1+x}$ étant croissante, comme $p_i(u-v) \leq p_i(u-w) + p_i(w-v)$, on peut écrire,

$$\frac{p_i(u-v)}{1+p_i(u-v)} \leq \frac{p_i(u-w)+p_i(w-v)}{1+p_i(u-w)+p_i(w-v)} \leq \frac{p_i(u-w)}{1+p_i(u-w)} + \frac{p_i(w-v)}{1+p_i(w-v)}.$$

Il suffit de multiplier les deux membres par 2^{-i} et de sommer pour obtenir l'inégalité triangulaire. Montrons que les topologies sont les mêmes. Soit $u_0 \in C^k(\Omega)$ et $r > 0$. Il existe $i_0 \geq 1$ tel que $\sum\limits_{i=i_0+1}^{+\infty} \frac{1}{2^i} < \frac{r}{2}$. Alors $V_{i_0,\frac{r}{2}}(u_0) \subset B(u_0,r)$ (la boule ouverte pour d). En effet pour $v \in V_{i_0,\frac{r}{2}}(u_0)$ on a

$$d(u_0,v) \leq \sum_{i=1}^{i_0} \frac{1}{2^i} \frac{p_i(u_0-v)}{1+p_i(u_0-v)} + \sum_{i=i_0+1}^{+\infty} \frac{1}{2^i} \leq p_{i_0}(u_0-v) \sum_{i=1}^{+\infty} \frac{1}{2^i} + \frac{r}{2} < r$$

(car $p_i \leq p_{i_0}$ pour $i \leq i_0$ d'après le lemme 1.1, 1)). Inversement i_0, ε étant donnés, on a $B(u_0,r) \subset V_{i_0,\varepsilon}(u_0)$ si $r = \frac{1}{2^{i_0}} \frac{\varepsilon}{1+\varepsilon}$. En effet si $v \in B(u_0,r)$ on a, en particulier, $\frac{1}{2^{i_0}} \frac{p_{i_0}(u_0-v)}{1+p_{i_0}(u_0-v)} < \frac{1}{2^{i_0}} \frac{\varepsilon}{1+\varepsilon}$ d'où $p_{i_0}(u_0-v) < \varepsilon$.

2) Traitons le cas $k < +\infty$. Soit (u_p) une suite de Cauchy pour d, *i.e.*

$$\forall \varepsilon' > 0 \; \exists N_0 : \forall p \geq q \geq N_0, \quad \sum_{i=1}^{+\infty} \frac{1}{2^i} \frac{p_i(u_p-u_q)}{1+p_i(u_p-u_q)} < \varepsilon'.$$

Fixons $i \in \mathbb{N}^*$. En utilisant l'inégalité ci-dessus avec $\varepsilon' = \frac{1}{2^i} \frac{\varepsilon}{1+\varepsilon}$ pour $\varepsilon > 0$, on voit facilement que, pour tout α, $|\alpha| \leq k$, la suite $(\partial^\alpha u_p)$ est de Cauchy dans $C^0(K_i)$. Cet espace étant complet (lorsqu'il est muni de la norme $\|u\| = \sup\limits_{K_i} |u|$) il existe $v_i^\alpha \in C^0(K_i)$ telle que $(\partial^\alpha u_p)$ converge vers v_i^α dans $C^0(K_i)$. Comme $K_i \subset K_{i+1}$, l'unicité de la limite montre que $v_{i+1}^\alpha = v_i^\alpha$ sur K_i. En particulier, on définit une fonction v continue sur Ω en posant,

$$v(x) = v_i^0(x), \quad x \in K_i. \tag{1.7}$$

Nous allons montrer, par récurrence sur ℓ, que pour $0 \leq \ell \leq k$,

$$v_i^0 \in C^\ell(\mathring{K}_i) \text{ et } v_i^\alpha = \partial^\alpha v_i^0 \text{ sur } \mathring{K}_i, \text{ pour } |\alpha| \leq \ell. \tag{1.8}$$

C'est évident pour $\ell = 0$. Soit α tel que $|\alpha| = \ell + 1$; écrivons $\partial^\alpha = \frac{\partial}{\partial x_\mu}\partial^{\alpha'}$ où $|\alpha'| = \ell$. Soit $x \in \overset{\circ}{K}_i$ et $x_0 = (x_1, \ldots, x_\mu^0, \ldots, x_n) \in B(x, \varepsilon) \subset \overset{\circ}{K}_i$. On peut écrire

$$(1.9) \qquad \partial^{\alpha'} u_p(x) = \partial^{\alpha'} u_p(x_0) + \int_{x_\mu^0}^{x_\mu} \partial^\alpha u_p(x_1, \ldots, y, \ldots, x_n)\, dy.$$

Comme, pour $|\alpha| \leq k$, $(\partial^\alpha u_p)$ converge uniformément sur K_i vers v_i^α, on peut passer à la limite dans les deux membres de (1.9) et on obtient,

$$(1.10) \qquad v_i^{\alpha'}(x) = v_i^{\alpha'}(x_0) + \int_{x_\mu^0}^{x_\mu} v_i^\alpha(x_1, \ldots, y, \ldots, x_n)\, dy.$$

En utilisant la récurrence, on déduit de (1.10) que,

$$(1.11) \qquad \partial^{\alpha'} v_i^0(x) = \partial^{\alpha'} v_i^0(x_0) + \int_{x_\mu^0}^{x_\mu} v_i^\alpha(x_1, \ldots, y, \ldots, x_n)\, dy.$$

Le membre de droite de (1.11) a une dérivée partielle par rapport à x_μ continue ; il en est donc de même du premier membre ; alors $\frac{\partial}{\partial x_\mu}\partial^{\alpha'} v_i^0$ appartient à $C^0(\overset{\circ}{K}_i)$ *i.e.* $\partial^\alpha v_i^0 \in C^0(\overset{\circ}{K}_i)$, d'où $v_i^0 \in C^{\ell+1}(\overset{\circ}{K}_i)$ et $\partial^\alpha v_i^0 = v_i^\alpha$. Comme $\Omega = \bigcup_{i=2}^{+\infty} \overset{\circ}{K}_i$, on déduit de (1.7) et (1.8) pour $\ell = k$ que $v \in C^k(\Omega)$ et $(\partial^\alpha u_p)$ converge uniformément vers $\partial^\alpha v$ sur K_i donc sur tout compact ou encore, d'après les propositions 1.2 et 1.3, 1), pour d. ■

Remarque 1.4. La topologie de l'espace $C^k(\Omega)$ décrite précédemment n'est pas normable. En effet supposons qu'il existe une norme n qui définisse la même topologie. La boule unité ouverte B_n, pour la norme, est un ouvert pour d. Comme $0 \in B_n$ il existe $\varepsilon > 0$ tel que,

$$(1.12) \qquad B_d = \{u \in C^k(\Omega) : d(u, 0) < \varepsilon\} \subset B_n.$$

Soit $N_0 \in \mathbb{N}^*$ tel que $\sum_{i=N_0+1}^{+\infty} \frac{1}{2^i} < \frac{\varepsilon}{2}$. Introduisons l'ensemble

$$(1.13) \qquad A = \left\{u \in C^k(\Omega) : p_{N_0}(u) < \frac{\varepsilon}{2}\right\}.$$

Alors $A \subset B_d$, car si $u \in A$, on a

$$\begin{aligned} d(u,0) &= \sum_{i=1}^{N_0} \frac{1}{2^i}\frac{p_i(u)}{1+p_i(u)} + \sum_{i=N_0+1}^{+\infty} \frac{1}{2^i}\frac{p_i(u)}{1+p_i(u)} \\ &\leq p_{N_0}(u)\sum_{i=1}^{+\infty}\frac{1}{2^i} + \sum_{i=N_0+1}^{+\infty}\frac{1}{2^i} < \frac{\varepsilon}{2} + \frac{\varepsilon}{2} = \varepsilon. \end{aligned}$$

On déduit de (1.12) que,

$$A \subset B_n = \{u \in C^k(\Omega) : n(u) < 1\}. \tag{1.14}$$

Nous allons montrer le fait suivant.

$$\exists u_0 \in C^k(\Omega),\ \ u_0 \not\equiv 0,\ \text{ telle que } u_0 \equiv 0 \text{ sur un voisinage de } K_{N_0}. \tag{1.15}$$

Supposons un instant ceci prouvé. Alors pour tout $\lambda \in \mathbb{R}^+$, λu_0 appartient à A (car $p_{N_0}(\lambda u_0) = 0$). D'après (1.14) on a $\lambda n(u_0) < 1$ pour tout $\lambda > 0$, donc $u_0 \equiv 0$ ce qui contredit (1.15). Il reste à construire u_0. Soit $x_0 \in \Omega$, $x_0 \notin K_{N_0}$; soit $\delta > 0$ tel que $B(x_0, 2\delta) \subset K_{N_0}^c \cap \Omega$. Posons,

$$u_0(x) = \begin{cases} 0 & \text{si } |x - x_0| \geq \delta,\ \ x \in \Omega, \\ \exp\left(\dfrac{1}{|x - x_0|^2 - \delta^2}\right) & \text{si } |x - x_0| < \delta. \end{cases} \tag{1.16}$$

Il est facile de vérifier que $u_0 \in C^\infty(\Omega)$, $u_0 \not\equiv 0$ et $u_0 = 0$ sur un voisinage de K_{N_0} puisque $K_{N_0} \subset \{x \in \Omega : |x - x_0| \geq 2\delta\} \subset \{x \in \Omega : |x - x_0| \geq \delta\}$.

1.4. Une propriété de $C^\infty(\Omega)$

Introduisons tout d'abord une définition.

Définition 1.5. Un sous ensemble B de $C^k(\Omega)$ est dit borné si,

$$\forall i \in \mathbb{N}^*\ \exists M_i > 0 : p_i(u) \leq M_i, \quad \forall u \in B. \tag{1.17}$$

Il faut remarquer que cette notion est différente de la notion de borné pour la distance d (*i.e.* contenu dans une boule). En effet la distance définie à la proposition 1.3 est telle que $d(u, v) \leq 1$ pour tous $u, v \in C^k(\Omega)$, de sorte que tout sous ensemble de $C^k(\Omega)$ est borné pour la distance alors qu'il n'en est pas de même avec la notion ci-dessus.

Théorème 1.6. *Soit B un sous ensemble de $C^\infty(\Omega)$. Il y a équivalence entre :*

1) B est compact,

2) B est fermé et borné.

Démonstration

1) $\Rightarrow$ 2). Un sous ensemble compact d'un espace topologique séparé est toujours fermé. Montrons qu'il est borné au sens de la définition 1.5. Soit $i \in \mathbb{N}^*$. On a $B \subset \bigcup_{u \in B} V_{i,1}(u)$; comme les $V_{i,1}(u)$ sont des ouverts, la

compacité de B implique qu'il existe $u_1, \dots, u_N$ dans B tels que B est inclus dans $\bigcup\limits_{\ell=1}^{N} V_{i,1}(u_\ell)$.

Posons $M_i = \max\limits_{\ell=1,\dots,N} p_i(u_\ell)+1$. Alors si $u \in B$, il existe ℓ tel que $p_i(u-u_\ell) < 1$ et donc, $p_i(u) \leq p_i(u_\ell) + p_i(u-u_\ell) < M_i$.

2) $\Rightarrow$ 1). Soit B un borné. Comme la topologie que nous avons définie sur $C^\infty(\Omega)$ est métrisable, il suffit de montrer que de toute suite (u_p) de B on peut extraire une sous suite (u_{p_k}) telle que, pour tout compact K de Ω et tout $\alpha \in \mathbb{N}^n$, $(\partial^\alpha u_{p_k})$ converge uniformément sur K. Pour simplifier les notations supposons $\Omega =]a, b[\subset \mathbb{R}$. Par hypothèse on a

$$\text{(1.18)} \qquad \forall i \in \mathbb{N}^* \ \exists M_i > 0 : \sup_{K_i} |u_p^{(\ell)}| \leq M_i, \quad \forall p \in \mathbb{N}, \ \forall \ell = 0, \dots, i,$$

(où on a noté $u_p^{(\ell)}$ la dérivée ℓ-ième). On en déduit que pour $x, y \in K_i$ et $0 \leq \ell \leq i-1$, on a

$$\text{(1.19)} \qquad |u_p^{(\ell)}(x) - u_p^{(\ell)}(y)| \leq \sup_{K_{i+1}} |u_p^{(\ell+1)}| \, |x-y| \leq M_{i+1}|x-y|.$$

Il en résulte que, pour $0 \leq \ell \leq i-1$, les ensembles $(u_p^{(\ell)})_{p\in\mathbb{N}}$ sont équicontinus sur K_i ; ils sont en outre bornés en tout point x de K_i. On déduit du théorème d'Ascoli qu'ils sont relativement compacts dans $C^0(K_i)$.

Pour $i = 1$, il existe une sous suite $(u_{\sigma_1(p)}) \subset (u_p)$ telle que $(u_{\sigma_1(p)})$ converge uniformément sur K_1. Pour $i = 2$, il existe $(u_{\sigma_2(p)}) \subset (u_{\sigma_1(p)})$ telle que $(u_{\sigma_2(p)})$ et $(u'_{\sigma_2(p)})$ convergent uniformément sur K_2. A l'étape i, il existe $(u_{\sigma_i(p)}) \subset (u_{\sigma_{i-1}(p)})$ telle que $(u_{\sigma_i(p)}), (u'_{\sigma_i(p)}), \dots, (u_{\sigma_i(p)}^{(i-1)})$ convergent uniformément sur K_i. Posons $v_p = u_{\sigma_p(p)}$. La suite (v_p) est extraite de la suite (u_p). Soit K un compact de Ω et $k_0 \in \mathbb{N}^*$; montrons que $(v_p^{(\ell)})$ converge uniformément sur K pour $0 \leq \ell \leq k_0$. Il existe $i_0 \in \mathbb{N}$ tel que $K \subset K_{i_0+1}$. Posons $p_0 = \max(k_0, i_0)$. Pour $p \geq p_0 + 1$, on a $(v_p) = (u_{\sigma_p(p)}) \subset (u_{\sigma_{p_0+1}(p)})$ et nous avons vu que $(u_{\sigma_{p_0+1}(p)}^{(\ell)})$ converge uniformément sur K_{p_0+1} pour $0 \leq \ell \leq p_0$. Or $K \subset K_{i_0+1} \subset K_{p_0+1}$ et $p_0 \geq k_0$; il en résulte que $(v_p^{(\ell)})$ converge uniformément sur K pour $0 \leq \ell \leq k_0$. ■

Remarque 1.7. L'implication 2) $\Rightarrow$ 1) est fausse en général dans les espaces $C^k(\Omega)$ avec $k < +\infty$. En effet considérons le sous-ensemble de $C^0(]0,1[)$

$$A = \{u \in C^0(]0,1[) : |u(x)| \leq 1, \quad \forall x \in]0,1[\},$$

muni de la topologie induite. Il est fermé (car la convergence dans $C^0(]0,1[)$ implique la convergence ponctuelle), il est borné (au sens de la définition 1.5) mais il n'est pas compact. En effet, de la suite $(\sin px)_{p\in\mathbb{N}} \subset A$, on ne peut extraire aucune sous suite convergente (même simplement).

2 • Les espaces $C_0^k(\Omega)$, $0 \le k \le +\infty$

2.1. Support d'une fonction continue

Théorème-Définition 2.1. *Soit $u \in C^0(\Omega)$. Le support de u est le sous ensemble fermé de $\mathbb{R}^n$ défini par l'une des assertions équivalentes suivantes.*

1) $\operatorname{supp} u = \overline{\{x \in \Omega : u(x) \neq 0\}}$.

2) $x_0 \notin \operatorname{supp} u \Leftrightarrow \exists V_{x_0} : u(x) = 0,\ \forall x \in V_{x_0}$.

3) $(\operatorname{supp} u)^c$ *est le plus grand ouvert où u est nulle.*

La preuve de l'équivalence est facile et laissée au lecteur.

Les propriétés suivantes sont aisées à vérifier

$$\text{(2.1)} \qquad \begin{cases} \operatorname{supp} u = \emptyset \Leftrightarrow u \equiv 0 \text{ dans } \Omega, \\ \operatorname{supp}(u \cdot v) \subset \operatorname{supp} u \cap \operatorname{supp} v, \\ \operatorname{supp} \dfrac{\partial u}{\partial x_j} \subset \operatorname{supp} u, \quad j = 1, \ldots, n, \quad \text{si } u \in C^1(\Omega). \end{cases}$$

2.2. Les espaces $C_0^k(\Omega)$

Définition 2.2

1) Pour $k \in \mathbb{N} \cup \{+\infty\}$, $C_0^k(\Omega)$ désigne l'ensemble des $u \in C^k(\Omega)$ tels que $\operatorname{supp} u$ est un compact contenu dans Ω.

2) Si K est un compact de Ω, $C_0^k(K)$ désigne l'ensemble des éléments u de $C_0^k(\Omega)$ tels que $\operatorname{supp} u \subset K$.

Remarques 2.3

a) Si $u \in C_0^k(\Omega)$, la fonction définie sur $\mathbb{R}^n$ par,

$$\tilde{u}(x) = \begin{cases} u(x), & x \in \Omega \\ 0, & x \notin \Omega \end{cases}$$

appartient à $C_0^k(\mathbb{R}^n)$.

b) L'espace $C_0^k(\Omega)$ n'est pas trivial. En effet soit $x_0 \in \Omega$ et $\varepsilon > 0$ tels que $\{x \in \Omega : |x - x_0| < \varepsilon\} \subset \Omega$. La fonction φ définie sur Ω par,

$$\text{(2.2)} \qquad \varphi(x) = \begin{cases} \exp\left(\dfrac{-1}{\varepsilon^2 - |x - x_0|^2}\right) & \text{si } |x - x_0| < \varepsilon, \\ 0 & \text{si } |x - x_0| \ge \varepsilon,\ x \in \Omega, \end{cases}$$

appartient à $C_0^\infty(\Omega)$. Le support de φ est la boule fermée de centre x_0 et de rayon ε.

c) Voici un exemple d'utilisation de ces fonctions. Soit f une fonction continue sur Ω telle que $\int_\Omega f(x)\varphi(x)\,dx = 0$, pour toute fonction φ réelle appartenant à $C_0^\infty(\Omega)$. Alors f est identiquement nulle. Il suffit de prouver ce résultat pour f réelle puis de l'appliquer aux parties réelles et imaginaires de f, dans le cas général. On raisonne par l'absurde. Si il y avait un point $x_0 \in \Omega$ où $f(x_0) \neq 0$, il existerait une boule $B(x_0, \varepsilon) \subset \Omega$ dans laquelle on aurait (par exemple) $f(x) > 0$. Soit φ la fonction construite en (2.2) ; on aurait $\int_\Omega \varphi(x) f(x)\,dx = \int_{B(x_0,\varepsilon)} \varphi(x) f(x)\,dx > 0$, ce qui contredit l'hypothèse.

2.3. Topologie des espaces $C_0^k(\Omega)$

Il est difficile de définir de manière précise et d'étudier, en quelques lignes, la topologie de ces espaces. Nous nous contenterons ici d'en donner une description rapide (et suffisante pour nos objectifs) en insistant sur ses principales propriétés. Le lecteur qui désire approfondir ces notions pourra consulter par exemple le livre [R].

Nous avons vu au lemme 1.1 que $\Omega = \bigcup_{i=1}^{+\infty} K_i$ où $(K_i)_{i\in\mathbb{N}^*}$ est une suite croissante de compacts. Il résulte du 3) de ce lemme que,

$$E = C_0^k(\Omega) = \bigcup_{i=1}^{+\infty} C_0^k(K_i) = \bigcup_{i=1}^{+\infty} E_i \quad \text{où} \quad E_i = C_0^k(K_i). \tag{2.3}$$

Si $k < +\infty$, on met sur E_i la topologie $\mathcal{T}_i$ issue de la norme

$$\|u\|_{E_i} = \sum_{|\alpha|\leq k} \sup_{x\in K_i} |\partial^\alpha u(x)|. \tag{2.4}$$

Si $k = +\infty$, on met sur E_i la topologie $\mathcal{T}_i$ issue de la famille de normes

$$p_\ell(u) = \sum_{|\alpha|\leq \ell} \sup_{x\in K_i} |\partial^\alpha u(x)|, \quad \ell \in \mathbb{N}. \tag{2.5}$$

On voit, comme dans la proposition 1.3, que cette topologie est métrisable. D'autre part, comme les K_i sont croissants, il est facile de voir que $E_i \subset E_{i+1}$ (avec injection continue). D'autre part, $\mathcal{T}_{i+1}$ induit sur E_i la topologie $\mathcal{T}_i$ (car pour les fonctions à support dans K_i on a $\sup_{K_i} = \sup_{K_{i+1}}$).

Théorème 2.4. *Il existe une unique topologie $\mathcal{T}$ sur $C_0^k(\Omega)$ (appelée limite inductive stricte des topologies $\mathcal{T}_i$) telle que,*

1) $\mathcal{T}$ induit sur chaque $E_i = C_0^k(K_i)$ la topologie $\mathcal{T}_i$.

2) Une suite $(u_j)_{j\in\mathbb{N}}$ de $C_0^k(\Omega)$ converge dans cet espace si et seulement si

$$\begin{cases} a) \text{ il existe } i_0 \in \mathbb{N}^* \text{ tel que } \operatorname{supp} u_j \subset K_{i_0}, \text{ pour tout } j \in \mathbb{N}. \\ b) \text{ La suite } (u_j)_{j\in\mathbb{N}} \text{ converge dans } C_0^k(K_{i_0}). \end{cases}$$

3) Une forme linéaire T sur $C_0^k(\Omega)$ est continue si et seulement si la restriction de T à chaque $C_0^k(K_i)$ est continue.

4) Un sous-ensemble A de $C_0^k(\Omega)$ est borné dans cet espace si et seulement si il existe $i_0 \in \mathbb{N}^*$ tel que $A \subset C_0^k(K_{i_0})$ et A y est borné.

Remarque 2.5. Chaque espace $C_0^k(K_i)$ est métrisable (ou normable) par la distance $d(u,v) = \sum_{\ell=0}^{+\infty} \frac{1}{2^\ell} \frac{p_\ell(u-v)}{1+p_\ell(u-v)}$ (par la norme (2.4)). C'est alors un sous-espace fermé de $C^k(\Omega)$ donc complet d'après la proposition 1.3.

2.4. Construction de fonctions plateaux

Théorème 2.6. *Soit Ω un ouvert de $\mathbb{R}^n$, K un compact de Ω et $\mathcal{O}$ un ouvert tel que $K \subset \mathcal{O}$ et $\overline{\mathcal{O}} \subset \Omega$. Il existe alors $\varphi \in C_0^\infty(\Omega)$ telle que $\varphi = 1$ sur K, $\varphi = 0$ dans $\mathcal{O}^c$ et $0 \leq \varphi \leq 1$.*

Démonstration

Point 1 : pour tout $\varepsilon > 0$ il existe $\rho_\varepsilon \in C^\infty(\mathbb{R}^n)$ telle que,
i) $\rho_\varepsilon \geq 0$, ii) $\operatorname{supp} \rho_\varepsilon \subset \{x \in \mathbb{R}^n : |x| \leq \varepsilon\}$, iii) $\int \rho_\varepsilon(x)\,dx = 1$.
En effet considérons la fonction ρ_0 définie par

$$\rho_0(x) = \begin{cases} \exp\left(\dfrac{-1}{1-|x|^2}\right), & \text{si } |x| < 1, \\ 0, & \text{si } |x| \geq 1. \end{cases}$$

Elle est de classe C^∞ sur $\mathbb{R}^n$, positive et on a $\operatorname{supp} \rho_0 \subset \{x : |x| \leq 1\}$, $\int \rho_0(x)\,dx > 0$; posons alors $\rho(x) = \frac{\rho_0(x)}{\int \rho_0(x)dx}$ puis, $\rho_\varepsilon(x) = \varepsilon^{-n} \rho(\frac{x}{\varepsilon})$. On vérifie facilement que ρ_ε satisfait aux conditions i), ii), iii).

Point 2 : soit K un compact de $\mathbb{R}^n$. On pose $K_\varepsilon = \{x \in \mathbb{R}^n : d(x,K) \leq \varepsilon\}$ où d est la distance euclidienne. Alors, pour tout $\varepsilon > 0$ il existe $\theta_\varepsilon \in C^\infty(\mathbb{R}^n)$ telle que $0 \leq \theta_\varepsilon \leq 1$, $\theta_\varepsilon = 1$, sur K, $\theta_\varepsilon = 0$ sur $K_{2\varepsilon}^c$. En effet soit $\mathbf{1}_\varepsilon$ la fonction caractéristique de K_ε *i.e.* $\mathbf{1}_\varepsilon = 1$ sur K_ε, $\mathbf{1}_\varepsilon = 0$ sur K_ε^c. On définit alors θ_ε sur $\mathbb{R}^n$ par,

$$\theta_\varepsilon(x) = \int \rho_\varepsilon(x-y)\,\mathbf{1}_\varepsilon(y)\,dy. \tag{2.6}$$

Comme $\int \rho_\varepsilon(x)\,dx = 1$ et $0 \leq \mathbf{1}_\varepsilon \leq 1$, on a facilement $0 \leq \theta_\varepsilon \leq 1$. Le fait que θ_ε soit C^∞ va résulter du fait que ρ_ε est C_0^∞ et du théorème de dérivation de Lebesgue. En effet, pour tout $\alpha \in \mathbb{N}^n$ on a

$$\left|\partial_x^\alpha[\rho_\varepsilon(x-y)\,\mathbf{1}_\varepsilon(y)]\right| = \left|(\partial^\alpha\rho_\varepsilon)(x-y)\,\mathbf{1}_\varepsilon(y)\right| \leq C_{\varepsilon,\alpha}\,\mathbf{1}_\varepsilon(y) \in L^1(\mathbb{R}^n)$$

où $C_{\varepsilon,\alpha} = \sup\limits_{z\in\mathbb{R}^n} |\partial^\alpha\rho_\varepsilon(z)|$.

Nous utilisons ensuite l'inégalité $|d(x,K) - d(y,K)| \leq d(x,y)$ pour x, y dans $\mathbb{R}^n$. Si $x \in K_{2\varepsilon}^c$, on a $d(x,K) > 2\varepsilon$; dans l'intégrale du membre de droite de (2.6), on a $y \in \operatorname{supp}\mathbf{1}_\varepsilon = K_\varepsilon$ *i.e.* $d(y,K) \leq \varepsilon$. On en déduit que $|x-y| = d(x,y) > \varepsilon$, d'où $x - y \notin \operatorname{supp}\rho_\varepsilon$ et $\theta_\varepsilon(x) = 0$. Ensuite, on peut écrire, puisque $\int \rho_\varepsilon(x)\,dx = 1$,

$$1 = \int \rho_\varepsilon(x-y)\,\mathbf{1}_\varepsilon(y)\,dy + \int_{K_\varepsilon^c} \rho_\varepsilon(x-y)\,dy = \theta_\varepsilon(x) + \int_{K_\varepsilon^c} \rho_\varepsilon(x-y)\,dy. \tag{2.7}$$

Si $x \in K$ et $y \in K_\varepsilon^c$, on a $d(x,K) = 0$ et $d(y,K) > \varepsilon$, d'où $|x-y| > \varepsilon$; alors $x - y \notin \operatorname{supp}\rho_\varepsilon$ et (2.7) montre que $\theta_\varepsilon(x) = 1$.

Point 3 : soit K et $\mathcal{O}$ comme dans l'énoncé. Il existe alors $\varepsilon_0 \in]0,1[$ tel que

$$K \subset K_{2\varepsilon_0} \subset \mathcal{O}. \tag{2.8}$$

La fonction $\varphi = \theta_{\varepsilon_0}$ construite au deuxième point répond à la question. Pour terminer prouvons (2.8). Si celle-ci est fausse, pour tout $\varepsilon \in]0,1[$ il existe $x_\varepsilon \in K_{2\varepsilon}$ tel que $x_\varepsilon \in \mathcal{O}^c$. Or $K_{2\varepsilon} \subset K_2$ qui est un compact. Il existe donc une sous suite (x_{ε_j}) qui converge vers $x_0 \in K_2$. Comme $d(x_\varepsilon, K) \leq 2\varepsilon$, on a, par continuité, $d(x_0, K) = 0$ *i.e.* $x_0 \in K$; mais $(x_{\varepsilon_j}) \subset \mathcal{O}^c$ qui est fermé, donc $x_0 \in \mathcal{O}^c$, ce qui contredit le fait que $K \subset \mathcal{O}$. ■

Remarque 2.7. Il est facile de voir que, si l'on pose

$$\theta_\varepsilon(x) = \int \rho_{\varepsilon/4}(x-y)\,\mathbf{1}_{K_{3\varepsilon/4}}(y)\,dy = \left(\frac{\varepsilon}{4}\right)^{-n} \int \rho\left(\frac{4(x-y)}{\varepsilon}\right)\mathbf{1}_{K_{3\varepsilon/4}}(y)\,dy,$$

alors $\theta_\varepsilon \in C_0^\infty(K_\varepsilon)$, $\theta_\varepsilon = 1$ sur $K_{\varepsilon/2}$, $0 \leq \theta_\varepsilon \leq 1$ et, pour tout $\alpha \in \mathbb{N}^n$, il existe $C_\alpha > 0$ (indépendante de ε) telle que, $\sup\limits_{\mathbb{R}^n} |\partial^\alpha\theta_\varepsilon(x)| \leq C_\alpha \varepsilon^{-|\alpha|}$.

En effet

$$\begin{aligned}|\partial^\alpha\theta_\varepsilon(x)| &\leq \left(\frac{\varepsilon}{4}\right)^{-n}\left(\frac{4}{\varepsilon}\right)^{|\alpha|} \int \left|(\partial^\alpha\rho)\left(\frac{4(x-y)}{\varepsilon}\right)\mathbf{1}_{K_{3\varepsilon/4}}(y)\right|dy \\ &\leq 4^{|\alpha|}\left(\int |\partial^\alpha\rho(z)|\,dz\right)\varepsilon^{-|\alpha|}.\end{aligned}$$

2.5. Partition de l'unité

Il s'agit de construire un outil permettant de passer du local au global.

Théorème 2.8. *Soit $(\omega_j)_{j\in\mathbb{N}}$ une famille d'ouverts de $\mathbb{R}^n$ telle que*

(a) $\mathbb{R}^n = \bigcup_{j=0}^{\infty} \omega_j$,

(b) $\overline{\omega}_j$ *est compact pour tout* $j \in \mathbb{N}$,

(c) tout point de $\mathbb{R}^n$ *a un voisinage ne rencontrant qu'un nombre fini de* ω_j.
Il existe alors, pour tout $j \in \mathbb{N}$, *des fonctions* $\varphi_j \in C^\infty(\mathbb{R}^n)$ *telles que* $\operatorname{supp}\varphi_j \subset \omega_j$, $0 \leq \varphi_j \leq 1$ *et* $\sum_{j=0}^{+\infty} \varphi_j(x) = 1$ *pour tout* $x \in \mathbb{R}^n$.

La famille $(\varphi_j)_{j\in\mathbb{N}}$ est appelée une **partition de l'unité** subordonnée au recouvrement $(\omega_j)_{j\in\mathbb{N}}$ de $\mathbb{R}^n$.

Remarquons qu'en vertu de l'hypothèse (c), la somme apparaissant dans la conclusion du théorème ne porte, pour x fixé, que sur un nombre fini d'indices.

Démonstration. Elle est basée sur le lemme suivant.

Lemme 2.9. *Sous les hypothèses du théorème 2.8, il existe une famille d'ouverts* $(\omega'_j)_{j\in\mathbb{N}}$ *telle que*

1) $\overline{\omega}'_j \subset \omega_j$,

2) $\mathbb{R}^n = \bigcup_{j=0}^{+\infty} \omega'_j$.

Montrons tout d'abord comment le lemme implique le théorème. On l'applique deux fois et on déduit l'existence de deux familles d'ouverts $(\omega'_j)_{j\in\mathbb{N}}$, $(\omega''_j)_{j\in\mathbb{N}}$ telles que $\overline{\omega}''_j \subset \omega'_j$, $\overline{\omega}'_j \subset \omega_j$. Comme $\overline{\omega}''_j$ est compact, il existe $\theta_j \in C_0^\infty(\omega_j)$, $\theta_j = 1$ sur ω''_j, $\theta_j = 0$ dans $(\omega'_j)^c$ et $0 \leq \theta_j \leq 1$. Posons pour $x \in \mathbb{R}^n$, $\theta(x) = \sum_{j=0}^{+\infty} \theta_j(x)$, ce qui a un sens puisque cette somme est, pour x fixé, finie d'après (c). Comme tout point de $\mathbb{R}^n$ appartient à un ω''_{j_0}, on a $\theta(x) \geq \theta_{j_0}(x) = 1$ pour tout $x \in \mathbb{R}^n$. D'autre part si $x_0 \in \mathbb{R}^n$, il existe V_{x_0} et un ensemble fini d'indices $J_{x_0} \subset \mathbb{N}$ tels que $\theta(x) = \sum_{j\in J_{x_0}} \theta_j(x)$ pour $x \in V_{x_0}$. On en déduit que $\theta \in C^\infty(\mathbb{R}^n)$. On peut alors poser $\varphi_j(x) = \theta_j(x) \cdot \theta(x)^{-1}$ et il est facile de voir qu'elles satisfont les conditions de l'énoncé du théorème.

■

Démonstration du lemme 2.9. On raisonne par récurrence. Tout d'abord on écrit $\mathbb{R}^n = \omega_0 \cup \tilde{\omega}_0$ où $\tilde{\omega}_0 = \bigcup_{j=1}^{+\infty} \omega_j$ est un ouvert ; donc $F_0 = \tilde{\omega}_0^c$ est un fermé tel que $F_0 \cap \omega_0^c = \emptyset$. Par conséquent $F_0 \subset \omega_0$. Il existe alors

ω_0' ouvert tel que $F_0 \subset \omega_0' \subset \omega_0$ et $\overline{\omega}_0' \subset \omega_0$. Comme $(\omega_0')^c \subset F_0^c$, on a $(\omega_0')^c \cap F_0 = \emptyset$ d'où $\omega_0' \cup \tilde{\omega}_0 = \mathbb{R}^n$. Supposons $\omega_0', \dots, \omega_{m-1}'$ construits tels que $\overline{\omega}_i' \subset \omega_i$ et $\mathbb{R}^n = \omega_0' \cup \dots \cup \omega_{m-1}' \cup \big(\bigcup_{j=m}^{+\infty} \omega_j \big)$. On écrit $\mathbb{R}^n = \omega_m \cup \tilde{\omega}_m$ où $\tilde{\omega}_m = \big(\bigcup_{j=0}^{m-1} \omega_j' \big) \cup \big(\bigcup_{j=m+1}^{+\infty} \omega_j \big)$. Alors $F_m = \tilde{\omega}_m^c$ est un fermé tel que $\omega_m^c \cap F_m = \emptyset$, donc $F_m \subset \omega_m$ et il existe un ouvert ω_m' tel que $F_m \subset \omega_m' \subset \omega_m$, $\overline{\omega}_m' \subset \omega_m$ et comme ci-dessus on montre que $\mathbb{R}^n = \omega_m' \cup \tilde{\omega}_m$. En résumé, on a construit pour tout $m \in \mathbb{N}$, des ouverts ω_m' tels que $\overline{\omega}_m' \subset \omega_m$ et $\mathbb{R}^n = \big(\bigcup_{j=0}^{m} \omega_j' \big) \cup \big(\bigcup_{j=m+1}^{+\infty} \omega_j \big)$. Soit $x \in \mathbb{R}^n$; d'après la condition (c), il n'appartient qu'à un nombre fini de ω_j ; il existe donc $m \in \mathbb{N}$ tel que $x \notin \omega_j$ si $j > m$, d'où $x \in \bigcup_{j=0}^{m} \omega_j'$ *i.e.* $\mathbb{R}^n = \bigcup_{j=0}^{+\infty} \omega_j'$. ■

Remarque 2.10. $\mathbb{R}^n$ est en effet une réunion localement finie et dénombrable d'ouverts relativement compacts. Si $B(a,r)$ désigne la boule ouverte euclidienne de centre a et de rayon r, on a $\mathbb{R}^n = \bigcup_{a \in \mathbb{Z}^n} B(a, \sqrt{n})$. On en déduit qu'il en est de même pour tout ouvert Ω de $\mathbb{R}^n$, car si $\mathbb{R}^n = \bigcup_{j \in \mathbb{N}} \omega_j$, on a $\Omega = \bigcup_{j \in \mathbb{N}} (\Omega \cap \omega_j)$ qui est aussi une réunion dénombrable et localement finie d'ouverts relativement compacts.

Corollaire 2.11. *Soit K un compact de $\mathbb{R}^n$ et $(\omega_j)_{j=1,\dots,m}$ un recouvrement fini de K par des ouverts relativement compacts. Il existe alors, pour $j = 1, \dots, m$, des fonctions $\varphi_j \in C^\infty(\mathbb{R}^n)$ telles que, $0 \leq \varphi_j \leq 1$, $\operatorname{supp} \varphi_j \subset \omega_j$, $\sum_{j=1}^{m} \varphi_j(x) \leq 1$ pour tout x de $\mathbb{R}^n$ et $\sum_{j=1}^{m} \varphi_j(x) = 1$ sur K.*

Démonstration. Soit $\Omega = K^c$; d'après la remarque 2.10 on peut écrire $\Omega = \bigcup_{j=1}^{+\infty} \Omega_j$ où les Ω_j sont des ouverts relativement compacts et la réunion est localement finie. On en déduit que $\mathbb{R}^n = K \cup K^c = \big(\bigcup_{j=1}^{m} \omega_j \big) \cup \big(\bigcup_{k=1}^{+\infty} \Omega_k \big)$. On peut appliquer le théorème 2.8. Il existe des fonctions $\varphi_j \in C^\infty(\mathbb{R}^n)$, $\psi_k \in C^\infty(\mathbb{R}^n)$, $j = 1, \dots, m$, $k \in \mathbb{N}^*$, telles que $0 \leq \varphi_j \leq 1$, $0 \leq \psi_k \leq 1$, $\operatorname{supp} \varphi_j \subset \omega_j$, $\operatorname{supp} \psi_k \subset \Omega_k$ et $\sum_{j=1}^{m} \varphi_j(x) + \sum_{k=1}^{+\infty} \psi_k(x) = 1$. On en déduit que $\sum_{j=1}^{m} \varphi_j(x) \leq 1$ pour tout x de $\mathbb{R}^n$; si $x \in K$ on a $\psi_k(x) = 0$ pour tout $k \in \mathbb{N}$ car $\operatorname{supp} \psi_k \subset \Omega_k \subset \Omega = K^c$, donc $\sum_{j=1}^{m} \varphi_j(x) = 1$. ■

Remarque 2.12. Pour tout recouvrement ouvert $(\Omega_j)_{j \in I}$ de $\mathbb{R}^n$, il existe un recouvrement ouvert dénombrable $(\Omega_i')_{i \in \mathbb{N}}$ formé d'ensembles relativement compacts localement fini et plus fin que $(\Omega_j)_{j\in I}$. On renvoie pour celà à [D], chapitre 12, § 6.

3 • Théorèmes de densité

On se propose de montrer que $C_0^\infty(\Omega)$ est dense dans certains espaces fonctionnels. C'est une information utile dans la pratique. En effet supposons que l'on veuille prouver une certaine assertion (inégalité, etc.) pour des fonctions peu régulières (par exemple continues, L^p, etc.). Il est souvent plus facile de la démontrer pour les fonctions $C_0^\infty(\Omega)$ puis d'utiliser la densité pour l'avoir dans le cas général. On verra plusieurs exemples de ce type dans les chapitres suivants. La preuve de la densité se fait presque toujours en deux étapes qui sont appelées «troncature» et «régularisation». La première consiste à montrer que, dans un espace fonctionnel, les éléments qui sont nuls hors d'un compact forment un sous-espace dense dans tout l'espace tandis que la deuxième concerne l'approximation d'un tel élément par une suite de $C_0^\infty(\Omega)$; la régularisation se fait par un procédé universel : la convolution. Nous l'étudierons en détail, dans le cas des distributions, au chapitre 6.

3.1. Troncature

Proposition 3.1

1) Pour $1 \leq p < +\infty$, $L^p_c(\Omega) = \{u \in L^p(\Omega) : u = 0$ hors d'un compact$\}$ est dense dans $L^p(\Omega)$.

2) Pour $0 \leq k \leq +\infty$, $C_0^k(\Omega)$ est dense dans $C^k(\Omega)$.

Démonstration. D'après le lemme 1.1, on a $\Omega = \bigcup_{i=1}^{+\infty} K_i$ où K_i est compact et $K_i \subset \overset{\circ}{K}_{i+1}$. Soit $\varphi_i \in C_0^\infty(\Omega)$ telle que $\varphi_i = 1$ sur K_i, $\varphi_i = 0$ dans $(\overset{\circ}{K}_{i+1})^c$, $0 \leq \varphi_i \leq 1$.

1) Soit $u \in L^p(\Omega)$; posons $u_i = \varphi_i u$. Alors $u_i \subset L^p_c(\Omega)$ car $|u_i| \leq |u|$ et $u_i = 0$ hors de K_{i+1}. Montrons que la suite $(u_i)_{i\in\mathbb{N}^*}$ converge vers u dans $L^p(\Omega)$. On applique le théorème de convergence dominée à $|u_i(x) - u(x)|^p =: (1)$. On a $(1) = |u(x)|^p |1 - \varphi_i(x)|^p$. Si $x \in \Omega$ il existe j_0 tel que $x \in K_{j_0}$; si $i \geq j_0$ on a $K_{j_0} \subset K_i$ et donc $\varphi_i(x) = 1$. On en déduit que p.p. dans Ω, $(1) \to 0$. D'autre part $(1) \leq |u(x)|^p \in L^1(\Omega)$ (car $0 \leq \varphi_i \leq 1$). On en déduit que $(1) \to 0$ dans $L^1(\Omega)$.

2) Soit $u \in C^k(\Omega)$ $(k < +\infty)$ et $u_i = \varphi_i u \in C_0^k(\Omega)$. Nous allons montrer que pour tout $\ell \in \mathbb{N}$, $(A) = p_\ell(u_i - u) = \sum_{|\alpha|\leq k} \sup_{x\in K_\ell} |\partial^\alpha(u_i - u)|$ tend vers zéro

lorsque $i \to +\infty$. La formule de Leibniz (1.4) montre que pour $|\alpha| \leq k$,

$$\partial^\alpha(u_i - u) = \partial^\alpha[(\varphi_i - 1)u] = (\varphi_i - 1)\partial^\alpha u + \sum_{\substack{\beta \leq \alpha \\ \beta \neq 0}} \binom{\alpha}{\beta} \partial^\beta \varphi_i \partial^{\alpha-\beta} u.$$

On en déduit

$$(A) \leq \sum_{|\alpha| \leq k} \sup_{K_\ell} |\varphi_i - 1| \sup_{K_\ell} |\partial^\alpha u| + \sum_{|\alpha| \leq k} \sum_{\substack{\beta \leq \alpha \\ \beta \neq 0}} \binom{\alpha}{\beta} \sup_{K_\ell} |\partial^\beta \varphi_i| \sup_{K_\ell} |\partial^{\alpha-\beta} u|.$$

Or pour $i \geq \ell + 1$, $K_\ell \subset \overset{\circ}{K}_{\ell+1} \subset K_i$ et donc $\varphi_i = 1$ sur K_ℓ, $\partial^\beta \varphi_i = 0$ sur K_ℓ si $\beta \neq 0$. Il en résulte que $(A) = 0$ si $i \geq \ell + 1$. Le cas $k = +\infty$ est analogue. ■

3.2. Régularisation

Tout d'abord si $\varphi \in C_0^\infty(\mathbb{R}^n)$ et $f \in L_c^p(\mathbb{R}^n)$, $1 \leq p < +\infty$, alors pour tout x dans $\mathbb{R}^n$, la fonction $y \to \varphi(x-y)f(y)$ appartient à $L^1(\mathbb{R}^n)$; en effet $L_c^p(\mathbb{R}^n) \subset L^1(\mathbb{R}^n)$ et $|\varphi(x-y)||f(y)| \leq \sup_{\mathbb{R}^n} |\varphi| \cdot |f(y)|$. On peut alors poser

$$(\varphi * f)(x) = \int \varphi(x-y) f(y) dy. \tag{3.1}$$

$\varphi * f$ est appelée « la convolution de φ par f ». Nous allons montrer le résultat suivant.

Proposition 3.2. *La fonction $\varphi * f$ appartient à $C_0^\infty(\mathbb{R}^n)$.*

Démonstration. Nous allons utiliser (voir § 2.4) le théorème de dérivation de Lebesgue. Tout d'abord, pour presque tout y dans $\mathbb{R}^n$, la fonction $x \mapsto \varphi(x-y)f(y)$ appartient à $C^\infty(\mathbb{R}^n)$. Pour tout $x \in \mathbb{R}^n$ on a

$$|\partial_x^\alpha[\varphi(x-y)f(y)]| = |(\partial^\alpha \varphi)(x-y)f(y)| \leq \sup_{\mathbb{R}^n} |\partial^\alpha \varphi| \cdot |f(y)| \in L^1(\mathbb{R}^n).$$

On en déduit que $\varphi * f \in C^\infty(\mathbb{R}^n)$. Ensuite supposons que le support de φ soit contenu dans $\{x \in \mathbb{R}^n : |x| \leq A\}$ et que $f(y) = 0$ pour $|y| \geq B$. Soit x tel que $|x| > A + B$. Dans l'intégrale qui définit $\varphi * f$, on a $x - y \in \operatorname{supp} \varphi$, d'où $|x - y| \leq A$; on a alors $|y| \geq |x| - |x - y| > A + B - A = B$ et donc $f(y) = 0$. On en déduit que $(\varphi * f)(x) = 0$ pour tout x tel que $|x| > A + B$ d'où $\operatorname{supp}(\varphi * f) \subset \{x \in \mathbb{R}^n : |x| \leq A + B\}$. Remarquons que si $f \in C_0^0$ ce même argument montre que $\operatorname{supp}(\varphi * f) \subset \operatorname{supp} \varphi + \operatorname{supp} f$. ■

Proposition 3.3. *Si $\varphi \in C_0^\infty(\mathbb{R}^n)$ et $f \in C_0^k(\mathbb{R}^n)$, $k \in \mathbb{N}$, alors $\varphi * f$ appartient à $C_0^\infty(\mathbb{R}^n)$ et*

$$\partial^\alpha(\varphi * f) = \varphi * \partial^\alpha f, \quad |\alpha| \leq k.$$

Démonstration. Comme $f \in C_0^k(\mathbb{R}^n) \subset L_c^p(\mathbb{R}^n)$, la première assertion résulte de la proposition 3.2. Pour la deuxième on écrit, après changement de variable,

$$(\varphi * f)(x) = \int \varphi(y) f(x-y)\, dy$$

et on applique comme dans la proposition précédente le théorème de dérivation de Lebesgue. ■

Soit $\rho \in C^\infty(\mathbb{R}^n)$ telle que $\operatorname{supp} \rho \subset \{x \in \mathbb{R}^n : |x| \leq 1\}$, $\rho \geq 0$ et $\int \rho(x)\, dx = 1$. On pose

$$\rho_\varepsilon(x) = \varepsilon^{-n} \rho\Big(\frac{x}{\varepsilon}\Big). \tag{3.2}$$

La suite (ρ_ε) est appelée une « approximation de l'identité », ce terme étant justifié par le résultat suivant.

Proposition 3.4

i) Si $u \in C_0^k(\mathbb{R}^n)$, $k \in \mathbb{N}$, pour tout $\alpha \in \mathbb{N}^n$, $|\alpha| \leq k$, $(\partial^\alpha(\rho_\varepsilon * u))$ converge vers $\partial^\alpha u$ uniformément sur $\mathbb{R}^n$, lorsque $\varepsilon \to 0$.

ii) Si $u \in L_c^p(\mathbb{R}^n)$, $(\rho_\varepsilon * u)$ converge vers u dans $L^p(\mathbb{R}^n)$, lorsque $\varepsilon \to 0$ et ce, pour tout $1 \leq p < +\infty$.

Démonstration

i) Pour $|\alpha| \leq k$, on a $\partial^\alpha(\rho_\varepsilon * u)(x) - \partial^\alpha u(x) = (\rho_\varepsilon * \partial^\alpha u)(x) - \partial^\alpha u(x) = \varepsilon^{-n} \int \rho(\frac{x-y}{\varepsilon})\, \partial^\alpha u(y)\, dy - \partial^\alpha u(x) = \int \rho(z)\, \partial^\alpha u(x - \varepsilon z)\, dz - \partial^\alpha u(x) = \int \rho(z)[\partial^\alpha u(x - \varepsilon z) - \partial^\alpha u(x)]\, dz$ car $\int \rho(z)\, dz = 1$. Comme $u \in C_0^k(\mathbb{R}^n)$, pour tout $|\alpha| \leq k$, $\partial^\alpha u$ est continue à support compact donc uniformément continue sur $\mathbb{R}^n$ *i.e.*

$$\forall \delta > 0\ \exists \eta(\alpha, \delta) > 0 : \forall x, x', \quad |x - x'| < \eta(\alpha,\delta) \Longrightarrow |\partial^\alpha u(x) - \partial^\alpha u(x')| < \delta. \tag{3.3}$$

Soit alors $\delta > 0$; il lui correspond $\eta(\alpha, \delta)$ par (3.3). Prenons $\varepsilon > 0$ tel que $\varepsilon < \inf_{|\alpha| \leq k} \eta(\alpha, \delta) = \eta_\delta$; alors $|x - \varepsilon z - x| = \varepsilon |z| \leq \varepsilon < \eta_\delta$, sur le support de $\rho(z)$. On déduit de (3.3) que

$$|\partial^\alpha(\rho_\varepsilon * u)(x) - \partial^\alpha u(x)| \leq \int \rho(z) |\partial^\alpha u(x - \varepsilon z) - \partial^\alpha u(x)|\, dz \leq \delta, \quad \forall x \in \mathbb{R}^n$$

ce qui prouve i).

ii) On commence par rappeler un résultat classique de théorie de l'intégration qui exprime que la translation est continue dans $L^p(\mathbb{R}^n)$.

Lemme 3.5. *Soit* $z_0 \in \mathbb{R}^n$, $|z_0| \leq 1$ *et* $f \in L^p(\mathbb{R}^n)$. *Soit* $f(\cdot - \varepsilon z_0)$ *la fonction définie p.p. sur* $\mathbb{R}^n$ *par* $x \mapsto f(x - \varepsilon z_0)$. *Alors* $\lim_{\varepsilon \to 0} \|f(\cdot - \varepsilon z_0) - f\|_{L^p} = 0$.

Remarquons que la preuve de ce lemme nécessite déjà de savoir, par exemple, que l'ensemble des fonctions étagées intégrables est dense dans $L^p(\mathbb{R}^n)$.

Soit q tel que $\frac{1}{p} + \frac{1}{q} = 1$. En écrivant $\rho(z) = \rho(z)^{1/q}\rho(z)^{1/p}$ et en utilisant l'inégalité de Hölder, on obtient

$$|\rho_\varepsilon * u(x) - u(x)| \leq \Big(\int \rho(z)\,dz\Big)^{1/q} \Big(\int \rho(z)|u(x - \varepsilon z) - u(x)|^p\,dx\Big)^{1/p}.$$

On intègre alors en x sur $\mathbb{R}^n$ et on utilise le théorème de Fubini après avoir élevé les deux membres à la puissance p. Il vient

$$\|\rho_\varepsilon * u - u\|^p_{L^p} \leq \int \rho(z)\|u(\cdot - \varepsilon z) - u\|^p_{L^p_x}\,dz.$$

On applique le théorème de convergence dominé au deuxième membre. En effet, pour z fixé, l'intégrant tend vers zéro, avec ε, d'après le lemme 3.5. Ensuite $\rho(z)\|u(\cdot - \varepsilon z) - u\|^p_{L^p_x} \leq 2^p\|u\|^p_{L^p} \cdot \rho(z) \in L^1(\mathbb{R}^n)$ et le résultat en découle. ■

Corollaire 3.6. *Si* Ω *est un ouvert de* $\mathbb{R}^n$, $C_0^\infty(\Omega)$ *est dense dans* $C^k(\Omega)$ *pour* $k \in \mathbb{N}^n$ *et dans* $L^p(\Omega)$ *pour* $1 \leq p < +\infty$.

Démonstration. La densité étant transitive il suffit, en vertu de la proposition 3.1, de considérer les espaces $C_0^k(\Omega)$ et L^p_c. Soit $u \in C_0^k(\Omega)$ (resp. $L^p_c(\Omega)$). Il existe un compact K de Ω tel que $u = 0$ dans K^c. Notons $\tilde{u}$ la prolongée de u par zéro hors de Ω. Alors $\tilde{u} \in C_0^k(\mathbb{R}^n)$ (resp. $L^p_c(\mathbb{R}^n)$). Posons pour $\varepsilon > 0$, $\tilde{u}_\varepsilon = \rho_\varepsilon * \tilde{u}$ et $u_\varepsilon = \tilde{u}_\varepsilon|_\Omega$ (*i.e.* restreinte à Ω). Comme le support de ρ_ε est contenu dans $\{x \in \mathbb{R}^n : |x| \leq \varepsilon\}$, celui de $\tilde{u}_\varepsilon$ est contenu dans $K_\varepsilon = K + \{x : |x| \leq \varepsilon\}$. Si ε est assez petit, K_ε est un compact contenu dans Ω. On déduit de la proposition 3.2 que $u_\varepsilon \in C_0^\infty(\Omega)$. D'autre part, il résulte de la proposition 3.4 que $\lim_{\varepsilon \to 0} \|\tilde{u}_\varepsilon - \tilde{u}\|_{C^k(\mathbb{R}^n)}$ (resp. $\|\cdot\|_{L^p(\mathbb{R}^n)}$) est nulle. Il suffit de remarquer que $\|\tilde{u}_\varepsilon - \tilde{u}\|_{E(\mathbb{R}^n)} = \|u_\varepsilon - u\|_{E(\Omega)}$ si $E = C^k$ ou L^p. ■

Considérons maintenant deux ouverts Ω_1, Ω_2 de $\mathbb{R}^{n_1}_{x_1}$ et $\mathbb{R}^{n_2}_{x_2}$. On notera $C_0^\infty(\Omega_1) \otimes C_0^\infty(\Omega_2)$ le sous espace de $C_0^\infty(\Omega_1 \times \Omega_2)$ formé par les fonctions qui sont des combinaisons linéaires finies de termes de la forme $u(x_1)v(x_2)$ où $u \in C_0^\infty(\Omega_1)$, $v \in C_0^\infty(\Omega_2)$.

Proposition 3.7. *Tout élément de $C_0^\infty(\Omega_1 \times \Omega_2)$ est limite d'une suite d'éléments de $C_0^\infty(\Omega_1) \otimes C_0^\infty(\Omega_2)$.*

Démonstration. Soit $\varphi \in C_0^\infty(\Omega_1 \times \Omega_2)$. Supposons que $\operatorname{supp}\varphi$ soit contenu dans $K = K_1 \times K_2$ où K_i est un compact de Ω_i, $i = 1, 2$. Il existe une suite $(P_j)_{j \in \mathbb{N}}$ de polynômes en (x_1, x_2) telle que, pour tout α dans $N^{n_1+n_2}$, $(\partial^\alpha P_j)$ converge uniformément sur K vers $\partial^\alpha \varphi$. Soit $\theta_i \in C_0^\infty(\Omega_i)$, $\theta_i = 1$ sur K_i, $i = 1, 2$. Posons $\varphi_j(x_1, x_2) = \theta_1(x_1)\theta_2(x_2)\ P_j(x_1, x_2) = \sum_{|\alpha_1+\alpha_2| \leq m_j} a_{j,\alpha_1,\alpha_2} \theta_1(x_1) x_1^{\alpha_1} \theta_2(x_2) x_2^{\alpha_2}$ où $a_{j,\alpha_1,\alpha_2} \in \mathbb{C}$. Alors φ_j appartient à $C_0^\infty(\Omega_1) \otimes C_0^\infty(\Omega_2)$ et pour tout $\alpha \in \mathbb{N}^{n_1+n_2}$, $(\partial^\alpha \varphi_j)$ converge uniformément vers φ sur $K_1 \times K_2$; comme de plus, $\operatorname{supp}\varphi_j \subset \operatorname{supp}\theta_1 \times \operatorname{supp}\theta_2$ qui est un compact fixe, la suite (φ_j) converge vers φ dans $C_0^\infty(\Omega_1 \times \Omega_2)$. ■

4 • Formule de Taylor avec reste intégral

Nous rappelons ici cette formule très utile dans la pratique.

Proposition 4.1. *Soit Ω un ouvert de $\mathbb{R}^n$, $N \in \mathbb{N}^*$ et u un élément de $C^N(\Omega)$. Soit x, y deux points de Ω et supposons que le segment qui les joint soit contenu dans Ω. On a alors,*

$$u(x) = \sum_{|\alpha| \leq N-1} \frac{1}{\alpha!} \partial^\alpha u(y)(x-y)^\alpha + \sum_{|\alpha|=N} \frac{N}{\alpha!}(x-y)^\alpha \int_0^1 (1-t)^{N-1} \partial^\alpha u(tx + (1-t)y)\, dt.$$

Chapitre 2

Les distributions

On introduit dans ce chapitre la notion de distribution puis celles d'ordre et de support d'une distribution, et on étudie les espaces que ces notions permettent de définir. On donne enfin des exemples.

1 • Définition des distributions

Définition 1.1. Soit Ω un ouvert de $\mathbb{R}^n$. Une distribution T sur Ω est une application **linéaire** de $C_0^\infty(\Omega)$ dans $\mathbb{C}$ telle que :

pour tout compact K de Ω il existe $C_K > 0$ et $k \in \mathbb{N}$ tels que

$$|\langle T, \varphi\rangle| \leq C_K \sum_{|\alpha|\leq k} \sup_{x\in K} |\partial^\alpha \varphi(x)| \tag{1.1}$$

pour tout $\varphi \in C_0^\infty(K)$.

Remarquons que, pour des raisons pratiques qui apparaîtront ultérieurement, on a noté $\langle T, \varphi\rangle$ l'action de la forme linéaire T sur l'élément φ de C_0^∞.

Remarque 1.2. Compte tenu de la topologie des espaces $C_0^\infty(\Omega)$ et $C_0^\infty(K)$ il est facile d'interpréter la définition 1.1. En effet on a **équivalence** entre les quatre propriétés suivantes :

(i) T est une distribution sur Ω.

(ii) T est une forme linéaire sur $C_0^\infty(\Omega)$ telle que pour tout compact K de Ω, la restriction de T à $C_0^\infty(K)$ est continue.

(iii) T est une forme linéaire continue sur $C_0^\infty(\Omega)$.

(iv) Pour toute suite (φ_j) de $C_0^\infty(\Omega)$ telle que

a) il existe K compact de Ω tel que $\operatorname{supp}\varphi_j \subset K$, $\forall j \in \mathbb{N}$,

b) $(\varphi_j) \to 0$ dans $C_0^\infty(K)$,

alors $\lim_{j\to+\infty} \langle T, \varphi_j\rangle = 0$.

En effet (1.1) exprime la continuité de la restriction à $C_0^\infty(K)$ de T, donc (i) $\Leftrightarrow$ (ii) ; ensuite comme $C_0^\infty(K)$ est métrisable, la continuité est équivalente à la continuité sur les suites d'où (ii) $\Leftrightarrow$ (iv) ; enfin (ii) et (iii) sont équivalentes en vertu de la topologie mise sur $C_0^\infty(\Omega)$ (voir chapitre 1, paragraphe 2.3).

L'ensemble des distributions sur Ω est noté $\mathcal{D}'(\Omega)$. C'est un espace vectoriel sur $\mathbb{C}$. Cette notation est justifiée par le fait que, d'après (iii), cet espace est le dual de l'espace $C_0^\infty(\Omega)$ qui était noté $\mathcal{D}(\Omega)$ par L. Schwartz.

2 • Ordre d'une distribution

L'entier k intervenant dans (1.1) peut dépendre du compact K. Si par contre un même k est valable pour tous les compacts, on dit que T est d'ordre inférieur ou égal à k.

Définition 2.1. Soit k un entier. Une distribution T sur Ω est dite d'ordre inférieur ou égal à k si,

$$\text{pour tout compact } K \text{ de } \Omega \text{ il existe } C_K > 0 \text{ telle que}$$
$$|\langle T, \varphi\rangle| \leq C_K \sum_{|\alpha|\leq k} \sup_{x\in K} |\partial^\alpha \varphi(x)|, \tag{2.1}$$

pour tout $\varphi \in C_0^\infty(K)$.

L'ensemble de ces distributions est noté $\mathcal{D}'^{(k)}(\Omega)$. On pose $\mathcal{D}'^{F}(\Omega) = \bigcup_{k\in\mathbb{N}} \mathcal{D}'^{(k)}(\Omega)$. C'est l'espace des distributions **d'ordre fini.**

On dira enfin que T est d'ordre exactement k si T appartient à $\mathcal{D}'^{(k)}(\Omega)$ mais pas à $\mathcal{D}'^{(k-1)}(\Omega)$.

Exemple 2.2. Soit $T \in \mathcal{D}'(\Omega)$. Soit ω un ouvert tel que $\overline{\omega}$ soit un compact contenu dans Ω. Alors $T \in \mathcal{D}'^{F}(\omega)$. En effet, au compact $\overline{\omega}$ correspond, d'après (1.1), un entier k tel que (1.1) soit vraie pour $\varphi \in C_0^\infty(\overline{\omega})$. Comme $C_0^\infty(K) \subset C_0^\infty(\overline{\omega})$ lorsque K est un compact contenu dans ω, (1.1) est vraie avec ce même k pour $\varphi \in C_0^\infty(K)$, *i.e.* $T \in \mathcal{D}'^{(k)}(\omega)$.

Le résultat suivant donne une interprétation de l'espace $\mathcal{D}'^{(k)}(\Omega)$ où $k \in \mathbb{N}$.

Théorème 2.3. *Soit $T \in \mathcal{D}'^{(k)}(\Omega)$. On peut étendre T de manière unique en une forme linéaire continue $\tilde{T}$ sur $C_0^k(\Omega)$. L'application $T \to \tilde{T}$ de $\mathcal{D}'^{(k)}(\Omega)$ dans $(C_0^k(\Omega))'$ est bijective. Elle permet d'identifier $\mathcal{D}'^{(k)}(\Omega)$ au dual de $C_0^k(\Omega)$.*

Démonstration

(1) *Unicité.* Soit $T \in \mathcal{D}'^{(k)}(\Omega)$; $C_0^\infty(\Omega)$ étant dense dans $C_0^k(\Omega)$, si $\tilde{T}_1$ et $\tilde{T}_2$ sont deux formes linéaires continues sur $C_0^k(\Omega)$ qui coïncident avec T sur $C_0^\infty(\Omega)$, on a $\tilde{T}_1 = \tilde{T}_2$.

(2) *Existence.* Soit $\varphi \in C_0^k(\Omega)$. Il existe une suite $(\varphi_\nu) \subset C_0^\infty(\Omega)$ qui converge vers φ dans $C_0^k(\Omega)$, $\operatorname{supp}\varphi_\nu$ étant, pour tout ν, contenu dans un voisinage K_0 arbitrairement proche de $\operatorname{supp}\varphi$. Posons $\langle \tilde{T}, \varphi\rangle = \lim_{\nu\to+\infty} \langle T, \varphi_\nu\rangle$. Cette limite existe car $(\langle T, \varphi_\nu\rangle)$ est une suite de Cauchy dans $\mathbb{C}$. En effet,

$$\big|\langle T, \varphi_\nu\rangle - \langle T, \varphi_\mu\rangle\big| = \big|\langle T, \varphi_\nu - \varphi_\mu\rangle\big| \le C_K \sum_{|\alpha|\le k} \sup_{K_0} |\partial^\alpha(\varphi_\nu - \varphi_\mu)|.$$

Le membre de droite tend vers zéro lorsque ν et μ tendent vers $+\infty$ car (φ_ν) converge vers φ dans $C_0^k(\Omega)$.

Montrons que $\tilde{T} \in (C_0^k(\Omega))'$. Soit K un compact de Ω et $\varphi \in C_0^k(K)$. Soit $(\varphi_\nu) \in C_0^\infty$, $\varphi_\nu \to \varphi$ dans $C_0^k(\Omega)$ et $\operatorname{supp}\varphi_\nu \subset K_0$. Comme T est une distribution d'ordre $\le k$, on a, $|\langle T, \varphi_\nu\rangle| \le C_{K_0} \sum_{|\alpha|\le k} \sup_{K_0} |\partial^\alpha \varphi_\nu|$. On en déduit que $|\langle \tilde{T}, \varphi\rangle| \le C_{K_0} \sum_{|\alpha|\le k} \sup_{K} |\partial^\alpha \varphi|$ (car $\varphi \in C_0^k(K)$). Donc $\tilde{T} \in (C_0^k(\Omega))'$.

Enfin $\tilde{T}$ prolonge T car, si $\varphi \in C_0^\infty(\Omega)$, on peut prendre $\varphi_\nu = \varphi$, pour tout ν et alors $\langle \tilde{T}, \varphi\rangle = \langle T, \varphi\rangle$. ■

Exemple 2.4. Soit $T \in \mathcal{D}'(\Omega)$. On dit que T est **positive** si, pour toute $\varphi \in C_0^\infty(\Omega)$ telle que $\varphi \ge 0$, on a $\langle T, \varphi\rangle \ge 0$. Alors toute distribution positive est d'ordre zéro.

En effet, nous avons à montrer que,

$$\text{(2.2)} \qquad \forall K \subset\subset \Omega,\ \exists C_K > 0 :\ |\langle T, \varphi\rangle| \le C_K \sup_K |\varphi|, \quad \forall \varphi \in C_0^\infty(K).$$

Il suffit de prouver (2.2) pour φ réelle puis de l'appliquer aux parties réelles et imaginaires de φ si celle-ci est à valeurs complexes. Soit K un compact de Ω. Soit $\chi \in C_0^\infty(\Omega)$, $\chi = 1$ sur K, $0 \le \chi \le 1$. Si $\varphi \in C_0^\infty(K)$ est réelle, les fonctions $\psi_\pm(x) = \chi(x) \sup_K |\varphi| \pm \varphi(x)$ sont dans $C_0^\infty(\Omega)$ et positives en tout point de Ω. Il résulte de l'hypothèse que $\langle T, \psi_\pm\rangle \ge 0$ ce qui prouve (2.2).

3 • Exemples

(i) Distribution définie par une fonction f localement intégrable

Soit $f \in L^1_{\text{loc}}(\Omega)$; on lui associe la distribution T_f définie par,

$$\text{(3.1)} \qquad \langle T_f, \varphi\rangle = \int f(x)\varphi(x)\,dx, \quad \varphi \in C_0^\infty(\Omega).$$

Soit $K \subset\subset \Omega$ et $\varphi \in C_0^\infty(K)$; on a, $|\langle T_f, \varphi\rangle| \le \int_K |f(x)|dx \sup_K |\varphi(x)|$; donc $T_f \in \mathcal{D}'^{(0)}(\Omega)$.
Il en résulte une application $f \mapsto T_f$ de $L^1_{\rm loc}(\Omega)$ dans $\mathcal{D}'\Omega)$ qui est linéaire. Nous allons montrer qu'elle est **injective**, ce qui se traduit par,

$$\int f(x)\varphi(x)\,dx = 0,\ \ \forall\varphi \in C_0^\infty(\Omega) \Rightarrow f = 0 \text{ presque partout dans } \Omega.$$

Soit K un compact de Ω, $\theta \in C_0^\infty(\Omega)$, $\theta = 1$ sur K ; alors $\theta f \in L^1(\mathbb{R}^n)$. Soit (ρ_ε) une approximation de l'identité (*i.e.* $\rho_\varepsilon(x) = \varepsilon^{-n}\rho(\frac{x}{\varepsilon}\int$ où $\rho \in C_0^\infty(\mathbb{R}^n)$, $\rho \ge 0$, $\int \rho(x)\,dx = 1)$. Pour x fixé, la fonction $y \mapsto \rho_\varepsilon(x-y)\theta(y)$ appartient à $C_0^\infty(\Omega)$; il résulte de l'hypothèse que

$$\rho_\varepsilon * (\theta f)(x) = \int \rho_\varepsilon(x-y)\theta(y)f(y)\,dy = 0, \quad \forall x \in \mathbb{R}^n.$$

En vertu de la proposition 3.4, chapitre 1, la suite $(\rho_\varepsilon * (\theta f))$ converge vers θf dans $L^1(\mathbb{R}^n)$ lorsque $\varepsilon \to 0$; alors $\theta f = 0$ dans L^1 et donc $f = 0$ presque partout sur K. Comme Ω est une réunion dénombrable de compacts (voir lemme 1.1, chapitre 1), il en résulte que $f = 0$ presque partout dans Ω.

(ii) La distribution de Dirac

Soit $x_0 \in \Omega$. On note δ_{x_0} la forme linéaire sur $C_0^\infty(\Omega)$ définie par $\langle\delta_{x_0}, \varphi\rangle = \varphi(x_0)$. Comme $|\langle\delta_{x_0}, \varphi\rangle| \le \sup_K |\varphi(x)|$ si $\varphi \in C_0^\infty(K)$, on a $\delta_{x_0} \in \mathcal{D}'^{(0)}(\Omega)$.
Cependant δ_{x_0} n'est pas donnée par une fonction de $L^1_{\rm loc}(\Omega)$. En effet supposons qu'il existe $f \in L^1_{\rm loc}(\Omega)$ telle que $\langle\delta_{x_0}, \varphi\rangle = \varphi(x_0) = \int f(x)\varphi(x)\,dx$ pour $\varphi \in C_0^\infty(\Omega)$. Notons $\tilde{\Omega} = \Omega \setminus \{x_0\}$. Si $\varphi \in C_0^\infty(\tilde{\Omega}) \subset C_0^\infty(\Omega)$ on a $\varphi(x_0) = 0$ et donc $\int f(x)\varphi(x)\,dx = 0$ pour tout $\varphi \in C_0^\infty(\tilde{\Omega})$. On a montré dans l'exemple (i) que $f = 0$ presque partout dans $\tilde{\Omega}$; alors $f = 0$ presque partout dans Ω d'où $\int f(x)\varphi(x)dx = 0$ pour tout $\varphi \in C_0^\infty(\Omega)$. En prenant φ telle que $\varphi(x_0) \ne 0$ on aboutit à une contradiction. L'inclusion $L^1_{\rm loc}(\Omega) \subset \mathcal{D}'^{(0)}(\Omega)$ est donc stricte.

(iii) Extension

Soit α un multi-indice. Posons $\langle T, \varphi\rangle = \partial^\alpha\varphi(x_0)$ pour $\varphi \in C_0^\infty(\Omega)$. On a facilement $T \in \mathcal{D}'^{(|\alpha|)}(\Omega)$. Montrons que $T \notin \mathcal{D}'^{(k)}$ pour $k < |\alpha|$, c'est-à-dire que T est exactement d'ordre $|\alpha|$. On raisonne par l'absurde. Si $T \in \mathcal{D}'^{(k)}$ (avec $k < |\alpha|$), pour tout compact K de Ω il existerait $C_K > 0$ telle que

$$(3.2) \qquad |\partial^\alpha\varphi(x_0)| \le C_K \sum_{|\beta|\le k} \sup_K |\partial^\beta\varphi(x)|, \quad \varphi \in C_0^\infty(K).$$

Montrons que ceci est impossible. Soit $\delta > 0$ tel que $K = \overline{B(x_0, \delta)} \subset \Omega$. Fixons $\psi_0 \in C_0^\infty(B(0,\delta))$, $\psi_0(x) = 1$ si $|x| \leq \frac{\delta}{2}$ et posons $\psi(x) = \frac{x^\alpha}{\alpha!}\psi_0(x)$. Il résulte de la formule de Leibniz que $\partial^\alpha\psi(0) = 1$. Posons enfin $\varphi(x) = \psi(\lambda(x - x_0))$ où $\lambda \geq 1$ est un paramètre destiné à tendre vers $+\infty$. On a $\varphi \in C_0^\infty(K)$ car $\operatorname{supp}\varphi \subset \{x : |x - x_0| \leq \frac{\delta}{\lambda}\} \subset \{x : |x - x_0| \leq \delta\} = K$. De plus $\partial^\alpha\varphi(x_0) = \lambda^{|\alpha|}\partial^\alpha\psi(0) = \lambda^{|\alpha|}$ et pour $|\beta| \leq k$, $|\partial^\beta\varphi(x)| = \lambda^{|\beta|}|\partial^\beta\psi(\lambda(x - x_0))| \leq \lambda^k \sup\limits_{\mathbb{R}^n} |\partial^\beta\psi(x)|$. L'inégalité (3.2) impliquerait pour tout $\lambda \geq 1$,

$$\lambda^{|\alpha|-k} \leq C_K \sum_{|\beta|\leq k} \sup_{\mathbb{R}^n} |\partial^\beta\psi|,$$

ce qui est impossible si $\lambda \to +\infty$ car $|\alpha| - k \geq 1$.

(iv) La distribution «valeur principale»

La fonction $f(x) = \frac{1}{x}$ n'est pas localement intégrable sur $\mathbb{R}$; cependant on peut quand même lui associer une distribution appelée valeur principale de $\frac{1}{x}$ et notée $vp\frac{1}{x}$. On pose pour $\varphi \in C_0^\infty(\mathbb{R})$,

$$\left\langle vp\frac{1}{x}, \varphi\right\rangle = \lim_{\varepsilon\to 0}\int_{|x|\geq\varepsilon} \frac{\varphi(x)}{x}\,dx.$$

Montrons que $vp\frac{1}{x} \in \mathcal{D}'^{(1)}(\mathbb{R})$. Soit K un compact de $\mathbb{R}$, $K \subset [-M, M]$. Pour $\varphi \in C_0^\infty(K)$ on a $\langle vp\frac{1}{x}, \varphi\rangle = \lim\limits_{\varepsilon\to 0}\int_{\varepsilon\leq|x|\leq M} \frac{\varphi(x)}{x}\,dx$. D'autre part, d'après la formule de Taylor on a, $\varphi(x) = \varphi(0) + x\psi(x)$ où $\psi(x) = \int_0^1 \varphi'(tx)\,dt \in C^\infty(\mathbb{R})$ et $|\psi(x)| \leq \sup\limits_K |\varphi'(x)|$. On écrit alors,

$$\int_{\varepsilon\leq|x|\leq M} \frac{\varphi(x)}{x}\,dx = \varphi(0)\int_{\varepsilon\leq|x|\leq M}\frac{dx}{x} + \int_{\varepsilon\leq|x|\leq M}\psi(x)\,dx = I_1 + I_2.$$

Il est facile de voir que $I_1 = 0$. D'autre part le théorème de convergence dominée montre que $\lim\limits_{\varepsilon\to 0} I_2 = \int_{|x|\leq M}\psi(x)\,dx$. Donc $\langle vp\frac{1}{x}, \varphi\rangle = \int_{|x|\leq M}\psi(x)\,dx$ d'où, $\left|\langle vp\frac{1}{x}, \varphi\rangle\right| \leq C_M \sup\limits_K |\varphi'(x)|$, *i.e.*, $vp\frac{1}{x} \in \mathcal{D}'^{(1)}(\mathbb{R})$. En fait $vp\frac{1}{x}$ est exactement d'ordre un. En effet $vp\frac{1}{x} \notin \mathcal{D}'^{(0)}(\mathbb{R})$ car sinon on devrait avoir l'inégalité,

$$\left|\left\langle vp\frac{1}{x}, \varphi\right\rangle\right| \leq C \sup_K |\varphi|, \quad \text{pour } \varphi \in C_0^\infty(K). \tag{3.3}$$

Pour $n \geq 1$ considérons la suite $(\varphi_n) \subset C_0^\infty(\mathbb{R})$ définie par,

$$\varphi_n(x) = 1 \text{ si } x \in \left[\frac{1}{n}, 1\right], \quad \varphi_n(x) = 0 \text{ si } x \leq \frac{1}{2n} \text{ ou } x_n \geq 2, \quad 0 \leq \varphi_n \leq 1.$$

Il est facile de voir que $\sup_{\mathbb{R}} |\varphi_n| = 1$. D'autre part pour $\varepsilon \leq \frac{1}{2n}$ on a, $\int_{|x|\geq\varepsilon} \frac{\varphi_n(x)}{x}\,dx = \int_{\frac{1}{2n}}^{2} \frac{\varphi_n(x)}{x}\,dx \geq \int_{\frac{1}{n}}^{1} \frac{\varphi_n(x)}{x}\,dx = \int_{\frac{1}{n}}^{1} \frac{dx}{x} = \operatorname{Log} n$. Par conséquent $\langle vp\frac{1}{x}, \varphi_n\rangle \geq \operatorname{Log} n$ et l'inégalité (3.3) ne peut être satisfaite si $n \to +\infty$.

(v) Une distribution d'ordre infini

Soit T la forme linéaire sur $C_0^\infty(\mathbb{R})$ définie par $\langle T, \varphi\rangle = \sum_{j=0}^{+\infty} \varphi^{(j)}(j)$, où $\varphi^{(j)}$ est la dérivée j-ième de φ. Soit $K \subset\subset \mathbb{R}$; on a $K \subset [-N, N]$ où $N \in \mathbb{N} \setminus 0$. Si $\varphi \in C_0^\infty(K)$ on a $|\langle T, \varphi\rangle| \leq \sum_{j=0}^{N} |\varphi^{(j)}(j)| \leq \sum_{j=0}^{N} \sup_K |\varphi^{(j)}(x)|$. Donc T est une distribution. Si elle était d'ordre fini il existerait $k \in \mathbb{N}$ tel que pour tout compact K de $\mathbb{R}$ on ait,

$$|\langle T, \varphi\rangle| \leq C \sum_{j\leq k} \sup_K |\varphi^{(j)}(x)|. \tag{3.4}$$

Soit $\psi_0 \in C_0^\infty(\mathbb{R})$, $\psi_0(x) = 1$ si $|x| \leq \frac{1}{4}$, $\psi_0(x) = 0$ si $|x| \geq \frac{1}{2}$ et $0 \leq \psi_0 \leq 1$. Posons $\psi(x) = \frac{x^{k+1}}{(k+1)!}\psi_0(x)$. La formule de Leibniz montre que $\psi^{(k+1)}(0) = 1$. Soit $\varphi(x) = \psi(\lambda(x - (k+1)))$ où $\lambda \geq 1$ est destiné à tendre vers $+\infty$. On a $\operatorname{supp}\varphi \subset \left\{x : |x - (k+1)| \leq \frac{1}{2\lambda}\right\} \subset \left[k + \frac{1}{2}, k + \frac{3}{2}\right]$. On en déduit que $\varphi^{(j)}(j) = 0$ si $j \neq k+1$ et $\varphi^{(k+1)}(k+1) = \lambda^{k+1}\psi^{(k+1)}(0) = \lambda^{k+1}$. D'autre part pour $j \leq k$, $|\varphi^{(j)}(x)| \leq \lambda^j \sup_{\mathbb{R}} |\psi^{(j)}(y)| \leq \lambda^k \sup_{\mathbb{R}} |\psi^{(j)}|$. L'inégalité (3.4) appliquée à φ impliquerait donc que $\lambda^{k+1} \leq C\lambda^k \sum_{j=0}^{k} \sup_{\mathbb{R}} |\psi^{(j)}|$ ce qui est absurde si $\lambda \to +\infty$.

4 • Support d'une distribution

On va introduire pour les distributions une notion de support qui généralise la notion introduite dans le chapitre 1, paragraphe 2.1 pour les fonctions continues.

Définition 4.1. Soit $T \in \mathcal{D}'(\Omega)$ et ω un ouvert contenu dans Ω. On dit que T est nulle dans ω si $\langle T, \varphi\rangle = 0$ pour tout $\varphi \in C_0^\infty(\omega)$.

On a alors le résultat suivant.

Lemme 4.2. *Soit $(\omega_i)_{i\in I}$ une famille d'ouverts de Ω et $\omega = \bigcup_{i\in I} \omega_i$. Si $T \in \mathcal{D}'(\Omega)$ est nulle dans chaque ω_i alors T est nulle dans ω.*

Démonstration. Soit $\varphi \in C_0^\infty(\omega)$; posons $K = \operatorname{supp}\varphi$. On a $K \subset \bigcup_{i\in I} \omega_i$; la propriété de Borel-Lebesgue implique qu'il existe un ensemble fini d'indices

$J \subset I$ tel que $K \subset \bigcup_{i \in J} \omega_i$. Soit $(\chi_i)_{i \in J}$ une partition de l'unité relative au recouvrement $(\omega_i)_{i \in J}$ de K *i.e.* $\chi_i \in C_0^\infty(\omega_i)$ et $\sum_{i \in J} \chi_i(x) = 1$ pour $x \in \bigcup_{i \in J} \omega_i$. Comme φ est à support dans K on a $\varphi(x) = \sum_{i \in J} \chi_i(x)\varphi(x)$ et donc $\langle T, \varphi \rangle = \sum_{i \in J} \langle T, \chi_i \varphi \rangle$; or $\chi_i \varphi \in C_0^\infty(\omega_i)$ et $T = 0$ dans ω_i, donc $\langle T, \chi_i \varphi \rangle = 0$ et $\langle T, \varphi \rangle = 0$ *i.e.* $T = 0$ dans ω. ■

Ce lemme montre que pour toute distribution $T \in \mathcal{D}'(\Omega)$ il existe un plus grand ouvert où T est nulle : c'est la réunion de tous les ouverts où $T = 0$. On introduit alors la définition suivante.

Définition 4.3. Pour $T \in \mathcal{D}'(\Omega)$, le **support** de T, que l'on note $\operatorname{supp} T$, est le complémentaire du plus grand ouvert où T est nulle.

Remarquons que $\operatorname{supp} T$ est un fermé.

Voici des propriétés faciles à obtenir à partir de la définition.

$$(4.1) \qquad \begin{cases} \text{i)} & x_0 \notin \operatorname{supp} T \Longleftrightarrow \exists V_{x_0} \text{ voisinage ouvert de } x_0 \text{ tel que} \\ & \quad \langle T, \varphi \rangle = 0, \forall \varphi \in C_0^\infty(V_{x_0}), \\ \text{ii)} & x_0 \in \operatorname{supp} T \Longleftrightarrow \forall V_{x_0},\ \exists \varphi \in C_0^\infty(V_{x_0}),\ \langle T, \varphi \rangle \neq 0, \\ \text{iii)} & \operatorname{supp} T \subset F \Longleftrightarrow T = 0 \text{ dans } F^c. \end{cases}$$

Exemples 4.4

1) Si T est donnée par une fonction f continue sur Ω *i.e.* $T = T_f$ (cf. paragraphe 3, exemple (i)) alors $\operatorname{supp} T = \operatorname{supp} f$. En effet si $x_0 \notin \operatorname{supp} f$ il existe V_{x_0} tel que $f(x) = 0$ pour $x \in V_{x_0}$. Alors si $\varphi \in C_0^\infty(V_{x_0})$, $\varphi(x) f(x) = 0$ dans Ω et donc $\langle T, \varphi \rangle = \int f(x)\varphi(x) = 0$ *i.e.* $x_0 \notin \operatorname{supp} T$. Inversement si $x_0 \notin \operatorname{supp} T$ il existe V_{x_0} tel que $\int f(x)\varphi(x)dx = 0$, $\forall \varphi \in C_0^\infty(V_{x_0})$. On a montré au paragraphe 3, exemple (i) que ceci implique que $f(x) = 0$ dans V_{x_0} *i.e.* $x_0 \notin \operatorname{supp} f$.

2) Si $\langle T, \varphi \rangle = \partial^\alpha \varphi(x_0)$ (cf. paragraphe 3, exemple (iii)) on a, $\operatorname{supp} T = \{x_0\}$. En effet si $\varphi \in C_0^\infty(\Omega \setminus \{x_0\})$ on a $\langle T, \varphi \rangle = 0$, donc $\operatorname{supp} T \subset \{x_0\}$. Inversement $x_0 \in \operatorname{supp} T$. En effet soit V_{x_0} un voisinage ouvert de x_0 et $\chi \in C_0^\infty(V_{x_0})$, $\chi = 1$ au voisinage de x_0. Posons $\varphi(x) = \frac{(x-x_0)^\alpha}{\alpha!}\chi(x)$; alors $\varphi \in C_0^\infty(V_{x_0})$ et il est facile de voir, en utilisant la formule de Leibniz, que $\partial^\alpha \varphi(x_0) = 1$.

Nous allons voir, qu'à combinaison linéaire près, l'exemple 2 ci-dessus est le seul exemple de distribution à support concentré en un point. En effet on a le résultat suivant :

Théorème 4.5. *Soit $T \in \mathcal{D}'(\Omega)$ et $x_0 \in \Omega$. Supposons que $\operatorname{supp} T = \{x_0\}$. Il existe alors un entier k et des nombres complexes a_α, pour $|\alpha| \leq k$, tels que $\langle T, \varphi\rangle = \sum_{|\alpha|\leq k} a_\alpha \partial^\alpha \varphi(x_0)$, pour tout $\varphi \in C_0^\infty(\Omega)$.*

La preuve de ce théorème nécessite que l'on établisse auparavant certains résultats par ailleurs utiles en eux-mêmes.

Proposition 4.6. *Soit $T \in \mathcal{D}'(\Omega)$, $\varphi \in C_0^\infty(\Omega)$ tels que $\operatorname{supp} T \cap \operatorname{supp} \varphi = \emptyset$. Alors $\langle T, \varphi\rangle = 0$.*

Démonstration. On a $\operatorname{supp} \varphi \subset (\operatorname{supp} T)^c$, donc pour tout $x \in \operatorname{supp} \varphi$ il existe un voisinage ouvert V_x tel que $\langle T, \varphi\rangle = 0$ pour tout $\varphi \in C_0^\infty(V_x)$. Alors, $\operatorname{supp} \varphi \subset \bigcup_{x\in \operatorname{supp} \varphi} V_x$; comme $\operatorname{supp} \varphi$ est compact, la propriété de Borel-Lebesgue montre qu'il existe des points $x_1, x_2, \ldots, x_N$ de $\operatorname{supp} \varphi$ tels que $\operatorname{supp} \varphi \subset \bigcup_{i=1}^N V_{x_i}$. Soit (χ_i) une partition de l'unité associée au recouvrement $(V_{x_i})_{i=1,\ldots,N}$ *i.e.* $\chi_i \in C_0^\infty(V_{x_i})$ et $\sum_{i=1}^N \chi_i(x) = 1$ pour $x \in \operatorname{supp} \varphi$. Alors $\varphi = \sum_{i=1}^N \chi_i \varphi$ et donc $\langle T, \varphi\rangle = \sum_{i=1}^N \langle T, \chi_i \varphi\rangle = 0$, car $\chi_i \varphi \in C_0^\infty(V_{x_i})$. ■

Proposition 4.7. *Soit $k \in \mathbb{N}$. Soit $T \in \mathcal{D}'^{(k)}(\Omega)$ et $\varphi \in C_0^k(\Omega)$ telles que $\partial^\alpha \varphi(x) = 0$ pour $x \in \operatorname{supp} T$ et $|\alpha| \leq k$. Alors $\langle T, \varphi\rangle = 0$.*

Démonstration. Posons $K = \operatorname{supp} T \cap \operatorname{supp} \varphi$. Si $K = \emptyset$ le résultat découle de la proposition 4.6. Si $K \neq \emptyset$, posons $K_\varepsilon = \{x \in \mathbb{R}^n : d(x, K) \leq \varepsilon\}$ où d est la distance euclidienne et $\varepsilon > 0$. Il existe $\varepsilon_0 \in]0, 1]$ tel que $K_\varepsilon \subset \Omega$ pour $\varepsilon \in]0, \varepsilon_0]$. Soit $\chi_\varepsilon \in C_0^\infty(K_\varepsilon)$ telle que $\chi_\varepsilon = 1$ sur $K_{\varepsilon/2}$ et $|\partial^\alpha \chi_\varepsilon| \leq C_\alpha \varepsilon^{-|\alpha|}$. On écrit,

$$\langle T, \varphi\rangle = \langle T, \chi_\varepsilon \varphi\rangle + \langle T, (1 - \chi_\varepsilon)\varphi\rangle = (1) + (2). \tag{4.2}$$

Il résulte de la proposition 4.6 que le terme (2) est nul. En effet, $\operatorname{supp} T \cap \operatorname{supp}[(1 - \chi_\varepsilon)\varphi] \subset \operatorname{supp} T \cap \operatorname{supp} \varphi \cap \operatorname{supp}(1 - \chi_\varepsilon) \subset K \cap K^c_{\varepsilon/2} = \emptyset$. On déduit de (4.2) qu'il existe $C > 0$ indépendante de ε telle que,

$$\begin{aligned}
|\langle T, \varphi\rangle| &\leq C \sum_{|\alpha|\leq k} \sup_{K_\varepsilon} |\partial^\alpha(\chi_\varepsilon \varphi)| \\
&\leq C \sum_{|\alpha|\leq k} \sum_{\beta\leq\alpha} \binom{\alpha}{\beta} C_{\alpha-\beta} \big(\sup_{K_\varepsilon} |\partial^\beta \varphi|\big)\, \varepsilon^{|\beta|-|\alpha|}.
\end{aligned}$$

Comme $|\beta| - |\alpha| \geq |\beta| - k$ et $\varepsilon \leq 1$ on a, $\varepsilon^{|\beta|-|\alpha|} \leq \varepsilon^{|\beta|-k}$, d'où

$$|\langle T, \varphi\rangle| \leq C' \sum_{|\beta|\leq k} \varepsilon^{|\beta|-k} \sup_{K_\varepsilon} |\partial^\beta \varphi| .$$

Nous allons montrer que,

$$\lim_{\varepsilon\to 0} \varepsilon^{|\beta|-k} \sup_{K_\varepsilon} |\partial^\beta \varphi| = 0, \quad |\beta| \leq k, \tag{4.3}$$

ce qui terminera la preuve du théorème. Tout d'abord si $|\beta| = k$ il existe $x_\varepsilon \in K_\varepsilon$ tel que $\sup_{K_\varepsilon} |\partial^\beta \varphi(x)| = |\partial^\beta \varphi(x_\varepsilon)|$. Comme $d(x_\varepsilon, K) \leq \varepsilon$ il existe $x_0 \in K$ tel que $d(x_\varepsilon, K) = |x_\varepsilon - x_0| \leq \varepsilon$. Soit $\delta > 0$; la fonction $\partial^\beta\varphi$ étant uniformément continue sur $\mathbb{R}^n$, il existe $\eta > 0$ tel que $|x - x'| \leq \eta$ implique $|\partial^\beta\varphi(x) - \partial^\beta\varphi(x')| \leq \delta$. Prenons $\varepsilon \leq \eta$, $x_\varepsilon = x$, $x_0 = x'$. Alors $|\partial^\beta\varphi(x_\varepsilon) - \partial^\beta\varphi(x_0)| \leq \delta$. Or $x_0 \in K \subset \operatorname{supp} T$, donc par hypothèse $\partial^\beta\varphi(x_0) = 0$ d'où $|\partial^\beta\varphi(x_\varepsilon)| \leq \delta$, ce qui prouve (4.3) pour $|\beta| = k$.
Supposons maintenant $|\beta| < k$. Appliquons la formule de Taylor avec reste intégral à la fonction $\partial^\beta\varphi$ et aux points x_ε, x_0 définis ci-dessus *i.e.* $x_0 \in K$ et $|x_\varepsilon - x_0| \leq \varepsilon$. Il vient,

$$\begin{aligned}|\partial^\beta\varphi(x_\varepsilon)| \leq & \sum_{|\gamma|\leq k-1-|\beta|} \frac{1}{\gamma!} |\partial^{\gamma+\beta}\varphi(x_0)|\,|(x - x_0)^\gamma| \\ & + C \sum_{|\gamma|=k-|\beta|} \int_0^1 (1-t)^{k-|\beta|-1} |\partial^{\gamma+\beta}\varphi(tx_\varepsilon + (1-t)x_0)|\,|(x_\varepsilon - x_0)^\gamma|\,dt.\end{aligned}$$

On a pour $t \in [0,1]$, $tx_\varepsilon + (1-t)x_0 \in K_\varepsilon$, car $|tx_\varepsilon + (1-t)x_0 - x_0| = t|x_\varepsilon - x_0|$. D'autre part, par hypothèse, $\partial^{\gamma+\beta}\varphi(x_0) = 0$ pour $|\gamma| + |\beta| \leq k - 1$, car $x_0 \in K \subset \operatorname{supp} T$. On en déduit, puisque $|x_\varepsilon - x_0| \leq \varepsilon$,

$$|\partial^\beta\varphi(x_\varepsilon)| \leq C' \sum_{|\gamma|=k-|\beta|} \varepsilon^{|\gamma|} \sup_{K_\varepsilon} |\partial^{\gamma+\beta}\varphi| = C'\varepsilon^{k-|\beta|} \sum_{|\gamma|+|\beta|=k} \sup_{K_\varepsilon} |\partial^{\gamma+\beta}\varphi| .$$

Par conséquent pour $|\beta| < k$,

$$\varepsilon^{|\beta|-k} |\partial^\beta\varphi(x_\varepsilon)| \leq C \sum_{|\alpha|=k} \sup_{K_\varepsilon} |\partial^\alpha\varphi|$$

et le membre de droite tend vers zéro avec ε d'après l'étape précédente. ■

Démonstration du théorème 4.5. Soit ω un ouvert contenant x_0 tel que $\overline{\omega}$ soit un compact contenu dans Ω. On sait (exemple 2.2) qu'il existe $k \in \mathbb{N}$ tel que $T \in \mathcal{D}'^{(k)}(\omega)$. Soit $\chi \in C_0^\infty(\omega)$, $\chi = 1$ au voisinage de x_0. On a, pour

$\varphi \in C_0^\infty(\Omega)$, $\langle T, \varphi\rangle = \langle T, \chi\varphi\rangle + \langle T, (1-\chi)\varphi\rangle = (1) + (2)$; le terme (2) est nul car $\operatorname{supp} T \cap \operatorname{supp}(1-\chi) = \emptyset$. Considérons la fonction

$$\psi(x) = \chi(x)\Big[\varphi(x) - \sum_{|\alpha|\leq k} \frac{1}{\alpha!}\partial^\alpha\varphi(x_0)(x-x_0)^\alpha\Big].$$

On a $\psi \in C_0^\infty(\omega)$ et $\partial^\beta\psi(x_0) = 0$ pour $|\beta| \leq k$, d'après la formule de Leibniz. Comme $\operatorname{supp} T = \{x_0\}$ on peut appliquer la proposition 4.7 à la distribution T, la fonction ψ et l'ouvert ω. On en déduit $\langle T, \psi\rangle = 0$, d'où $\langle T, \varphi\rangle = \langle T, \chi\varphi\rangle = \sum_{|\alpha|\leq k} \frac{1}{\alpha!}\partial^\alpha\varphi(x_0)\,\langle T, \chi_1\rangle$, où $\chi_1(x) = \chi(x)(x-x_0)^\alpha$, ce qui prouve le théorème 4.5. ■

5 • Distributions à support compact

Définition 5.1. On note $\mathcal{E}'(\Omega)$ l'espace vectoriel sur $\mathbb{C}$ des distributions à support compact.

Le résultat principal de ce paragraphe est le suivant.

Théorème 5.2. *Il existe une application linéaire bijective Φ de $\mathcal{E}'(\Omega)$ dans le dual de $C^\infty(\Omega)$ qui permet d'identifier $\mathcal{E}'(\Omega)$ à $(C^\infty(\Omega))'$.*

Démonstration. Nous allons d'abord définir Φ puis montrer qu'elle est bijective.

Proposition 5.3. *Soit $T \in \mathcal{E}'(\Omega)$ et $K_0 = \operatorname{supp} T$. Il existe une unique application linéaire $\tilde{T}$ de $C^\infty(\Omega)$ dans $\mathbb{C}$ telle que*

(i) $\langle \tilde{T}, \varphi\rangle = \langle T, \varphi\rangle$ *si* $\varphi \in C_0^\infty(\Omega)$.

(ii) $\langle \tilde{T}, \varphi\rangle = 0$ *si* $\varphi \in C^\infty(\Omega)$, $\operatorname{supp}\varphi \cap K_0 = \emptyset$.

(iii) Il existe $k \in \mathbb{N}$, un compact $K \subset \Omega$ (voisinage arbitraire de K_0) et $C > 0$ tels que

$$(5.1) \qquad |\langle \tilde{T}, \varphi\rangle| \leq C \sum_{|\alpha|\leq k} \sup_K |\partial^\alpha\varphi|, \quad \forall\varphi \in C^\infty(\Omega).$$

On note Φ l'application $T \mapsto \tilde{T}$.

Démonstration

a) *Unicité.* Soit $\tilde{T}_1, \tilde{T}_2$ vérifiant (i)–(iii). Soit $\chi \in C_0^\infty(\Omega)$, $\chi = 1$ sur un voisinage de K_0. Pour $j = 1, 2$ et $\varphi \in C^\infty(\Omega)$ on écrit $\langle \tilde{T}_j, \varphi\rangle = \langle \tilde{T}_j, \chi\varphi\rangle + \langle \tilde{T}_j, (1-\chi)\varphi\rangle$. Comme $\operatorname{supp}[(1-\chi)\varphi] \cap K_0 = \emptyset$ il résulte de (ii) que $\langle \tilde{T}_j, (1-\chi)\varphi\rangle = 0$ et puisque $\chi\varphi \in C_0^\infty(\Omega)$ on a, d'après (i), $\langle \tilde{T}_j, \chi\varphi\rangle = \langle T, \chi\varphi\rangle$. Par conséquent $\langle \tilde{T}_1, \varphi\rangle = \langle \tilde{T}_2, \varphi\rangle = \langle T, \chi\varphi\rangle$ *i.e.* $\tilde{T}_1 = \tilde{T}_2$.

b) *Existence.* Posons pour $\varphi \in C^\infty(\Omega)$, $\langle \tilde{T}, \varphi \rangle = \langle T, \chi\varphi \rangle$, où $\chi \in C_0^\infty(\Omega)$, $\chi = 1$ sur un voisinage de K_0. Montrons que $\tilde{T}$ vérifie (i)–(iii).

(i) Si $\varphi \in C_0^\infty(\Omega)$ on a $\operatorname{supp}[(1-\chi)\varphi] \cap \operatorname{supp} T = \operatorname{supp}[(1-\chi)\varphi] \cap K_0 = \emptyset$. Il résulte de la proposition 4.6 que $\langle T, (1-\chi)\varphi \rangle = 0$; par conséquent $\langle \tilde{T}, \varphi \rangle = \langle T, \chi\varphi \rangle + \langle T, (1-\chi)\varphi \rangle = \langle T, \varphi \rangle$.

(ii) Soit $\varphi \in C^\infty(\Omega)$ telle que $\operatorname{supp}\varphi \cap K_0 = \emptyset$. On a $K_0 \subset (\operatorname{supp}\varphi)^c$. Il existe donc un ouvert $\mathcal{O}$ tel que $\overline{\mathcal{O}}$ soit compact, $K_0 \subset \mathcal{O}$ et $\overline{\mathcal{O}} \subset (\operatorname{supp}\varphi)^c$. Soit $\chi_1 \in C_0^\infty((\operatorname{supp}\varphi)^c)$, $\chi_1 = 1$ sur $\overline{\mathcal{O}}$. Comme $\operatorname{supp}\chi_1 \subset (\operatorname{supp}\varphi)^c$ on a $\chi_1\varphi = 0$ d'où, $\langle T, \chi_1\varphi \rangle = 0$. Puisque $\operatorname{supp}(\chi - \chi_1) \cap K_0 = \emptyset$ on a, $\langle T, (\chi - \chi_1)\varphi \rangle = 0$, d'après la proposition 4.6. Alors $\langle \tilde{T}, \varphi \rangle = \langle T, \chi\varphi \rangle = \langle T, (\chi - \chi_1)\varphi \rangle + \langle T, \chi_1\varphi \rangle = 0$.

(iii) Comme pour tout $\varphi \in C^\infty(\Omega)$ on a, $\operatorname{supp}\chi\varphi \subset \operatorname{supp}\chi = K$ et puisque T est une distribution, il existe $k \in \mathbb{N}$ et $C > 0$ tels que,

$$|\langle \tilde{T}, \varphi \rangle| = |\langle T, \chi\varphi \rangle| \leq C \sum_{|\alpha| \leq k} \sup_K |\partial^\alpha(\chi\varphi)|, \quad \forall \varphi \in C^\infty(\Omega).$$

Il résulte de la formule de Leibniz que (5.1) est satisfaite. ■

Compte tenu de la topologie de l'espace $C^\infty(\Omega)$, la propriété (iii) exprime que l'application linéaire $\tilde{T}$ est continue de $C^\infty(\Omega)$ dans $\mathbb{C}$; donc $\tilde{T} \in (C^\infty(\Omega))'$.

Soit Φ l'application de $\mathcal{E}'(\Omega)$ dans $(C^\infty(\Omega))'$, $T \mapsto \tilde{T}$. Cette application est évidemment linéaire : elle est de plus injective car si $\tilde{T} = 0$ on a $T = 0$ d'après (i). Il reste à prouver qu'elle est surjective. Il suffit pour cela de construire un inverse à droite. Cela résulte de la proposition suivante.

Proposition 5.4. *Soit $\tilde{T} \in (C^\infty(\Omega))'$. La restriction de $\tilde{T}$ à $C_0^\infty(\Omega)$ est une distribution à support compact. L'application $R : \tilde{T} \mapsto \tilde{T}|_{C_0^\infty(\Omega)}$ de $(C^\infty(\Omega))'$ dans $\mathcal{E}'(\Omega)$ est un inverse à droite de l'application Φ définie ci-dessus.*

Démonstration. Par hypothèse il existe un compact K de Ω, un entier k et $C > 0$ tels que $|\langle \tilde{T}, \varphi \rangle| \leq C \sum_{|\alpha| \leq k} \sup_K |\partial^\alpha\varphi|$, pour tout $\varphi \in C^\infty(\Omega)$. Ceci est en particulier vrai pour $\varphi \in C_0^\infty(\Omega)$ et donc $\tilde{T}|_{C_0^\infty(\Omega)}$ est une distribution d'après (1.1). De plus si $\varphi \in C_0^\infty(\Omega)$ et $\operatorname{supp}\varphi \cap K = \emptyset$ on a $\partial^\alpha\varphi(x) = 0$, pour $\alpha \in \mathbb{N}$ et $x \in K$; par conséquent $\langle \tilde{T}, \varphi \rangle = 0$. Ceci prouve que $\operatorname{supp} \tilde{T}|_{C_0^\infty(\Omega)} \subset K$. Donc $\tilde{T}|_{C_0^\infty(\Omega)} \in \mathcal{E}'(\Omega)$. Montrons que $\Phi \circ R(\tilde{T}) = \tilde{T}$, pour tout $\tilde{T} \in (C^\infty(\Omega))'$. Soit $\tilde{T} \in (C^\infty(\Omega))'$; d'après (5.1) il existe un compact K de Ω tel que si $\varphi \in C^\infty(\Omega)$ et $\operatorname{supp}\varphi \cap K = \emptyset$ alors $\langle \tilde{T}, \varphi \rangle = 0$. En particulier ceci est vrai pour $\varphi \in C_0^\infty(\Omega)$ et prouve que $\operatorname{supp} R(\tilde{T}) = K_0 \subset K$. Soit $\chi \in C_0^\infty(\Omega)$, $\chi = 1$ sur un voisinage de K. Pour $\varphi \in C^\infty(\Omega)$ on a, d'après la proposition 5.3,

$\langle \Phi \circ R(\tilde{T}), \varphi \rangle = \langle R(\tilde{T}), \chi\varphi \rangle = \langle \tilde{T}, \chi\varphi \rangle$, car $\chi\varphi \in C_0^\infty(\Omega)$. D'autre part, $\langle \tilde{T}, (1-\chi)\varphi \rangle = 0$, d'après ci-dessus puisque $\operatorname{supp}[(1-\chi)\varphi] \cap K = \emptyset$ et donc $\langle \Phi \circ R(\tilde{T}), \varphi \rangle = \langle \tilde{T}, \chi\varphi \rangle + \langle \tilde{T}, (1-\chi)\varphi \rangle = \langle \tilde{T}, \varphi \rangle$. ■

Remarques 5.5

a) On a vu (cf. chapitre 1, paragraphe 1.3) que la topologie naturelle de $C^\infty(\Omega)$ (la convergence uniforme sur tout compact de toutes les dérivées) était métrisable. Continuité et continuité sur les suites sont alors équivalentes. Une application linéaire $T : C^\infty(\Omega) \to \mathbb{C}$ appartient alors à $\mathcal{E}'(\Omega)$ si et seulement si pour toute suite $(\varphi_j) \subset C^\infty(\Omega)$ telle que pour tout $\alpha \in \mathbb{N}$ $(\partial^\alpha \varphi_j) \to 0$ uniformément sur tout compact de Ω on a, $\lim_{j \to +\infty} \langle T, \varphi_j \rangle = 0$.

b) Les distributions à support compact sont d'ordre fini. En effet l'inégalité (5.1), dans la proposition 5.3, est vraie avec le même entier k pour tous les compacts.

c) Il résulte de la proposition 5.3 (iii) que le compact K intervenant dans l'inégalité (5.1) est un voisinage arbitrairement proche de $\operatorname{supp} T$. Cependant, en général, on ne peut pas prendre $K = \operatorname{supp} T$. Voici un exemple. Soit T la forme linéaire sur $C_0^\infty(\mathbb{R})$ définie par $\langle T, \varphi \rangle = \sum_{j=1}^{+\infty} \frac{1}{j}\left(\varphi(\frac{1}{j}) - \varphi(0)\right)$. On a $T \in \mathcal{D}'^{(1)}(\mathbb{R})$. En effet pour $\varphi \in C_0^\infty(\mathbb{R})$ on peut écrire, $\varphi(x) = \varphi(0) + x\psi(x)$ où $\psi \in C^\infty(\mathbb{R})$ et $\sup_{\mathbb{R}} |\psi(x)| \leq \sup_{\mathbb{R}} |\varphi'(x)|$. Par conséquent $\frac{1}{j}\left|\varphi(\frac{1}{j}) - \varphi(0)\right| \leq \frac{1}{j^2} \sup_{\mathbb{R}} |\varphi'(x)|$, de sorte que, $|\langle T, \varphi \rangle| \leq C \sup_K |\varphi'(x)|$, si $\varphi \in C_0^\infty(K)$. Il est ensuite facile de voir que $\operatorname{supp} T = \bigcup_{j \geq 1} \left\{\frac{1}{j}\right\} \cup \{0\}$ qui est un compact de $\mathbb{R}$. En effet notons K_0 ce dernier ensemble. Si $\varphi \in C_0^\infty(\mathbb{R} \setminus K_0)$ alors $\varphi(\frac{1}{j}) = \varphi(0) = 0$ pour tout $j \geq 1$ donc $\operatorname{supp} T \subset K_0$. Ensuite soit $j_0 \geq 1$. Soit $\varphi \in C_0^\infty(\mathbb{R})$ telle que $\varphi = 1$ près de $\frac{1}{j_0}$ et à support contenu dans un voisinage de $\frac{1}{j_0}$ ne rencontrant pas les points $\frac{1}{j}$ pour $j \neq j_0$. Alors $\langle T, \varphi \rangle = \frac{1}{j_0} \neq 0$ donc $\frac{1}{j_0} \in \operatorname{supp} T$. On en déduit que $\bigcup_{j \geq 1} \left\{\frac{1}{j}\right\} \subset K_0$ et comme K_0 est un fermé et $\frac{1}{j} \to 0$ on a aussi $0 \in K_0$. Donc $\bigcup_{j \geq 1} \left\{\frac{1}{j}\right\} \cup \{0\} \subset \operatorname{supp} T$. Nous allons enfin montrer qu'une inégalité du type $|\langle T, \varphi \rangle| \leq C \sum_{|\alpha| \leq k} \sup_{K_0} |\partial^\alpha \varphi|$ est fausse en général. En effet, soit $N \geq 1$ un entier fixé. Soit $\varepsilon > 0$ tel que $\frac{1}{N} - 2\varepsilon > \frac{1}{N+1}$. Soit $\varphi \in C_0^\infty(\mathbb{R})$ telle que $\varphi(x) = 1$ si $x \in \left[\frac{1}{N} - \varepsilon, 1 + \varepsilon\right]$, $\varphi(x) = 0$ si $x \geq 1 + 2\varepsilon$ ou $x \leq \frac{1}{N} - 2\varepsilon$, $0 \leq \varphi \leq 1$. Alors $\langle T, \varphi \rangle = \sum_{j=1}^{N} \frac{1}{j}$. D'autre part comme φ est égale à zéro ou un dans un voisinage des points de K_0 on a, $|\varphi(x)| \leq 1$ et $\partial^\alpha \varphi(x) = 0$ si $|\alpha| \geq 1$ et $x \in K_0$. Donc $\langle T, \varphi \rangle \to +\infty$ si $N \to +\infty$ tandis que le membre de droite de l'inégalité est majoré par une constante indépendante de N, ce qui est impossible.

d) La proposition 4.6 s'étend au cas où $T \in \mathcal{E}'(\Omega)$ et $\varphi \in C^\infty(\Omega)$. Si $\operatorname{supp} T \cap \operatorname{supp} \varphi = \emptyset$ alors $\langle T, \varphi \rangle = 0$. En effet on a $\langle T, \varphi \rangle = \langle T, \varphi\psi \rangle$ où $\psi \in C_0^\infty(\Omega)$, $\psi = 1$ sur un voisinage de $\operatorname{supp} T$. Alors $\psi\varphi \in C_0^\infty$ et $\operatorname{supp} T \cap \operatorname{supp}(\psi\varphi) \subset \operatorname{supp} T \cap \operatorname{supp} \varphi = \emptyset$; la proposition 4.6 implique que $\langle T, \varphi \rangle = 0$.

En résumé

(i) $T \in \mathcal{D}'(\Omega)$ si et seulement si,

(a) T est une application linéaire de $C_0^\infty(\Omega)$ dans $\mathbb{C}$.

(b) $\forall K \subset\subset \Omega,\ \exists C > 0,\ \exists k \in \mathbb{N} : |\langle T, \varphi \rangle| \leq C \sum_{|\alpha| \leq k} \sup_K |\partial^\alpha \varphi|$, $\forall \varphi \in C_0^\infty(K)$.

(ii) $T \in \mathcal{D}'^{(k)}(\Omega)$ si et seulement si,

(a) T est une application linéaire de $C_0^k(\Omega)$ dans $\mathbb{C}$.

(b) $\forall K \subset\subset \Omega,\ \exists C > 0 : |\langle T, \varphi \rangle| \leq C \sum_{|\alpha| \leq k} \sup_K |\partial^\alpha \varphi|,\ \forall \varphi \in C_0^k(K)$.

(iii) $T \in \mathcal{E}'(\Omega)$ si et seulement si,

(a) T est une application linéaire de $C^\infty(\Omega)$ dans $\mathbb{C}$.

(b) $\exists K \subset\subset \Omega,\ \exists k \in \mathbb{N} : |\langle T, \varphi \rangle| \leq C \sum_{|\alpha| \leq k} \sup_K |\partial^\alpha \varphi|,\ \forall \varphi \in C^\infty(\Omega)$.

Ici le compact K peut être pris comme voisinage arbitrairement proche du support de T.

6 • Un lemme utile

Nous démontrons dans ce paragraphe l'analogue, pour les distributions, du théorème de « dérivation sous le signe somme » pour les intégrales.

Lemme 6.1. *Soit I un intervalle ouvert de $\mathbb{R}$ et $k \in \mathbb{N}$. On considère, pour tout $\lambda \in I$, une fonction $x \mapsto \varphi(x, \lambda)$ appartenant à $C_0^\infty(\Omega)$, où Ω est un ouvert de $\mathbb{R}^n$. On suppose que*

(i) $\forall \alpha \in \mathbb{N}^n$, $\forall \ell = 0, \ldots, k$, la fonction $(x, \lambda) \mapsto \partial_x^\alpha \partial_\lambda^\ell \varphi(x, \lambda)$ existe et est continue sur $\Omega \times I$.

(ii) $\forall \lambda_0 \in I$, $\exists \delta > 0$, $\exists K \subset \Omega$ compact tels que $\operatorname{supp}_x(\partial_\lambda^\ell \varphi) \subset K$, pour tout $\lambda \in [\lambda_0 - \delta, \lambda_0 + \delta]$ et tout $\ell = 0, \ldots, k$.

Soit $T \in \mathcal{D}'(\Omega)$. On pose $G(\lambda) = \langle T, \varphi(\cdot, \lambda) \rangle$. Alors la fonction G est C^k sur I et $\left(\frac{d}{d\lambda}\right)^\ell G(\lambda) = \langle T, \partial_\lambda^\ell \varphi(\cdot, \lambda) \rangle$, $\forall \ell = 0, \ldots, k$, $\lambda \in I$.

Dans le cas où T est à support compact la condition (ii) est inutile et l'énoncé est plus simple.

Lemme 6.2. *Soit I un intervalle ouvert de $\mathbb{R}$ et $k \in \mathbb{N}$. On se donne pour tout $\lambda \in I$ une fonction $x \mapsto \varphi(x, \lambda)$ appartenant à $C^\infty(\Omega)$. On suppose :*

$\forall \alpha \in \mathbb{N}^n$, $\forall \ell = 0, \dots k$, la fonction $(x, \lambda) \mapsto \partial_x^\alpha \partial_\lambda^\ell \varphi(x, \lambda)$ existe et est continue sur $\Omega \times I$.

Soit $T \in \mathcal{E}'(\Omega)$. On pose $G(\lambda) = \langle T, \varphi(\cdot, \lambda)\rangle$. Alors la fonction G est C^k sur I et $\left(\frac{d}{d\lambda}\right)^\ell G(\lambda) = \langle T, \partial_\lambda^\ell \varphi(\cdot, \lambda)\rangle$, pour tous $\ell = 0, \dots, k$, $\lambda \in I$.

Remarques 6.3

1) On a des énoncés tout à fait analogues si λ appartient à un ouvert $\mathcal{O}$ de $\mathbb{R}^d$; il suffit de prendre dans (i), $\ell \in \mathbb{N}^\alpha$, $|\ell| \leq k$ et dans (ii), $||\lambda - \lambda_0|| < \delta$.

2) Il y a un énoncé « holomorphe » qui se déduit des lemmes ci-dessus. En effet supposons que pour tout x fixé dans Ω la fonction $z \mapsto \varphi(x, z)$ soit holomorphe dans un ouvert $\mathcal{O}$ de $\mathbb{C}$. Supposons d'autre part que la fonction, $(\lambda, \mu) \mapsto G(\lambda + i\mu) = \langle T, \varphi(\cdot, \lambda + i\mu)\rangle$ soit de classe C^1 dans $\mathcal{O}$ considéré comme ouvert de $\mathbb{R}^2$ et que l'on peut dériver sous le signe $\langle\ ,\ \rangle$ (ce qui peut se vérifier à l'aide des lemmes 6.1 ou 6.2). Alors la fonction $z \mapsto G(z)$ est holomorphe dans $\mathcal{O}$. On reviendra sur ce point après la preuve du lemme 6.1.

Démonstration du lemme 6.1. On raisonne par récurrence sur k.

a) On commence par le cas $k = 0$. Soit $\lambda_0 \in I$ et $(\lambda_j)_j$ une suite de I qui tend vers λ_0. Posons $\psi_j(x) = \varphi(x, \lambda_j) - \varphi(x, \lambda_0)$. On doit montrer que $\lim_{j \to +\infty} \langle T, \psi_j\rangle = 0$. Comme $(\psi_j) \subset C_0^\infty(\Omega)$, il suffit de montrer que $(\psi_j) \to 0$ dans C_0^∞ c'est-à-dire,

1) $\exists K \subset\subset \Omega : \operatorname{supp} \psi_j \subset K$, $\forall j \geq j_0$,

2) $\lim_{j \to +\infty} \sup_K |\partial^\alpha \psi_j| = 0$, pour tout $\alpha \in \mathbb{N}^n$.

Tout d'abord il existe $j_0 \in \mathbb{N}$ tel que $|\lambda_j - \lambda_0| \leq \delta$, pour $j \geq j_0$, où δ est donné par l'hypothèse (ii). Alors d'après (ii), il existe un compact K de Ω tel que $\operatorname{supp} \psi_j \subset K$ pour $j \geq j_0$ ce qui prouve 1). Ensuite, pour tout $\alpha \in \mathbb{N}^n$ la fonction $(x, \lambda) \mapsto \partial_x^\alpha \varphi(x, \lambda)$ est continue d'après (i) et donc uniformément continue sur $F = K \times [\lambda_0 - \delta, \lambda_0 + \delta]$, ce qui implique que,

$$\forall \varepsilon > 0,\ \exists \eta > 0 : (x, \lambda) \in F,\ (x', \lambda') \in F,$$
$$||(x, \lambda) - (x', \lambda')|| \leq \eta \Rightarrow |\partial^\alpha \varphi(x, \lambda) - \partial^\alpha \varphi(x', \lambda')| < \varepsilon.$$

Soit $\varepsilon > 0$ et prenons $j \geq j_1$ pour que $|\lambda_j - \lambda_0| \leq \min(\delta, \eta)$. Alors, pour tout x dans K on a $(x, \lambda_0) \in F$, $(x, \lambda_j) \in F$ et donc $|\partial_x^\alpha \psi_j(x)| = |\partial_x^\alpha \varphi(x, \lambda_j) - \partial_x^\alpha \varphi(x, \lambda_0)| \leq \varepsilon$ *i.e.* $\sup_K |\partial_x^\alpha \psi_j| \leq \varepsilon$, ce qui prouve que $\lim_{j \to +\infty} \sup_K |\partial^\alpha \psi_j| = 0$.

b) Supposons le lemme vrai au rang $k \geq 0$ et prouvons le au rang $k+1$. Montrer que $G \in C^{k+1}(I)$ revient à montrer que $G^{(k)} \in C^1(I)$. Prouvons tout d'abord que $G^{(k)}$ est dérivable en tout point λ_0 de I. On montre pour cela que pour toute suite (h_j) de $\mathbb{R}$ qui tend vers zéro,

$$(6.1) \qquad \lim_{j\to+\infty} \left| \frac{G^{(k)}(\lambda_0 + h_j) - G^{(k)}(\lambda_0)}{h_j} - \langle T, \partial_\lambda^{k+1}\varphi(\cdot, \lambda_0)\rangle \right| = 0.$$

Posons pour j assez grand,

$$\psi_j(x) = \frac{\partial_\lambda^k \varphi(x, \lambda_0 + h_j) - \partial_\lambda^k \varphi(x, \lambda_0)}{h_j} - \partial_\lambda^{k+1}\varphi(x, \lambda_0).$$

La formule (6.1) s'écrit, d'après la récurrence, $\lim\limits_{j\to+\infty} \langle T, \psi_j\rangle = 0$. Comme précédemment il suffit de prouver que $(\psi_j) \to 0$ dans $C_0^\infty(\Omega)$.

Tout d'abord il existe j_0 tel que pour $j \geq j_0$, $\lambda_0 + h_j$ et λ_0 appartiennent à $[\lambda_0 - \delta, \lambda_0 + \delta]$. Donc $\operatorname{supp}(\psi_j) \subset K$ d'après (ii). Ensuite on peut écrire,

$$\partial_x^\alpha \psi_j(x) = \frac{1}{h_j}\int_{\lambda_0}^{\lambda_0+h_j} \Big[\partial_x^\alpha \partial_\lambda^{k+1}\varphi(x,\lambda) - \partial_x^\alpha \partial_\lambda^{k+1}\varphi(x, \lambda_0)\Big]\, d\lambda.$$

D'après la continuité uniforme sur $K \times [\lambda_0 - \delta, \lambda_0 + \delta]$ de la fonction $\partial_x^\alpha \partial_\lambda^{k+1}\varphi$, ε étant donné il existe j_1 tel que pour $j \geq j_1$ on ait $|\partial_x^\alpha \psi_j(x)| \leq \varepsilon$ pour tout $x \in K$, d'où $\lim\limits_{j\to+\infty} \sup\limits_k |\partial_x^\alpha \psi_j| = 0$. Il en résulte que $G^{(k)}$ est dérivable en λ_0 et que

$$(6.2) \qquad G^{(k+1)}(\lambda_0) = \langle T, \partial_\lambda^{k+1}\varphi(\cdot, \lambda_0)\rangle.$$

Maintenant, compte-tenu des hypothèses faites sur φ au rang $k+1$ et d'après l'étape a), le second membre de la formule (6.2) est une fonction continue de λ_0 sur I et donc $G \in C^{k+1}(I)$. ■

La preuve du lemme 6.2 est tout à fait analogue.

Revenons sur la remarque 6.3. Une fonction $z \mapsto F(z)$ est holomorphe dans $\mathcal{O}$ si et seulement si la fonction $(\lambda, \mu) \mapsto F(\lambda + i\mu)$ est C^1 dans $\mathcal{O}$ considéré comme ouvert de $\mathbb{R}^2$ et $\frac{\partial F}{\partial \bar z} = \frac{1}{2}\big(\frac{\partial}{\partial \lambda} + i\ \frac{\partial}{\partial \mu}\big)F = 0$ (les conditions de Cauchy). Ici nous avons supposé que $(\lambda, \mu) \mapsto G(\lambda + i\mu)$ était C^1 et que $\frac{\partial}{\partial \bar z}G(z) = \big\langle T, \frac{\partial \varphi}{\partial \bar z}(\cdot, z)\big\rangle$. Comme φ est holomorphe en z on a $\frac{\partial \varphi}{\partial \bar z}(x, z) = 0$ pour tout x. Donc G est holomorphe.

Corollaire 6.4. *Soit $\mathcal{O}$ un ouvert de $\mathbb{R}^p$, Ω un ouvert de $\mathbb{R}^n$ et f un élément de $C_0^\infty(\mathcal{O} \times \Omega)$. Soit $T \in \mathcal{D}'(\Omega)$. Alors*

$$\left\langle T, \int f(t,\cdot)\,dt \right\rangle = \int \langle T, f(t,\cdot)\rangle\,dt.$$

Démonstration. Pour simplifier nous supposerons $p = 1$ et $\mathcal{O} =]a,b[$. La preuve du cas général est tout à fait semblable. Supposons $\operatorname{supp} f \subset [c,d] \times K$ et considérons pour $\lambda \in \mathcal{O}$, $x \in \Omega$, la fonction $\varphi(x,\lambda) = \int_c^\lambda f(t,x)\,dt$. L'intégration ayant lieu sur un compact il est facile de voir que, $\forall \alpha \in \mathbb{N}^n$, $\forall \ell = 0,1$, la fonction $(x,\lambda) \mapsto \partial_x^\alpha \partial_\lambda^\ell \varphi(x,\lambda)$ existe et est continue sur $\mathcal{O} \times \Omega$. D'autre part si $x \notin K$, $f(t,x) = 0$ pour tout $t \in (c,\lambda)$, de sorte que $\operatorname{supp}_x \partial_\lambda^\ell \varphi(x,\lambda) \subset K$, $\ell = 0,1$. Posons $G(\lambda) = \langle T, \varphi(\cdot,\lambda)\rangle$. D'après le lemme 6.1, $G \in C^1$ sur $\mathcal{O}$ et $G'(\lambda) = \langle T, f(\lambda,\cdot)\rangle$. Alors

$$\int_c^\lambda G'(t)\,dt = G(\lambda) - G(c) = \int_c^\lambda \langle T, f(t,\cdot)\rangle\,dt.$$

Comme $\varphi(\cdot,c) = 0$ on a $G(c) = 0$, d'où pour tout $\lambda \in \mathcal{O}$,

$$G(\lambda) = \left\langle T, \int_c^\lambda f(t,\cdot)\,dt \right\rangle = \int_c^\lambda \langle T, f(t,\cdot)\rangle\,dt.$$

Il suffit de prendre $\lambda = d$ et de remarquer que f est nulle hors de $[c,d]$. ■

Chapitre 3

Opérations sur les distributions

On introduit deux opérations sur les distributions : la multiplication par une fonction C^∞ et la dérivation. On étudie leurs propriétés puis on donne des outils pour calculer, en toute dimension, les dérivées de distributions. On termine par des exemples et on introduit la notion de solution élémentaire.

1 • Multiplication par une fonction C^∞

Théorème - Définition 1.1. *Soit $T \in \mathcal{D}'(\Omega)$ et $a \in C^\infty(\Omega)$. La forme linéaire aT sur $C_0^\infty(\Omega)$ définie par,*

$$(1.1) \qquad \langle aT, \varphi\rangle = \langle T, a\varphi\rangle, \quad \varphi \in C_0^\infty(\Omega),$$

est une distribution.

En effet puisque $T \in \mathcal{D}'(\Omega)$, pour tout compact K de Ω il existe $k \in \mathbb{N}$ et $C_K > 0$ telles que $|\langle T, a\varphi\rangle| \leq C_K \sum_{|\alpha|\leq k} \sup_K |\partial^\alpha(a\varphi)|$, si $\varphi \in C_0^\infty(K)$. La formule de Leibniz, le fait que $a \in C^\infty(\Omega)$ et la formule (1.1) montrent que $|\langle aT, \varphi\rangle| \leq C'_K \sum_{|\alpha|\leq k} \sup_K |\partial^\alpha \varphi|$. Donc $aT \in \mathcal{D}'(\Omega)$. ■

Propriétés 1.2

(i) On a $\operatorname{supp}(aT) \subset \operatorname{supp} a \cap \operatorname{supp} T$.
En effet soit $x_0 \in (\operatorname{supp} a)^c \cup (\operatorname{supp} T)^c$. Si $x_0 \in (\operatorname{supp} a)^c$, il existe V_{x_0} tel que $a(x) = 0$ pour $x \in V_{x_0}$. Alors $a(x)\varphi(x) = 0$ pour $x \in \Omega$ et $\varphi \in C_0^\infty(V_{x_0})$ donc $\langle aT, \varphi\rangle = \langle T, a\varphi\rangle = 0$, d'où $x_0 \notin \operatorname{supp}(aT)$. Si $x_0 \in (\operatorname{supp} T)^c$, il existe V_{x_0} tel que $\langle T, \psi\rangle = 0$ pour $\psi \in C_0^\infty(V_{x_0})$. Soit $\varphi \in C_0^\infty(V_{x_0})$ alors $a\varphi \in C_0^\infty(V_{x_0})$ donc $\langle aT, \varphi\rangle = \langle T, a\varphi\rangle = 0$ *i.e.* $x_0 \in (\operatorname{supp}(aT))^c$.

(ii) Il résulte facilement de la définition que pour $a, b \in C^\infty(\Omega)$ et $S, T \in \mathcal{D}'(\Omega)$, on a $(a+b)T = aT + bT$, $abT = a(bT)$, $a(S+T) = aS + aT$.

(iii) Voici deux exemples. Si $a \in C^\infty(\Omega)$ et $x_0 \in \Omega$ on a, $a\delta_{x_0} = a(x_0)\delta_{x_0}$. En particulier sur $\mathbb{R}$, $x\delta_0 = 0$.

On a ensuite $x\,vp\frac{1}{x} = 1$ (cf. chapitre 2, § 3, exemple 4). En effet, on a, $\langle x\,vp\frac{1}{x}, \varphi\rangle = \langle vp\frac{1}{x}, x\varphi\rangle = \lim\limits_{\varepsilon\to 0} \int_{|x|\leq\varepsilon} \varphi(x)\,dx = \int \varphi(x)\,dx = \langle 1, \varphi\rangle$ pour $\varphi \in C_0^\infty(\Omega)$, d'après le théorème de convergence dominée.

(iv) On peut se demander pourquoi nous n'avons pas défini directement le produit de deux distributions. La raison en est qu'une notion raisonnable de produit (c'est-à-dire un produit commutatif, associatif) de deux distributions n'existe pas en général. En effet si un tel produit existait, on aurait par exemple, $\delta_0 \cdot vp\frac{1}{x} = vp\frac{1}{x} \cdot \delta_0$, d'où en multipliant les deux membres par x, on aurait, $x(\delta_0 \cdot vp\frac{1}{x}) = (x\delta_0) \cdot vp\frac{1}{x} = 0 \cdot vp\frac{1}{x} = 0$. D'autre part, $x(\delta_0 \cdot vp\frac{1}{x}) = x(vp\frac{1}{x} \cdot \delta_0) = (x\,vp\frac{1}{x}) \cdot \delta_0 = 1 \cdot \delta_0 = \delta_0$, ce qui est absurde.

Proposition 1.3. *Si $T \in \mathcal{D}'(\mathbb{R})$, on a équivalence entre,*

(a) $xT = 0$,

(b) $T = C\delta_0$, où $C \in \mathbb{C}$ et δ_0 est la distribution de Dirac à l'origine.

Démonstration. Nous avons vu en (iii) ci-dessus que (b) $\Rightarrow$ (a). Montrons la réciproque. Pour tout $\theta \in C_0^\infty(\mathbb{R})$ on a $\langle xT, \theta\rangle = \langle T, x\theta\rangle = 0$. Donc T s'annule sur toutes les fonctions de la forme $x\theta$ où $\theta \in C_0^\infty(\mathbb{R})$. Or on a l'équivalence,

$$\psi = x\theta,\ \theta \in C_0^\infty(\mathbb{R}) \Longleftrightarrow \psi \in C_0^\infty(\mathbb{R}) \text{ et } \psi(0) = 0. \tag{1.2}$$

L'implication $\Rightarrow$ est évidente. Inversement si $\psi \in C_0^\infty(\mathbb{R})$, $\operatorname{supp}\psi \subset [-A, A]$ et $\psi(0) = 0$, la formule de Taylor permet d'écrire $\psi(x) = \psi(0) + x\int_0^1 \psi'(tx)\,dt = x\theta(x)$. La fonction θ est C^∞ et si $|x| > A$ on a $\psi(x) = 0$ d'où $\theta(x) = 0$, *i.e.* $\theta \in C_0^\infty(\mathbb{R})$.

On déduit de (1.2) que T s'annule sur toutes les fonctions $\psi \in C_0^\infty(\mathbb{R})$ telles que $\psi(0) = 0$. Fixons $\chi \in C_0^\infty(\mathbb{R})$, $\chi = 1$ pour $|x| \leq 1$. Soit $\varphi \in C_0^\infty(\mathbb{R})$ quelconque. Posons $\psi = \varphi - \varphi(0)\chi$. Alors $\psi \in C_0^\infty(\mathbb{R})$ et $\psi(0) = 0$. Par conséquent $\langle T, \psi\rangle = 0$, d'où $\langle T, \varphi\rangle = \varphi(0)\langle T, \chi\rangle = C\langle\delta_0, \varphi\rangle$, où $C = \langle T, \chi\rangle$, ce qui prouve (b). ■

2 • Dérivation des distributions

2.1. Définition et premières propriétés

Théorème - Définition 2.1. *Soit $T \in \mathcal{D}'(\Omega)$. La forme linéaire $\frac{\partial T}{\partial x_j}$ sur $C_0^\infty(\Omega)$ définie par,*

$$\Big\langle \frac{\partial T}{\partial x_j}, \varphi\Big\rangle = -\Big\langle T, \frac{\partial \varphi}{\partial x_j}\Big\rangle, \quad \varphi \in C_0^\infty(\Omega), \tag{2.1}$$

est une distribution appelée dérivée partielle, au sens des distributions, de T par rapport à la $j-$ième variable.

Le fait que $\frac{\partial T}{\partial x_j}$ soit une distribution résulte immédiatement de l'appartenance de T à $\mathcal{D}'(\Omega)$.

Propriétés et remarques 2.2

(i) Si T est donnée par une fonction $f \in C^1(\Omega)$, $\frac{\partial T}{\partial x_j}$ est donnée par la fonction $\frac{\partial f}{\partial x_j}$. En effet on a,

$$\left\langle \frac{\partial T}{\partial x_j}, \varphi \right\rangle = -\left\langle T, \frac{\partial \varphi}{\partial x_j} \right\rangle$$
$$= -\int f(x) \frac{\partial \varphi}{\partial x_j} \, dx = -\int_{\mathbb{R}^{n-1}} \left(\int_{\mathbb{R}} f(x) \frac{\partial \varphi}{\partial x_j}(x) \, dx_j \right) dx'$$

en notant $x' = (x_1, \ldots, x_{j-1}, x_{j+1}, \ldots, x_n)$. Comme $f \in C^1(\Omega)$ et φ est C^∞ à support compact, on peut effectuer une intégration par parties dans l'intégrale en x_j et les termes de bords sont nuls. En notant $\frac{\partial f}{\partial x_j}$ la dérivée partielle de f au sens usuel on en déduit que $\langle \frac{\partial T}{\partial x_j} \varphi \rangle = \int (\frac{\partial f}{\partial x_j})(x) \varphi(x) \, dx = \langle T_{\frac{\partial f}{\partial x_j}}, \varphi \rangle$.

(ii) Si $T \in \mathcal{D}'^{(k)}(\Omega)$ on a $\frac{\partial T}{\partial x_j} \in \mathcal{D}'^{(k+1)}(\Omega)$. Cela résulte immédiatement des définitions.

(iii) Plus généralement en itérant (2.1) on voit qu'une distribution admet des dérivées de tous ordres. Si $\alpha \in \mathbb{N}^n$ est un multi-indice et T est une distribution, $\partial^\alpha T$ est une distribution qui est définie par,

$$\langle \partial^\alpha T, \varphi \rangle = (-1)^{|\alpha|} \langle T, \partial^\alpha \varphi \rangle, \quad \varphi \in C_0^\infty(\Omega).$$

(iv) Il est facile de voir que $\operatorname{supp} \frac{\partial T}{\partial x_j} \subset \operatorname{supp} T$ et plus généralement $\operatorname{supp} \partial^\alpha T \subset \operatorname{supp} T$.

(v) Si $P = \sum_{|\alpha| \leq m} a_\alpha(x) \partial^\alpha$ est un **opérateur différentiel** d'ordre $m \in \mathbb{N}$ à coefficients a_α appartenant à $C^\infty(\Omega)$, on pose ${}^tP = \sum_{|\alpha| \leq m} (-1)^{|\alpha|} \partial^\alpha a_\alpha$. C'est aussi un opérateur différentiel appelé **transposé** de P. On a alors, d'après (iii), (iv) et la propriété (1.2) (i), $\langle PT, \varphi \rangle = \langle T, {}^tP\varphi \rangle$ et $\operatorname{supp} PT \subset \operatorname{supp} T$.

(vi) Si $a \in C^\infty(\Omega)$ et $T \in \mathcal{D}'(\Omega)$ on a $\frac{\partial}{\partial x_j}(aT) = \frac{\partial a}{\partial x_j} T + a \frac{\partial T}{\partial x_j}$. En effet notons $\partial_j = \frac{\partial}{\partial x_j}$. On a $\langle \partial_j(aT), \varphi \rangle = -\langle aT, \partial_j \varphi \rangle = -\langle T, a\partial_j \varphi \rangle$, pour $\varphi \in C_0^\infty(\Omega)$. Or $\partial_j(a\varphi) = \partial_j a \varphi + a \partial_j \varphi$, d'où,

$$\langle \partial_j(aT), \varphi \rangle = -\langle T, \partial_j(a\varphi) \rangle + \langle T, (\partial_j a) \varphi \rangle$$
$$= \langle a\partial_j T, \varphi \rangle + \langle (\partial_j a) T, \varphi \rangle = \langle [(\partial_j a) T + a \partial_j T], \varphi \rangle$$

ce qui prouve notre assertion.

Exemples 2.3

(1) Soit $u \in L^1_{\text{loc}}(\mathbb{R})$ et $v(x) = \int_0^x u(t)\,dt$. Alors v est une fonction continue sur $\mathbb{R}$ et $v' = u$ au sens des distributions. Montrons que v est continue sur $\mathbb{R}$. Si $x_0 \in \mathbb{R}$ et (x_n) est une suite qui tend vers x_0 on a $v(x_n) = \int \mathbf{1}_{(0,x_n)}(x)u(t)\,dt$ où $\mathbf{1}_{(0,x_n)}(t)$ est la fonction caractéristique de $(0, x_n)$; le théorème de convergence dominée montre que $(v(x_n))$ converge vers $v(x_0)$. Ensuite soit $\varphi \in C_0^\infty(\mathbb{R})$, $\operatorname{supp}\varphi \subset]-A, A[$. On a, d'après le théorème de Fubini,

$$
\begin{aligned}
\langle v', \varphi\rangle = -\langle v, \varphi'\rangle &= -\int_{-A}^{A}\left(\int_0^x u(t)\,dt\right)\varphi'(x)\,dx \\
&= -\int_0^A\int_0^x u(t)\ \varphi'(x)\,dt\,dx + \int_{-A}^0\int_x^0 u(t)\,\varphi'(x)\,dt\,dx \\
&= -\int_0^A u(t)\left(\int_t^A \varphi'(x)\,dx\right)dt + \int_{-A}^0 u(t)\left(\int_{-A}^t \varphi'(x)\,dx\right)dt \\
&= \int_0^A u(t)\,\varphi(t)\,dt + \int_{-A}^0 u(t)\,\varphi(t)\,dt = \int u(t)\,\varphi(t)\,dt = \langle u, \varphi\rangle
\end{aligned}
$$

donc $v' = u$ dans $\mathcal{D}'(\mathbb{R})$.

(2) La fonction $H(x) = \begin{cases} 1 & \text{si } x \geq 0 \\ 0 & \text{si } x < 0 \end{cases}$ est appelée la fonction de Heaviside.

On a $H' = \delta_0$.

En effet si $\varphi \in C_0^\infty(\mathbb{R})$ on a

$$\langle H', \varphi\rangle = -\langle H, \varphi'\rangle = -\int_0^{+\infty}\varphi'(x)\,dx = \varphi(0) = \langle \delta_0, \varphi\rangle.$$

(3) La fonction $f(x) = \operatorname{Log}|x|$, pour $x \neq 0$, appartient à $L^1_{\text{loc}}(\mathbb{R})$ donc à $\mathcal{D}'(\mathbb{R})$. On a $f' = vp\frac{1}{x}$.

En effet pour $\varphi \in C_0^\infty(\mathbb{R})$, $\langle f', \varphi\rangle = -\langle f, \varphi'\rangle = -\int \operatorname{Log}|x|\varphi'(x)\,dx = -\lim\limits_{\varepsilon\to 0}\int_{|x|\leq\varepsilon}\operatorname{Log}|x|\,\varphi'(x)\,dx$, d'après le théorème de convergence dominée. Soit $I_\varepsilon = \int_{|x|\geq\varepsilon}\operatorname{Log}|x|\varphi'(x)\,dx = \int_{-\infty}^{-\varepsilon}\operatorname{Log}|x|\,\varphi'(x)\,dx + \int_\varepsilon^{+\infty}\operatorname{Log}|x|\,\varphi'(x)\,dx$. En effectuant une intégration par parties dans ces deux intégrales on voit que $I_\varepsilon = -\int_{|x|\geq\varepsilon}\frac{\varphi(x)}{x}\,dx + \varphi(-\varepsilon)\operatorname{Log}\varepsilon - \varphi(\varepsilon)\operatorname{Log}\varepsilon$. Or $\varphi(x) = \varphi(0) + x\psi(x)$ où $\psi \in C^0(\mathbb{R})$; donc $\varphi(-\varepsilon) - \varphi(\varepsilon) = -\varepsilon(\psi(-\varepsilon) + \psi(\varepsilon))$, d'où, $I_\varepsilon = -\int_{|x|\geq\varepsilon}\frac{\varphi(x)}{x}\,dx - (\varepsilon\operatorname{Log}\varepsilon)(\psi(-\varepsilon) + \psi(\varepsilon))$. Enfin,

$$\langle f', \varphi\rangle = -\lim_{\varepsilon\to 0} I_\varepsilon = \langle vp\tfrac{1}{x}, \varphi\rangle.$$

(4) Pour $T \in \mathcal{D}'(\mathbb{R})$ on a : $T' = 0 \Leftrightarrow T = \text{constante}$.

L'implication $\Leftarrow$ est évidente ; supposons $T' = 0$; alors $\langle T', \theta\rangle = -\langle T, \theta'\rangle = 0$, pour tout $\theta \in C_0^\infty(\mathbb{R})$. Donc T s'annule sur toutes les fonctions $\psi \in C_0^\infty(\mathbb{R})$

de la forme $\psi = \theta'$ où $\theta \in C_0^\infty(\mathbb{R})$. Or,

$$(2.2) \qquad \psi = \theta' \text{ où } \theta \in C_0^\infty(\mathbb{R}) \Longleftrightarrow \psi \in C_0^\infty(\mathbb{R}) \text{ et } \int \psi(x)\,dx = 0.$$

L'implication $\Rightarrow$ est facile, montrons la réciproque. Posons $\theta(x) = \int_{-\infty}^{x} \psi(t)\,dt$ où $\operatorname{supp}\psi \subset [-M, M]$. Tout d'abord $\theta \in C^\infty(\mathbb{R})$. D'autre part, si $x < -M$ on a $\theta(x) = 0$ et si $x > M$ on a $\int_x^{+\infty} \psi(t)\,dt = 0$ d'où, $\theta(x) = \int_{-\infty}^{x} \psi(t)\,dt + \int_x^{+\infty} \psi(t)\,dt = \int \psi(t)\,dt = 0$; donc $\theta \in C_0^\infty(\mathbb{R})$, d'où (2.2).

Fixons $\chi_0 \in C_0^\infty(\mathbb{R})$ avec $\int \chi_0(x)\,dx = 1$. Soit $\varphi \in C_0^\infty(\mathbb{R})$. Posons $\psi(x) = \varphi(x) - \int \varphi(x)\,dx \cdot \chi_0 \in C_0^\infty(\mathbb{R})$; on a $\int \psi(x)\,dx = 0$, par conséquent $\langle T, \psi\rangle = 0$ d'après (2.2) *i.e.* $\langle T, \varphi\rangle = \langle T, \chi_0\rangle \int \varphi(x)\,dx$, ce qui montre que T est donné par la constante $C = \langle T, \chi_0\rangle \in \mathbb{C}$.

(5) Soit $T \in \mathcal{D}'(\mathbb{R})$ une solution au sens des distributions de l'équation $T' + aT = f$, où $a \in C^\infty(\mathbb{R})$ et $f \in C^0(\mathbb{R})$ sont données. Alors $T \in C^1$ *i.e.* est donnée par une fonction $u \in C^1$ et u vérifie l'équation au sens usuel.

En effet soit $u_0 \in C^1$ une solution classique de l'équation $u_0' + au_0 = f$. Alors $S = T - u_0$ est solution dans $\mathcal{D}'$ de $S' + aS = 0$. Soit A une primitive de a. Posons $U = e^A S$ alors $U' = e^A(S' + aS) = 0$. D'après l'exemple (4) ci-dessus on a, $U =$ constante. Donc $S = Ce^{-A}$ et $T = u_0 + Ce^{-A} = u \in C^1(\mathbb{R})$. Ensuite, pour tout $\varphi \in C_0^\infty(\mathbb{R})$, $\langle T' + aT, \varphi\rangle = \langle f, \varphi\rangle = -\langle T, \varphi'\rangle + \langle T, a\varphi\rangle = -\langle u, \varphi'\rangle + \langle u, a\varphi\rangle = \langle u' + au, \varphi\rangle$ et donc $(u' + au)(x) = f(x)$ pour tout x dans $\mathbb{R}$.

2.2. Formule des sauts à une variable

Soit $(x_n)_{n\geq 1}$ une suite strictement croissante de $\mathbb{R}$ telle que $\lim\limits_{n\to\infty} x_n = +\infty$. On pose $x_0 = -\infty$, $\Omega_j =]x_j, x_{j+1}[$, $j \geq 0$ et $\Omega = \bigcup\limits_{j=0}^{+\infty} \Omega_j$.

Pour tout $j \in \mathbb{N}$ soit $f_j : \Omega_j \to \mathbb{C}$ telle que,

$$(2.3) \qquad f_j \in C^1(\Omega_j), \; f_j' \in L^1(\Omega_j).$$

Soit f la fonction définie presque partout sur $\mathbb{R}$ par,

$$(2.4) \qquad f(x) = f_j(x) \text{ pour } x \in \Omega_j, \quad j = 0, 1, \ldots$$

Il résulte de (2.3) que pour tout $j \geq 1$,

$$(2.5) \qquad \lim_{\substack{x\to x_j \\ x<x_j}} f(x) = f(x_j^-) \text{ et } \lim_{\substack{x\to x_j \\ x>x_j}} f(x) = f(x_j^+) \text{ existent.}$$

En effet soit $\alpha_j \in]x_j, x_{j+1}[$, $j \geq 1$; on a pour $x \in]x_j, \alpha_j[$, $f(\alpha_j) - f(x) = \int_x^{\alpha_j} f_j'(t)\,dt$ et, d'après (2.3), le membre de droite tend vers une limite lorsque x tend vers x_j. En particulier $f_j \in L^1(\Omega_j)$.
On introduit le saut de f au point $x = x_j$,

$$\sigma_j = f(x_j^+) - f(x_j^-)\,, \quad j \geq 1. \tag{2.6}$$

La fonction f définie en (2.4) est alors dans $L^\infty_{\text{loc}}(\mathbb{R}) \subset \mathcal{D}'(\mathbb{R})$. Soit f' sa dérivée au sens des distributions. Notons $\{f'\}$ la fonction définie presque partout sur $\mathbb{R}$ par,

$$\{f'\}(x) = f_j'(x), \quad x \in \Omega_j. \tag{2.7}$$

D'après (2.3), $\{f'\} \in L^1_{\text{loc}}(\mathbb{R}) \subset \mathcal{D}'(\mathbb{R})$. La relation entre ces objets est la suivante.

Proposition 2.4. (Formule des sauts)

$$f' = \{f'\} + \sum_{j=1}^{+\infty} \sigma_j \delta_{x_j}.$$

Démonstration. Soit $\varphi \in C_0^\infty(\mathbb{R})$. On a

$$\begin{aligned}\langle f', \varphi\rangle &= -\langle f, \varphi'\rangle = -\int f(x)\varphi'(x)\,dx \\ &= -\sum_{j=0}^{+\infty} \int_{x_j}^{x_{j+1}} f_j(x)\varphi'(x)\,dx =: -\sum_{j=0}^{+\infty} I_j.\end{aligned}$$

Posons, pour $\varepsilon > 0$ petit, $I_j^\varepsilon = \int_{x_j+\varepsilon}^{x_{j+1}-\varepsilon} f_j(x)\varphi'(x)\,dx$; le théorème de convergence dominée montre que $\lim_{\varepsilon\to 0} I_j^\varepsilon = I_j$. Comme $f_j \in C^1(\Omega_j)$ peut intégrer par parties. On obtient,

$$I_j^\varepsilon = f_j(x_{j+1} - \varepsilon)\varphi(x_{j+1} - \varepsilon) - f(x_j + \varepsilon)\varphi(x_j + \varepsilon) - \int_{x_j+\varepsilon}^{x_{j+1}-\varepsilon} f_j'(x)\varphi(x)\,dx.$$

On utilise le fait que $f_j' \in L^1(\Omega_j)$, le théorème de convergence dominée, (2.5) et (2.6) ; on obtient,

$$I_j = \lim_{\varepsilon\to 0} I_j^\varepsilon = f_j(x_{j+1}^-)\varphi(x_{j+1}) - f(x_j^+)\varphi(x_j) - \int_{\Omega_j} f_j'(x)\varphi(x)\,dx.$$

Comme $\varphi \in C_0^\infty(\mathbb{R})$ et $x_0 = -\infty$ on a $\varphi(x_0) = 0$. On en déduit,

$$\langle f', \varphi \rangle = -\sum_{j=0}^{+\infty} I_j = \sum_{j=1}^{+\infty} \sigma_j \varphi(x_j) + \int \{f'\}(x)\varphi(x)\, dx$$

$$\langle f', \varphi \rangle = \Big\langle \{f'\} + \sum_{j=1}^{+\infty} \sigma_j \delta_{x_j}, \varphi \Big\rangle. \qquad \blacksquare$$

Les exemples précédents montrent que pour calculer la dérivée d'une distribution il faut, à un moment ou à un autre, une intégration par parties. Dans le paragraphe qui suit nous allons donner une telle formule dans le cas des fonctions de plusieurs variables.

2.3. Formules de Gauss et Green

L'énoncé des formules nécessite auparavant d'introduire quelques concepts classiques. Nous ferons ici un minimum de rappels et renvoyons le lecteur à des textes de géométrie pour les détails. Nous introduisons tout d'abord une classe d'ouverts.

Définition 2.5. Soient Ω un ouvert de $\mathbb{R}^n$ et $k \in \mathbb{N}^* \cup \{+\infty\}$. On dira que Ω est de classe C^k, si il existe une fonction $\rho \in C^k(\mathbb{R}^n, \mathbb{R})$ telle que,

$$(2.8) \qquad \begin{cases} \Omega = \{x \in \mathbb{R}^n : \rho(x) < 0\}, \\ \partial\Omega = \{x \in \mathbb{R}^n : \rho(x) = 0\}, \quad \operatorname{grad} \rho(x) \neq 0 \text{ pour } x \in \partial\Omega, \end{cases}$$

où $\partial\Omega$ désigne la frontière de Ω et $\operatorname{grad} \rho(x)$ est le vecteur $\big(\frac{\partial \rho}{\partial x_i}(x)\big)_{i=1\ldots n}$.

Exemples 2.6

(i) $\Omega = \{x \in \mathbb{R}^n : |x| < R\}$ est un ouvert à bord C^∞. Il suffit de prendre $\rho(x) = |x|^2 - R^2$. Il en est de même pour $\Omega = \{x \in \mathbb{R}^n : |x| > R\}$.

(ii) Soit $\psi : \mathbb{R}^{n-1} \to \mathbb{R}$ une fonction de classe C^k, où $k \in \mathbb{N}^*$. Posons $\Omega = \{x \in \mathbb{R}^n : x_n > \psi(x_1, \ldots, x_{n-1})\}$. Alors Ω est un ouvert de classe C^k avec $\rho(x) = \psi(x_1, \ldots, x_{n-1}) - x_n$.

Pour un ouvert de classe C^1, la direction du vecteur $\operatorname{grad} \rho(x)$ pour $x \in \partial\Omega$, ne dépend pas de la fonction ρ. En effet si Ω est défini par une autre fonction $\tilde{\rho} \in C^1$ qui s'annule sur $\partial\Omega$, on montre que pour tout point $x_0 \in \partial\Omega$, il existe un voisinage V_{x_0} et une fonction α appartenant à $C^0(V_{x_0}) \cap C^1(V_{x_0} \setminus \partial\Omega)$ tels que $\alpha(x) > 0$ pour $x \in V_{x_0}$, $\tilde{\rho}(x) = \alpha(x)\rho(x)$ dans V_{x_0} et $\lim\limits_{\substack{x \to x_0 \\ x \notin \partial\Omega}} \big(\frac{\partial \alpha}{\partial x_i}(x)\rho(x)\big) = 0$ pour $i = 1, \ldots, n$. Alors

$\frac{\partial \tilde{\rho}}{\partial x_i}(x_0) = \alpha(x_0)\frac{\partial \rho}{\partial x_i}(x_0)$ et donc les vecteurs $\operatorname{grad}\tilde{\rho}(x_0)$ et $\operatorname{grad}\rho(x_0)$ ont la même direction.

Définition 2.7

(i) Pour $x \in \partial\Omega$, le vecteur $\operatorname{grad}\rho(x)$ s'appelle la **normale extérieure à** Ω au point x. Le vecteur $n(x) = \frac{\operatorname{grad}\rho(x)}{\|\operatorname{grad}\rho(x)\|}$ est la **normale unitaire extérieure** à Ω au point $x \in \partial\Omega$.

(ii) $\frac{\partial}{\partial n} = \langle n(x), \frac{\partial}{\partial x}\rangle = \sum_{i=1}^{n} n_i(x)\frac{\partial}{\partial x_i}$ s'appelle la **dérivée normale extérieure à** Ω.

Notons bien que le vecteur $\operatorname{grad}\rho(x)$ est la normale extérieure lorsque $\Omega = \{x \in \mathbb{R}^n : \rho(x) < 0\}$.

Si $F = (f_1, \ldots, f_n)$ est une application de Ω dans $\mathbb{C}^n$ on note,

$$\operatorname{div} F = \sum_{i=1}^{n} \frac{\partial f_i}{\partial x_i}, \tag{2.9}$$

que l'on appelle la **divergence** de F.
On peut alors énoncer la formule d'intégration par parties en toute dimension.

Théorème 2.8. *Soit Ω un ouvert de $\mathbb{R}^n$ de classe C^1. Il existe alors une mesure positive $d\sigma$ sur le bord $\partial\Omega$ telle que, pour toute fonction $\varphi \in C_0^1(\mathbb{R}^n)$ et toutes $f_1, \ldots, f_n \in C^1(\mathbb{R}^n)$ on ait,*

$$\int_\Omega \operatorname{div} F(x)\varphi(x)\,dx = -\int_\Omega F(x)\cdot \operatorname{grad}\varphi(x)\,dx + \int_{\partial\Omega} \varphi(x)\,F(x)\cdot n(x)\,d\sigma \tag{2.10}$$

où $F(x) = (f_1(x), \ldots, f_n(x))$, $X \cdot Y = \sum_{i=1}^{n} X_i Y_i$ et $n(x)$ est la normale extérieure unitaire à Ω en $x \in \partial\Omega$. Le même résultat est vrai pour $\varphi \in C^1(\mathbb{R}^n)$ et $f_j \in C_0^1(\mathbb{R}^n)$, $j = 1, \ldots, n$.

Démonstration. Nous allons donner la preuve lorsque Ω est donné par une fonction ρ de classe C^2. Notons $\mathbf{1}_\Omega$ la fonction caractéristique de Ω. Nous allons montrer que,

$$d\sigma = -\frac{\partial}{\partial n}\mathbf{1}_\Omega \tag{2.11}$$

(où la dérivée est prise dans $\mathcal{D}'^{(1)}(\mathbb{R}^n)$) est une mesure positive portée par $\partial\Omega$ qui convient.

Point 1

(2.12) $$T = -\sum_{j=1}^{n} \frac{\partial \rho}{\partial x_j} \frac{\partial}{\partial x_j} \mathbf{1}_\Omega$$

est une distribution à support dans $\partial\Omega$.

Tout d'abord T a bien un sens puisque $\frac{\partial}{\partial x_j} \mathbf{1}_\Omega \in \mathcal{D}'^{(1)}(\mathbb{R}^n)$ et $\frac{\partial \rho}{\partial x_j}$ est dans $C^1(\mathbb{R}^n)$. Ensuite, soit $\varphi \in C_0^1(\mathbb{R}^n)$ telle que $\operatorname{supp} \varphi \cap \partial\Omega = \emptyset$. Alors,

$$\langle T, \varphi \rangle = \int_\Omega \sum_{j=1}^{n} \frac{\partial}{\partial x_j} \Big(\frac{\partial \rho}{\partial x_j} \varphi \Big) \, dx \, .$$

La fonction de Ω dans $\mathbb{C}$, $x \mapsto \frac{\partial \rho}{\partial x_j} \varphi$ est C^1 et son support est un compact K contenu dans Ω. Donc $\int_\Omega \frac{\partial}{\partial x_j} \big(\frac{\partial \rho}{\partial x_j} \varphi \big) \, dx = 0$, d'où $\langle T, \varphi \rangle = 0$, ce qui prouve notre assertion.

Point 2

Soit $\theta \in C^\infty(\mathbb{R})$, $\theta(t) = 1$ pour $t \in]-\infty, -1]$, $\theta(t) = 0$ pour $t \geq 0$, θ décroissante. Pour $k \in \mathbb{N}^*$ posons $\theta_k(x) = \theta(k\rho(x))$.

(2.13) Pour tout $\psi \in C_0^0(\mathbb{R})$, $\lim_{k \to +\infty} \langle \theta_k, \psi \rangle = \int_\Omega \psi(x) \, dx \, .$

En effet soit $\psi \in C_0^0(\mathbb{R}^n)$; on a $\langle \theta_k, \psi \rangle = \int \theta(k\rho(x)) \psi(x) \, dx$. Comme

$$\theta(k\rho(x)) \neq 0 \iff \rho(x) < 0 \iff x \in \Omega \, ,$$

on a $\langle \theta_k, \psi \rangle = \int_\Omega \theta(k\rho(x)) \psi(x) \, dx$. Pour x fixé dans Ω, $k\rho(x) \to -\infty$ si $k \to +\infty$ donc $\theta(k\rho(x)) \to 1$; de plus, $|\theta(k\rho(x))\psi(x)| \leq |\psi(x)| \in L^1(\Omega)$. Le théorème de convergence dominée implique que $\langle \theta_k, \psi \rangle \to \int_\Omega \psi(x) \, dx$.

Posons $T_k = -\sum_{j=1}^{n} \frac{\partial \rho}{\partial x_j} \frac{\partial \theta_k}{\partial x_j}$. Alors, pour tout $\varphi \in C_0^\infty(\mathbb{R}^n)$ on a

(2.14) $$\lim_{k \to +\infty} \langle T_k, \varphi \rangle = \langle T, \varphi \rangle \, .$$

En effet $\langle T_k, \varphi \rangle = \sum_{j=1}^{n} \langle \theta_k, \frac{\partial}{\partial x_j} \big(\frac{\partial \rho}{\partial x_j} \varphi \big) \rangle \to \sum_{j=1}^{n} \int_\Omega \frac{\partial}{\partial x_j} \big(\frac{\partial \rho}{\partial x_j} \varphi \big) \, dx = \langle T, \varphi \rangle$, d'après (2.13) puisque $\psi = \frac{\partial}{\partial x_j} \big(\frac{\partial \rho}{\partial x_j} \varphi \big) \in C_0^0(\mathbb{R}^n)$.

Point 3

(2.15) T est une mesure positive portée par $\partial\Omega$.

En effet on remarque que, $T_k = -k \sum_{j=1}^{n} \frac{\partial \rho}{\partial x_j} \frac{\partial \rho}{\partial x_j} \theta'(k\rho) = -k|\nabla\rho|^2 \theta'(k\rho)$. Comme θ est décroissante, T_k est une fonction C^1 positive. D'après (2.14), T est une distribution positive, donc une mesure positive.

Point 4. Posons

$$d\sigma = \frac{1}{|\nabla \rho(x)|} T = -\frac{\partial}{\partial n} \mathbf{1}_\Omega \tag{2.16}$$

qui est une mesure positive portée par $\partial\Omega$. Nous allons montrer que,

$$n_j \, d\sigma = -\frac{\partial}{\partial x_j} \mathbf{1}_\Omega, \tag{2.17}$$

où $n_j = \frac{1}{|\nabla \rho|} \frac{\partial \rho}{\partial x_j}$. En effet, en utilisant (2.14) puis (2.13), on obtient, pour $\varphi \in C_0^1(\mathbb{R}^n)$,

$$\begin{aligned}
\langle n_j \, d\sigma, \varphi\rangle &= \Big\langle \frac{1}{|\nabla\rho|^2} \frac{\partial \rho}{\partial x_j} T, \varphi \Big\rangle = \Big\langle T, \frac{1}{|\nabla\rho|^2} \frac{\partial \rho}{\partial x_j} \varphi \Big\rangle \\
&= \lim_{k\to+\infty} \Big\langle T_k, \frac{1}{|\nabla\rho|^2} \frac{\partial \rho}{\partial x_j} \varphi \Big\rangle = -\lim_{k\to+\infty} k \Big\langle |\nabla\rho|^2 \theta'(k\rho), \frac{1}{|\nabla\rho|^2} \frac{\partial \rho}{\partial x_j} \varphi \Big\rangle \\
&= -\lim_{k\to+\infty} k \Big\langle \frac{\partial \rho}{\partial x_j} \theta'(k\rho), \varphi \Big\rangle = -\lim_{k\to+\infty} \Big\langle \frac{\partial \theta_k}{\partial x_j}, \varphi \Big\rangle \\
&= \lim_{k\to+\infty} \Big\langle \theta_k, \frac{\partial \varphi}{\partial x_j} \Big\rangle = \int_\Omega \frac{\partial \varphi}{\partial x_j}(x) \, dx = \Big\langle \mathbf{1}_\Omega, \frac{\partial \varphi}{\partial x_j} \Big\rangle = -\Big\langle \frac{\partial}{\partial x_j} \mathbf{1}_\Omega, \varphi \Big\rangle.
\end{aligned}$$

Point 5. Prouvons (2.10).

Soit $\varphi, f_1, \dots, f_n$ comme dans l'énoncé. On peut écrire,

$$\Big\langle \mathbf{1}_\Omega, \sum_{j=1}^{n} \frac{\partial}{\partial x_j} (\varphi f_j) \Big\rangle = \Big\langle \mathbf{1}_\Omega, \sum_{j=1}^{n} \frac{\partial \varphi}{\partial x_j} f_j \Big\rangle + \Big\langle \mathbf{1}_\Omega, \varphi \sum_{j=1}^{n} \frac{\partial f_j}{\partial x_j} \Big\rangle,$$

$$\Big\langle \mathbf{1}_\Omega, \sum_{j=1}^{n} \frac{\partial}{\partial x_j} (\varphi f_j) \Big\rangle = -\sum_{j=1}^{n} \Big\langle \frac{\partial}{\partial x_j} \mathbf{1}_\Omega, \varphi f_j \Big\rangle = \sum_{j=1}^{n} \langle n_j \, d\sigma, \varphi f_j \rangle,$$

d'après (2.17) ; ces égalités impliquent que,

$$\int_\Omega \sum_{j=1}^{n} \frac{\partial \varphi}{\partial x_j} f_j \, dx + \int_\Omega \varphi \operatorname{div} F \, dx = \int_{\partial\Omega} (n \cdot F) \varphi \, d\sigma$$

ce qui est (2.10). ∎

Remarques 2.9

(i) Si $\Omega =]0,1[$, la formule (2.10) redonne l'intégration par parties usuelle. Pour le voir il suffit de prendre $\rho(x) = x(x-1)$; alors $n(0) = -1$, $n(1) = 1$ et $d\sigma$ est la mesure de Dirac portée par les points $\{0\}$ et $\{1\}$.

(ii) Si $\Omega = \{x \in \mathbb{R}^n, |x| < r\}$ on a pour $\varphi \in C_0^\infty(\mathbb{R}^n)$,

$$\langle d\sigma, \varphi\rangle = \int_{S^{n-1}} \varphi(r\omega)\, r^{n-1}\, d\omega \tag{2.18}$$

où $d\omega$ est la mesure de Lebesgue portée par S^{n-1}. En effet on peut prendre $\rho = |x|^2 - r^2$, de sorte que $n(x) = \left(\frac{x_1}{r}, \dots, \frac{x_n}{r}\right)$ et $\frac{\partial}{\partial n} = \frac{1}{r}\sum_{i=1}^{n} x_i \frac{\partial}{\partial x}$. Remarquons ensuite qu'en coordonnées polaires, $x = t\omega$ où $t \in [0, r[$ et $\omega \in S^{n-1}$ on a, pour $\varphi \in C_0^1(\mathbb{R}^n)$,

$$t\,\frac{\partial}{\partial t}[\varphi(t\omega)] = \sum_{i=1}^{n} t\omega_i \frac{\partial \varphi}{\partial x_i}(t\omega) = \sum_{i=1}^{n} x_i \frac{\partial \varphi}{\partial x_i}(x).$$

On utilise la définition (2.16) de $d\sigma$. Il résulte que pour $\varphi \in C_0^\infty(\mathbb{R}^n)$,

$$\begin{aligned}
\langle d\sigma, \varphi\rangle &= -\frac{1}{r}\Big\langle \sum_{i=1}^{n} x_i \frac{\partial}{\partial x_i}\mathbf{1}_\Omega, \varphi\Big\rangle = \frac{1}{r}\Big\langle \mathbf{1}_\Omega, \sum_{i=1}^{n} \frac{\partial}{\partial x_i}(x_i\varphi)\Big\rangle \\
&= \frac{n}{r}\int_{|x|<r} \varphi(x)\,dx + \frac{1}{r}\int_{|x|<r} \sum_{i=1}^{n} x_i \frac{\partial \varphi}{\partial x_i}(x)\,dx \\
&= \frac{n}{r}\int_{|x|<r} \varphi(x)\,dx + \frac{1}{r}\int_0^r \int_{S^{n-1}} t\,\frac{\partial}{\partial t}[\varphi(t\omega)]\, t^{n-1}\,dt\,d\omega \\
&= \frac{n}{r}\int_{|x|<r} \varphi(x)\,dx + \frac{1}{r}\int_{S^{n-1}} \left(\int_0^r \frac{\partial}{\partial t}[\varphi(t\omega)] t^n\,dt\right) d\omega \\
&= \frac{n}{r}\int_{|x|<r} \varphi(x)\,dx + \frac{1}{r}\int_{S^{n-1}} \left(\Big[\varphi(t\omega)t^n\Big]_0^r - \int_0^r \varphi(t\omega) n t^{n-1}\,dt\right) d\omega \\
&= \frac{n}{r}\int_{|x|<r} \varphi(x)\,dx + r^{n-1}\int_{S^{n-1}} \varphi(r\omega)\,d\omega - \frac{n}{r}\int_0^r \int_{S^{n-1}} \varphi(t\omega) t^{n-1}\,dt\,d\omega \\
&= \int_{S^{n-1}} \varphi(r\omega)\, r^{n-1}\,d\omega .
\end{aligned}$$

(iii) Si $\Omega = \big\{x = (x', x_n) \in \mathbb{R}^{n-1} \times \mathbb{R} : x_n > \psi(x')\big\}$ où $\psi \in C^2$, on a,

$$\langle d\sigma, \varphi\rangle = \int_{\mathbb{R}^{n-1}} \varphi(x', \psi(x'))\sqrt{1 + |\nabla\psi(x')|^2}\,dx'. \tag{2.19}$$

En effet, on peut prendre $\rho(x) = \psi(x') - x_n$, de sorte que,

$$\begin{cases} \dfrac{\partial}{\partial n} = \dfrac{1}{D}\Big(\sum\limits_{i=1}^{n-1} \dfrac{\partial\psi}{\partial x_i}\dfrac{\partial}{\partial x_i} - \dfrac{\partial}{\partial x_n}\Big), \quad \text{où} \\ D = \sqrt{1 + |\nabla\psi(x')|^2}. \end{cases}$$

D'après (2.16), pour $\varphi \in C_0^1(\mathbb{R}^n)$,

$$\langle d\sigma, \varphi\rangle = \int_\Omega \sum_{i=1}^{n-1} \frac{\partial}{\partial x_i}\Big(\frac{1}{D}\frac{\partial\psi}{\partial x_i}\varphi\Big)\,dx - \int_\Omega \frac{\partial}{\partial x_n}\Big(\frac{1}{D}\varphi\Big)\,dx = I_1 - I_2 .$$

On a

$$I_2 = \int_{\mathbb{R}^{n-1}} \Big(\int_{\psi(x')}^{+\infty} \frac{\partial}{\partial x_n}\Big(\frac{1}{D}\varphi\Big)\,dx_n\Big)\,dx' = -\int_{\mathbb{R}^{n-1}} \frac{1}{D(x')}\varphi(x', \psi(x'))\,dx',$$

$$I_1 = \sum_{i=1}^{n-1} \int_{\mathbb{R}^{n-1}} \int_{\psi(x')}^{+\infty} \frac{\partial}{\partial x_i}\Big(\frac{1}{D}\frac{\partial\psi}{\partial x_i}\varphi\Big)\,dx_n\,dx' .$$

Or pour $i = 1, \ldots, n-1$ et $\theta \in C_0^1$,

$$\frac{\partial}{\partial x_i}\int_{\psi(x')}^{+\infty} \theta(x', x_n)\,dx_n = \int_{\psi(x')}^{+\infty} \frac{\partial\theta}{\partial x_i}(x', x_n)\,dx_n - \frac{\partial\psi}{\partial x_i}\theta(x', \psi(x')).$$

On en déduit, en prenant $\theta = \dfrac{1}{D}\dfrac{\partial\psi}{\partial x_i}\varphi$,

$$I_1 = \sum_{i=1}^{n-1} \int_{\mathbb{R}^{n-1}} \frac{1}{D}\Big(\frac{\partial\psi}{\partial x_i}\Big)^2 \varphi(x', \psi(x'))\,dx'$$
$$+ \sum_{i=1}^{n-1} \int_{\mathbb{R}^{n-1}} \frac{\partial}{\partial x_i}\Big(\int_{\psi(x')}^{+\infty} \frac{1}{D}\frac{\partial\psi}{\partial x_i}\varphi(x', x_n)dx_n\Big)\,dx' .$$

Comme φ est à support compact, elle est nulle pour $x_i = \mp\infty$, de sorte que le deuxième terme du membre de droite est nul. On en déduit

$$\langle d\sigma, \varphi\rangle = I_1 - I_2 = \int_{\mathbb{R}^{n-1}} \frac{1}{D(x')}(1 + |\nabla\psi(x')|^2)\varphi(x', \psi(x'))\,dx'$$

ce qui donne (2.19) compte tenu de la définition de D.

Théorème 2.10. (Formule de Green pour le Laplacien). *Soit* $u \in C^2(\mathbb{R}^n)$, $\varphi \in C_0^2(\mathbb{R}^n)$. *Soit* $\Delta = \sum\limits_{j=1}^{n} \frac{\partial^2}{\partial x_j^2}$. *On a alors*

(2.20) $$\int_\Omega \Delta u(x)\varphi(x)\,dx = \int_\Omega u(x)\Delta\varphi(x)\,dx + \int_{\partial\Omega} \Big(\frac{\partial u}{\partial n}\varphi - u\frac{\partial\varphi}{\partial n}\Big)(x)\,d\sigma .$$

Démonstration. On applique (2.10) à $F = \left(\frac{\partial u}{\partial x_1}, \cdots, \frac{\partial u}{\partial x_n}\right)$; on obtient $\Delta u = \operatorname{div} F$ d'où,

$$\int_\Omega \varphi \Delta u \, dx = -\sum_{j=1}^n \int_\Omega \frac{\partial u}{\partial x_j} \frac{\partial \varphi}{\partial x_j} dx + \int_{\partial\Omega} \sum_{j=1}^n n_j \frac{\partial u}{\partial x_j} \varphi \, d\sigma.$$

De même, en inversant les rôles de u et φ,

$$\int_\Omega u \Delta \varphi \, dx = -\sum_{j=1}^n \int_\Omega \frac{\partial \varphi}{\partial x_j} \frac{\partial u}{\partial x_j} dx + \int_{\partial\Omega} \sum_{j=1}^n n_j \frac{\partial \varphi}{\partial x_j} u \, d\sigma.$$

Il suffit alors de retrancher terme à terme ces deux formules pour obtenir (2.20). ■

Application 2.11

Soit $n \geq 3$; la fonction $f(x) = \frac{1}{|x|^{n-2}}$ appartient à $L^1_{\text{loc}}(\mathbb{R}^n)$. Nous allons montrer que dans $\mathcal{D}'(\mathbb{R}^n)$ on a

(2.21) $$\Delta f = (2-n)\,\mu(S^{n-1})\,\delta_0$$

où $\mu(S^{n-1})$ désigne la mesure de la sphère unité de $\mathbb{R}^n$.

Tout d'abord la fonction f est C^∞ dans $\mathbb{R}^n \setminus 0$; on peut ici calculer Δf au sens usuel. Notons que $f(x) = F(|x|)$ où $F(t) = \frac{1}{t^{n-2}}$, $t > 0$. Alors,

(2.22) $$\Delta(F(|x|) = F''(|x|) + \frac{n-1}{|x|} F'(|x|), \quad x \in \mathbb{R}^n \setminus 0.$$

Si on admet un instant cette formule, on voit que,

(2.23) $$\Delta \frac{1}{r^{n-2}} = 0 \text{ dans } \mathbb{R}^n \setminus 0.$$

Montrons (2.22). On pose $r = |x| = \left(\sum_{j=1}^n x_j^2\right)^{1/2}$; on a $\frac{\partial r}{\partial x_i} = \frac{x_i}{r}$. Alors $\frac{\partial}{\partial x_i}(F(r)) = F'(r)\frac{\partial r}{\partial x_i} = \frac{x_i}{r}F'(r)$, puis $\frac{\partial^2}{\partial x_i^2}(F(r)) = \frac{1}{r}F'(r) - \frac{x_i^2}{r^3}F'(r) + \frac{x_i^2}{r^2}F''(r)$, d'où, $\Delta(F(r)) = F''(r) + \frac{n-1}{r}F'(r)$.

Il résulte de (2.23) que $\operatorname{supp} \Delta f \subset \{0\}$. Le théorème 4.5, chapitre 2, montre que $\Delta f = \sum_{|\alpha| \leq k} c_\alpha \delta_0^{(\alpha)}$. Pour obtenir (2.21) il faut un argument supplémentaire. Soit $\varphi \in C_0^\infty(\mathbb{R}^n)$; on a

(2.24) $$\langle \Delta f, \varphi \rangle = \langle f, \Delta\varphi \rangle = \int \frac{1}{|x|^{n-2}} \Delta\varphi(x)dx$$
$$= \lim_{\varepsilon \to 0} \int_{|x|>\varepsilon} \frac{1}{|x|^{n-2}} \Delta\varphi(x)dx,$$

la dernière inégalité étant justifiée par le théorème de convergence dominée, puisque $\Delta\varphi\cdot\frac{1}{|x|^{n-2}}\in L^1(\mathbb{R}^n)$. Posons $I_\varepsilon=\int_{|x|>\varepsilon}\Delta\varphi(x)\frac{1}{|x|^{n-2}}\,dx$. Nous allons utiliser le théorème 2.10 avec $\Omega=\{x:|x|>\varepsilon\}$. Ici $\rho(x)=\varepsilon^2-|x|^2$ de sorte que la normale unitaire extérieure en un point $x\in\partial\Omega$ est $n(x)=\left(-\frac{x_1}{|x|},\frac{-x_2}{|x|},\dots,\frac{-x_n}{|x|}\right)$. On a alors, $\frac{\partial}{\partial n}=-\frac{1}{|x|}\sum_{i=1}^n x_i\frac{\partial}{\partial x_i}$. Les formules (2.20) et (2.23) montrent que,

$$I_\varepsilon=\int_{|x|=\varepsilon}|x|^{2-n}\frac{\partial\varphi}{\partial n}(x)\,d\sigma_\varepsilon-\int_{|x|=\varepsilon}\varphi(x)\frac{\partial}{\partial n}|x|^{2-n}\,d\sigma_\varepsilon=J_\varepsilon-K_\varepsilon.$$

Comme $d\sigma_\varepsilon=\varepsilon^{n-1}\,d\omega$, où $d\omega$ est la mesure de Lebesgue sur S^{n-1} on a, en posant $x=\varepsilon\omega$ avec $|\omega|=1$,

$$J_\varepsilon=-\varepsilon^{2-n}\int_{S^{n-1}}\frac{1}{\varepsilon}\sum_{i=1}^n\varepsilon\omega_i\frac{\partial\varphi}{\partial x_i}(\varepsilon\omega)\varepsilon^{n-1}\,d\omega=-\varepsilon\int_{S^{n-1}}\sum_{i=1}^n\omega_i\frac{\partial\varphi}{\partial x_i}(\varepsilon\omega)\,d\omega.$$

Il résulte du théorème de convergence dominée que $\lim_{\varepsilon\to0}J_\varepsilon=0$. Ensuite on voit facilement que, $\frac{\partial}{\partial n}|x|^{2-n}=(n-2)|x|^{1-n}$, de sorte que,

$$-K_\varepsilon=(2-n)\int_{S^{n-1}}\varepsilon^{1-n}\varphi(\varepsilon\omega)\varepsilon^{n-1}\,d\omega=(2-n)\int_{S^{n-1}}\varphi(\varepsilon\omega)\,d\omega.$$

On a, $\lim_{\varepsilon\to0}(-K_\varepsilon)=(2-n)\,\mu(S^{n-1})\varphi(0)$, d'après le théorème de convergence dominée. On déduit de (2.24) que $\langle\Delta f,\varphi\rangle=(2-n)\mu(S^{n-1})\,\langle\delta_0,\varphi\rangle$, ce qui prouve (2.21).

Voici une autre méthode pour obtenir la formule (2.21) qui ne fait pas appel à la formule de Green.

2.4. Distributions homogènes

Définition 2.12. Soit $T\in\mathcal{D}'(\mathbb{R}^n)$ et $a\in\mathbb{R}$. On dit que T est homogène de degré a si, pour tout $\lambda>0$ et tout $\varphi\in C_0^\infty(\mathbb{R}^n)$ on a

$$\langle T,\varphi_\lambda\rangle=\lambda^{-n-a}\langle T,\varphi\rangle, \tag{2.25}$$

où φ_λ est la fonction $x\mapsto\varphi(\lambda x)$.

Exemple et remarques 2.13

i) Si T est donnée par une fonction continue f, cette définition coïncide avec la notion classique de fonction homogène de degré $a\in\mathbb{R}$ *i.e.* $f(\lambda x)=\lambda^a f(x)$ pour $x\in\mathbb{R}^n$ et $\lambda>0$. En effet si f est homogène en ce dernier sens on a

$$\begin{aligned}\langle f,\varphi_\lambda\rangle&=\int f(x)\varphi(\lambda x)\,dx=\lambda^{-n}\int f\Big(\frac{y}{\lambda}\Big)\varphi(y)\,dy\\&=\lambda^{-n-a}\int f(y)\varphi(y)\,dy=\lambda^{-n-a}\langle f,\varphi\rangle\end{aligned}$$

d'où (2.25) et réciproquement.

ii) Si T est homogène de degré a, $\frac{\partial T}{\partial x_i}$ est homogène de degré $a-1$. Si f est une fonction C^∞ homogène de degré α et $T \in \mathcal{D}'(\mathbb{R}^n)$ est homogène de degré a alors fT est homogène de degré $a+\alpha$.

iii) $T = \partial^\alpha \delta_0$ est homogène de degré $-n-|\alpha|$. En effet,

$$\begin{aligned}\langle \partial^\alpha \delta_0, \varphi_\lambda \rangle &= (-1)^{|\alpha|} \langle \delta_0, \partial^\alpha \varphi_\lambda \rangle = (-1)^{|\alpha|} \langle \delta_0, \lambda^{|\alpha|} (\partial^\alpha \varphi)_\lambda \rangle \\ &= (-1)^{|\alpha|} \lambda^{|\alpha|} (\partial^\alpha \varphi)(0) \\ &= (-1)^{|\alpha|} \lambda^{|\alpha|} \langle \delta_0, \partial^\alpha \varphi \rangle = \lambda^{|\alpha|} \langle \partial^\alpha \delta_0, \varphi \rangle .\end{aligned}$$

Donc (2.25) est vérifiée avec $-n-a = |\alpha|$ d'où $a = -n-|\alpha|$.

iv) La distribution définie par la fonction localement intégrable $f(x) = \frac{1}{|x|^{n-2}}$ est homogène de degré $a = 2-n$.

v) Soient $T_0, \ldots, T_k$ des distributions sur $\mathbb{R}^n$ homogènes de degrés $a_0, \ldots, a_k$ tels que $a_i \neq a_j$ si $i \neq j$. Si $\sum_{j=0}^{k} T_j = 0$ alors, $T_0 = \ldots = T_k = 0$. En effet supposons $a_0 < a_1 < \ldots < a_k$, $T_0 = \ldots = T_{\ell-1} = 0$, $T_\ell \neq 0$ où $\ell \leq k$. Alors $0 = \langle \sum_{j=0}^{k} T_j, \varphi_\lambda \rangle = \sum_{j=\ell}^{k} \lambda^{-n-a_j} \langle T_j, \varphi \rangle$. En divisant les deux membres par λ^{-n-a_ℓ} il vient $\langle T_\ell, \varphi \rangle + \lambda^{a_\ell - a_{\ell+1}} \langle T_{\ell+1}, \varphi \rangle + \ldots + \lambda^{a_\ell - a_k} \langle T_k, \varphi \rangle = 0$. En faisant tendre λ vers $+\infty$ on obtient, $\langle T_\ell, \varphi \rangle = 0$ pour tout φ *i.e.* $T_\ell = 0$, ce qui est une contradiction.

Revenons à la formule (2.21). On a vu que l'égalité (2.23) impliquait que $\Delta\left(\frac{1}{r^{n-2}}\right) - \sum_{|\alpha| \leq k} c_\alpha \partial^\alpha \delta_0 = 0$. On pose alors, $T_0 = \Delta\left(\frac{1}{r^{n-2}}\right) - c_0 \delta_0$ puis $T_1 = -\sum_{|\alpha|=1} c_\alpha \partial^\alpha \delta_0, \ldots, T_k = -\sum_{|\alpha|=k} c_\alpha \delta_0^{(\alpha)}$. D'après ii), iii) et iv) ci-dessus, T_0 est homogène de degré $-n$, T_1 de degré $-n-1, \ldots, T_k$ de degré $-n-k$. D'après v) on a, $T_0 = \ldots = T_k = 0$ d'où, $\Delta\left(\frac{1}{r^{n-2}}\right) = c_0 \delta_0$. Pour calculer c_0 on considère $\varphi \in C_0^\infty(\mathbb{R}^n)$ radiale. On a

$$\begin{aligned}\left\langle \Delta\left(\frac{1}{r^{n-2}}\right), \varphi \right\rangle = c_0 \varphi(0) = \left\langle \frac{1}{r^{n-2}}, \Delta\varphi \right\rangle &= \int \frac{1}{r^{n-2}} \Delta\varphi(x)\, dx \\ &= \int_0^{+\infty} \int_{S^{n-1}} \frac{1}{r^{n-2}} \left(\varphi'' + \frac{n-1}{r} \varphi'\right)(r)\, r^{n-1}\, dr\, d\omega \\ &= \int_{S^{n-1}} d\omega \int_0^{+\infty} (r\varphi''(r) + (n-1)\varphi'(r))\, dr \\ &= \mu(S^{n-1})(2-n)\varphi(0)\end{aligned}$$

d'où $c_0 = \mu(S^{n-1})(2-n)$ et on retrouve (2.21).

Voici une caractérisation des distributions homogènes.

Théorème 2.14. *Une distribution $T \in \mathcal{D}'(\mathbb{R}^n)$ est homogène de degré $a \in \mathbb{R}$ si et seulement si*

$$\sum_{i=1}^{n} x_i \frac{\partial T}{\partial x_i} = aT. \tag{2.26}$$

Démonstration. Soit $\varphi \in C_0^\infty(\mathbb{R}^n)$. On rappelle que φ_λ est la fonction $x \mapsto \varphi(\lambda x)$ et on pose $G(\lambda) = \langle T, \varphi_\lambda\rangle$. Si T est homogène de degré a on a, $G(\lambda) = \lambda^{-n-a}\langle T, \varphi\rangle$. Alors,

$$G'(1) = (-n-a)\langle T, \varphi\rangle. \tag{2.27}$$

Nous allons montrer que $G \in C^1(]0, +\infty[)$ et $G'(\lambda) = \langle T, \frac{\partial}{\partial \lambda}\varphi_\lambda\rangle$. Pour cela, on applique le lemme 6.1, chapitre 2, à $\psi(\lambda, x) = \varphi(\lambda x)$.
En effet soit $\lambda_0 > 0$; si $\operatorname{supp}\varphi \subset \{|x| \leq M\}$ on a, pour $\ell = 0, 1$ et $\lambda \in]\frac{\lambda_0}{2}, +\infty[$, $\operatorname{supp}_x \partial_\lambda^\ell \varphi_\lambda \subset \{|x| \leq \frac{M}{\lambda}\} \subset \{|x| \leq \frac{2M}{\lambda_0}\}$; ensuite les fonctions $(x,\lambda) \mapsto \partial_x^\alpha \varphi_\lambda = \lambda^{|\alpha|}(\partial_x^\alpha\varphi)(\lambda x)$ et $(x, \lambda) \mapsto \partial_x^\alpha \partial_\lambda \varphi_\lambda(x) = \lambda^{|\alpha|} \sum_{i=1}^{n} x_i(\partial_{x_i}\partial_x^\alpha\varphi)(\lambda x)$ sont continues. Alors,
$G'(1) = \langle T, \sum_{i=1}^{n} x_i \frac{\partial \varphi}{x_i}\rangle = -\sum_{i=1}^{n}\langle \frac{\partial}{\partial x_i}(x_i T), \varphi\rangle = -\sum_{i=1}^{n}\langle x_i \frac{\partial T}{\partial x_i}, \varphi\rangle - n\langle T, \varphi\rangle$.
On utilise enfin (2.27) pour obtenir (2.26).

Inversement supposons (2.26) vérifiée. Posons $F(\lambda) = \langle T, \varphi_\lambda\rangle - \lambda^{-n-a}\langle T, \varphi\rangle$. D'après la première partie de la preuve F est C^1 sur $]0, +\infty[$ et l'on a $F'(\lambda) = \langle T, \sum_{i=1}^{n} x_i \frac{\partial \varphi}{\partial x_i}(\lambda x)\rangle + (n+a)\lambda^{-n-a-1}\langle T, \varphi\rangle$. Or,

$$\begin{aligned}
\Big\langle T, \sum_{i=1}^{n} x_i \frac{\partial \varphi}{\partial x_i}(\lambda x)\Big\rangle &= \sum_{i=1}^{n}\Big\langle x_i T, \frac{1}{\lambda}\frac{\partial}{\partial x_i}(\varphi(\lambda x))\Big\rangle \\
&= -\frac{1}{\lambda}\sum_{i=1}^{n}\Big\langle \frac{\partial}{\partial x_i}(x_i T), \varphi_\lambda\Big\rangle = -\frac{1}{\lambda} n\langle T, \varphi_\lambda\rangle - \frac{1}{\lambda}\sum_{i=1}^{n}\Big\langle x_i \frac{\partial T}{\partial x_i}, \varphi_\lambda\Big\rangle \\
&= -\frac{n}{\lambda}\langle T, \varphi_\lambda\rangle - \frac{a}{\lambda}\langle T, \varphi_\lambda\rangle.
\end{aligned}$$

On en déduit,

$$F'(\lambda) = -\frac{n+a}{\lambda}\Big(\langle T, \varphi_\lambda\rangle - \lambda^{-n-a}\langle T, \varphi\rangle\Big) = -\frac{n+a}{\lambda}F(\lambda).$$

Posons $H(\lambda) = \lambda^{n+a}F(\lambda)$; on a $H'(\lambda) = (n+a)\lambda^{n+a-1}F(\lambda) + \lambda^{n+a}F'(\lambda)$ d'où, $H'(\lambda) = \lambda^{n+a}\big(F'(\lambda) + \frac{n+a}{\lambda}F(\lambda)\big) = 0$ sur $]0, +\infty[$. On en déduit que

$H(\lambda) =$ constante. Or $H(1) = F(1) = \langle T, \varphi_1 \rangle - \langle T, \varphi \rangle = 0$ car $\varphi_1 = \varphi$. Donc $F(\lambda) = 0$ sur $]0, +\infty[$, ce qui prouve que T est homogène de degré a. ■

2.5. Distributions indépendantes d'une variable

Si $T \in \mathcal{D}'(\mathbb{R}^n)$, $h \in \mathbb{R}$ et si e_j est le j-ième vecteur de la base canonique de $\mathbb{R}^n$, la distribution $\tau_{he_j} T$ est définie par

$$(2.28) \qquad \langle \tau_{he_j} T, \varphi \rangle = \langle T, \tau_{-he_j} \varphi \rangle, \quad \varphi \in C_0^\infty(\mathbb{R}^n),$$

où $(\tau_{-he_j}\varphi)(x) = \varphi(x - h e_j)$.

Définition 2.15. Soit $T \in \mathcal{D}'(\mathbb{R}^n)$ et $j \in \{1, 2, \ldots, n\}$. On dit que T est indépendante de x_j si,

$$(2.29) \qquad \tau_{he_j} T = T, \quad \forall h \in \mathbb{R}.$$

Remarquons que si T est donnée par une fonction continue f, la définition ci-dessus signifie que $f(x) = \tilde{f}(x_1, \ldots, x_{j-1}, x_{j+1}, \ldots, x_n)$.

Théorème 2.16. *Soit $T \in \mathcal{D}'(\mathbb{R}^n)$. Les conditions suivantes sont équivalentes.*

(i) T est indépendante de x_j.

(ii) $\frac{\partial T}{\partial x_j} = 0$ dans $\mathcal{D}'(\mathbb{R}^n)$.

(iii) $\forall \varphi \in C_0^\infty(\mathbb{R}^n)$ de la forme $\varphi(x) = \varphi_j(x_j)\tilde{\varphi}(x_1, \ldots, x_{j-1}, x_{j+1}, \ldots, x_n)$ où $\varphi_j \in C_0^\infty(\mathbb{R})$, $\tilde{\varphi} \in C_0^\infty(\mathbb{R}^{n-1})$ on a,

$$\langle T, \varphi \rangle = \langle T, \chi\tilde{\varphi} \rangle \int \varphi_j(t)\, dt$$

où χ est un élément de $C_0^\infty(\mathbb{R})$ tel que $\int \chi(t)\, dt = 1$.

Démonstration

(i) $\Rightarrow$ (ii) résulte du fait que pour toute $\varphi \in C_0^\infty(\mathbb{R}^n)$ on a

$$\lim_{h \to 0} \Big\langle \frac{\tau_{he_j} T - T}{h}, \varphi \Big\rangle = \Big\langle \frac{\partial T}{\partial x_j}, \varphi \Big\rangle.$$

(Voir le problème 8, I, 1), chapitre 14).

(ii) $\Rightarrow$ (i). On considère la fonction $F : \mathbb{R} \to \mathbb{C}$, $F(h) = \langle T, \tau_{-he_j}\varphi \rangle$. Il résulte facilement du lemme 6.1, chapitre 2, que $F \in C^1(\mathbb{R})$ et que,

$$F'(h) = \Big\langle T, -\frac{\partial \varphi}{\partial x_j}(\cdot - h e_j) \Big\rangle = -\Big\langle T, \frac{\partial}{\partial x_j}(\tau_{-he_j}\varphi) \Big\rangle = \Big\langle \frac{\partial T}{\partial x_j}, \tau_{-he_j}\varphi \Big\rangle.$$

On déduit de l'hypothèse que $F'(h) = 0$ sur $\mathbb{R}$ d'où $F(h) = F(0) = \langle T, \varphi\rangle$, pour tout $h \in \mathbb{R}$.

(iii) $\Rightarrow$ (ii). Si $\varphi = \varphi_j \tilde{\varphi}$, on a

$$\left\langle \frac{\partial T}{\partial x_j}, \varphi \right\rangle = -\langle T, \varphi_j' \tilde{\varphi}\rangle = -\langle T, \chi\tilde{\varphi}\rangle \int \varphi_j'(t)\, dt = 0.$$

Donc $\frac{\partial T}{\partial x_j}$ est nulle sur $C_0^\infty(\mathbb{R}) \otimes C_0^\infty(\mathbb{R}^{n-1})$. Il résulte de la proposition 3.7, chapitre 1, que $\frac{\partial T}{\partial x_j} = 0$ dans $\mathcal{D}'(\mathbb{R}^n)$.

(ii) $\Rightarrow$ (iii). Soit $\chi \in C_0^\infty(\mathbb{R})$ telle que $\int \chi(t)\, dt = 1$. Posons

$$(2.30) \qquad \varphi_j(x_j) - \Big(\int \varphi_j(t)\, dt\Big)\chi(x_j) = \psi(x_j).$$

Alors $\psi \in C_0^\infty(\mathbb{R})$ et $\int \psi(t)\, dt = 0$. On en déduit qu'il existe $\theta \in C_0^\infty(\mathbb{R})$ telle que $\psi(x_j) = \theta'(x_j)$ (voir exemples 2.2, (4)). Alors $\psi\tilde{\varphi} = \theta'\tilde{\varphi} = \frac{\partial}{\partial x_j}(\theta\tilde{\varphi})$. Il résulte de (2.30) que,

$$\langle T, \varphi_j \tilde{\varphi}\rangle = \langle T, \chi\tilde{\varphi}\rangle \int \varphi_j(t)\, dt + \Big\langle T, \frac{\partial}{\partial x_j}(\theta\tilde{\varphi})\Big\rangle$$

ce qui implique le résultat, puisque $\frac{\partial T}{\partial x_j} = 0$. ■

Remarque 2.17. Si T est donnée par une fonction continue f et si $\frac{\partial T}{\partial x_j} = 0$ dans $\mathcal{D}'$, le résultat ci-dessus montre que $f(x) = \tilde{f}(x_1, \ldots, x_{j-1}, x_{j+1}, \ldots, x_n)$.

Corollaire 2.18. *Soit $T \in \mathcal{D}'(\mathbb{R}^n)$ telle que $\frac{\partial T}{\partial x_j} = 0$ pour $j = 1, \ldots, n$. Il existe $C \in \mathbb{R}$ telle que $\langle T, \varphi\rangle = C \int \varphi(x)\, dx$, pour toute $\varphi \in C_0^\infty(\mathbb{R}^n)$ i.e. T est constante.*

Démonstration. Soit $\varphi \in C_0^\infty(\mathbb{R}^n)$ telle que $\varphi(x) = \varphi_1(x_1)\ldots\varphi_n(x_n)$ où $\varphi_j \in C_0^\infty(\mathbb{R})$. En utilisant, successivement pour $j = 1, 2, \ldots, n$, l'implication (ii) $\Rightarrow$ (iii) du théorème 2.16, on obtient

$$\langle T, \varphi\rangle = \langle T, \chi_1\chi_2\ldots\chi_n\rangle\Big(\int \varphi_1(x_1)\, dx_1\Big)\ldots\Big(\int \varphi_n(x_n)\, dx_n\Big) = C\int \varphi(x)\, dx.$$

Comme $C_0^\infty(\mathbb{R}_{x_1}) \otimes \ldots \otimes C_0^\infty(\mathbb{R}_{x_n})$ est dense dans $C_0^\infty(\mathbb{R}_x^n)$ (proposition 3.7, chapitre 1), le résultat en découle. ■

Corollaire 2.19. *Soit $T \in \mathcal{D}'(\mathbb{R}^n)$. Les conditions suivantes sont équivalentes.*

(i) $T \in C^0(\mathbb{R}^n)$, $\frac{\partial T}{\partial x_j} \in C^0(\mathbb{R}^n)$, $j = 1, 2, \ldots, n$.

(ii) $T \in C^1(\mathbb{R}^n)$.

Démonstration. L'implication (ii) $\Rightarrow$ (i) est évidente puisque, si T est donnée par une fonction $f \in C^1$, $\frac{\partial T}{\partial x_j}$ est donnée par $\frac{\partial f}{\partial x_j} \in C^0$.

Inversement supposons que T soit donnée par $f \in C^0$ et $\frac{\partial T}{\partial x_j}$ par $g_j \in C^0$. Fixons j et considérons la fonction

$$f_j(x) = f(x) - \int_0^{x_j} g_j(x_1, \ldots, t, \ldots, x_n)\, dt. \tag{2.31}$$

C'est une fonction continue et, si on considère la distribution S_j qu'elle définit, on a

$$\begin{aligned}\left\langle \frac{\partial S_j}{\partial x_j}, \varphi \right\rangle &= -\left\langle S_j, \frac{\partial \varphi}{\partial x_j} \right\rangle = -\left\langle T, \frac{\partial \varphi}{\partial x_j} \right\rangle \\ &\quad + \int \Big(\int_0^{x_j} g_j(x_1, \ldots, t, \ldots, x_n)\, dt \Big) \frac{\partial \varphi}{\partial x_j}\, dx \\ &= \left\langle \frac{\partial T}{\partial x_j}, \varphi \right\rangle - \int g_j \varphi\, dx = \left\langle \frac{\partial T}{\partial x_j}, \varphi \right\rangle - \left\langle \frac{\partial T}{\partial x_j}, \varphi \right\rangle = 0.\end{aligned}$$

On déduit de la remarque 2.17 que,

$$f_j(x) = \tilde{f}(x_1, \ldots, x_{j-1}, x_{j+1}, \ldots, x_n),$$

d'où, pour $x \in \mathbb{R}^n$,

$$f(x) = \int_0^{x_j} g_j(x_1, \ldots, t, \ldots, x_n)\, dt + \tilde{f}(x_1, \ldots, x_{j-1}, x_{j+1}, \ldots, x_n),$$

où $\tilde{f}$ est continue. Le membre de droite de l'égalité ci-dessus admet une dérivée partielle par rapport à x_j continue. Il en est donc de même pour f. Ceci étant vrai pour $j = 1, \ldots, n$, on a $f \in C^1$. ∎

Corollaire 2.20. *Soit $T \in \mathcal{D}'(\mathbb{R}^n)$ et $k \in \mathbb{N}$. Les conditions suivantes sont équivalentes.*

(i) $T \in C^0(\mathbb{R}^n)$, $\partial^\alpha T \in C^0(\mathbb{R}^n)$, $|\alpha| \leq k$.

(i) $T \in C^k(\mathbb{R}^n)$.

Corollaire 2.21. *L'énoncé du corollaire 2.20 est encore valable lorsqu'on remplace $\mathbb{R}^n$ par un ouvert Ω de $\mathbb{R}^n$.*

Démonstration. On sait que $\Omega = \bigcup_{\ell=2}^{+\infty} \overset{\circ}{K}_\ell$, où (K_ℓ) est une suite exhaustive de compacts. Fixons $\ell \geq 2$. Soit $\chi \in C_0^\infty(\Omega)$, $\chi = 1$ sur K_ℓ. On a $\chi T \in \mathcal{E}'(\mathbb{R}^n) \subset \mathcal{D}'(\mathbb{R}^n)$ et, d'après la formule de Leibniz, $\partial^\alpha(\chi T) \in C^0(\mathbb{R}^n)$

pour $|\alpha| \leq k$. On déduit du corollaire 2.20 que $\chi T \in C^k(\mathbb{R}^n)$, d'où $T \in C^k(\overset{\circ}{K}_\ell)$ pour $\ell \geq 2$. Donc $T \in C^k(\Omega)$. ∎

Dans l'énoncé du corollaire 2.19, l'hypothèse $T \in C^0$ dans (i) est en fait superflue et peut être remplacée par $T \in \mathcal{D}'$, comme le montre le résultat suivant.

Exemple 2.22. Soit $T \in \mathcal{D}'(\mathbb{R}^n)$. Supposons $\frac{\partial T}{\partial x_j} \in C^0(\mathbb{R}^n)$, $j = 1, \ldots, n$. Alors $T \in C^0(\mathbb{R}^n)$.

On traite, pour simplifier, le cas où $n = 2$. Supposons que $\frac{\partial T}{\partial x_j}$ soit donnée par une fonction $g_j \in C^0$, pour $j = 1, 2$. Posons,

$$f(x) = \int_0^{x_1} g_1(t, 0)\, dt + \int_0^{x_2} g_2(x_1, s)\, ds. \tag{2.32}$$

C'est une fonction continue; notre objectif est de montrer que T est donnée par $f + C$, où C est une constante. En effet, tout d'abord, comme f admet une dérivée partielle par rapport à x_2 continue, on a $\frac{\partial}{\partial x_2} T_f = T_{\frac{\partial f}{\partial x_2}} = T_{g_2} = \frac{\partial T}{\partial x_2}$. Supposons que l'on montre que

$$\frac{\partial}{\partial x_1} T_f = T_{g_1} \; \Big(= \frac{\partial T}{\partial x_1} \Big). \tag{2.33}$$

On aura alors, pour $j = 1, 2$, $\frac{\partial}{\partial x_j}(T_f - T) = 0$ et notre objectif résultera du corollaire 2.18. Montrons (2.33). On a, d'après ci-dessus,

$$\frac{\partial}{\partial x_2}\Big(\frac{\partial T_f}{\partial x_1}\Big) = \frac{\partial}{\partial x_1}\Big(\frac{\partial T_f}{\partial x_2}\Big) = \frac{\partial}{\partial x_1}\Big(\frac{\partial T}{\partial x_2}\Big) = \frac{\partial}{\partial x_2}\Big(\frac{\partial T}{\partial x_1}\Big) = \frac{\partial T_{g_1}}{\partial x_2},$$

donc,

$$\frac{\partial}{\partial x_2}\Big(\frac{\partial T_f}{\partial x_1} - T_{g_1}\Big) = 0 \text{ dans } \mathcal{D}'.$$

Il résulte du théorème 2.16 que $\frac{\partial T_f}{\partial x_1} - T_{g_1}$ est indépendante de x_2; d'après (iii) de ce théorème, on a, pour $\varphi \in C_0^\infty(\mathbb{R}_{x_1})$, $\psi \in C_0^\infty(\mathbb{R}_{x_2})$,

$$\begin{aligned}(1) = \Big\langle \frac{\partial T_f}{\partial x_1} - T_{g_1}, \varphi\psi \Big\rangle &= \Big\langle \frac{\partial T_f}{\partial x_1} - T_{g_1}, \chi\varphi \Big\rangle \int \psi(x_2)\, dx_2 \\ &= C(\varphi) \int \psi(x_2)\, dx_2,\end{aligned}$$

où $\chi \in C_0^\infty(\mathbb{R})$, $\int \chi(t)\, dt = 1$. D'autre part, d'après (2.32),

$$\begin{aligned}(1) &= \Big\langle \frac{\partial T_f}{\partial x_1} - T_{g_1}, \varphi\psi \Big\rangle \\ &= -\int \Big[\int \Big(\int_0^{x_1} g_1(t, 0)\, dt \Big) \varphi'(x_1)\, dx_1 \Big] \psi(x_2)\, dx_2 \\ &\quad - \int \Big[\int \Big(\int_0^{x_2} g_2(x_1, s)\, ds \Big) \varphi'(x_1)\, dx_1 \Big] \psi(x_2)\, dx_2 \\ &\quad - \int \Big[\int g_1(x_1, x_2) \varphi(x_1)\, dx_1 \Big] \psi(x_2)\, dx_2.\end{aligned}$$

En identifiant les deux expressions de (1), après avoir effectué une intégration par parties dans la première intégrale, on obtient pour tout $x_2 \in \mathbb{R}$,

$$\Big\langle \frac{\partial T_f}{\partial x_1} - T_{g_1}, \varphi\psi \Big\rangle = \int g_1(x_1, 0)\varphi(x_1)\, dx_1 - \int \Big(\int_0^{x_2} g_2(x_1, s)\, ds \Big) \varphi'(x_1)\, dx_1 \\ - \int g_1(x_1, x_2)\varphi(x_1)\, dx_1 .$$

Comme le membre de gauche est indépendant de x_2, il en est de même du membre de droite (qui est continu en x_2). En prenant $x_2 = 0$, on trouve que $\langle \frac{\partial T_f}{\partial x_1} - T_{g_1}, \varphi\psi \rangle = 0$ ce qui, par densité de $C_0^\infty(\mathbb{R}_{x_1}) \otimes C_0^\infty(\mathbb{R}_{x_2})$ dans $C_0^\infty(\mathbb{R}^2)$, prouve (2.33).

2.6. Solutions élémentaires

Définition 2.23. Soit P un opérateur différentiel à coefficients constants sur $\mathbb{R}^n$. Une **solution élémentaire** de P est une distribution E sur $\mathbb{R}^n$ telle que $PE = \delta_0$.

Par exemple, dans l'application 2.11, nous avons montré que si $n \geq 3$, la distribution définie par la fonction localement intégrable $E(x) = \dfrac{1}{(2-n)\mu(S^{n-1})} \dfrac{1}{|x|^{n-2}}$ est une solution élémentaire de l'opérateur Δ. On peut montrer que la fonction localement intégrable

$$E(t, x) = \frac{H(t)}{(4\pi t)^{n/2}} e^{\frac{-|x|^2}{4t}}$$

est une solution élémentaire de l'opérateur de la **chaleur** $P = \frac{\partial}{\partial t} - \Delta_x$ sur $\mathbb{R}_t \times \mathbb{R}_x^n$.

On verra des applications de cette notion au chapitre 6, paragraphe 4.

Chapitre 4

Convergence des suites de distributions

On introduit dans ce chapitre la notion de suite convergente dans $\mathcal{D}'(\Omega)$ sans approfondir la topologie de cet espace. Cela sera cependant suffisant pour les applications.

1 • Convergence dans $\mathcal{D}'(\Omega)$

Dans ce qui suit Ω sera un ouvert de $\mathbb{R}^n$ et $\mathcal{D}'$ désignera $\mathcal{D}'(\Omega)$.

Définition 1.1. Soit $(T_j)_{j\in\mathbb{N}}$ une suite de $\mathcal{D}'$ et $T \in \mathcal{D}'$. On dit que $(T_j)_{j\in\mathbb{N}}$ converge vers T dans $\mathcal{D}'$ (et on écrira $(T_j) \to T$) si $\lim\limits_{j\to+\infty} \langle T_j, \varphi\rangle = \langle T, \varphi\rangle$ pour tout $\varphi \in C_0^\infty(\Omega)$.

Propriétés 1.2

(i) Si $(T_j) \to T$ alors, pour tout $\alpha \in \mathbb{N}^n$, $(\partial^\alpha T_j) \to \partial^\alpha T$. Plus généralement, si $P = \sum\limits_{|\alpha|\leq m} a_\alpha(x)\partial^\alpha$ est un opérateur différentiel à coefficients $C^\infty(\Omega)$, $(PT_j) \to PT$ dans $\mathcal{D}'$. En effet $\langle \partial^\alpha T_j, \varphi\rangle = (-1)^{|\alpha|}\langle T_j, \partial^\alpha\varphi\rangle$ converge vers $(-1)^{|\alpha|}\langle T, \partial^\alpha\varphi\rangle = \langle \partial^\alpha T, \varphi\rangle$ et $\langle aT_j\varphi\rangle = \langle T_j, a\varphi\rangle$ converge vers $\langle T, a\varphi\rangle = \langle aT, \varphi\rangle$, pour tous $\varphi \in C_0^\infty(\Omega)$, $a \in C^\infty(\Omega)$, $\alpha \in \mathbb{N}^n$.

(ii) Si $(T_j)_{j\in\mathbb{N}}$ est une suite de $\mathcal{D}'$, on dira que la série ΣT_j est convergente, dans $\mathcal{D}'$ si la suite $(S_N)_{N\geq 0} = (\sum\limits_{j=0}^{N} T_j)_{N\geq 0}$ est convergente. Si la série ΣT_j est convergente, alors pour tout $\alpha \in \mathbb{N}^n$, la série $\sum\limits_{j=0}^{+\infty} \partial^\alpha T_j$ est convergente et on a, $\partial^\alpha \sum\limits_{j=0}^{+\infty} T_j = \sum\limits_{j=0}^{+\infty} \partial^\alpha T_j$. En effet, d'après (i), $(\partial^\alpha \sum\limits_{j=0}^{N} T_j) \to \partial^\alpha \sum\limits_{j=0}^{+\infty} T_j$ et $\partial^\alpha \sum\limits_{j=0}^{N} T_j = \sum\limits_{j=0}^{N} \partial^\alpha T_j$.

(iii) La convergence dans $L^p_{\text{loc}}(\Omega)$, $1 \leq p \leq +\infty$, implique la convergence dans $\mathcal{D}'$. En effet, soit $(f_j) \subset L^p_{\text{loc}}(\Omega)$ telle que $(f_j) \to f$ dans L^p_{loc}. Soit q tel que $\frac{1}{p} + \frac{1}{q} = 1$. Soit $\varphi \in C_0^\infty(\Omega)$, $\operatorname{supp} \varphi \subset K$. D'après l'inégalité de Hölder,

$$|\langle f_j, \varphi\rangle - \langle f, \varphi\rangle| = |\langle f_j - f, \varphi\rangle| \\ \leq \int_K |f_j - f| \cdot |\varphi|\, dx \leq \|f_j - f\|_{L^p(K)} \|\varphi\|_{L^q(K)} \longrightarrow 0.$$

(iv) La convergence presque partout n'implique pas la convergence dans $\mathcal{D}'$. En effet considérons la suite de $L^1_{\text{loc}}(\mathbb{R})$ définie par $f_j(x) = \sqrt{j}\, e^{-jx^2}$. Alors pour tout $x \neq 0$, $f_j(x) \to 0$ mais $(f_j) \to \sqrt{\pi}\,\delta_0$ dans $\mathcal{D}'(\mathbb{R})$ car pour $\varphi \in C_0^\infty(\mathbb{R})$ on a, d'après le théorème de convergence dominée,

$$\langle f_j, \varphi\rangle = \sqrt{j} \int e^{-jx^2} \varphi(x)\, dx = \int e^{-y^2} \varphi\Big(\frac{y}{\sqrt{j}}\Big)\, dy \to \sqrt{\pi}\varphi(0) = \sqrt{\pi}\, \langle \delta_0, \varphi\rangle.$$

Exemples 1.3

(i) La suite $(e^{ijx})_{j\in\mathbb{N}}$ tend vers zéro dans $\mathcal{D}'(\mathbb{R})$. En effet, si $\varphi \in C_0^\infty(\mathbb{R})$,

$$|\langle e^{ijx}, \varphi\rangle| = \Big|\int e^{ijx} \varphi(x)\, dx\Big| = \Big|\frac{1}{j} \int e^{ijx} \varphi'(x)\, dx\Big| \leq \frac{1}{j} \int |\varphi'(x)|\, dx \longrightarrow 0.$$

On déduit de la propriété 1.2 (i) que, pour tout $N \in \mathbb{N}$, $(j^N e^{ijx}) \to 0$.

(ii) Soit $\chi \in L^1(\mathbb{R}^n)$ telle que $\int \chi(x)\, dx = 1$. Posons $\chi_j(x) = j^\alpha \chi(jx)$. Alors si $\alpha < n$, $(\chi_j) \to 0$, si $\alpha = n$, $(\chi_j) \to \delta_0$ et si $\alpha > n$, (χ_j) ne converge pas dans $\mathcal{D}'(\mathbb{R})$. En effet $\langle \chi_j, \varphi\rangle = \int \chi_j(x)\varphi(x)\, dx = j^{\alpha-n} \int \chi(y)\varphi(\frac{y}{j})\, dy$. Comme, d'après le théorème de convergence dominée, $\int \chi(y)\varphi(\frac{y}{j})\, dy \to \varphi(0)$, on a $\langle \chi_j, \varphi\rangle \to 0$ (resp. δ_0) si $\alpha < n$ (resp. $\alpha = n$) et n'a pas de limite si $\alpha > n$.

(iii) Pour $x \in \mathbb{R}$ et $\varepsilon > 0$, posons $f_\varepsilon(x) = \operatorname{Log}(x + i\varepsilon) = \operatorname{Log}|x + i\varepsilon| + i \operatorname{Arg}(x + i\varepsilon)$, ($\operatorname{Arg} \in]-\pi, \pi[$). Alors $(f_\varepsilon) \subset L^1_{\text{loc}}(\mathbb{R})$ et, si $\varepsilon_j \to 0$, la suite (f_{ε_j}) converge dans $\mathcal{D}'(\mathbb{R})$ vers $f_0(x) = \begin{cases} \operatorname{Log} x & \text{si } x > 0 \\ \operatorname{Log}|x| + i\pi & \text{si } x < 0. \end{cases}$

En effet pour $\varphi \in C_0^\infty(\mathbb{R})$,
$\int \operatorname{Log}(x + i\varepsilon_j)\varphi(x)\, dx = \int \operatorname{Log}|x + i\varepsilon_j|\varphi(x)\, dx + i \int \operatorname{Arg}(x + i\varepsilon_j)\varphi(x)\, dx =$ (1) + (2). Tout d'abord comme $|x| \leq |x + i\varepsilon_j| \leq |x| + 1$ (si $\varepsilon_j \leq 1$) on a $|\operatorname{Log}|x + i\varepsilon_j|| \leq \max(|\operatorname{Log}|x||, \operatorname{Log}(|x| + 1)) \in L^1_{\text{loc}}(\mathbb{R})$; d'autre part, $\operatorname{Log}|x + i\varepsilon_j| \to \operatorname{Log}|x|$ presque partout. On déduit du théorème de convergence dominée que (1) $\to \int \operatorname{Log}|x|\varphi(x)\, dx$. Ensuite, $\operatorname{Arg}(x + i\varepsilon_j)$ tend vers zéro si $x > 0$ et vers π si $x < 0$; le théorème de convergence dominée

implique que (2) $\to i\pi \int_{-\infty}^{0} \varphi(x)\,dx$; d'où le résultat. On peut encore écrire $f_0(x) = \operatorname{Log}|x| + i\pi H(-x)$.

D'après la propriété 1.2 (i) et les exemples 2.3, (2) et (3) du chapitre 3, on a

$$\lim_{\varepsilon_j \to 0+} \frac{d}{dx} f_{\varepsilon_j} = \lim_{\varepsilon_j \to 0+} \frac{1}{x + i\varepsilon_j} = \frac{d}{dx} f_0 = vp\frac{1}{x} - i\pi\delta_0 ,$$

En effet la fonction $z \mapsto \operatorname{Log} z$ étant holomorphe dans $\mathbb{C} \setminus \mathbb{R}^-$, on a, $\frac{\partial}{\partial x}(\operatorname{Log}(x+iy)) = \frac{\partial}{\partial z}(\operatorname{Log} z) = \frac{1}{z}$, pour $\operatorname{Im} z \neq 0$. On note usuellement $\lim\limits_{\varepsilon_j \to 0+} \frac{1}{x \pm i\varepsilon_j} = \frac{1}{x \pm i0}$. D'après ci-dessus, $\frac{1}{x+i0} = vp\frac{1}{x} - i\pi\delta_0$. On obtient de manière analogue $\frac{1}{x-i0} = vp\frac{1}{x} + i\pi\delta_0$, d'où,

$$vp\frac{1}{x} = \frac{1}{2}\Big(\frac{1}{x+i0} + \frac{1}{x-i0}\Big), \quad \delta_0 = \frac{1}{2i\pi}\Big(\frac{1}{x-i0} - \frac{1}{x+i0}\Big).$$

Cependant, si on ne connaît pas la limite, comment savoir si une suite de distributions converge ? Voici un résultat qui fournit une réponse à cette question.

Théorème 1.4. *Soit $(T_j)_j$ une suite de $\mathcal{D}'(\Omega)$. Supposons que pour tout $\varphi \in C_0^\infty(\Omega)$, la suite $(\langle T_j, \varphi\rangle)_j$ converge dans $\mathbb{C}$. Il existe alors $T \in \mathcal{D}'(\Omega)$ telle que $(T_j)_j$ tende vers T dans $\mathcal{D}'(\Omega)$.*

Il faut remarquer que ce résultat est inhabituel. En effet, si on a une suite (f_j) de fonctions continues telle que, pour tout x, la suite $(f_j(x))$ converge (*i.e.* convergence simple), la limite n'est pas nécessairement continue. L'important dans le théorème est le caractère linéaire des T_j.

Ce théorème est une conséquence d'un résultat important d'analyse fonctionnelle.

2 • Le théorème de Banach-Steinhaus

Théorème 2.1. *Soient $(E, (p_\ell)_{\ell\in\Lambda_1})$, $(F, (q_k)_{k\in\Lambda_2})$ deux espaces localement convexes. On suppose que E est métrisable et complet. Soit $(T_\lambda)_{\lambda\in\Lambda}$ une famille d'applications linéaires continues de E dans F. Supposons que*

(2.1) $\quad \forall k \in \Lambda_2,\ \forall x \in E,\ \exists C_{k,x} > 0 : q_k(T_\lambda x) \leq C_{k,x}, \quad \forall \lambda \in \Lambda.$

Alors,

(2.2) $\forall k \in \Lambda_2,\ \exists \ell \in \Lambda_1,\ \exists C > 0 : q_k(T_\lambda x) \leq C p_\ell(x),\ \forall x \in E,\ \forall \lambda \in \Lambda.$

Corollaire 2.2. *Dans le cadre du théorème 2.1, soit* $(T_j)_{j\in\mathbb{N}}$ *une suite d'applications linéaires continues de* E *dans* F *telle que*

$$\text{(2.3)} \qquad \forall x \in E,\ \exists \alpha_x \in F : \lim_{j\to+\infty} T_j x = \alpha_x, \quad \text{dans } F.$$

Posons $Tx = \alpha_x$ *pour* $x \in E$*. Alors,*

(i) T *est linéaire continue,*

(ii) pour tout compact K *de* E *et tout* $k \in \Lambda_2$,

$$\lim_{j\to+\infty} \sup_{x\in K} q_k(T_j x - Tx) = 0.$$

En particulier,

(ii)' si $(x_j) \to x$ *dans* E*, alors* $(T_j x_j) \to Tx$ *dans* F.

Démonstration du corollaire 2.2. La linéarité de T est évidente. Montrons la continuité. Comme dans F, toute suite convergente est bornée, l'hypothèse (2.3) implique (2.1), donc (2.2), d'après le théorème 2.1, *i.e.*

$$\text{(2.4)} \quad \forall k \in \Lambda_2,\ \exists \ell \in \Lambda_1,\ \exists C > 0 : q_k(T_j x) \le C p_\ell(x),\ \forall j \in \mathbb{N},\ \forall x \in E.$$

D'après (2.3), $q_k(T_j x) \to q_k(Tx)$ dans $\mathbb{C}$. Donc (2.4) est aussi vraie pour T, ce qui prouve que T est continue.

Montrons (ii). Soit $\varepsilon > 0$; nous devons prouver que, pour toute semi-norme q_k,

$$\text{(2.5)} \qquad \exists N_0 \in \mathbb{N} : \forall j \ge N_0,\ q_k(T_j x - Tx) \le \varepsilon,\ \forall x \in K.$$

À l'indice k correspondent ℓ et C vérifiant (2.4). Recouvrons K par un nombre fini de p_ℓ–boules de rayon $\frac{\varepsilon}{3C}$ et de centres $y_1, \dots, y_M$. Pour tout $x \in K$, il existe $m_x \in \{1, 2, \dots, M\}$ tel que,

$$\text{(2.6)} \qquad \begin{cases} q_k(T_j(x - y_{m_x})) \le C p_\ell(x - y_{m_x}) \le \dfrac{\varepsilon}{3}, \\ q_k(T(x - y_{m_x})) \le C p_\ell(x - y_{m_x}) \le \dfrac{\varepsilon}{3}, \end{cases}$$

ce qui résulte de (2.4) appliqué à T_j et à T.

D'autre part, pour $m \in \{1, \dots, M\}$ on a, $\lim_{j\to+\infty} q_k(T_j y_m - Ty_m) = 0$. Il existe donc N_0 tel que pour $j \ge N_0$, on ait $q_k(T_j y_m - Ty_m) \le \frac{\varepsilon}{3}$ pour tout $m \in \{1, 2, \dots, M\}$. Alors, pour $j \ge N_0$ et tout $x \in K$ on a,

$$q_k(T_j x - Tx) \le q_k(T_j x - T_j y_{m_x}) + q_k(T_j y_{m_x} - Ty_{m_x}) + q_k(Ty_{m_x} - Tx) \le \varepsilon,$$

ce qui prouve (2.5).

Montrons (ii)'; l'ensemble $K = \{x_j\}_j \cup \{x\}$ est un compact de E. Soit q_k une semi-norme de F et $\varepsilon > 0$; soit ℓ et C satisfaisant à (2.4). Il existe N_0 tel que pour $j \geq N_0$, on ait (d'après (ii) et l'hypothèse de (ii)')

$$\sup_{y \in K} q_k(T_j y - Ty) \leq \frac{\varepsilon}{2}, \quad p_\ell(x_j - x) \leq \frac{\varepsilon}{2C}.$$

Alors (2.4) implique que pour $j \geq N_0$,

$$\begin{aligned} q_k(T_j x_j - Tx) &\leq q_k(T_j x_j - Tx_j) + q_k(Tx_j - Tx) \\ &\leq \sup_{y \in K} q_k(T_j y - Ty) + Cp_\ell(x_j - x) \leq \varepsilon. \end{aligned}$$

■

Démonstration du théorème 2.1. Soit q_k une semi-norme dans F. Pour $N \in \mathbb{N}$ posons,

$$F_N = \{x \in E : q_k(T_\lambda x) \leq N, \ \forall \lambda \in \Lambda\}.$$

a) F_N est fermé car toute semi-norme est continue.
b) $\bigcup_{N=1}^{+\infty} F_N = E$, par hypothèse.
c) Si $x \in F_N$, $-x \in F_N$ car $q_k(T_\lambda(-x)) = q_k(T_\lambda x)$.
d) F_N est convexe car si $x, y \in F_N$ et $t \in [0,1]$ on a,

$$q_k(T_\lambda(tx + (1-t)y)) \leq t q_k(T_\lambda x) + (1-t) q_k(T_\lambda y) \leq tN + (1-t)N = N$$

donc $tx + (1-t)y \in F_N$.

L'espace E étant métrique et complet, il est de Baire. D'après a) et b) il existe $N_0 \in \mathbb{N}$ tel que $\mathring{F}_{N_0} \neq \emptyset$. Il existe donc $x_0 \in F_{N_0}$, une semi-norme p_ℓ et $\varepsilon_0 > 0$ tels que,

$$B_0 = \{x \in E : p_\ell(x - x_0) < \varepsilon_0\} \subset \mathring{F}_{N_0}.$$

Nous allons montrer que cela entraîne,

$$B_1 = \left\{x \in E : p_\ell(x) < \frac{\varepsilon_0}{2}\right\} \subset F_{N_0}. \tag{2.7}$$

En effet, si $x \in B_1$ on écrit $x = \frac{1}{2}((x_0 + 2x) - x_0)$; on a $x_0 \in F_{N_0}$ donc (d'après c)) $-x_0 \in F_{N_0}$; ensuite, $x_0 + 2x \in B_0$ car $p_\ell(x_0 + 2x - x_0) = 2p_\ell(x) < \varepsilon_0$, donc $x_0 + 2x \in F_{N_0}$; enfin, d'après d), $x \in F_{N_0}$.

On déduit de (2.7) et de la définition des F_N que

$$p_\ell(x) < \frac{\varepsilon_0}{2} \Longrightarrow q_k(T_\lambda x) \leq N_0\,, \quad \forall \lambda \in \Lambda\,.$$

Soit $x \in E$ quelconque ; posons, pour $\delta > 0$, $\tilde{x} = \frac{x}{p_\ell(x)+\delta}\frac{\varepsilon_0}{2}$. Alors $p_\ell(\tilde{x}) < \frac{\varepsilon_0}{2}$ donc $q_k(T_\lambda \tilde{x}) \leq N_0$ ce qui s'écrit,

$$q_k(T_\lambda x) \leq \frac{2}{\varepsilon_0} N_0(p_\ell(x) + \delta)\,, \quad \forall \lambda \in \Lambda\,.$$

Il suffit de faire tendre δ vers zéro pour obtenir (2.2). ■

Démonstration du théorème 1.4. Il suffit d'appliquer le corollaire 2.2 dans le cas où $E = C_0^\infty(K)$ (K compact de Ω) et $F = \mathbb{C}$. ■

3 • Application : l'espace $C^k(I, \mathcal{D}'(\Omega))$

Soit I un intervalle ouvert de $\mathbb{R}$ et pour tout $t \in I$, T_t un élément de $\mathcal{D}'(\Omega)$.

Définition 3.1. Soit $k \in \mathbb{N} \cup \{+\infty\}$. On dit que $(T_t) \in C^k(I, \mathcal{D}'(\Omega))$ si pour tout $\varphi \in C_0^\infty(\Omega)$ l'application de I dans $\mathbb{C}$, $t \mapsto \langle T_t, \varphi\rangle$ est de classe C^k.

Proposition 3.2. *Soit $(T_t) \in C^k(I, \mathcal{D}'(\Omega))$. Pour tout $0 \leq \ell \leq k$ et pour tout $t \in I$, il existe une distribution $T_t^{(\ell)}$ telle que $(T_t^{(\ell)}) \in C^{k-\ell}(I, \mathcal{D}'(\Omega))$ et*

$$\text{(3.1)} \qquad \Big[\Big(\frac{d}{dt}\Big)^\ell \langle T_t, \varphi\rangle\Big](t_0) = \langle T_{t_0}^{(\ell)}, \varphi\rangle\,, \quad \forall t_0 \in I\,,\ \forall \varphi \in C_0^\infty(\Omega)\,.$$

Démonstration. Pour $k = 0$, il suffit de prendre $T_t^{(0)} = T_t$. Montrons le cas $k = 1$, $\ell = 1$. Soit $t_0 \in I$ et (ε_j) une suite de réels tendant vers zéro ; posons $T_j = \frac{1}{\varepsilon_j}(T_{t_0+\varepsilon_j} - T_{t_0})$. Par hypothèse, pour tout $\varphi \in C_0^\infty(\Omega)$, $\langle T_j, \varphi\rangle$ tend vers une limite, pour $j \to +\infty$, qui est égale à $\big[\frac{d}{dt}\langle T_t, \varphi\rangle\big](t_0)$. D'autre part, d'après le théorème 1.4, il existe une distribution, que nous noterons $T_{t_0}^{(1)}$ telle que $\langle T_j, \varphi\rangle \to \langle T_{t_0}^{(1)}, \varphi\rangle$; d'où (3.1). Enfin, le membre de gauche de (3.1) étant continu, on a $(T_t^{(1)}) \in C^0(I, \mathcal{D}'(\Omega))$. Le cas $k \geq 1$ se démontre facilement par récurrence sur $\ell = 0, \dots, k$. ■

Proposition 3.3

a) Soit $(T_t) \in C^0(I, \mathcal{D}'(\Omega))$ et $\psi \in C_0^\infty(I \times \Omega)$. Alors l'application $t \mapsto \langle T_t, \psi(t,\cdot)\rangle_{\mathcal{D}'(\Omega)}$ est continue sur I.

b) Soit $(T_t) \in C^1(I, \mathcal{D}'(\Omega))$ et $\psi \in C_0^\infty(I \times \Omega)$. Alors l'application $t \mapsto \langle T_t, \psi(t,\cdot)\rangle_{\mathcal{D}'(\Omega)}$ est C^1 sur I et

$$\text{(3.2)} \qquad \frac{d}{dt}\langle T_t, \psi(t,\cdot)\rangle = \langle T_t^{(1)}, \psi(t,\cdot)\rangle + \Big\langle T_t, \frac{\partial \psi}{\partial t}(t,\cdot)\Big\rangle\,.$$

Démonstration

a) Soit $t_0 \in I$ et $(t_j) \subset I$, $t_j \to t_0$. Posons $T_j = T_{t_j}$ et $\psi_j = \psi(t_j, \cdot)$. Par hypothèse $T_j \to T_{t_0}$ dans $\mathcal{D}'(\Omega)$. Ensuite comme $\operatorname{supp} \psi \subset [c,d] \times K$, où K est un compact de Ω, on a $\operatorname{supp}_x \psi_j \subset K$ et $\psi_j \to \psi(t_0, \cdot)$ dans $C_0^\infty(K)$ car $|\partial_x^\alpha \psi(t_j, x) - \partial_x^\alpha \psi(t_0, x)| \leq |t_j - t_0| \sup_{[c,d]\times K} |\partial_t \partial_x^\alpha \psi|$. D'après le corollaire 2.2 (ii)', appliqué à T_j, ψ_j, $E = C_0^\infty(K)$ et $F = \mathbb{C}$, on a $\langle T_j, \psi_j \rangle \to \langle T_{t_0}, \psi(t_0, \cdot) \rangle$, ce qui exprime la continuité en t_0 de l'application de l'énoncé.

b) Soit $t_0 \in I$ et $(\varepsilon_j) \to 0$. La valeur du membre de gauche de (3.2) en t_0 est

$$(1) = \lim \frac{1}{\varepsilon_j} \Big[\langle T_{t_0+\varepsilon_j}, \psi(t_0 + \varepsilon_j, \cdot) \rangle - \langle T_{t_0}, \psi(t_0, \cdot) \rangle \Big] = \lim_{j \to \infty} A_j .$$

On peut écrire

$$A_j = \frac{1}{\varepsilon_j} \underbrace{\Big[\langle T_{t_0+\varepsilon_j}, \psi(t_0 + \varepsilon_j, \cdot) - \psi(t_0, \cdot) \rangle \Big]}_{(1)} + \frac{1}{\varepsilon_j} \underbrace{\langle T_{t_0+\varepsilon_j} - T_{t_0}, \psi(t_0, \cdot) \rangle}_{(2)} .$$

D'après la proposition 3.2, on a $\lim_{j \to +\infty} (2) = \langle T_{t_0}^{(1)}, \psi(t_0, \cdot) \rangle$. Pour traiter le terme (1), on utilise le corollaire 2.2 (ii)'. Posons $T_j = T_{t_0+\varepsilon_j}$ et $\psi_j = \frac{1}{\varepsilon_j}(\psi(t_0 + \varepsilon_j, \cdot) - \psi(t_0, \cdot))$. Tout d'abord, il existe un compact K de Ω tel que $\operatorname{supp}_x \psi_j \subset K$; ensuite $\psi_j \to \frac{\partial \psi}{\partial t}(t_0, \cdot)$ dans $C_0^\infty(K)$ et $T_j \to T_{t_0}$ dans $\mathcal{D}'(\Omega)$; on en déduit que $(1) = \langle T_j, \psi_j \rangle \to \langle T_{t_0}, \frac{\partial \psi}{\partial t}(t_0, \cdot) \rangle$. ∎

Proposition 3.4. *Soit $(T_t) \in C^0(I, \mathcal{D}'(\Omega))$. Posons, pour $\psi \in C_0^\infty(I \times \Omega)$*

$$\langle T, \psi \rangle = \int_I \langle T_t, \psi(t, \cdot) \rangle_{\mathcal{D}'\Omega)} \, dt .$$

Alors $T \in \mathcal{D}'(I \times \Omega)$.

Démonstration. Tout d'abord, l'intégrale a un sens car, d'après la proposition 3.3 la fonction $t \mapsto \langle T_t, \psi(t, \cdot) \rangle$ est continue et nulle pour t assez grand car $\psi \in C_0^\infty(I \times \Omega)$. Ensuite T ainsi définie est linéaire. Montrons que c'est une distribution. Soit $[c,d] \times K$ un compact de $I \times \Omega$. Pour $\varphi \in C_0^\infty(K)$ l'application $t \mapsto \langle T_t, \varphi \rangle$ étant continue, elle est bornée sur $[c,d]$. Il existe donc $C_\varphi > 0$ telle que $|\langle T_t, \varphi \rangle| \leq C_\varphi$, $\forall \varphi \in C_0^\infty(K)$, $\forall t \in [c,d]$. D'après le théorème de Banach-Steinhaus, appliqué à $E = C_0^\infty(K)$, $F = \mathbb{C}$ on a,

$$\exists C > 0, \ \exists \ell \in \mathbb{N} : |\langle T_t, \varphi \rangle| \leq C \sum_{|\alpha| \leq \ell} \sup_K |\partial^\alpha \varphi|, \ \ \forall t \in [c,d], \ \ \forall \varphi \in C_0^\infty(K).$$

Pour $t \in [c,d]$, $\psi(t,\cdot)$ est $C_0^\infty(K)$. On peut donc lui appliquer l'inégalité ci-dessus, *i.e.*

$$|\langle T_t, \psi(t,\cdot)\rangle| \leq C \sum_{|\alpha|\leq \ell} \sup_{x\in K} |\partial_x^\alpha \psi(t,x)|, \quad \forall t \in [c,d].$$

Alors

$$|\langle T, \psi\rangle| \leq \int_c^d |\langle T_t, \psi(t,\cdot)\rangle|\, dt \leq C \sum_{|\alpha|\leq \ell} \int_c^d \sup_{x\in K} |\partial_x^\alpha \psi(t,x)|\, dt$$

d'où

$$|\langle T, \psi\rangle| \leq C' \sum_{|\alpha|\leq \ell} \sup_{[c,d]\times K} |\partial_x^\alpha \psi|$$

ce qui prouve que T est une distribution. ■

Remarque 3.5. Si $T \in C^0(I \times \Omega)$ alors $T_t = T(t,\cdot)$ et pour $\psi \in C_0^\infty(I \times \Omega)$

$$\langle T, \psi\rangle = \int_I \int_\Omega T(t,x)\psi(t,x)\, dx\, dt.$$

Nous verrons des exemples d'applications de ces notions au chapitre 8.

4 • Remarques

(i) On peut définir de manière tout à fait analogue la convergence d'une suite $(T_j)_{j\in\mathbb{N}}$ de $\mathcal{E}'(\Omega)$ vers $T \in \mathcal{E}'(\Omega)$ en demandant que $(\langle T_j, \varphi\rangle)_{j\in\mathbb{N}}$ converge vers $\langle T, \varphi\rangle$ pour tout $\varphi \in C^\infty(\Omega)$. Le théorème 1.4 reste vrai en remplaçant $\mathcal{D}'(\Omega)$ par $\mathcal{E}'(\Omega)$ et $C_0^\infty(\Omega)$ par $C^\infty(\Omega)$. Cependant il faut prendre garde au fait suivant.

Soit $(T_j)_{j\in\mathbb{N}}$ une suite de $\mathcal{E}'(\Omega)$ et $T \in \mathcal{E}'(\Omega)$. Si $(T_j)_{j\in\mathbb{N}}$ converge vers T dans $\mathcal{D}'(\Omega)$ (*i.e.* $\langle T_j, \varphi\rangle \to \langle T, \varphi\rangle$, $\forall \varphi \in C_0^\infty(\Omega)$) cela n'implique pas que $(T_j) \to T$ dans $\mathcal{E}'(\Omega)$. Voici un contre-exemple.

Soit $\psi \in C_0^\infty(\mathbb{R}^n)$ telle que $\operatorname{supp}\psi \subset \{x : |x| \leq 1\}$ et $\int \psi(x)\, dx = 1$. Pour $j \in \mathbb{N}^*$ on pose, $\psi_j(x) = \frac{1}{j^n}\psi(\frac{x}{j})$ (ne pas confondre avec une approximation de δ_0 où on aurait $\psi(jx)$). Alors $(\psi_j)_{j\in\mathbb{N}} \subset \mathcal{E}'(\mathbb{R}^n)$ et $(\psi_j) \to 0$ dans $\mathcal{D}'(\mathbb{R}^n)$. En effet, si $\varphi \in C_0^\infty(\mathbb{R}^n)$, $\langle \psi_j, \varphi\rangle = \int \psi(y)\varphi(jy)\, dy \to 0$, par application du théorème de convergence dominée ; en effet, lorsque y_0 est fixé, dans $\mathbb{R}^n \setminus 0$, $\varphi(jy_0) \to 0$ et $|\psi(y)\varphi(jy)| \leq \big(\sup_{\mathbb{R}^n}|\varphi|\big)|\psi(y)| \in L^1$. Mais (ψ_j) ne converge pas vers zéro dans $\mathcal{E}'(\mathbb{R}^n)$ puisque $\langle \psi_j, 1\rangle = \int \psi(y)\, dy = 1$.

(ii) On peut aussi définir les espaces $C^k(I, \mathcal{E}'(\Omega))$ en remplaçant, dans la définition 3.1, $\mathcal{D}'(\Omega)$ par $\mathcal{E}'(\Omega)$ et $C_0^\infty(\Omega)$ par $C^\infty(\Omega)$. Les propositions 3.2, 3.3 et 3.4 correspondantes sont alors encore vraies.

Chapitre 5

Produit tensoriel des distributions

Soit Ω_1, Ω_2 deux ouverts de $\mathbb{R}^{n_1}$, $\mathbb{R}^{n_2}$. Pour $u_j \in C^0(\Omega_j)$, $j = 1, 2$, on définit la fonction $u_1 \otimes u_2$ (que l'on lit « u_1 tensoriel u_2 ») sur $\Omega_1 \times \Omega_2$ par,

$$(1.1) \qquad (u_1 \otimes u_2)(x_1, x_2) = u_1(x_1)u_2(x_2), \quad (x_1, x_2) \in \Omega_1 \times \Omega_2.$$

Alors $u_1 \otimes u_2 \in C^0(\Omega_1 \times \Omega_2)$ et pour $\varphi \in C_0^\infty(\Omega_1 \times \Omega_2)$ on a, d'après le théorème de Fubini,

$$\begin{aligned}\langle u_1 \otimes u_2, \varphi\rangle &= \iint u_1(x_1)u_2(x_2)\varphi(x_1, x_2)\,dx_1\,dx_2 \\ &= \int u(x_1)\Big(\int u(x_2)\varphi(x_1, x_2)\,dx_2\Big)dx_1 = \langle u_1, \langle u_2, \varphi(x_1, \cdot)\rangle\rangle.\end{aligned}$$

En particulier si $\varphi(x_1, x_2) = \varphi_1(x_1)\varphi_2(x_2)$ où $\varphi_j \in C_0^\infty(\Omega_j)$ on a,

$$\langle u_1 \otimes u_2, \varphi_1 \otimes \varphi_2\rangle = \langle u_1, \varphi_1\rangle\langle u_2, \varphi_2\rangle.$$

L'objet de ce paragraphe est de généraliser cette opération aux distributions.

Théorème 1.1. *Soit $T_j \in \mathcal{D}'(\Omega_j)$, $j = 1, 2$. Il existe une unique distribution $T \in \mathcal{D}'(\Omega_1 \times \Omega_2)$ telle que, pour tous $\varphi_j \in C_0^\infty(\Omega_j)$, $j = 1, 2$, on ait*

$$(1.2) \qquad \langle T, \varphi_1 \otimes \varphi_2\rangle = \langle T_1, \varphi_1\rangle\langle T_2, \varphi_2\rangle.$$

De plus, pour $\varphi \in C_0^\infty(\Omega_1 \times \Omega_2)$,

$$(1.3) \qquad \langle T, \varphi\rangle = \langle T_1, \langle T_2, \varphi(x_1, \cdot)\rangle\rangle,$$

$$(1.4) \qquad \langle T, \varphi\rangle = \langle T_2, \langle T_1, \varphi(\cdot, x_2)\rangle\rangle.$$

Si $T_j \in \mathcal{E}'$, on a les mêmes formules pour $\varphi \in C^\infty(\Omega_1 \times \Omega_2)$. On écrit $T = T_1 \otimes T_2 = T_2 \otimes T_1$ et T s'appelle le **produit tensoriel** *des distributions T_1 et T_2.*

Démonstration

a) Existence. Soit K_j des compacts de Ω_j. Il existe $k_j \in \mathbb{N}$ et $C_j > 0$ tels que

$$(1.5) \qquad |\langle T_j, \varphi_j\rangle| \leq C_j \sum_{|\alpha|\leq k_j} \sup_{K_j} |\partial^\alpha \varphi_j|, \quad \forall \varphi_j \in C_0^\infty(K_j).$$

Soit $\varphi \in C_0^\infty(K_1 \times K_2)$. Alors $x_1 \mapsto \langle T_2, \varphi(x_1, \cdot)\rangle$ appartient à $C_0^\infty(K_1)$. En effet, cette fonction est nulle pour $x_1 \notin K_1$ (car $\varphi(x_1,\cdot) \equiv 0$) et le fait qu'elle soit C^∞ résulte du lemme 6.1, chapitre 2; en effet pour tous $\alpha_j \in \mathbb{N}^{n_j}$, $j = 1, 2$, la fonction $\partial_{x_1}^{\alpha_1}\partial_{x_2}^{\alpha_2}\varphi$ est continue sur $\Omega_1 \times \Omega_2$ et pour tout $x_1 \in K_1$, $\operatorname{supp}_{x_2} \partial_{x_1}^{\alpha_1}\varphi \subset K_2$. En outre, ce lemme dit que $\partial_{x_1}^{\alpha_1}\langle T_2, \varphi(x_1,\cdot)\rangle = \langle T_2, \partial_{x_1}^{\alpha_1}\varphi(x_1,\cdot)\rangle$. Enfin d'après (1.5),

$$\sup_{K_1} \left|\partial_{x_1}^{\alpha_1}\langle T_2, \varphi(x_1,\cdot)\rangle\right| \leq C_2 \sum_{|\alpha_2|\leq k_2} \sup_{K_1\times K_2} |\partial_{x_1}^{\alpha_1}\partial_{x_2}^{\alpha_2}\varphi|.$$

Alors $\langle T_1, \langle T_2, \varphi(x_1,\cdot)\rangle\rangle$ est bien définie et, d'après (1.5),

$$\begin{aligned}\left|\langle T_1, \langle T_2, \varphi(x_1,\cdot)\rangle\rangle\right| &\leq C_1 \sum_{|\alpha_1|\leq k_1} \sup_{K_1} |\partial_{x_1}^{\alpha_1}\langle T_2, \varphi(x_1,\cdot)\rangle| \\ &\leq C_1C_2 \sum_{\substack{|\alpha_1|\leq k_1\\|\alpha_2|\leq k_2}} \sup_{K_1\times K_2} |\partial_{x_1}^{\alpha_1}\partial_{x_2}^{\alpha_2}\varphi|.\end{aligned}$$

On pose $\langle T, \varphi\rangle = \langle T_1, \langle T_2, \varphi(x_1,\cdot)\rangle\rangle$. Alors $T \in \mathcal{D}'(\Omega_1 \times \Omega_2)$ et vérifie (1.2), (1.3).

b) Unicité. On utilise le fait que $C_0^\infty(\Omega_1) \otimes C_0^\infty(\Omega_2)$ est dense dans $C_0^\infty(\Omega_1 \times \Omega_2)$ (cf. chapitre 1, proposition 4.7). Soit $\varphi \in C_0^\infty(\Omega_1 \times \Omega_2)$; alors $\varphi = \lim_{k\to\infty} (\psi_k \otimes \theta_k)$, $\psi_k \in C_0^\infty(\Omega_1)$, $\theta_k \in C_0^\infty(\Omega_2)$. Soit T, S deux distributions qui vérifient (1.2); alors $U = T - S$ vérifie,

$$\langle U, \varphi\rangle = \lim_{k\to\infty} \langle U, \psi_k \otimes \theta_k\rangle = \lim_{k\to+\infty} \big(\langle T_1, \psi_k\rangle\langle T_2, \theta_k\rangle - \langle T_1, \psi_k\rangle\langle T_2, \theta_k\rangle\big) = 0.$$

Enfin, la distribution $\tilde{T}$, définie par $\langle \tilde{T}, \varphi\rangle = \langle T_2, \langle T_1, \varphi(x_2,\cdot)\rangle\rangle$, vérifie aussi (1.2). L'unicité montre que $T = \tilde{T}$ d'où (1.4). ■

Exemples et remarques 1.2

i) Soit $a_j \in \Omega_j$, $j = 1, 2$ et $T_j = \delta_{a_j}$; alors $T_1 \otimes T_2 = \delta_a$ où $a = (a_1, a_2)$.

ii) Si $T_1 \in \mathcal{D}'(\Omega_x)$, $T_2 \in \mathcal{D}'(\Omega_y)$ on a $\frac{\partial}{\partial x_j}(T_1 \otimes T_2) = \frac{\partial T_1}{\partial x_j} \otimes T_2$.

En effet, $\langle \frac{\partial}{\partial x_j}(T_1 \otimes T_2), \varphi\rangle = -\langle T_1 \otimes T_2, \frac{\partial \varphi}{\partial x_j}\rangle = -\langle T_2, \langle T_1, \frac{\partial \varphi}{\partial x_j}(\cdot, y)\rangle\rangle =$ $\langle T_2, \langle \frac{\partial T_1}{\partial x_j}, \varphi(\cdot, y)\rangle\rangle = \langle \frac{\partial T_1}{\partial x_j} \otimes T_2, \varphi\rangle$, pour $\varphi \in C_0^\infty(\Omega_x \times \Omega_y)$.
Par exemple, si $H(t)$ désigne la fonction de Heaviside sur $\mathbb{R}$, on a, pour $x = (x_1, \ldots, x_n) \in \mathbb{R}^n$,

$$(1.6) \quad \frac{\partial}{\partial x_1} \cdots \frac{\partial}{\partial x_n}\left(H(x_1) \otimes H(x_2) \otimes \ldots \otimes H(x_n)\right) = \delta_{x_1=0} \otimes \ldots \otimes \delta_{x_n=0} = \delta_0 .$$

iii) Soit $T \in \mathcal{D}'(\Omega_x)$, $S \in \mathcal{E}'(\Omega_y)$. Soit $\chi \in C_0^\infty(\Omega_y)$, $\chi = 1$ dans un voisinage du support de S. On a alors pour $\varphi \in C_0^\infty(\Omega_x \times \Omega_y)$,

$$(1.7) \qquad \langle T \otimes S, \varphi\rangle = \langle T \otimes S, \chi\varphi\rangle .$$

En effet $\langle T \otimes S, \varphi\rangle = \langle T, \langle S, \varphi(x, \cdot)\rangle\rangle = \langle T, \langle S, \chi(\cdot)\varphi(x, \cdot)\rangle\rangle = \langle T \otimes S, \chi\varphi\rangle$. Ceci montre que l'on peut prolonger $T \otimes S$ aux fonctions $\varphi \in C^\infty(\Omega_x \times \Omega_y)$ telles que $\chi\varphi \in C_0^\infty(\Omega_x \times \Omega_y)$.

Chapitre 6

Convolution des distributions

La convolution, introduite au chapitre 1, § 3.2, est une opération qui concerne des fonctions définies sur $\mathbb{R}^n$. Si u et v sont (par exemple) continues, pour x fixé, la fonction $y \mapsto u(y)v(x-y)$ est continue mais non nécessairement intégrable sur $\mathbb{R}^n$. Par contre si u ou v est, en outre, à support compact alors, pour x fixé, cette fonction est aussi à support compact donc dans $L^1(\mathbb{R}^n)$, de sorte que l'on a pu définir $u * v$ par,

$$(u * v)(x) = \int u(y)v(x-y)\,dy\,, \quad x \in \mathbb{R}^n.$$

Si $\varphi \in C_0^\infty(\mathbb{R}^n)$, la fonction $(x,y) \mapsto u(y)v(x-y)\varphi(x)$ est dans $L^1(\mathbb{R}^{2n})$ et on a

$$\langle u * v, \varphi\rangle = \iint u(y)v(x-y)\varphi(x)\,dy\,dx = \iint u(y)v(z)\varphi(y+z)\,dy\,dz$$

d'où

$$\langle u * v, \varphi\rangle = \langle u_y \otimes v_z, \varphi(y+z)\rangle\,,$$

le crochet du membre de droite étant pris dans $\mathcal{D}'(\mathbb{R}^n \times \mathbb{R}^n)$.

L'objet de ce chapitre est d'étendre aux distributions l'opération « convolution ».

1 • Convolution de deux distributions

Théorème - Définition 1.1. *Soit $T \in \mathcal{D}'(\mathbb{R}^n)$, $S \in \mathcal{E}'(\mathbb{R}^n)$ (ou l'inverse). La forme linéaire (notée $T * S$) définie sur $C_0^\infty(\mathbb{R}^n)$ par*

$$\langle T * S, \varphi\rangle = \langle T_y \otimes S_z, \varphi(y+z)\rangle \tag{1.1}$$

est une distribution appelée convolution des distributions T et S.

Démonstration. Le fait que le membre de droite de (1.1) ait un sens, résulte de la remarque 1.2, iii) du chapitre 5. En effet, si $\varphi \in C_0^\infty(\mathbb{R}^n)$ et

si $\chi \in C_0^\infty(\mathbb{R}^n)$ est égale à 1 sur un voisinage du support de S, la fonction, $(y,z) \mapsto \chi(y)\varphi(y+z)$, appartient à $C_0^\infty(\mathbb{R}^n \times \mathbb{R}^n)$.
Posons $A = \langle T_y, \langle S_z, \varphi(y+z)\rangle\rangle$. Comme S appartient à $\mathcal{E}'(\mathbb{R}^n)$, il existe $C_0 > 0$, $\ell \in \mathbb{N}$, $K \subset\subset \mathbb{R}^n$, tels que, pour tout $\psi \in C^\infty(\mathbb{R}^n)$ et tout $y \in \mathbb{R}^n$ on ait,

$$\big|\langle S, \psi(y+\cdot)\rangle\big| \leq C_0 \sum_{|\alpha|\leq \ell} \sup_{z\in K} |\partial^\alpha \psi(y+z)|. \tag{1.2}$$

D'autre part, $T \in \mathcal{D}'(\mathbb{R}^n)$ et la fonction $y \mapsto \langle S, \varphi(y+\cdot)\rangle$ appartient à $C_0^\infty(\mathbb{R}^n)$ si $\varphi \in C_0^\infty(\mathbb{R}^n)$; il existe donc $C_1 > 0$, $k \in \mathbb{N}$ tels que

$$\begin{aligned} |A| &\leq C_1 \sum_{|\beta|\leq k} \sup_y \big|\partial_y^\beta \langle S, \varphi(y+\cdot)\rangle\big| \\ &\leq C_1 \sum_{|\beta|\leq k} \sup_y \big|\langle S, (\partial^\beta\varphi)(y+\cdot)\rangle\big|. \end{aligned} \tag{1.3}$$

En utilisant (1.2) avec $\psi = \partial^\beta \varphi$ puis (1.3), on trouve

$$|A| \leq C_1 C_0 \sum_{\substack{|\alpha|\leq \ell \\ |\beta|\leq k}} \sup_{\substack{z\in K \\ y \in \mathbb{R}^n}} |\partial^{\alpha+\beta}\varphi(y+z)| \leq C_1 C_0 \sum_{|\gamma|\leq k+\ell} \sup_{x\in\mathbb{R}^n} |\partial^\gamma \varphi(x)|.$$

Cette inégalité montre que $T * S$ est une distribution. Le cas $T \in \mathcal{E}'$, $S \in \mathcal{D}'$ est tout à fait analogue. ∎

Les résultats suivants résument les principales propriétés de ce produit de convolution. Dans ce qui suit, on note $\mathcal{D}'$, $\mathcal{E}'$ au lieu de $\mathcal{D}'(\mathbb{R}^n)$, $\mathcal{E}'(\mathbb{R}^n)$.

Proposition 1.2. *Pour $T \in \mathcal{D}'$, $S \in \mathcal{E}'$ on a*

(i) $T * S = S * T$,

(ii) $T * \delta_0 = \delta_0 * T = T$,

(iii) $\partial^\alpha(T * S) = (\partial^\alpha T) * S = T * (\partial^\alpha S)$, $\forall \alpha \in \mathbb{N}^n$.

Démonstration

(i) $\langle T * S, \varphi\rangle = \langle T_y, \langle S_z, \varphi(y+z)\rangle\rangle = \langle S_z, \langle T_y, \varphi(z+y)\rangle\rangle = \langle S * T, \varphi\rangle$, $\forall \varphi \in C_0^\infty(\mathbb{R}^n)$.

(ii) $\langle T * \delta_0, \varphi\rangle = \langle T_y, \langle \delta_z, \varphi(y+z)\rangle\rangle = \langle T_y, \varphi(y)\rangle = \langle T, \varphi\rangle$, $\forall \varphi \in C_0^\infty(\mathbb{R}^n)$.

(iii) $\langle \partial^\alpha(T * S), \varphi\rangle = (-1)^{|\alpha|}\langle T * S, \partial^\alpha\varphi\rangle = (-1)^{|\alpha|}\langle T_y, \langle S_z, (\partial^\alpha\varphi)(y+z)\rangle\rangle$; or $(\partial^\alpha\varphi)(y+z) = \partial_z^\alpha[\varphi(y+z)]$ et $\langle S_z, \partial_z^\alpha[\varphi(y+z)]\rangle = (-1)^{|\alpha|}\langle \partial^\alpha S, \varphi(y+\cdot)\rangle$ d'où $\langle \partial^\alpha(T*S), \varphi\rangle = \langle T_y, \langle (\partial^\alpha S)_z, \varphi(y+z)\rangle\rangle = \langle T*(\partial^\alpha S), \varphi\rangle$; l'autre égalité résulte de (i). ∎

Proposition 1.3. *Soit $T \in \mathcal{D}'(\mathbb{R}^n)$, $\varphi \in C_0^\infty(\mathbb{R}^n)$ (ou bien $T \in \mathcal{E}'(\mathbb{R}^n)$ et $\varphi \in C^\infty(\mathbb{R}^n)$). Alors,*

(i) $T * \varphi$ est donnée par la fonction C^∞, $x \mapsto \langle T, \varphi(x - \cdot)\rangle$.

(i)' Si $T \in \mathcal{D}'^{(k)}$ (resp. $\mathcal{E}'^{(k)}$) et $\varphi \in C_0^k$ (resp. C^k) alors $T * \varphi$ est donnée par la fonction continue $x \mapsto \langle T, \varphi(x - \cdot)\rangle$.

(ii) On a, $\operatorname{supp}(T * \varphi) \subset \operatorname{supp} T + \operatorname{supp} \varphi$.

(iii) Si $S \in \mathcal{E}'$ on a, $(T * S) * \varphi = T * (S * \varphi)$.

Démonstration

(i) $\langle T * \varphi, \psi\rangle = \langle T_y, \langle \varphi_z, \psi(y+z)\rangle\rangle$, pour $\psi \in C_0^\infty(\mathbb{R}^n)$. Donc,

$$\langle T * \varphi, \psi\rangle = \Big\langle T_y, \int \varphi(z)\psi(y+z)\,dz\Big\rangle = \Big\langle T_y, \int \varphi(x-y)\psi(x)\,dx\Big\rangle.$$

Comme la fonction $(x,y) \mapsto \varphi(x-y)\psi(x)$ appartient à $C_0^\infty(\mathbb{R}^n \times \mathbb{R}^n)$, on peut appliquer le corollaire 6.4, chapitre 2. On en déduit,

$$\langle T * \varphi, \psi\rangle = \int \langle T, \varphi(x-y)\rangle \psi(x)\,dx = \langle\langle T, \varphi(x - \cdot)\rangle, \psi\rangle$$

et donc, $T * \varphi$ est donnée par la fonction $\langle T, \varphi(x - \cdot)\rangle$ qui est C^∞ d'après le lemme 6.1, chapitre 2.

(i)' Si $T \in \mathcal{E}'^{(k)}$, soit $\chi \in C_0^\infty$, $\chi = 1$ sur un voisinage du support de T; alors $\chi T = T$. Si $(x_n) \to x_0$ alors $\langle T, \chi(\cdot)\varphi(x_n - \cdot)\rangle \to \langle T, \chi(\cdot)\varphi(x_0 - \cdot)\rangle$, car $\chi(\cdot)\varphi(x_n - \cdot) \to \chi(\cdot)\varphi(x_0 - \cdot)$ dans C^k, puisque $(x,y) \mapsto \partial_y^\alpha[\chi(y)\varphi(x-y)]$ est, pour $|\alpha| \leq k$, uniformément continue sur $B(x_0, \delta) \times \operatorname{supp}\chi$. Le fait que $T * \varphi$ soit donnée par cette fonction est analogue à (i).

(ii) Comme $\operatorname{supp}\varphi$ est compact, $\operatorname{supp} T + \operatorname{supp}\varphi$ est fermé. Soit x_0 appartenant à $(\operatorname{supp} T + \operatorname{supp}\varphi)^c$. Il existe $V_{x_0} \subset (\operatorname{supp} T + \operatorname{supp}\varphi)^c$. On va montrer que, pour tout $x \in V_{x_0}$, $\langle T, \varphi(x - \cdot)\rangle = 0$ et donc $x_0 \notin \operatorname{supp}(T * \varphi)$. En effet, si $x \in V_{x_0}$, on a $\operatorname{supp} T \cap \underset{y}{\operatorname{supp}}\, \varphi(x-y) = \emptyset$, car si il existait $y \in \operatorname{supp} T \cap \underset{y}{\operatorname{supp}}\, \varphi(x-y)$, on aurait $y \in \operatorname{supp} T$ et $x - y \in \operatorname{supp}\varphi$ d'où $x = x - y + y \in \operatorname{supp}\varphi + \operatorname{supp} T$, ce qui est absurde.

(iii) Les deux membres ont un sens car $T * S \in \mathcal{D}'$, $\varphi \in C_0^\infty$ et $S * \varphi \in \mathcal{E}'$, d'après (ii). On a d'après (i),

$$\begin{aligned}[(T * S) * \varphi](x) &= \langle T * S, \varphi(x - \cdot)\rangle = \langle T_y, \langle S_z, \varphi(x - (y+z))\rangle\rangle \\ &= \langle T_y, (S * \varphi)(x-y)\rangle = [T * (S * \varphi)](x).\end{aligned}$$

■

Proposition 1.4

(i) Si $(S_j) \subset \mathcal{E}'$, $S_j \to S$ *dans* $\mathcal{E}'$ *et* $T \in \mathcal{D}'$ *alors* $T * S_j \to T * S$ *dans* $\mathcal{D}'$.
Si $(T_j) \subset \mathcal{D}'$, $T_j \to T$ *dans* $\mathcal{D}'$ *et* $S \in \mathcal{E}'$ *alors* $T_j * S \to T * S$ *dans* $\mathcal{D}'$.

(ii) Pour $T \in \mathcal{D}'$, $S \in \mathcal{E}'$ *on a,* $\operatorname{supp}(T * S) \subset \operatorname{supp} T + \operatorname{supp} S$.

(iii) Pour $T \in \mathcal{D}'$, $S, U \in \mathcal{E}'$ *on a* $T * (S * U) = (T * S) * U$.

Démonstration

(i) Soit $\varphi \in C_0^\infty$; on a $\langle T * S_j, \varphi\rangle = \langle S_j * T, \varphi\rangle = \langle S_j, \langle T, \varphi(y + \cdot)\rangle\rangle$. Comme la fonction, $y \mapsto \langle T, \varphi(y + \cdot)\rangle$ est C^∞ et $S_j \to S$ dans $\mathcal{E}'$ on a $\langle T * S_j, \varphi\rangle \to \langle S, \langle T, \varphi(y + \cdot)\rangle\rangle = \langle S * T, \varphi\rangle$. De même pour le cas $(T_j) \subset \mathcal{D}'$.

(ii) Soit $\chi \in C_0^\infty(\mathbb{R}^n)$ telle que $\operatorname{supp}\chi \subset \{|x| \leq 1\}$ et $\int \chi(x)dx = 1$. Posons $\chi_\varepsilon(x) = \varepsilon^{-n}\chi(\frac{x}{\varepsilon})$. On sait que $\chi_\varepsilon \to \delta_0$ dans $\mathcal{E}'(\mathbb{R}^n)$. D'après (i),

$$\lim_{\varepsilon \to 0} \langle (T * S) * \chi_\varepsilon, \varphi\rangle = \langle T * S, \varphi\rangle, \quad \forall \varphi \in C_0^\infty. \tag{1.4}$$

Soit $x_0 \notin (\operatorname{supp} T + \operatorname{supp} S)$, nous allons montrer que

$$\exists V_{x_0},\ \exists \varepsilon_0 > 0 : \forall \varepsilon \leq \varepsilon_0,\ V_{x_0} \cap (\operatorname{supp} T + \operatorname{supp} S + B(0, \varepsilon)) = \emptyset. \tag{1.5}$$

On raisonne par l'absurde. Sinon,

$$\forall V_{x_0},\ \forall \varepsilon_0 > 0, \exists \varepsilon \leq \varepsilon_0,\ \exists x \in V_{x_0} \text{ tel que } x \in \operatorname{supp} T + \operatorname{supp} S + B(0, \varepsilon).$$

En prenant $V_{x_0} = B(x_0, \frac{1}{n})$, $\varepsilon_0 = \frac{1}{n}$, $n \geq 1$, on construit des suites (ε_n), $\varepsilon_n \leq \frac{1}{n}$, (x_n) telles que $x_n \in B(x_0, \frac{1}{n})$, $x_n \in \operatorname{supp} T + \operatorname{supp} S + B(0, \varepsilon_n)$. On a $|x_n - x_0| \leq \frac{1}{n}$ et $d(x_n, \operatorname{supp} T + \operatorname{supp} S) \leq \varepsilon_n$. Alors $x_n \to x_0$ et $d(x_0, \operatorname{supp} T + \operatorname{supp} S) = 0$, donc $x_0 \in \operatorname{supp} T + \operatorname{supp} S$ (qui est fermé) ce qui est absurde. Soit $\varphi \in C_0^\infty(V_{x_0})$. Comme, d'après la proposition 1.3 (iii), on a $(T * S) * \chi_\varepsilon = T * (S * \chi_\varepsilon)$, il résulte de (ii) de cette proposition que $\operatorname{supp}[(T * S) * \chi_\varepsilon] \subset \operatorname{supp} T + \operatorname{supp}(S * \chi_\varepsilon) \subset \operatorname{supp} T + \operatorname{supp} S + \operatorname{supp} \chi_\varepsilon \subset \operatorname{supp} T + \operatorname{supp} S + B(0, \varepsilon)$. On déduit de (1.5) que pour $\varepsilon \leq \varepsilon_0$ on a $\operatorname{supp}\varphi \cap \operatorname{supp}[(T * S) * \chi_\varepsilon] = \emptyset$, donc $\langle (T * S) * \chi_\varepsilon, \varphi\rangle = 0$ et d'après (1.4), $\langle T * S, \varphi\rangle = 0$, $\forall \varphi \in C_0^\infty(V_{x_0})$. D'où $x_0 \notin \operatorname{supp}(T * S)$.

(iii) $\langle T * (S * U), \varphi\rangle = \big\langle T_x, \langle S_y, \langle U_z, \varphi(x + y + z)\rangle\rangle\big\rangle$
$= \langle (T * S) * U, \varphi\rangle$. ■

Remarque 1.5. La proposition 1.4 montre, en particulier, que l'on peut définir la convolution de k distributions, sous l'hypothèse que l'une au plus n'est pas à support compact. Voici un exemple qui montre que cette hypothèse est importante. Prenons $T = 1$, $S = \delta_0'$, $U = H$ (fonction de Heaviside) alors $T, U \in \mathcal{D}'$, $S \in \mathcal{E}'$ mais, en notant $\delta_0 = \delta$,

$$(1 * \delta') * H = 0 \text{ car } 1 * \delta' = (1)' * \delta = 0 * \delta = 0$$

$$1 * (\delta' * H) = 1 \text{ car } \delta' * H = \delta * (H)' = \delta * \delta = \delta \text{ et } 1 * \delta = 1.$$

2 • Théorèmes de densité

Théorème 2.1. *Soit Ω un ouvert de $\mathbb{R}^n$. Alors $C_0^\infty(\Omega)$ est dense dans $\mathcal{D}'(\Omega)$ et dans $\mathcal{E}'(\Omega)$.*

Démonstration. On sait que Ω est réunion d'une suite exhaustive de compacts, $\Omega = \bigcup_{j=1}^{+\infty} K_j$. Soit $\chi_j \in C_0^\infty(\overset{\circ}{K}_{j+1})$, $\chi_j = 1$ sur K_j. Soit $\theta \in C_0^\infty(\mathbb{R}^n)$, $\operatorname{supp}\theta \subset \{x \in \mathbb{R}^n : |x| \leq 1\}$ et $\int \theta(x)dx = 1$. Posons $\theta_j = j^n\theta(jx)$. Alors pour j assez grand, $\operatorname{supp}\chi_j + \operatorname{supp}\theta_j \subset \Omega$. D'autre part, $\chi_j T$ appartient à $\mathcal{E}'(\Omega) \subset \mathcal{E}'(\mathbb{R}^n)$. Posons $T_j = (\chi_j T) * \theta_j$. Alors $T_j \in C_0^\infty(\Omega)$ pour j assez grand, car $\operatorname{supp} T_j \subset \operatorname{supp}\chi_j + \operatorname{supp}\theta_j \subset \Omega$. Montrons que $T_j \to T$ dans $\mathcal{D}'(\Omega)$. Soit $\varphi \in C_0^\infty(\Omega)$. On a $\langle T_j, \varphi\rangle = \langle \chi_j T, \langle\theta_j, \varphi(y+z)\rangle\rangle$. Or $\langle\theta_j, \varphi(y+z)\rangle = \int \theta_j(z)\varphi(y+z)dz = (\check{\theta}_j * \varphi)(y)$ où $\check{\theta}_j(z) = \theta_j(-z)$. Donc $\langle T_j, \varphi\rangle = \langle T, \chi_j(\check{\theta}_j * \varphi)\rangle$ et le théorème sera démontré si on prouve le lemme suivant.

Lemme 2.2. *La suite $(\chi_j(\check{\theta}_j * \varphi))_j$ converge vers φ dans $C_0^\infty(\Omega)$.*

Démonstration. Si j_0 est assez grand, on a, pour $j \geq j_0$,

$$\operatorname{supp}(\check{\theta}_j * \varphi) \subset \operatorname{supp}\varphi + B(0, \tfrac{1}{j}) \subset \overline{\operatorname{supp}\varphi + B(0, \tfrac{1}{j_0})} := K \subset\subset \Omega.$$

Si j est assez grand, $\chi_j = 1$ sur K (puisque les K_j sont croissants) et donc $\operatorname{supp}(\chi_j(\check{\theta}_j * \varphi)) = \operatorname{supp}(\check{\theta}_j * \varphi) \subset K$. Montrons que, pour tout $\alpha \in \mathbb{N}^n$, $(\partial^\alpha(\check{\theta}_j * \varphi))$ converge vers $\partial^\alpha\varphi$ uniformément sur K. On a

$$[\check{\theta}_j * (\partial^\alpha\varphi)](x) - \partial^\alpha\varphi(x) = \int \theta_j(-z)\partial^\alpha\varphi(x-z)dz - \Big(\int \theta_j(-z)dz\Big)\partial^\alpha\varphi(x).$$

En posant $-jz = y$ dans les intégrales, il vient

$$[\check{\theta}_j * (\partial^\alpha\varphi)](x) - \partial^\alpha\varphi(x) = \int \theta(y)\Big[\partial^\alpha\varphi\Big(x + \frac{1}{j}y\Big) - \partial^\alpha\varphi(x)\Big]dy$$

d'où,

$$\big|[\check{\theta}_j * (\partial^\alpha\varphi)](x) - \partial^\alpha\varphi(x)\big| \leq \frac{1}{j}\sum_{k=1}^{n}\sup_{\mathbb{R}^n}\Big|\frac{\partial}{\partial x_k}\partial^\alpha\varphi\Big|\int |y_k||\theta(y)|dy \leq \frac{C}{j}$$

et donc,

$$\sup_K\big|[\check{\theta}_j * (\partial^\alpha\varphi)](x) - \partial^\alpha\varphi(x)\big| \leq \frac{C}{j} \longrightarrow 0.$$

La preuve dans le cas de $\mathcal{E}'$ est tout à fait analogue. ■

3 • Support singulier d'une distribution

Définition 3.1. Soit $T \in \mathcal{D}'(\Omega)$. Le **support singulier** de T noté $ss(T)$ est défini par

$$(3.1) \qquad ss(T)^c = \{x \in \Omega : T \text{ est } C^\infty \text{ au voisinage de } x\}.$$

Comme l'ensemble du membre de droite de (3.1) est un ouvert de Ω, l'ensemble $ss(T)$ est un fermé. Voici quelques propriétés simples.

Propriétés 3.2

(i) $ss(T) = \emptyset \Leftrightarrow T \in C^\infty(\Omega)$.

(ii) $ss(T) \subset \operatorname{supp} T$. En effet, si $x_0 \notin \operatorname{supp} T$, T est nulle au voisinage de x_0 donc C^∞.

(iii) Si $T \in \mathcal{D}'(\Omega)$ et $f \in C^\infty(\Omega)$ on a,

$$ss(T + f) = ss(T) \text{ et } ss(fT) \subset ss(T) \cap \operatorname{supp} f.$$

En effet, comme f est C^∞, $T + f$ est C^∞ au voisinage d'un point si et seulement si T l'est. Ensuite, soit $x_0 \in ss(T)^c \cup (\operatorname{supp} f)^c$. Si $x_0 \in ss(T)^c$, T est C^∞ au voisinage de x_0, donc fT aussi et, si $x_0 \in (\operatorname{supp} f)^c$, alors $f \equiv 0$ près de x_0 donc $fT = 0$ près de x_0.

(iv) $ss(\frac{\partial T}{\partial x_j}) \subset ss(T)$; en effet si T est C^∞ près de x_0 il en est de même de $\frac{\partial T}{\partial x_j}$. On en déduit que $ss(\partial^\alpha T) \subset ss(T)$, $\forall \alpha \in \mathbb{N}^n$.

(v) On déduit de (iii), (iv) que, pour tout opérateur différentiel à coefficients C^∞ sur Ω, $P = \sum_{|\alpha| \leq m} a_\alpha(x) \partial^\alpha$, on a $ss(PT) \subset ss(T)$. L'inclusion inverse est fausse en général. En effet, dans $\Omega = \mathbb{R}^2$, prenons par exemple, $P = \frac{\partial}{\partial x_1}$, $T = 1_{x_1} \otimes H(x_2)$ où H est la fonction de Heaviside; $T = 1$ pour $x_2 > 0$ et $T = 0$ pour $x_2 < 0$; donc $ss(T)$ est l'axe des x_1 mais,

$$\frac{\partial T}{\partial x_1} = \left(\frac{\partial}{\partial x_1} 1\right) \otimes H(x_2) = 0 \otimes H(x_2) = 0.$$

Donc $ss(\frac{\partial T}{\partial x_1}) = \emptyset$, ce qui montre bien que $ss(T) \not\subset ss(\frac{\partial T}{\partial x_1})$.

Définition 3.3. Un opérateur différentiel P pour lequel, pour toute distribution $T \in \mathcal{D}'(\Omega)$, on a $ss(PT) = ss(T)$, est appelé **hypoelliptique**.

Nous verrons plus loin des exemples de tels opérateurs et, pour ce faire, nous commençons par énoncer un résultat important.

Théorème 3.4. *Soit $T_1 \in \mathcal{D}'(\mathbb{R}^n)$, $T_2 \in \mathcal{E}'((\mathbb{R}^n)$. On a,*

$$ss(T_1 * T_2) \subset ss(T_1) + ss(T_2).$$

Démonstration

Cas 1. On suppose $T_j \in \mathcal{E}'$, $j = 1, 2$. Posons $K_j = ss(T_j)$; c'est alors un compact (car fermé et contenu dans $\operatorname{supp} T_j$). Pour $\varepsilon > 0$ notons $K_{j,\varepsilon} = \{x \in \mathbb{R}^n : d(x, K_j) \leq \varepsilon\}$. Il existe alors $\psi_j \in C_0^\infty(\mathbb{R}^n)$ telle que $\psi_j = 1$ sur $K_{j,\frac{\varepsilon}{2}}$, $\operatorname{supp} \psi_j \subset K_{j,\varepsilon}$. On écrit $T_j = \psi_j T_j + (1 - \psi_j)T_j$. Alors,

$$T_1 * T_2 = (\psi_1 T_1) * (\psi_2 T_2) + (\psi_1 T_1) * ((1 - \psi_2)T_2) + ((1 - \psi_1)T_1) * (\psi_2 T_2) \\ +((1 - \psi_1)T_1) * ((1 - \psi_2)T_2) = (1) + (2) + (3) + (4).$$

Comme $ss((1 - \psi_j)T_j) \subset \operatorname{supp}(1 - \psi_j) \cap ss(T_j) \subset K_j^c \cap K_j = \emptyset$ et $\operatorname{supp}((1 - \psi_j)T_j) \subset \operatorname{supp} T_j$, on a $(1 - \psi_j)T_j \in C_0^\infty(\mathbb{R}^n)$. On déduit de la proposition 1.3 que les termes (2), (3) et (4) sont C^∞. Il résulte de la propriété 3.2 (iii) que, $ss(T_1 * T_2) = ss((\psi_1 T_1) * (\psi_2 T_2)) \subset \operatorname{supp}((\psi_1 T_1) * (\psi_2 T_2))$. La proposition 1.4 (ii) montre alors que

$$ss(T_1 * T_2) \subset \operatorname{supp}(\psi_1 T_1) + \operatorname{supp}(\psi_2 T_2) \subset \operatorname{supp} \psi_1 + \operatorname{supp} \psi_2 \subset K_{1,\varepsilon} + K_{2,\varepsilon}.$$

Il suffit de faire tendre ε vers zéro pour conclure.

Cas 2. Si $T_1 \in \mathcal{D}'$, $T_2 \in \mathcal{E}'$, on montre que, pour toute boule $B(0, R)$,

$$ss(T_1 * T_2) \cap B(0, R) \subset \big[ss(T_1) + ss(T_2)\big] \cap B(0, R).$$

Supposons $\operatorname{supp} T_2 \subset \{x \in \mathbb{R}^n : |x| \leq M\}$. Soit $\theta \in C_0^\infty(\mathbb{R}^n)$, $\theta = 1$ sur un voisinage de $\{x \in \mathbb{R}^n : |x| \leq R + M\}$. Nous allons montrer que,

$$T_1 * T_2 = (\theta T_1) * T_2 \quad \text{sur } B(0, R). \tag{3.2}$$

En effet soit $\varphi \in C_0^\infty(B(0, R))$; on a

$$\langle T_1 * T_2, \varphi\rangle - \langle(\theta T_1) * T_2, \varphi\rangle = \big\langle[(1 - \theta)T_1] * T_2, \varphi\big\rangle.$$

Nous allons montrer que $\operatorname{supp}[(1 - \theta)T_1 * T_2] \cap \operatorname{supp} \varphi = \emptyset$. En effet on a $\operatorname{supp}[(1 - \theta)T_1 * T_2] \subset (\operatorname{supp} \varphi)^c$ car, si $x \in \operatorname{supp}[(1 - \theta)T_1 * T_2] \subset \operatorname{supp}[(1 - \theta)T_1] + \operatorname{supp} T_2 \subset \operatorname{supp}(1 - \theta) + \operatorname{supp} T_2$, on a $x = y + z$ avec $|y| > R + M$ et $|z| \leq M$ d'où $|x| \geq |y| - |z| > R$. On a donc (3.2). Il en résulte que, $ss(T_1 * T_2) \cap B(0, R) = ss((\theta T_1) * T_2) \cap B(0, R) \subset [ss(\theta T_1) + ss(T_2)] \cap B(0, R) \subset [ss(T_1) + ss(T_2)] \cap B(0, R)$, d'après le cas 1 puisque $\theta T_1 \in \mathcal{E}'$, $T_2 \in \mathcal{E}'$. ∎

4 • Utilisation des solutions élémentaires

4.1. Opérateurs hypoelliptiques

Le résultat principal de ce paragraphe est le suivant.

Théorème 4.1. *Soit* $P = \sum_{|\alpha| \leq m} a_\alpha \partial^\alpha$, $a_\alpha \in \mathbb{C}$, *un opérateur différentiel à coefficients constants. Si* P *possède une solution élémentaire* E, *qui est* C^∞ *en dehors de l'origine (i.e.* $ss(E) = \{0\}$*), alors* P *est hypoelliptique (i.e.* $\forall T \in \mathcal{D}'$, $ss(PT) = ss(T)$*).*

Démonstration. Soit tout d'abord $T \in \mathcal{E}'$; comme $E \in \mathcal{D}'$ et $PE = \delta_0$, on peut écrire, d'après la proposition 1.2 (iii), $E * PT = PE * T = \delta_0 * T = T$. Donc $ss(T) = ss(E * PT) \subset ss(E) + ss(PT) = \{0\} + ss(PT) = ss(PT)$; comme on a toujours (cf. propriétés 3.2 (v)) $ss(PT) \subset ss(T)$, le théorème est démontré. Soit maintenant $T \in \mathcal{D}'$. On va montrer que pour tout $R > 0$,

$$ss(PT) \cap B(0, R) = ss(T) \cap B(0, R). \tag{4.1}$$

Soit $\chi \in C_0^\infty(\mathbb{R}^n)$, $\chi = 1$ sur $B(0, R+1)$. D'après ci-dessus, $ss(\chi T)$ est contenu dans $ss(P(\chi T))$. D'autre part, d'après la formule de Leibniz, on peut écrire $P(\chi T) = \sum_{|\alpha| \leq m} a_\alpha \sum_{\beta \neq 0} \binom{\alpha}{\beta} \partial^\beta \chi \partial^{\alpha - \beta} T + \chi PT$. Par conséquent $P(\chi T) = \chi PT + f$ où $f = 0$ sur $B(0, R)$. Il en résulte que, $ss(T) \cap B(0, R) = ss(\chi T) \cap B(0, R) \subset ss(\chi PT + f) \cap B(0, R) = ss(\chi PT) \cap B(0, R) = ss(PT) \cap B(0, R)$, ce qui prouve (4.1), puisque l'inclusion inverse est toujours vraie. ∎

Remarques et exemples 4.2

(i) Un opérateur hypoelliptique est donc tel que, pour toute distribution T et tout ouvert ω, si $PT \in C^\infty(\omega)$ alors $T \in C^\infty(\omega)$.

(ii) Nous avons vu que le Laplacien $\Delta = \sum_{j=1}^{n} \frac{\partial^2}{\partial x_j^2}$ avait pour solution élémentaire, $E = c_2 Ln|x|$ si $n = 2$, $E = c_n |x|^{2-n}$ si $n \neq 2$. Ce sont des fonctions C^∞ dans $\mathbb{R}^n \setminus 0$. Donc Δ est hypoelliptique. Il en résulte, par exemple, que les distributions harmoniques (*i.e.* $T \in \mathcal{D}'$, $\Delta T = 0$) sont des fonctions C^∞.

(iii) L'opérateur de la chaleur, $P = \frac{\partial}{\partial t} - \Delta_x$ dans $\mathbb{R} \times \mathbb{R}^n$, est hypoelliptique, puisque la distribution, $E = H(t)(4\pi t)^{-\frac{n}{2}} e^{\frac{-|x|^2}{4t}}$, qui est une fonction C^∞ hors de l'origine, est une solution élémentaire de P.

(iv) L'opérateur $\overline{\partial} = \frac{1}{2}(\frac{\partial}{\partial x} + i \frac{\partial}{\partial y})$ est un opérateur hypoelliptique, puisque $\overline{\partial}(\frac{1}{\pi z}) = \delta_0$. En particulier, les distributions holomorphes ($T \in \mathcal{D}', \overline{\partial} T = 0$) sont les fonctions holomorphes usuelles.

(v) Par contre, l'opérateur $P = \frac{\partial}{\partial x_1}$ dans $\mathbb{R}^2$ n'est pas hypoelliptique, puisque $\frac{\partial}{\partial x_1}(1_{x_1} \otimes H(x_2)) = 0$.

(vi) De même, l'opérateur des ondes, $P = \partial_t^2 - \partial_x^2$ dans $\mathbb{R}^2$, n'est pas hypoelliptique. En effet, soit $f : \mathbb{R} \to \mathbb{R}$, de classe C^2 mais pas C^∞. Il est facile de voir que $P[f(t \pm x)] = 0$.

(vii) L'opérateur de Schrödinger, $P = \frac{\partial}{\partial t} - i\Delta_x$, n'est pas hypoelliptique.

(viii) À la fin des années 50, un mathématicien suédois, Lars Hörmander, a caractérisé tous les opérateurs hypoelliptiques à coefficients constants à partir de propriétés algébriques du polynôme $p = \sum_{|\alpha|\le m} a_\alpha \xi^\alpha$.

4.2. Existence de solutions

Théorème 4.4. *Soit P un opérateur différentiel à coefficients constants, possédant une solution élémentaire E. Alors pour toute $S \in \mathcal{E}'(\mathbb{R}^n)$ il existe $T \in \mathcal{D}'(\mathbb{R}^n)$ telle que $PT = S$.*

Démonstration. Il suffit de poser $T = E * S$, puisque
$$PT = (PE) * S = \delta_0 * S = S. \qquad \blacksquare$$

Remarque 4.5. En fait, tout opérateur différentiel à coefficients constants possède une solution élémentaire; c'est un résultat qui a été démontré à la fin des années cinquante simultanément par B. Malgrange et L. Ehrenpreis.

Voici un exemple qui s'ajoute à ceux que nous avons vus auparavant.

Exemple 4.6

(i) Soit $P = \left(\frac{\partial}{\partial x_1}\right)^{k+2} \dots \left(\frac{\partial}{\partial x_n}\right)^{k+2}$ où $k \in \mathbb{N}$. Alors,
$$E = \left(\frac{x_1^{k+1}H(x_1)}{(k+1)!}\right) \otimes \dots \otimes \left(\frac{x_n^{k+1}H(x_n)}{(k+1)!}\right)$$
est une solution élémentaire de P. De plus,

(ii) $E \in C^k(\mathbb{R}^n)$,

(iii) pour toute $S \in \mathcal{E}'^{(k)}(\mathbb{R}^n)$ il existe $T \in C^0(\mathbb{R}^n)$ telle que $PT = S$.

En effet, on a
$$PE = P(E_1 \otimes \dots \otimes E_n) = \left(\frac{\partial}{\partial x_1}\right)^{k+2} E_1 \otimes \dots \otimes \left(\frac{\partial}{\partial x_n}\right)^{k+2} E_n$$
de sorte qu'il suffit de montrer que l'on a la formule $\left(\frac{\partial}{\partial x_j}\right)^{k+2} E_j = \delta_{x_j=0}$ où $E_j = \frac{1}{(k+1)!} x_j^{k+1} H(x_j)$. La fonction $x \mapsto x^{k+1}H(x)$ est une fonction C^k sur $\mathbb{R}$ et donc $E \in C^k(\mathbb{R}^n)$. Ensuite,

$$\left(\frac{d}{dx}\right)^{k+1}(x^{k+1}H(x)) = \sum_{p=0}^{k+1} \binom{k+1}{p} (k+1)k \dots$$
$$\dots (k+1-p) x^{k+1-p} \left(\frac{d}{dx}\right)^{k+1-p} H(x)$$
$$= (k+1)!\,H(x) + \sum_{p=0}^{k} c_{k,p}\, x^{k+1-p} \delta_0^{(k-p)} = (k+1)!\,H(x)$$

car $x^{k+1-p}\delta_0^{(k-p)} = 0$. On en déduit $\left(\frac{d}{dx}\right)^{k+2}(x^{k+1}H(x)) = (k+1)!\delta_0$.

D'autre part, d'après le théorème 4.4, $T = S * E$ est une solution de l'équation $PT = S$. Comme $S \in \mathcal{E}'^{(k)}$ et $E \in C^k$, la proposition 1.3 (i)' montre que $T \in C^0$.

4.3. Structure locale des distributions

Théorème 4.7. *Soit Ω un ouvert de $\mathbb{R}^n$. Toute distribution T sur Ω est une somme localement finie de dérivées de fonctions continues, c'est-à-dire $\forall K \subset\subset \Omega$, $\exists k \in \mathbb{N}$, $\exists f_\alpha \in C^0(\Omega)$, $|\alpha| \leq k : \langle T, \varphi\rangle = \sum\limits_{|\alpha|\leq k} \int f_\alpha(x)\partial^\alpha\varphi(x)\,dx$, $\forall \varphi \in C_0^\infty(K)$. Si $T \in \mathcal{D}'^F(\Omega)$, l'entier k ne dépend pas du compact K. Si $T \in \mathcal{E}'(\Omega)$, T est une somme finie de dérivées de fonctions continues à support compact dans Ω.*

Démonstration. Soit $(\chi_i)_{i\in I}$ une partition de l'unité associée à un recouvrement localement fini de Ω, avec $\operatorname{supp}\chi_i$ compact. Soit $\varphi \in C_0^\infty(\Omega)$; le support de φ rencontrant au plus un nombre fini de $\operatorname{supp}\chi_i$ il existe $J \subset I$, J fini tel que $\varphi = \sum\limits_{i\in J}\chi_i\varphi$. On a $\langle T, \varphi\rangle = \sum\limits_{i\in J}\langle T, \chi_i\varphi\rangle = \sum\limits_{i\in J}\langle \chi_i T, \varphi\rangle$. Comme $\chi_i T \in \mathcal{E}'(\Omega)$ elle est d'ordre fini k_i. Soit E^i, P_i donnés dans l'exemple 4.6 avec $k = k_i$. Posons $f_i = E^i * (\chi_i T)$. Alors $P_i f_i = (P_i E^i) * (\chi_i T) = \chi_i T$, autrement dit, $\partial^{\alpha^i} f_i = \chi_i T$ où $\alpha^i = (k_i + 2, \ldots, k_i + 2)$. De plus comme $\chi_i T \in \mathcal{E}'^{(k_i)}$ et $E_i \in C^{k_i}$ on a $f_i \in C^0$. On peut alors écrire,

$$\langle T, \varphi\rangle = \sum_{i\in J}(-1)^{|\alpha^i|}\langle f_i, \partial^{\alpha^i}\varphi\rangle,$$

ce qui prouve notre assertion.

Si $T \in \mathcal{D}'^{(\ell)}$ alors $\chi_i T \in \mathcal{E}'^{(\ell)}$ pour tout i et donc $\alpha^i = (\ell+2, \ldots, \ell+2)$ pour tout i, ce qui montre que l'entier k est égal à $n(\ell+2)$.

Enfin si $T \in \mathcal{E}'^{(\ell)}$, on n'a pas besoin de la partition (χ_i) ; on écrit directement $\partial^\alpha(E * T) = T$, où $\alpha = (\ell+2, \ldots, \ell+2)$. Ensuite, si $\chi \in C_0^\infty(\Omega)$ est égale à 1 sur un voisinage de $\operatorname{supp} T$, on a $\chi T = T$ de sorte que,

$$\langle T, \varphi\rangle = \langle \chi T, \varphi\rangle = \langle \chi\partial^\alpha f, \varphi\rangle = \sum_{\beta\leq\alpha}(-1)^{|\alpha|}\binom{\alpha}{\beta}\int f\cdot\partial^{\alpha-\beta}\chi\cdot\partial^\beta\varphi\,dx. \quad \blacksquare$$

Exemple 4.8

(i) On a $\frac{d^2}{dx^2}(xH) = \delta_0$; ensuite si $\chi \in C_0^\infty(\mathbb{R})$ est égale à 1 dans un voisinage de zéro on a $\chi\delta_0 = \delta_0$. On montre par récurrence sur k, (en utilisant la formule de Leibniz pour développer $\partial^k(\chi T)$, où $\partial = \frac{d}{dx}$) que,

$$(4.1)\qquad \chi\partial^k T = \sum_{\ell=0}^{k} \partial^\ell(\chi_\beta T) \text{ où } \chi_\beta \in C_0^\infty.$$

Alors $\delta_0 = \sum\limits_{\beta=0}^{2} \partial^\beta(\chi_\beta x H)$.

5 • Retour sur les espaces $C^k(I, \mathcal{D}')$, I intervalle de $\mathbb{R}$

Au chapitre 4, § 3, nous avons défini ces espaces. Nous étudions ici leur comportement vis à vis de la convolution.

Proposition 5.1. *Soit $(T_t) \in C^k(I, \mathcal{E}'(\mathbb{R}^n))$ et $S \in \mathcal{D}'(\mathbb{R}^n)$. Alors $T_t * S$ appartient à $C^k(I, \mathcal{D}'(\mathbb{R}^n))$ et pour $0 \le \ell \le k$, $(T_t * S)^{(\ell)} = T_t^{(\ell)} * S$. (Il s'agit ici de la convolution en variable $x \in \mathbb{R}^n$).*

Démonstration. Soit $\varphi \in C_0^\infty(\mathbb{R}^n)$. On a $\langle T_t * S, \varphi\rangle = \langle T_t, \langle S, \varphi(y + \cdot)\rangle\rangle$. Comme $y \mapsto \langle S, \varphi(y+\cdot)\rangle$ est une fonction C^∞, le second membre de l'égalité ci-dessus appartient à $C^k(I)$, donc le premier aussi. Ensuite,

$$\begin{aligned}\langle (T_t * S)^{(\ell)}, \varphi\rangle &= \left(\frac{d}{dt}\right)^\ell \langle (T_t * S, \varphi)\rangle = \left(\frac{d}{dt}\right)^\ell \langle T_t, \langle S, \varphi(y + \cdot)\rangle\rangle \\ &= \langle T_t^{(\ell)}, \langle S, \varphi(y+\cdot)\rangle\rangle = \langle T_t^{(\ell)} * S, \varphi\rangle.\end{aligned}$$

■

Proposition 5.2. *Soit $(T_t) \in C^k(I, \mathcal{E}'(\mathbb{R}^n))$ et $\varphi \in C^\infty(\mathbb{R}^n)$, alors la fonction de $I \times \mathbb{R}^n$ dans $\mathbb{C}$, $(t, x) \mapsto (T_t * \varphi)(x)$ appartient à C^k.*

Démonstration. On montre pour cela que, $\partial_t^\ell \partial_x^\alpha (T_t * \varphi) \in C^0(I \times \mathbb{R}^n)$, pour tout $\ell = 0, \ldots, k$ et $\alpha \in \mathbb{N}^n$. Tout d'abord, à t fixé, $x \mapsto (T_t * \varphi)(x)$ appartient à $C^\infty(\mathbb{R}^n)$, d'après la proposition 1.3 et $\partial_x^\alpha(T_t * \varphi)(x) = (T_t * (\partial_x^\alpha \varphi))(x) = \langle T_t, \partial_x^\alpha \varphi(x - \cdot)\rangle$. Ensuite, à x fixé, la fonction $t \mapsto \langle T_t, \partial_x^\alpha \varphi(x - \cdot)\rangle$ appartient à $C^k(I)$ et $\partial_t^\ell \partial_x^\alpha (T_t * \varphi)(x) = \partial_t^\ell \langle T_t, \partial_x^\alpha \varphi(x - \cdot)\rangle = \langle T_t^{(\ell)}, \partial_x^\alpha \varphi(x - \cdot)\rangle$. Montrons que $(t, x) \mapsto \langle T_t^{(\ell)}, \partial_x^\alpha \varphi(x - \cdot)\rangle$ est continue sur $I \times \mathbb{R}^n$. Soit $(t_0, x_0) \in I \times \mathbb{R}^n$ et $(t_j, x_j) \to (t_0, x_0)$. Comme $T_t^{(\ell)} \in C^0(I, \mathcal{E}')$, on a $T_{t_j}^{(\ell)} \to T_{t_0}^{(\ell)}$ dans $\mathcal{E}'(\mathbb{R}^n)$. Montrons maintenant que $(\partial_x^\alpha \varphi(x_j - \cdot))$ converge vers $\partial_x^\alpha \varphi(x_0 - \cdot)$ dans $C^\infty(\mathbb{R}^n)$. On a

$$\partial_x^\alpha \varphi(x_j - y) - \partial_x^\alpha \varphi(x_0 - y) = \sum_{p=1}^{n} \int_0^1 \frac{\partial}{\partial x_p} \partial_x^\alpha \varphi(t x_j + (1-t) x_0 - y)(x_j^p - x_0^p)\, dt.$$

Si y est dans un compact $K \subset \{|y| \leq M\}$, $|tx_j + (1-t)x_0 - y|$ est majoré par $|x_j - x_0| + |x_0| + M$, donc par $|x_0| + 2M$, pour j assez grand. Alors,

$$\sup_{y \in K} \left|\partial_x^\alpha \varphi(x_j - y) - \partial_x^\alpha \varphi(x_0 - y)\right|$$
$$\leq \sum_{p=1}^{n} \sup_{|z| \leq |x_0| + 2M} \left|\frac{\partial}{\partial x_p} \partial_x^\alpha \varphi(z)\right| |x_j - x_0|.$$

On déduit du corollaire 2.2, chapitre 4, du théorème de Banach-Steinhaus que, $\langle T_{t_j}^{(\ell)}, \partial_x^\alpha \varphi(x_j - \cdot)\rangle$ converge vers $\langle T_{t_0}^{(\ell)}, \partial_x^\alpha \varphi(x_0 - \cdot)\rangle$. ■

6 • Généralisation

Nous avons noté auparavant, que pour définir la convolution de deux distributions, il était important (mais pas nécessaire) que l'une d'entre elles, au moins, soit à support compact et nous avons montré que cette condition était suffisante. Néanmoins en examinant de plus près ce dont on a besoin pour pouvoir définir cette convolution, on peut voir qu'il est possible de s'affranchir de cette condition en la remplaçant par une autre plus faible. Cela permet de traiter d'autres cas.

Définition 6.1. Ensembles convolutifs. Soit $F_1, \ldots, F_k$ des sous-ensembles fermés de $\mathbb{R}^n$. On dit qu'ils sont convolutifs s'ils vérifient la condition suivante :

$$\forall R > 0, \ \exists \rho(R) > 0 \text{ tel que } \forall (x_1, \ldots, x_k) \in F_1 \times F_2 \times \ldots \times F_k,$$

$$|x_1 + \ldots + x_k| \leq R \Longrightarrow |x_i| \leq \rho(R), \quad i = 1, \ldots, k.$$

Exemples 6.2

a) Si tous les F_i sont compacts sauf un, ils sont convolutifs. En effet supposons $F_1, \ldots, F_{k-1}$ compacts. Il existe $M > 0$ tel que $F_i \subset \{x : |x| \leq M\}$, $i = 1, \ldots, k-1$. Si $(x_1, \ldots, x_k) \in F_1 \times \ldots \times F_k$ et $|x_1 + \ldots + x_k| \leq R$, on a $|x_i| \leq M$, $i \leq k-1$ et,

$$|x_k| \leq |x_1 + \ldots + x_k| + |x_1| + \ldots + |x_{k-1}| \leq R + (k-1)M = \rho(R).$$

b) $F_i = [a_i, +\infty[$, $i = 1, \ldots, k$, sont convolutifs. En effet, soit $(x_1, \ldots, x_k)$ un élément de $F_1 \times \ldots \times F_k$ tel que $|x_1 + \ldots + x_k| \leq R$. Comme $x_i \geq a_i$ pour $i = 1, \ldots, k$, on peut écrire,

$$\sum_{\ell \neq i} a_\ell + x_i \leq x_1 + \ldots + x_i + \ldots + x_k \leq R \quad \text{d'où} \quad a_i \leq x_i \leq R - \sum_{\ell \neq i} a_\ell.$$

c) Dans $\mathbb{R}_t \times \mathbb{R}^n_x$, les ensembles $F_1 = \{(t,x) : t \geq |x|\}$ et $F_2 = \{(t,x) : t \geq 0\}$ sont convolutifs. En effet, soit $(m_1, m_2) \in F_1 \times F_2$ tel que $|m_1 + m_2| \leq R$; si $m_i = (t_i, x_i)$, on a $t_i \geq 0$ et $|t_1 + t_2|^2 + |x_1 + x_2|^2 \leq R^2$, d'où $t_1 + t_2 = |t_1 + t_2| \leq R$ et $|t_i| \leq R$, $i = 1, 2$. Ensuite, comme $m_1 \in F_1$, on a, $|x_1| \leq t_1 \leq R$. Enfin $|x_2| \leq |x_1 + x_2| + |x_1| \leq 2R$. On en déduit que $|m_i|^2 = t_i^2 + |x_i|^2 \leq 5R^2$.

d) Si à k ensembles convolutifs on ajoute un ensemble compact, on obtient $(k+1)$ ensembles convolutifs.

e) $F_1 = [0, +\infty[$, $F_2 =]-\infty, 0]$ ne sont pas convolutifs, car, par exemple, $(n, -n) \in F_1 \times F_2$, (où $n \in \mathbb{N}$) ; on a $|n - n| = 0$ mais n n'est pas borné.

Proposition 6.3. *Si $F_1, \ldots, F_k$ sont des ensembles convolutifs, alors $F_1 + \ldots + F_k$ est fermé.*

Démonstration. Soit (X^p) une suite de $F_1 + \ldots + F_k$, $(X^p) \to X^0$ dans $\mathbb{R}^n$; a-t-on $X^0 \in F_1 + \ldots + F_k$? On a $X^p = \sum_{i=1}^{k} x_i^p$. La suite (X^p) étant convergente, elle est majorée *i.e.* il existe $R > 0$ tel que $|x_1^p + \ldots + x_k^p| \leq R$ pour tout p. L'hypothèse entraîne qu'il existe $\rho(R)$ tel que $|x_i^p| \leq \rho(R)$ pour $i = 1, \ldots, k$ et $p \in \mathbb{N}$. Par extractions successives on en déduit qu'il existe σ telle que $(x_i^{\sigma(p)})$ converge vers x_i^0, pour $i = 1, \ldots, k$. Comme les F_i sont fermés, on a $x_i^0 \in F_i$ et $X^{\sigma(p)} = \sum_{i=1}^{k} x_i^{\sigma(p)}$ converge vers $x_1^0 + \ldots + x_k^0$. Par conséquent $X^0 = x_1^0 + \ldots + x_k^0 \in F_1 + \ldots + F_k$. ∎

On peut alors énoncer le résultat principal de ce paragraphe.

Théorème 6.4. *Soit $T_1, T_2 \ldots T_k$, k distributions sur $\mathbb{R}^n$ à supports convolutifs. On peut alors définir le produit de convolution $T_1 * \ldots * T_k$; il est tel que*

(i) $\mathrm{supp}(T_1 * \ldots * T_k) \subset \mathrm{supp}\, T_1 + \ldots + \mathrm{supp}\, T_k$,

(ii) le produit de convolution est commutatif, associatif,

(iii) $T_i * \delta_0 = T_i$,

(iv) $\partial^\alpha (T_1 * \ldots * T_k) = T_1 * \ldots * \partial^\alpha T_i * \ldots * T_k$, $i = 1, \ldots, k$,

(v) $ss(T_1 * \ldots * T_k) \subset ss(T_1) + \ldots + ss(T_k)$.

Démonstration. Il suffit de considérer le cas $k = 2$ puis de faire une récurrence sur k. Soit (K_j) une suite exhaustive de compacts dont l'union est $\mathbb{R}^n$. Soit $\theta_j \in C_0^\infty(\overset{\circ}{K}_{j+1})$, $\theta_j = 1$ sur K_j. Pour $\varphi \in C_0^\infty(\Omega)$ nous poserons

$$(6.1) \qquad \langle T_1 * T_2, \varphi \rangle = \lim_{j \to +\infty} \langle (\theta_j T_1) * (\theta_j T_2), \varphi \rangle .$$

Nous allons tout d'abord montrer que la suite du membre de droite de (6.1) est convergente et qu'en fait elle est constante à partir d'un certain rang. Soit $R > 0$ tel que $\operatorname{supp}\varphi \subset \{x : |x| \leq R\}$ et $\rho(R)$ donné par la définition de la convolutivité. Il existe j_0 tel que $\{x : |x| \leq \rho(R)\} \subset K_j$ pour $j \geq j_0$ et donc $\theta_j = 1$ sur $\{x : |x| \leq \rho(R)\}$. Soient $j, k \geq j_0$ on a,

$$\langle(\theta_j T_1) * (\theta_j T_2), \varphi\rangle - \langle(\theta_k T_1) * (\theta_k T_2), \varphi\rangle = \langle((\theta_j - \theta_k) T_1 * (\theta_j T_2)), \varphi\rangle$$
$$+\langle(\theta_k T_1) * ((\theta_j - \theta_k) T_2), \varphi\rangle = (1) + (2).$$

Nous allons montrer que,

$$\operatorname{supp}((\theta_j - \theta_k) T_1 * (\theta_j T_2)) \cap \operatorname{supp}\varphi = \emptyset \tag{6.2}$$

ce qui prouvera que $(1) = 0$.

En effet si $x \in \operatorname{supp}((\theta_j - \theta_k) T_1 * (\theta_j T_2)) \subset \operatorname{supp}[(\theta_j - \theta_k) T_1] + \operatorname{supp}(\theta_j T_2) \subset \operatorname{supp}(\theta_j - \theta_k) \cap \operatorname{supp} T_1 + \operatorname{supp} T_2$, on a $x = x_1 + x_2$ avec $x_1 \in \operatorname{supp} T_1$, $|x_1| > \rho(R)$, $x_2 \in \operatorname{supp} T_2$. Alors, par convolutivité on a $|x| > R$, donc $x \in (\operatorname{supp}\varphi)^c$. On prouve de même que $(2) = 0$. Il en résulte que la suite $\langle(\theta_j T_1) * (\theta_j T_2), \varphi\rangle$ est stationnaire à partir de j_0.

De même on montre que si $(\tilde{\theta}_j)$ est une suite qui vérifie les mêmes propriétés que (θ_j) alors la suite $(\langle(\theta_j T_1) * (\theta_j T_2), \varphi\rangle - \langle(\tilde{\theta}_j T_1) * (\tilde{\theta}_j T_2), \varphi\rangle)$ est nulle pour $j \geq j_0$. Donc (6.1) ne dépend pas de la suite (θ_j) choisie. Montrons (i). Il suffit de prouver que si $\operatorname{supp}\varphi \cap (\operatorname{supp} T_1 + \operatorname{supp} T_2) = \emptyset$ on a $\langle T_1 * T_2, \varphi\rangle = 0$. Comme $\operatorname{supp}\theta_j T \subset \operatorname{supp} T$ on a aussi,

$$[\operatorname{supp}\varphi \cap \operatorname{supp}(\theta_j T_1)] + \operatorname{supp}(\theta_j T_2) = \emptyset$$

et donc $\operatorname{supp}\varphi \cap \operatorname{supp}((\theta_j T_1) * (\theta_j T_2)) = \emptyset$ d'où $\langle(\theta_j T_1) * (\theta_j T_2), \varphi\rangle = 0$.

Les autres propriétés sont faciles à vérifier et sont laissées au lecteur. ■

Chapitre 7

Image d'une distribution

Soit, pour $j = 1, 2$, Ω_j un ouvert de $\mathbb{R}^{n_j}$ et f une application continue de Ω_1 dans Ω_2. Si u est une fonction continue de Ω_2 dans $\mathbb{C}$ alors $v = u \circ f$ est une fonction continue sur Ω_1. L'objet de ce paragraphe est de généraliser cette opération aux distributions. On commence tout d'abord par un cas simple.

1 • Cas où f est un difféomorphisme C^∞ de Ω_1 sur Ω_2

Soit Ω_1, Ω_2 deux ouverts de $\mathbb{R}^n$ et f une application bijective de Ω_1 sur Ω_2 telle que f et f^{-1} soient C^∞. Soit $u \in C^0(\Omega_2)$; on peut écrire,

$$\langle u \circ f, \varphi \rangle = \int u(f(x))\varphi(x)\,dx = \int u(y)(\varphi \circ f^{-1})(y)\,|\det J(f^{-1})(y)|\,dy$$

où $\varphi \in C_0^\infty(\Omega_1)$ et J désigne le Jacobien. On a alors le résultat suivant.

Théorème 1.1. *Pour $T \in \mathcal{D}'(\Omega_2)$ et $\varphi \in C_0^\infty(\Omega_1)$, posons*

$$\langle T \circ f, \varphi \rangle = \langle T, \Phi \rangle \tag{1.1}$$

où $\Phi(y) = \varphi(f^{-1}(y))\,|\det J(f^{-1})(y)|$.
Alors $T \circ f \in \mathcal{D}'(\Omega_1)$ et,

(1) si $T_j \to T$ dans $\mathcal{D}'(\Omega_2)$, $T_j \circ f \to T \circ f$ dans $\mathcal{D}'(\Omega_1)$.

(2) $T \circ f$ coïncide avec la composition usuelle si $T \in C^0(\Omega_2)$.
De plus $T \circ f$, définie par (1.1), est l'unique distribution sur Ω_1 qui vérifie (1) et (2).

(3) $\operatorname{supp}(T \circ f) \subset f^{-1}(\operatorname{supp} T)$.

(4) $T \circ f$ est une distribution positive si T est positive.

(5) $\frac{\partial}{\partial x_j}(T \circ f) = \sum_{k=1}^{n} \frac{\partial f_k}{\partial x_j}\left(\frac{\partial T}{\partial x_k} \circ f\right)$.

(6) $(aT) \circ f = (a \circ f)(T \circ f)$, *si* $a \in C^\infty(\Omega_2)$.

(7) $T \circ (g \circ f) = (T \circ g) \circ f$.

Démonstration. Montrons que $T \circ f \in \mathcal{D}'(\Omega_1)$. Soit $(\varphi_j) \to 0$ dans $C_0^\infty(\Omega_1)$; il existe alors un compact K tel que, $\operatorname{supp}\varphi_j \subset K$ pour tout j et $(\varphi_j) \to 0$ dans $C^\infty(K)$. Alors $\Phi_j = \varphi_j(f^{-1}(y))|\det J(f^{-1})(y)| \in C^\infty(\Omega_2)$, $\operatorname{supp}\Phi_j \subset f(K)$ et $\Phi_j \to 0$ dans $C^\infty(f(K))$; donc $\langle T, \Phi_j\rangle \to 0$ d'où $\langle T \circ f, \varphi_j\rangle \to 0$.

La propriété (1) est évidente, car $\langle T_j \circ f, \varphi\rangle = \langle T_j, \Phi\rangle \to 0$, puisque $\Phi \in C_0^\infty(\Omega_2)$. La propriété (2) a été montrée avant le théorème. Montrons l'unicité ; supposons qu'il existe $S \in \mathcal{D}'(\Omega_1)$ qui vérifie (1) et (2). Si $T \in \mathcal{D}'(\Omega_2)$ il existe $(u_j) \subset C_0^\infty(\Omega_2)$ telle que $u_j \to T$ dans $\mathcal{D}'(\Omega_2)$. A la distribution T on associe $T \circ f$ par (1.1) et $S = f^*(T)$ vérifiant (1), (2). D'après (2), $u_j \circ f = f^*(u_j)$ et d'après (1), $u_j \circ f \to T \circ f$ et $f^*(u_j) \to S$ donc $S = T \circ f$. Les propriétés (3) et (4) se démontrent facilement à partir de la formule (1.1). Les propriétés (5), (6), (7) sont faciles pour $T \in C^0(\Omega_2)$ et se montrent par densité de $C^0(\Omega_2)$ dans $\mathcal{D}'(\Omega_2)$ pour $T \in \mathcal{D}'(\Omega_2)$. ■

Exemple 1.2. Soit $f(x) = Ax$ où $A \in GL(n, \mathbb{R})$. Alors (1.1) s'écrit

$$\langle T \circ A, \varphi\rangle = |\det A|^{-1} \langle T, \varphi \circ A^{-1}\rangle, \quad T \in \mathcal{D}'(\mathbb{R}^n).$$

2 • Généralisation au cas où $f'(x)$ est surjective

On considère ici deux ouverts Ω_1 et Ω_2 de $\mathbb{R}^{n_1}$ et $\mathbb{R}^{n_2}$ (avec $n_1 \geq n_2$).

Théorème 2.1. *Soit $f : \Omega_1 \to \Omega_2$ une application C^∞ telle que, pour tout x dans Ω_1, $f'(x) \in \mathcal{L}(\mathbb{R}^{n_1}, \mathbb{R}^{n_2})$ soit surjective. Il existe alors une unique application $f^* : \mathcal{D}'(\Omega_2) \to \mathcal{D}'(\Omega_1)$ linéaire et continue (sur les suites) telle que*

(1) $f^*(T) = T \circ f$ *si* $T \in C^0(\Omega_2)$.

(2) $\operatorname{supp} f^*(T) \subset f^{-1}(\operatorname{supp} T)$.

(3) $f^*(T)$ *est une distribution positive si* T *est positive.*
De plus

(4) $\frac{\partial}{\partial x_j} f^*(T) = \sum\limits_{k=1}^{n} \frac{\partial f_k}{\partial x_j} f^*\left(\frac{\partial T}{\partial x_k}\right)$.

(5) $f^*(aT) = (a \circ f)(f^*(T))$, *si* $a \in C^\infty(\Omega_2)$.

(6) $(g \circ f)^*(T) = f^*(g^*(T))$.

Démonstration

a) Unicité : supposons qu'il existe f_1^*, f_2^* linéaires, continues sur les suites et vérifiant (1) *i.e.* $f_1^*(T) = T \circ f$, $f_2^*(T) = T \circ f$ si T est continue. Soit $T \in \mathcal{D}'(\Omega_2)$; il existe $(T_j) \in C_0^\infty(\Omega_2)$ qui converge vers T dans $\mathcal{D}'(\Omega_2)$. Alors, comme $f_1^*(T_j) = f_2^*(T_j)$, on a, à la limite, $f_1^*(T) = f_2^*(T)$ et donc $f_1^* = f_2^*$.

b) Existence : soit $x_0 \in \Omega_1$; par hypothèse $f'(x_0)$ est surjective de $\mathbb{R}^{n_1}$ dans $\mathbb{R}^{n_2}$ (donc $n_1 \geq n_2$). Il existe alors une application $g : \Omega_1 \to \mathbb{R}^{n_1 - n_2}$ telle que l'application $h : \Omega_1 \to \mathbb{R}^{n_1}$, $x \mapsto (f(x), g(x))$ ait, en x_0, une différentielle bijective. En effet, dans des bases, $f'(x_0)$ a une matrice à n_1 colonnes et n_2 lignes, dont le rang est n_2 puisqu'elle est surjective. Donc ses lignes sont indépendantes. Il suffit de les compléter par $n_1 - n_2$ lignes de manière à former une base de $\mathbb{R}^{n_1}$ et de prendre $g(x) = Ax$ où A est cette matrice à $n_1 - n_2$ lignes et n_1 colonnes. Le théorème d'inversion locale dit qu'il existe un voisinage ω de x_0 dans Ω_1 tel que $h : \omega \to h(\omega)$ soit un difféomorphisme. Soit $\varphi \in C_0^\infty(\omega)$. Remarquons que si $T \in C^0(\Omega_2)$ on a,

$$\langle T \circ f, \varphi \rangle = \int (T \circ f)(x) \varphi(x)\, dx = \int T(y')\varphi(h^{-1}(y))|\det J(h^{-1})(y)|\, dy.$$

En effet, si on pose $y = h(x) = (f(x), g(x)) = (y', y'')$ où $y' = f(x)$ alors $x = h^{-1}(y)$ et $dx = |\det J(h^{-1})(y)|dy$. Donc pour $T \in \mathcal{D}'(\Omega_2)$ on posera,

$$(2.1) \qquad \begin{cases} \langle f^*(T), \varphi \rangle = \langle T_{y'} \otimes \mathbf{1}_{y''}, \Phi \rangle \quad \text{où}, \\ \Phi(y) = \varphi(h^{-1}(y))|\det J(h^{-1})(y)|. \end{cases}$$

Alors $f^*(T) \in \mathcal{D}'(\omega)$, car si $(\varphi_j) \in C_0^\infty(\omega)$, $\operatorname{supp} \varphi_j \subset K$ et $\varphi_j \to 0$ dans $C^\infty(K)$ alors $\Phi_j \in C_0^\infty(\Omega_2)$, $\operatorname{supp} \Phi_j \subset h(K)$ et $\Phi_j \to 0$ dans $C^\infty(h(K))$ donc $\langle T_{y'} \otimes \mathbf{1}_{y''}, \Phi_j \rangle \to 0$.

D'après le calcul fait ci-dessus, dans le cas où $T \in C^0(\Omega_2)$, on a bien $f^*(T) = T \circ f$ si $T \in C^0(\Omega_2)$. Ensuite, $\operatorname{supp} f^*(T) \subset f^{-1}(\operatorname{supp} T)$. En effet soit $z_0 \notin f^{-1}(\operatorname{supp} T)$; alors $f(z_0) \notin \operatorname{supp} T$, donc $h(z_0)$ n'appartient pas à $\operatorname{supp}(T \otimes 1)$; il existe alors $W_{h(z_0)}$ tel que $\langle T \otimes 1, \psi \rangle = 0$, $\forall \psi \in C_0^\infty(W_{h(z_0)})$. Posons $V = h^{-1}(W_{h(z_0)})$; c'est un voisinage de z_0. Si $\varphi \in C_0^\infty(V)$, alors $\varphi \circ h^{-1}|\det J(h^{-1})| \in C_0^\infty(W_{h(z_0)})$ donc $\langle T \otimes 1, \varphi \circ h^{-1}|\det(\ldots)|\rangle = 0$, d'où $\langle f^*(T), \varphi \rangle = 0$ et donc $z_0 \notin \operatorname{supp} f^*(T)$. Les autres propriétés sont évidentes lorsque $T \in C^0(\Omega_2)$ et par densité de $C^0(\Omega_2)$ dans $\mathcal{D}'(\Omega_2)$ se prolongent à $\mathcal{D}'(\Omega_2)$. On a donc résolu le problème pour chaque ouvert ω, *i.e.* localement. Pour le résoudre globalement on applique la proposition suivante.

Proposition 2.2. *Soit Ω un ouvert de $\mathbb{R}^n$ tel que $\Omega = \bigcup_{i\in I} \Omega_i$ où Ω_i sont des ouverts. Soit $T_i \in \mathcal{D}'(\Omega_i)$. Supposons que $T_i = T_j$ dans $\Omega_i \cap \Omega_j$. Il existe alors une unique distribution $T \in \mathcal{D}'(\Omega)$ telle que $T = T_i$ sur Ω_i.*

Démonstration

a) Unicité : si S est une autre distribution telle que $S|_{\Omega_i} = T_i$ on a $T - S = 0$ dans Ω_i. Soit K un compact de Ω ; il existe alors $J \subset I$, J fini tel que K soit contenu $\bigcup_{i\in J} \Omega_i$. Soit (χ_i) une partition de l'unité associée à $(\Omega_i)_{i\in J}$. Soit $\varphi \in C_0^\infty(K)$ alors $\varphi = \sum_{i\in J} \chi_i\varphi$. On a,

$$\langle T - S, \varphi\rangle = \langle T - S, \sum_{i\in J} \chi_i\varphi\rangle = \sum_{i\in J} \langle T - S, \chi_i\varphi\rangle = 0$$

car $\operatorname{supp} \chi_i\varphi \subset \Omega_i$.

b) Existence : soit (χ_i) une partition de l'unité localement finie associée à un recouvrement $(\Omega_i)_{i\in I}$ de Ω. Pour $\varphi \in C_0^\infty(\Omega)$ posons,

$$\langle T, \varphi\rangle = \sum_i \langle T_i, \chi_i\varphi\rangle \tag{2.2}$$

où la somme est finie, car $\varphi \in C_0^\infty$. Alors $T \in \mathcal{D}'(\Omega)$ et $T = T_i$ sur Ω_i. En effet si $\varphi \in C_0^\infty(\Omega_i)$, il existe $J \subset I$, J fini tel que $\varphi = \sum_{k\in J} \chi_k\varphi$. Alors

$$\langle T_i, \varphi\rangle = \Big\langle T_i, \sum_{k\in J} \chi_k\varphi\Big\rangle = \sum_{k\in J} \langle T_i, \chi_k\varphi\rangle .$$

Comme $\chi_k\varphi$ est à support dans $\Omega_i \cap \Omega_k$ on a $T_i = T_k$; donc d'après (2.2),

$$\langle T_i, \varphi\rangle = \sum_k \langle T_k, \chi_k\varphi\rangle = \langle T, \varphi\rangle . \qquad \blacksquare$$

Exemple 2.3. Soit $f :]0, +\infty[\times\mathbb{R}^n \to \mathbb{R}$, $f(t, x) = t^2 - |x|^2$. Comme $\frac{\partial f}{\partial t} = 2t \neq 0$, $f'(t, x)$ est surjective pour tout $(t, x) \in]0, +\infty[\times\mathbb{R}^n$. On peut donc définir $f^*(\delta_0)$ que nous noterons $\delta(t^2 - |x|^2)$. On utilise pour cela le procédé décrit dans le théorème 2.1. L'application de $]0, +\infty[\times\mathbb{R}^n$ dans $\mathbb{R}^{n+1}$, $(t, x) \mapsto h(t, x) = (t^2 - |x|^2, x_1, \dots, x_n)$ est un difféomorphisme. De plus

$$h(t, x) = (y', y'') \in \mathbb{R} \times \mathbb{R}^n \Leftrightarrow (t, x) = \big(\sqrt{y' + |y''|^2}, y''\big) = h^{-1}(y', y'').$$

Comme $|\det J(h^{-1})(y', y'')| = \frac{1}{2}(y' + |y''|^2)^{-\frac{1}{2}}$, on a, pour φ appartenant à $C_0^\infty(]0, +\infty[\times\mathbb{R}^n)$,

$$\begin{aligned}\langle \delta(t^2 - |x|^2), \varphi\rangle &= \big\langle \delta_{y'} \otimes \mathbf{1}_{y''}, \varphi\big(\sqrt{y' + |y''|^2}, y''\big) \frac{1}{2}(y' + |y''|^2)^{-\frac{1}{2}}\big\rangle \\ &= \int \varphi(|y''|, y'') \frac{1}{2} |y''|^{-1} dy''\end{aligned}$$

i.e.

$$\langle \delta(t^2 - |x|^2), \varphi\rangle = \frac{1}{2} \int \frac{1}{|x|} \varphi(|x|, x)\, dx, \quad \varphi \in C_0^\infty(]0, +\infty[\times\mathbb{R}^n).$$

Chapitre 8

Le problème de Dirichlet pour le Laplacien

La théorie des fonctions holomorphes permet de résoudre le problème suivant, appelé « problème de Dirichlet » : étant donnée une fonction u_0, continue sur le bord du disque unité ouvert D de $\mathbb{C}$, trouver une fonction harmonique u dans D, continue sur $\overline{D}$, valant u_0 sur le bord ∂D. La formulation abrégée de ce problème est alors : trouver u telle que

$$\begin{cases} \Delta u = 0 \text{ dans } D, \\ u|_{\partial D} = u_0 \,, \end{cases} \tag{0.1}$$

où $\Delta = \sum_{j=1}^{n} \frac{\partial^2}{\partial x_j^2}$ est le Laplacien.

L'objet de ce chapitre est de montrer comment la théorie des distributions permet de formuler et de résoudre un problème analogue, dans le cadre plus général des ouverts de $\mathbb{R}^n$ (et, ce qui ne sera pas fait ici, pour des opérateurs plus généraux que le Laplacien). Dans un premier temps, la solution obtenue ne sera pas de classe C^2, mais appartiendra à un espace de distributions que nous allons introduire.

1 • Les espaces de Sobolev

Soit Ω un ouvert de $\mathbb{R}^n$ et $m \in \mathbb{N}$. On pose,

$$H^m(\Omega) = \{u \in L^2(\Omega) : \partial^\alpha u \in L^2(\Omega), |\alpha| \leq m\}. \tag{1.1}$$

On considère sur cet espace le produit scalaire,

$$(u, v)_m = \sum_{|\alpha| \leq m} (\partial^\alpha u, \partial^\alpha v)_{L^2(\Omega)} \,, \tag{1.2}$$

où $(f,g)_{L^2(\Omega)} = \int_\Omega f(x)\overline{g(x)}dx$ est le produit scalaire usuel de $L^2(\Omega)$. Il s'en suit une norme sur $H^m(\Omega)$,

$$\|u\|_{H^m(\Omega)} = \Big(\sum_{|\alpha|\leq m} \|\partial^\alpha u\|^2_{L^2(\Omega)}\Big)^{1/2}. \tag{1.3}$$

1.1. Propriétés des espaces de Sobolev

1) Si $m \geq m'$, $H^m(\Omega)$ est contenu dans $H^{m'}(\Omega)$ et cette inclusion est continue. De plus $C_0^\infty(\Omega)$ est contenu dans $H^m(\Omega)$, pour tout $m \in \mathbb{N}$.

2) Muni du produit scalaire défini en (1.2), $H^m(\Omega)$ est un espace de Hilbert. Il suffit de montrer qu'il est complet pour la norme (1.3). Soit (u_k) une suite de Cauchy dans $H^m(\Omega)$; alors, pour $|\alpha| \leq m$, $(\partial^\alpha u_k)$ est une suite de Cauchy dans $L^2(\Omega)$ qui est complet. Il existe donc $v_\alpha \in L^2(\Omega)$, telles que $(\partial^\alpha u_k) \to v_\alpha$ dans $L^2(\Omega)$, donc dans $\mathcal{D}'(\Omega)$, pour $|\alpha| \leq m$. En particulier $(u_k) \to v_0$ dans $\mathcal{D}'(\Omega)$ et donc $(\partial^\alpha u_k) \to \partial^\alpha v_0$ dans $\mathcal{D}'(\Omega)$; on en déduit que $\partial^\alpha v_0 = v_\alpha \in L^2(\Omega)$, pour $|\alpha| \leq m$. Ceci montre que $v_0 \in H^m(\Omega)$ et que $(u_k) \to v_0$ dans $H^m(\Omega)$.

3) Si $\Omega = \mathbb{R}^n$, $C_0^\infty(\mathbb{R}^n)$ est dense dans $H^m(\mathbb{R}^n)$.

• *Troncature :* l'espace $H_c^m = H^m(\mathbb{R}^n) \cap \mathcal{E}'(\mathbb{R}^n)$ est dense dans $H^m(\mathbb{R}^n)$. Soit $\chi \in C_0^\infty(\mathbb{R}^n)$, $\chi(x) = 1$ pour $|x| \leq 1$, $\chi(x) = 0$ pour $|x| \geq 2$. Soit $u \in H^m(\mathbb{R}^n)$, posons $u_k(x) = \chi(\frac{x}{k})u(x)$, $k \geq 1$. Alors $u_k \in H_c^m$ et $u_k \to u$ dans $H^m(\mathbb{R}^n)$. En effet d'après la formule de Leibniz,

$$\partial^\alpha(u_k - u) = \Big(\chi\Big(\frac{x}{k}\Big) - 1\Big)\partial^\alpha u + \sum_{\substack{\beta\leq\alpha\\ \beta\neq 0}} \binom{\alpha}{\beta} \frac{1}{k^{|\beta|}}(\partial^\beta\chi)\Big(\frac{x}{k}\Big)\partial^{\alpha-\beta}u.$$

Pour $\beta \neq 0$, $k^{|\beta|} \geq k$; d'autre part $\big|(\partial^\beta\chi)(\frac{x}{k})\big| \leq \sup_{y\in\mathbb{R}^n} |\partial^\beta\chi(y)| = C_\beta$. On en déduit, puisque $\big(\sum_{|\alpha|\leq m} |a_\alpha|^2\big)^{1/2} \leq \sum_{|\alpha|\leq m} |a_\alpha|$, l'inégalité

$$\|u_k - u\|_{H^m(\Omega)} \leq \sum_{|\alpha|\leq m} \Big\|\Big(\chi\Big(\frac{x}{k}\Big) - 1\Big)\partial^\alpha u\Big\|_{L^2} + \frac{C}{k} \sum_{|\alpha|\leq m-1} \|\partial^\alpha u\|_{L^2}.$$

Le premier terme du membre de droite tend vers zéro, lorsque $k \to +\infty$, par le théorème de convergence dominée. Le deuxième tend vers zéro trivialement.

• *Régularisation :* $C_0^\infty(\mathbb{R}^n)$ est dense dans H_c^m. Soit $\rho \in C_0^\infty(\mathbb{R}^n)$, telle que $\rho \geq 0$ et $\int \rho(x)dx = 1$. Soit $u \in H_c^m$. Posons $u_\varepsilon(x) = (\rho_\varepsilon * u)(x) = \int \rho_\varepsilon(x-y)u(y)dy$, où $\rho_\varepsilon(x) = \varepsilon^{-n}\rho(\frac{x}{\varepsilon})$, $\varepsilon > 0$. On a $u_\varepsilon \in C_0^\infty(\mathbb{R}^n)$

(car $u \in \mathcal{E}'$ et $\rho_\varepsilon \in C_0^\infty$) et $u_\varepsilon \to u$ dans $H^m(\mathbb{R}^n)$. En effet $\partial^\alpha u_\varepsilon = \rho_\varepsilon * \partial^\alpha u$ (cf. chapitre 6, proposition 1.2) et comme $\partial^\alpha u \in L^2(\mathbb{R}^n)$, on a vu (chapitre 1, proposition 3.4) que $(\rho_\varepsilon * \partial^\alpha u)$ converge vers $\partial^\alpha u$ dans $L^2(\mathbb{R}^n)$, lorsque $\varepsilon \to 0$.

On peut montrer que $C_0^\infty(\Omega)$ n'est pas dense dans $H^m(\Omega)$ pour $m \neq 0$ si $\Omega \neq \mathbb{R}^n$.

On introduit alors la définition suivante.

Définition 1.1. On note $H_0^m(\Omega)$ l'adhérence de $C_0^\infty(\Omega)$ pour la norme de $H^m(\Omega)$.

C'est un sous-espace fermé de $H^m(\Omega)$, que l'on caractérisera au chapitre 11 lorsque l'ouvert Ω est assez régulier.

1.2. Le dual de $H_0^m(\Omega)$

Le dual $(H_0^m(\Omega))'$, de l'espace $H_0^m(\Omega)$, s'identifie à un sous-espace de $\mathcal{D}'(\Omega)$. En effet, soit T une forme linéaire continue sur $H_0^m(\Omega)$; alors $T \in \mathcal{D}'(\Omega)$, car si (φ_j) est une suite de $C_0^\infty(\Omega)$ qui tend vers zéro, (φ_j) converge vers zéro dans $H_0^m(\Omega)$ et donc $(T(\varphi_j)) \to 0$. On a donc une application $(H_0^m)' \to \mathcal{D}'$, $T \mapsto T$. Cette application est injective, car si $T = 0$ dans $\mathcal{D}'(\Omega)$, *i.e.* $\langle T, \varphi\rangle = 0$, $\forall \varphi \in C_0^\infty(\Omega)$, on a $T = 0$ dans $(H_0^m)'$, car $C_0^\infty(\Omega)$ est dense dans $H_0^m(\Omega)$. Alors $(H_0^m(\Omega))'$ s'identifie à son image dans $\mathcal{D}'(\Omega)$.

Nous allons identifier $(H_0^m(\Omega))'$ à un espace plus concret. Posons

$$H^{-m}(\Omega) = \Big\{T \in \mathcal{D}'(\Omega) : T = \sum_{|\alpha| \leq m} \partial^\alpha f_\alpha,\ f_\alpha \in L^2(\Omega)\Big\}.$$

Sur cet espace nous considérerons la norme suivante,

$$\|T\|_{H^{-m}} = \inf_{T = \Sigma \partial^\alpha f_\alpha} \Big(\sum_{|\alpha| \leq m} \|f_\alpha\|^2_{L^2(\Omega)}\Big)^{1/2}. \tag{1.4}$$

Soit $T \in H^{-m}(\Omega)$. Alors T définit une forme linéaire continue sur $C_0^\infty(\Omega)$ muni de la norme H^m. En effet soit $\varphi \in C_0^\infty(\Omega)$; on a,

$$|\langle T, \varphi\rangle| = \Big|\sum_{|\alpha| \leq m} \langle \partial^\alpha f_\alpha, \varphi\rangle\Big| \leq \sum_{|\alpha| \leq m} |\langle f_\alpha, \partial^\alpha \varphi\rangle| \leq \sum_{|\alpha| \leq m} \|f_\alpha\|_{L^2} \|\partial^\alpha \varphi\|_{L^2}.$$

Ainsi,

$$|\langle T, \varphi\rangle| \leq \Big(\sum_{|\alpha| \leq m} \|f_\alpha\|^2_{L^2}\Big)^{1/2} \Big(\sum_{|\alpha| \leq m} \|\partial^\alpha \varphi\|^2_{L^2(\Omega)}\Big)^{1/2}$$

d'où,

$$(1.5)\qquad |\langle T,\varphi\rangle| \le \inf_{T=\Sigma\partial^\alpha f_\alpha}\Big(\sum_{|\alpha|\le m}\|f_\alpha\|_{L^2}^2\Big)^{1/2}\|\varphi\|_{H^m} = \|T\|_{H^{-m}}\|\varphi\|_{H^m}.$$

Comme $C_0^\infty(\Omega)$ est dense dans $H_0^m(\Omega)$, T se prolonge en une forme linéaire $\tilde T$ continue sur $H_0^m(\Omega)$, *i.e.* $\tilde T \in (H_0^m(\Omega))'$. De plus l'inégalité (1.5) ci-dessus montre que $\|\tilde T\|_{(H_0^m)'} \le \|T\|_{H^{-m}}$. On a ainsi une application $T \mapsto \tilde T$ de $H^{-m}(\Omega)$ dans $(H_0^m(\Omega))'$.

Proposition 1.2. *L'application $T \mapsto \tilde T$ est linéaire, bijective et bicontinue de $H^{-m}(\Omega)$ dans $(H_0^m(\Omega))'$.*

Démonstration. L'application est évidemment linéaire et continue d'après l'inégalité sur les normes prouvée ci-dessus. Elle est injective car, si $\tilde T = 0$ sur H_0^m, on a $T = \tilde T|_{C_0^\infty} = 0$, donc $T = 0$ dans $\mathcal{D}'(\Omega)$.

Montrons qu'elle est surjective. Remarquons tout d'abord que l'application $\Phi : H_0^m \to (L^2)^N$, $u \mapsto (\partial^\alpha u)_{|\alpha|\le m}$ (où $N = \text{cardinal}\,\{\alpha : |\alpha| \le m\}$) est une isométrie de H_0^m sur son image, notée E_m. Soit alors $\tilde T \in (H_0^m)'$; $S = \tilde T\circ\Phi^{-1}$ est une application linéaire continue de E_m dans $\mathbb{C}$. D'après le théorème de Hahn-Banach, elle se prolonge en une application $\tilde S$ linéaire continue de $(L^2)^N$ dans $\mathbb{C}$, telle que $\|S\| = \|\tilde S\|$. Il existe donc $G = (g_\alpha)_{|\alpha|\le m} \in (L^2)^N$, telle que $\tilde S(U) = (U,G)_{(L^2)^N}$ pour tout $U \in (L^2)^N$. De plus $\|S\| = \|\tilde S\| = \|G\|_{(L^2)^N} = \Big(\sum_{|\alpha|\le m}\|g_\alpha\|_{L^2}^2\Big)^{1/2}$. Soit $\varphi \in C_0^\infty(\Omega)$ et $U = (\partial^\alpha\varphi)_{|\alpha|\le m} \in E_m$; on a $\tilde S(U) = S(U) = (\tilde T\circ\Phi^{-1})(\partial^\alpha\varphi) = \tilde T(\varphi) = \langle\tilde T,\varphi\rangle = (U,G) = \sum_{|\alpha|\le m}(\partial^\alpha\varphi, g_\alpha)_{L^2} = \sum_{|\alpha|\le m}\langle(-1)^{|\alpha|}\partial^\alpha\overline{g}_\alpha,\varphi\rangle$. Donc, $T = \tilde T|_{C_0^\infty} = \sum_{|\alpha|\le m}\partial^\alpha[(-1)^{|\alpha|}\overline{g}_\alpha] \in H^{-m}(\Omega)$. L'application est donc bijective.

Nous allons montrer que son inverse est continu. On a d'après ci-dessus $\Big(\sum_{|\alpha|\le m}\|g_\alpha\|_{L^2}^2\Big)^{1/2} = \|S\| = \sup_{U\ne 0}\frac{|S(U)|}{\|U\|_{E_m}} = \|\tilde T\|_{(H_0^m)'}$. On en déduit que $\|T\|_{H^{-m}} = \inf_{T=\Sigma\partial^\alpha f_\alpha}\Big(\sum_{|\alpha|\le m}\|f_\alpha\|_{L^2}^2\Big)^{1/2} \le \|\tilde T\|_{(H_0^m)'}$. ■

Proposition 1.3. *Pour $m \in \mathbb{N}$, $u \in L^2(\Omega)$ et $v \in H_0^m(\Omega)$, on a*

$$(1.6)\qquad \Big|\int u(x)\overline{v}(x)\,dx\Big| \le \|u\|_{H^{-m}(\Omega)}\|v\|_{H_0^m(\Omega)}.$$

Démonstration. Supposons tout d'abord que $v = \varphi$ appartienne à $C_0^\infty(\Omega)$. On a $u \in L^2(\Omega) \subset H^{-m}(\Omega)$; considérons une décomposition quelconque,

$u = \sum_{|\alpha| \leq m} \partial^\alpha f_\alpha$, où $f_\alpha \in L^2(\Omega)$. Alors,

$$|\langle u, \overline{\varphi} \rangle| = \Big| \sum_{|\alpha| \leq m} (-1)^{|\alpha|} \langle f_\alpha, \partial^\alpha \overline{\varphi} \rangle \Big| \leq \sum_{|\alpha| \leq m} \|f_\alpha\|_{L^2} \|\partial^\alpha \varphi\|_{L^2},$$

$$|\langle u, \overline{\varphi} \rangle| \leq \Big(\sum_{|\alpha| \leq m} \|f_\alpha\|^2_{L^2} \Big)^{1/2} \|\varphi\|_{H_0^m}.$$

En passant à l'inf sur toutes les décompositions, on en déduit (1.6). Si $v \in H_0^m(\Omega)$, il existe $(\varphi_k) \subset C_0^\infty(\Omega)$ qui converge vers v dans $H_0^m(\Omega)$. On écrit (1.6) pour φ_k et on passe à la limite; on obtient le cas général. ■

1.3. Inégalité de Poincaré

Proposition 1.4. *Soit Ω un ouvert borné de $\mathbb{R}^n$ de diamètre d. On a alors*

$$\|u\|_{L^2(\Omega)} \leq 2d \sum_{j=1}^{n} \Big\| \frac{\partial u}{\partial x_j} \Big\|_{L^2(\Omega)}, \quad \forall u \in H_0^1(\Omega). \tag{1.7}$$

Démonstration. Fixons $x_0 \in \Omega$; alors $\Omega \subset B(x_0, d)$ (la boule ouverte). Il s'en suit que, pour tout $u \in C_0^\infty(\Omega)$, $u(d + x_1^0, x') = 0$, quel que soit $x' = (x_2, \dots, x_n)$ appartenant à $\mathbb{R}^{n-1}$. On peut alors écrire, $u(x) = \int_{d+x_1^0}^{x_1} \frac{\partial u}{\partial x_1}(t, x')\, dt$. On en déduit que, $|u(x)|^2 \leq \int_{d+x_1^0}^{x_1} |\frac{\partial u}{\partial x_1}(t, x')|^2\, dt$ $\cdot |x_1 - x_1^0 - d| \leq 2d \int_{\mathbb{R}} |\frac{\partial u}{\partial x_1}(t, x')|^2\, dt$. Comme pour $x \in \Omega$ on a, $|x_1 - x_1^0| < d$, on peut écrire,

$$\int_\Omega |u(x)|^2\, dx \leq 2d \int_{|x_1 - x_1^0| < d} \int_{x'} \int_{\mathbb{R}} \Big| \frac{\partial u}{\partial x_1}(t, x') \Big|^2 dt\, dx'\, dx_1$$

$$\int_\Omega |u(x)|^2\, dx \leq 2d \Big(\int_{|x_1 - x_1^0| < d} dx_1 \Big) \Big\| \frac{\partial u}{\partial x_1} \Big\|^2_{L^2} \leq 4d^2 \Big\| \frac{\partial u}{\partial x_1} \Big\|^2_{L^2(\Omega)}.$$

Ceci prouve l'inégalité (1.7) pour $u \in C_0^\infty(\Omega)$. Si $u \in H_0^1(\Omega)$, il existe $(u_k) \subset C_0^\infty(\Omega)$ telle que $u_k \to u$ dans $H_0^1(\Omega)$. Il suffit alors d'écrire (1.7) pour u_k, puis de faire tendre k vers $+\infty$. ■

Corollaire 1.5. *Soit Ω un ouvert borné de $\mathbb{R}^n$. La quantité $|||u||| = \sum_{|\alpha| = m} \|\partial^\alpha u\|_{L^2(\Omega)}$ est une norme sur $H_0^m(\Omega)$, équivalente à la norme $\|u\|_{H^m(\Omega)}$ introduite en (1.3).*

Démonstration. D'après l'inégalité de Cauchy-Schwarz, $|||u||| \leq C \|u\|_{H^m(\Omega)}$. Inversement, il résulte de l'inégalité de Poincaré que, pour $|\beta| < m$, on a

$\|\partial^\beta u\|_{L^2} \leq C_1 \sum_{|\alpha|=m} \|\partial^\alpha u\|_{L^2}$; en effet, on fait une récurrence descendante sur $|\beta|$. Si $|\beta| = m-1$, l'inégalité (1.7) fournit,

$$\|\partial^\beta u\|_{L^2} \leq 2d \sum_{j=1}^{n} \|\partial^\beta \tfrac{\partial u}{\partial x_j}\|_{L^2} \leq 2d \sum_{|\alpha|=m} \|\partial^\alpha u\|_{L^2} ;$$

si la propriété est vraie pour $|\beta| = m-k$, $1 \leq k \leq m-1$, cette même inégalité montre qu'elle est vraie pour $|\beta| = m-k-1$. Alors

$$\begin{aligned}\|u\|_{H^m(\Omega)} &= \Big(\sum_{|\beta|\leq m-1} \|\partial^\beta u\|^2_{L^2} + \sum_{|\alpha|=m} \|\partial^\alpha u\|^2_{L^2}\Big)^{1/2} \\ &\leq C_2 \sum_{|\alpha|=m} \|\partial^\alpha u\|_{L^2} = C_2 |||u|||.\end{aligned}$$

■

1.4. Compacité

Théorème 1.6. *Soit Ω un ouvert borné de $\mathbb{R}^n$ et $m > m' \geq 0$; l'application $u \mapsto u$, de $H_0^m(\Omega)$ dans $H_0^{m'}(\Omega)$, est compacte.*

Démonstration

Point 1. Comme l'injection $H_0^m \subset H_0^{m'+1}$ est continue et que la composée d'applications continues et compactes est compacte, il suffit de prouver le théorème pour $m = m'+1$.

Point 2. Il suffit de prouver que l'injection, $H_0^1(\Omega) \subset L^2(\Omega)$ est compacte. En effet soit (u_k) une suite bornée de $H_0^{m'+1}(\Omega)$, alors (u_k) est bornée dans H_0^1 et, pour $|\alpha| \leq m'$, $(\partial^\alpha u_k)$ est bornée dans $H_0^1(\Omega)$. Il existe donc une sous-suite $(u_{\varphi(k)})$ qui converge vers v dans $L^2(\Omega)$; la suite $(\frac{\partial u_{\varphi(k)}}{\partial x_1})$ est bornée dans H_0^1, donc il existe une sous-suite $(\frac{\partial}{\partial x_1} u_{\varphi_1(k)})$ qui converge vers v_1 dans $L^2(\Omega)$. Evidemment $v_1 = \frac{\partial v}{\partial x_1}$ (puisque c'est le cas dans $\mathcal{D}'(\Omega)$). En itérant ce procédé, on construit une sous-suite $(u_{\psi(k)})$ telle que $(\partial^\alpha u_{\psi(k)})$ converge vers $\partial^\alpha v$ dans $L^2(\Omega)$ pour $|\alpha| \leq m'$ *i.e.* $(u_{\psi(k)})$ converge vers v dans $H^{m'}(\Omega)$.

Point 3. L'injection $H_0^1(\Omega) \subset L^2(\Omega)$ est compacte. Celà résultera du :

Lemme 1.7. *Soit A une partie de $L^2(\mathbb{R}^n)$. Supposons que*

(i) A est bornée dans $L^2(\mathbb{R}^n)$,

(ii) $\lim_{R\to+\infty} \int_{|x|>R} |u(x)|^2\,dx = 0$, uniformément sur A,

(iii) $\lim_{a\to 0} \tau_a u = u$ dans $L^2(\mathbb{R}^n)$, uniformément sur A (où $\tau_a u(x) = u(x+a)$).

Alors A est relativement compacte dans $L^2(\mathbb{R}^n)$.

Démonstration. Soit $\alpha > 0$. Fixons $R > 0$ tel que pour tout $u \in A$,

$$\Big(\int_{|\alpha|>R} |u(x)|^2\,dx\Big)^{1/2} < \frac{\alpha}{5} \tag{1.8}$$

Soit $\rho \in C_0^\infty(\mathbb{R}^n)$, telle que $\operatorname{supp}\rho \subset \{x : |x| \leq 1\}$ et $\int \rho(x)dx = 1$. Pour $\varepsilon > 0$ posons $\rho_\varepsilon(x) = \varepsilon^{-n}\rho(\frac{x}{\varepsilon})$. Soit $u \in A$; posons $u_\varepsilon = \rho_\varepsilon * u$. On a $u_\varepsilon(x) - u(x) = \int \rho(z)[u(x - \varepsilon z) - u(x)]\,dz$ d'où, en écrivant $\rho = \rho^{1/2}\rho^{1/2}$ et en utilisant l'inégalité de Cauchy-Schwarz,

$$|u(x) - u_\varepsilon(x)|^2 \leq \Big(\int \rho(z)\,dz\Big)\int \rho(z)|u(x - \varepsilon z) - u(x)|^2\,dz.$$

Alors,

$$\begin{aligned}\|u - u_\varepsilon\|_{L^2}^2 &\leq \int \rho(z)\Big(\int |u(x - \varepsilon z) - u(x)|^2\,dx\Big)\,dz\\ &\leq \sup_{|y|\leq\varepsilon} \|\tau_y u - u\|_{L^2}^2.\end{aligned}$$

D'après (iii), il existe ε_0 tel que $\sup\limits_{|y|\leq\varepsilon_0} \|\tau_y u - u\|^2 \leq \left(\frac{\alpha}{5}\right)^2$, pour tout $u \in A$.

Donc,

$$\|u - u_{\varepsilon_0}\|_{L^2} < \frac{\alpha}{5}, \quad \forall u \in A. \tag{1.9}$$

On travaille ensuite avec les u_ε, qui sont des fonctions continues et nous allons appliquer le théorème d'Ascoli dans $C^0(\overline{B(0,R)}\,)$.

Posons $A_{\varepsilon_0} = \{u_{\varepsilon_0} = u * \rho_{\varepsilon_0}|_{\overline{B(0,R)}} \text{ où } u \in A\}$. On a pour x, x' dans $\overline{B(0,R)}$,

$$\begin{aligned}|u_{\varepsilon_0}(x) - u_{\varepsilon_0}(x')| &\leq \int \rho_{\varepsilon_0}(-y)|u(x+y) - u(x'+y)|\,dy\\ |u_{\varepsilon_0}(x) - u_{\varepsilon_0}(x')| &\leq \Big(\int \rho_{\varepsilon_0}^2(y)\,dy\Big)^{1/2}\|\tau_x u - \tau_{x'}u\|_{L^2}\\ &\leq \|\rho_{\varepsilon_0}\|_{L^2}\,\|\tau_{x-x'}u - u\|_{L^2}.\end{aligned}$$

Il résulte de (iii), que l'ensemble (A_{ε_0}) est équicontinu. D'autre part $\sup\limits_{x\in\overline{B(0,R)}} |u_{\varepsilon_0}(x)| \leq \|u\|_{L^2}\|\rho_{\varepsilon_0}\|_{L^2}$; donc A_{ε_0} est borné d'après (i). Le théorème d'Ascoli implique alors que A_{ε_0} est précompact dans $C^0(\overline{B(0,R)})$. Il existe donc $u^j \in A$, $j = 1, \ldots, N$, tels que, $A_{\varepsilon_0} \subset \bigcup\limits_{j=1}^N B_{C^0}\big(u_{\varepsilon_0}^j, \frac{\alpha}{5|B(0,R)|^{1/2}}\big)$, où B_{C^0} est la boule dans $C^0(\overline{B(0,R)})$. Nous allons montrer que A est contenu dans $\bigcup\limits_{j=1}^N B_{L^2}(u^j, \alpha)$, ce qui prouvera que A est précompact, donc relativement compact dans $L^2(\mathbb{R}^n)$.

Soit $u \in A$. Il existe $j \in \{1, \ldots, N\}$ tel que $u_{\varepsilon_0} \in B_{C^0}\big(u_{\varepsilon_0}^j, \frac{\alpha}{5|B(0,R)|^{1/2}}\big)$. On écrit alors,

$$\begin{aligned}\|u - u^j\|_{L^2(\mathbb{R}^n)} \leq &\Big(\int_{|x|>R} |u(x) - u^j(x)|^2\,dx\Big)^{1/2}\\ &+\Big(\int_{|x|<R} |u(x) - u^j(x)|^2\,dx\Big)^{1/2}\end{aligned}$$

d'où

$$\|u-u^j\|_{L^2(\mathbb{R}^n)} \leq \underbrace{\|u\|_{L^2(|x|>R)}}_{(1)} + \underbrace{\|u^j\|_{L^2(|x|>R)}}_{(2)} + \underbrace{\|u-u_{\varepsilon_0}\|_{L^2(B(0,R))}}_{(3)}$$
$$+ \underbrace{\|u_{\varepsilon_0}-u^j_{\varepsilon_0}\|_{L^2(B(0,R))}}_{(4)} + \underbrace{\|u^j_{\varepsilon_0}-u^j\|_{L^2(B(0,R))}}_{(5)} .$$

D'après (1.8) on a (1) + (2) $\leq \frac{2\alpha}{5}$. D'après (1.9) on a (3) + (5) $\leq \frac{2\alpha}{5}$. Enfin (4) $\leq \|u_{\varepsilon_0}-u^j_{\varepsilon_0}\|_{C^0(\overline{B(0,R)})}\,|B(0,R)|^{1/2} \leq \frac{\alpha}{5}$. Il en résulte que $u \in B_{L^2}(u^j,\alpha)$.

■

Fin de la démonstration du théorème 1.6. Pour $u \in C_0^\infty(\Omega)$, posons $\tilde{u}(x) = u(x)$ si $x \in \Omega$, $\tilde{u}(x) = 0$ si $x \notin \Omega$. L'application $u \mapsto \tilde{u}$ de $C_0^\infty(\Omega)$ muni de la norme H^1 dans $H^1(\mathbb{R}^n)$ est continue. Elle se prolonge en une application θ, continue de $H_0^1(\Omega)$ dans $H^1(\mathbb{R}^n)\cap\mathcal{E}'(\overline{\Omega})$ (muni de la norme $H^1(\mathbb{R}^n)$). On a donc la suite d'applications, $H_0^1(\Omega) \xrightarrow{\theta} H^1(\mathbb{R}^n)\cap\mathcal{E}'(\overline{\Omega}) \xrightarrow{i} L^2(\mathbb{R}^n)\cap\mathcal{E}'(\overline{\Omega})$, où i est l'injection $u \mapsto u$. Si on prouve que i est compacte, alors $i\circ\theta$ sera compacte. Soit A un borné de $H^1(\mathbb{R}^n)\cap\mathcal{E}'(\overline{\Omega})$, il suffit de montrer que A est relativement compact dans $L^2(\mathbb{R}^n)$. On utilise le lemme 1.7. On a tout d'abord, pour $u \in A$, $\|u\|_{L^2(\mathbb{R}^n)} \leq \|u\|_{H^1(\mathbb{R}^n)} \leq M$; donc (i) est satisfaite. Ensuite, comme Ω est borné, il existe $R_0 > 0$ tel que $\overline{\Omega} \subset B(0,R_0)$; alors, pour $u \in A$, $\operatorname{supp} u$ est contenu dans $\overline{\Omega}$ donc, $\int_{|x|>R}|u(x)|^2\,dx = 0$, pour $R > R_0$ et (ii) est vérifiée. Enfin, nous allons montrer que pour $u \in H^1(\mathbb{R}^n)$,

$$(1.10) \qquad \int |u(x+h)-u(x)|^2\,dx \leq \|h\|^2 \sum_{j=1}^n \left\|\frac{\partial u}{\partial x_j}\right\|^2_{L^2(\mathbb{R}^n)} \leq M^2\,\|h\|^2,$$

ce qui montrera que (iii) est satisfaite. Prouvons (1.10). Tout d'abord, si $u \in C_0^\infty(\mathbb{R}^n)$ on a

$$u(x+h)-u(x) = \sum_{j=1}^n h_j \int_0^1 \frac{\partial u}{\partial x_j}(x+th)\,dt,$$

donc,

$$|u(x+h)-u(x)|^2 \leq \sum_{j=1}^n h_j^2 \sum_{j=1}^n \Big(\int_0^1 \Big|\frac{\partial u}{\partial x_j}(x+th)\Big|\,dt\Big)^2$$
$$\leq \|h\|^2 \sum_{j=1}^n \int_0^1 \Big|\frac{\partial u}{\partial x_j}(x+th)\Big|^2\,dt,$$

ce qui entraîne,

$$\int_{\mathbb{R}^n} |u(x+h)-u(x)|^2\,dx \le \|h\|^2 \sum_{j=1}^{n} \int_0^1 \Big(\int_{\mathbb{R}^n} \Big|\frac{\partial u}{\partial x_j}(x+th)\Big|^2 dx\Big)\,dt.$$

Finalement, pour $u \in C_0^\infty(\mathbb{R}^n)$,

$$(1.11) \qquad \|u(\cdot+h)-u\|^2_{L^2(\mathbb{R}^n)} \le \|h\|^2 \sum_{j=1}^{n} \Big\|\frac{\partial u}{\partial x_j}\Big\|^2_{L^2(\mathbb{R}^n)}.$$

Soit alors $u \in H^1(\mathbb{R}^n)$; il existe $(u_k) \subset C_0^\infty(\mathbb{R}^n)$ telle que $u_k \to u$ dans $H^1(\mathbb{R}^n)$. On écrit,

$$\|u(\cdot+h)-u\|_{L^2} \le \|u(\cdot+h)-u_k(\cdot+h)\|_{L^2} + \|u_k(\cdot+h)-u_k\|_{L^2} + \|u_k-u\|_{L^2}.$$

Il résulte de (1.11) que,

$$\|u(\cdot+h)-u\|_{L^2} \le 2\|u_k-u\|_{L^2} + \|h\| \Big(\sum_{j=1}^{n} \Big\|\frac{\partial u_k}{\partial x_j}\Big\|^2_{L^2}\Big)^{1/2}.$$

On fait alors tendre k vers $+\infty$ et on obtient (1.10) pour $u \in H^1(\mathbb{R}^n)$. ■

2 • Problème de Dirichlet pour le Laplacien

Théorème 2.1. *Soit $\lambda \ge 0$ et Ω un ouvert de $\mathbb{R}^n$ (borné si $\lambda = 0$). Alors l'opérateur $P = -\Delta + \lambda$ est un isomorphisme de $H_0^1(\Omega)$ sur $H^{-1}(\Omega)$.*

Remarque 2.2. Ce résultat implique, en particulier, que pour tout f appartenant à $H^{-1}(\Omega)$, il existe une unique $u \in H_0^1(\Omega)$, solution de l'équation $-\Delta u + \lambda u = f$. Nous verrons, au chapitre 10, que l'appartenance à $H_0^1(\Omega)$ donne une information sur u au bord de Ω; par exemple si u était continue sur $\overline{\Omega}$, cela signifierait que $u = 0$ en tout point du bord.

Démonstration du théorème 2.1

(i) P envoie $H_0^1(\Omega)$ dans $H^{-1}(\Omega)$ car, $-\Delta u + \lambda u = \sum_{j=1}^{n} \frac{\partial}{\partial x_j}\big(\frac{\partial u}{\partial x_j}\big) + \lambda u$ et $u, \frac{\partial u}{\partial x_j} \in L^2(\Omega)$; ensuite $\|-\Delta u + \lambda u\|_{H^{-1}(\Omega)}$ étant, d'après (1.4), l'inf sur toutes les décompositions, on a,

$$\|-\Delta u + \lambda u\|_{H^{-1}(\Omega)} \le \Big(\sum_{j=1}^{n} \big\|\tfrac{\partial u}{\partial x_j}\big\|^2_{L^2} + \lambda^2 \|u\|^2_{L^2}\Big)^{1/2} \le \max(1,\lambda)\,\|u\|_{H_0^1(\Omega)}$$

donc P est continu.

(ii) P est injectif; nous allons montrer pour cela l'inégalité,

$$(2.1) \qquad \|u\|_{H_0^1(\Omega)} \le C(\lambda)\|-\Delta u + \lambda u\|_{H^{-1}(\Omega)}, \quad \forall u \in H_0^1(\Omega).$$

En effet, si $\lambda > 0$, on a, $\|u\|^2_{H^1_0} \leq \max\left(\frac{1}{\lambda}, 1\right)\left(\sum_{j=1}^{n} \left\|\frac{\partial u}{\partial x_j}\right\|^2_{L^2} + \lambda\|u\|^2_{L^2}\right)$ et, si $\lambda = 0$, $\|u\|^2_{H^1_0} \leq C \sum_{j=1}^{n} \left\|\frac{\partial u}{\partial x_j}\right\|^2_{L^2}$ d'après la proposition 1.4. Pour $u \in C_0^\infty(\Omega)$, on a donc,

$$\|u\|^2_{H^1_0} \leq C(\lambda)\Big(\sum_{j=1}^{n} \Big(\frac{\partial u}{\partial x_j}, \frac{\partial u}{\partial x_j}\Big) + \lambda(u,u)\Big),$$

$$\leq C(\lambda)\Big(\sum_{j=1}^{n} \Big\langle\frac{\partial u}{\partial x_j}, \frac{\partial \overline{u}}{\partial x_j}\Big\rangle + \lambda\langle u,\overline{u}\rangle\Big),$$

$$\|u\|^2_{H^1_0} \leq C(\lambda)\langle -\Delta u + \lambda u, \overline{u}\rangle \leq C(\lambda)\| - \Delta u + \lambda u\|_{H^{-1}} \|u\|_{H^1_0},$$

la dernière inégalité résultant de la proposition 1.3.

Si $u = 0$, l'inégalité (2.1) est triviale et si $u \neq 0$, il suffit de diviser par $\|u\|_{H^1_0}$ pour obtenir (2.1) lorsque $u \in C_0^\infty(\Omega)$. Si $u \in H^1_0(\Omega)$, il existe $(u_k) \in C_0^\infty(\Omega)$ convergeant vers u dans H^1_0. Alors (Pu_k) converge vers Pu dans H^{-1}, puisque P est continu, d'après (i). L'inégalité (2.1) écrite pour les u_k se prolonge donc à u.

On déduit de (2.1) que P est injectif et, lorsqu'on aura montré que P est surjectif, (2.1) impliquera que P^{-1} est continu.

(iii) P est surjectif. Munissons H^1_0 du produit scalaire,

$$(2.2) \qquad (u,v)_\lambda = \sum_{j=1}^{n} \Big(\frac{\partial u}{\partial x_j}, \frac{\partial v}{\partial x_j}\Big)_{L^2} + \lambda(u,v)_{L^2}.$$

La norme qui en découle est équivalente à la norme usuelle (d'après le corollaire 1.5, si $\lambda = 0$ et Ω est borné). Soit $f \in H^{-1}(\Omega)$. D'après la proposition 1.2, f s'identifie à une forme linéaire continue sur H^1_0 muni de la norme issue de (2.2). D'après la caractérisation des formes linéaires continues sur un espace de Hilbert, il existe $u \in H^1_0(\Omega)$ telle que, pour tout $v \in H^1_0$,

$$f(v) = (v,u)_\lambda = \lambda(v,u)_{L^2} + \sum_{j=1}^{n} \Big(\frac{\partial v}{\partial x_j}, \frac{\partial u}{\partial x_j}\Big)_{L^2}.$$

Si $v \in C_0^\infty(\Omega)$, cette égalité s'écrit dans $\mathcal{D}'(\Omega)$,

$$\langle f, v\rangle = \sum_{j=1}^{n} \Big\langle\frac{\partial \overline{u}}{\partial x_j}, \frac{\partial v}{\partial x_j}\Big\rangle + \lambda\langle\overline{u}, v\rangle = \langle -\Delta\overline{u} + \lambda\overline{u}, v\rangle,$$

i.e. $-\Delta\overline{u} + \lambda\overline{u} = f$; comme $\overline{u} \in H^1_0$, cela montre que P est surjectif. ∎

Chapitre 9

L'équation des ondes dans $\mathbb{R}_t \times \mathbb{R}_x^3$

L'opérateur différentiel du second ordre dans $\mathbb{R}_t \times \mathbb{R}_x^3$,

$$\square = \frac{\partial^2}{\partial t^2} - \Delta_x \quad \text{où} \quad \Delta_x = \sum_{i=1}^{3} \frac{\partial^2}{\partial x_i^2}$$

est appelé opérateur des ondes ou encore d'Alembertien. C'est un modèle pour l'étude physique des phénomènes de propagation d'ondes (lumière, cordes vibrantes, etc.).

Nous nous proposons dans ce chapitre d'utiliser les outils introduits aux chapitres précédents, pour formuler et résoudre un problème bien adapté à cet opérateur (le problème de Cauchy), puis pour décrire les propriétés qualitatives de la solution.

1 • Solution élémentaire de $\square$ dans $\mathbb{R}_t \times \mathbb{R}_x^3$

Considérons, pour $t \in \mathbb{R}$, la forme linéaire sur $C_0^\infty(\mathbb{R}^3)$ définie par,

$$\langle T_t, \varphi \rangle = \frac{t}{4\pi} \int_{S^2} \varphi(t\omega)\, d\omega \tag{1.1}$$

où $d\omega$ désigne la mesure de Lebesgue sur la sphère unité S^2 de $\mathbb{R}^3$. Il est facile de voir que T_t est une distribution d'ordre zéro sur $\mathbb{R}^3$ et que $\operatorname{supp} T_t = \{x \in \mathbb{R}^3 : |x| = |t|\}$. Donc $T_t \in \mathcal{E}'(\mathbb{R}^3)$. Nous allons étudier quelques propriétés de ces distributions en utilisant les espaces introduits au chapitre 4, § 3.

Proposition 1.1. *On a* $(T_t) \in C^\infty(\mathbb{R}, \mathcal{E}'(\mathbb{R}^3))$.

Démonstration. Il suffit de montrer que pour toute $\varphi \in C^\infty(\mathbb{R}^3)$, tout $t_0 \in \mathbb{R}$ et tout $k \in \mathbb{N}$, la fonction $t \mapsto \langle T_t, \varphi \rangle$ est C^k au voisinage de t_0. Cela sera une conséquence du théorème de dérivation de Lebesgue. En effet, pour tout $\omega \in S^2$, la fonction $t \mapsto \varphi(t\omega)$ est C^k sur $]t_0 - \delta, t_0 + \delta[$; ensuite comme $|t\omega| = |t| \leq |t_0| + \delta$, on a, pour tout $\ell \leq k$,

$$\begin{aligned}|\partial_t^\ell[\varphi(t\omega)]| &= \Big|\Big[\Big(\sum_{i=1}^n \omega_i \frac{\partial}{\partial x_i}\Big)^\ell \varphi\Big](t\omega)\Big| \\ &\leq C_\ell \sum_{|\alpha|\leq \ell} \sup_{|x|\leq |t_0|+\delta} |\partial_x^\alpha \varphi(x)| \in L^1(S^2)\end{aligned}$$

d'où le résultat. ∎

Notons $T_t^{(\ell)}$ les distributions définies pour $\ell \in \mathbb{N}$ par,

$$\Big(\frac{d}{dt}\Big)^\ell \langle T_t, \varphi\rangle = \langle T_t^{(\ell)}, \varphi\rangle, \quad \varphi \in C_0^\infty(\mathbb{R}^3), \tag{1.2}$$

(voir chapitre 4, § 3). On a alors le résultat suivant.

Proposition 1.2

(i) $T_0 = 0$, $T_0^{(1)} = \delta_0$, $T_0^{(2)} = 0$,

(ii) $T_t^{(2)} - \Delta T_t = T_t^{(3)} - \Delta T_t^{(1)} = 0$, *dans* $\mathcal{D}'(\mathbb{R}^3)$, *pour* $t > 0$.

Démonstration. La formule (1.1) montre que $T_0 = 0$. Ensuite, par dérivation de (1.1) on obtient,

$$\langle T_t^{(1)}, \varphi\rangle = \frac{1}{4\pi}\int_{S^2} \varphi(t\omega)\,d\omega + \frac{t}{4\pi}\sum_{i=1}^3 \int_{S^2} \omega_i \frac{\partial\varphi}{\partial x_i}(t\omega)\,d\omega. \tag{1.3}$$

$$\begin{aligned}\langle T_t^{(2)}, \varphi\rangle &= \frac{1}{2\pi}\sum_{i=1}^3 \int_{S^2} \omega_i \frac{\partial\varphi}{\partial x_i}(t\omega)\,d\omega \\ &\quad + \frac{t}{4\pi}\sum_{i,j=1}^3 \int_{S^2} \omega_i\omega_j \frac{\partial^2\varphi}{\partial x_i \partial x_j}(t\omega)\,d\omega.\end{aligned} \tag{1.4}$$

On déduit de (1.3) que, $\langle T_0^{(1)}, \varphi\rangle = \frac{1}{4\pi}\big(\int_{S^2} d\omega\big)\,\varphi(0) = \varphi(0) = \langle \delta_0, \varphi\rangle$.

Prouvons tout d'abord que, $T_t^{(2)} = \Delta T_t$; nous en déduirons que $T_0^{(2)} = 0$. On a, pour $\varphi \in C_0^\infty(\mathbb{R}^3)$,

$$\langle \Delta T_t, \varphi\rangle = \langle T_t, \Delta\varphi\rangle = \frac{t}{4\pi}\int_{S^2} \Delta\varphi(t\omega)\,d\omega. \tag{1.5}$$

Pour $r > 0$, la formule de Green (chapitre 3, théorème 2.10) montre que

$$\int_{|x|<r} \Delta\varphi(x)\,dx = \int_{|x|=r} \frac{\partial\varphi}{\partial n}(x)\,d\sigma_r \tag{1.6}$$

où $\frac{\partial}{\partial n}$ est la dérivée normale extérieure. On a ici $\frac{\partial}{\partial n} = \frac{1}{r}\sum x_i \frac{\partial}{\partial x_i}$. En passant en coordonnées polaires, $x = t\omega$ dans (1.6) on a, $dx = t^2\, dt\, d\omega$ et $d\sigma_r = r^2\, d\omega$. On en déduit,

$$\int_0^r \int_{S^2} \Delta\varphi(t\omega)\, t^2\, d\omega\, dt = r^2 \sum_{i=1}^3 \int_{S^2} \omega_i \frac{\partial \varphi}{\partial x_i}(r\omega)\, d\omega\,.$$

Les deux membres étant dérivables par rapport à r, on obtient par dérivation,

$$\begin{aligned}(1.7) \qquad F(r) := \int_{S^2} \Delta\varphi(r\omega)\, r^2\, d\omega &= 2r \sum_{i=1}^3 \int_{S^2} \omega_i \frac{\partial \varphi}{\partial x_i}(r\omega)\, d\omega \\ &+ r^2 \sum_{i,j=1}^3 \int_{S^2} \omega_i \omega_j \frac{\partial^2 \varphi}{\partial x_i \partial x_j}(r\omega)\, d\omega\,.\end{aligned}$$

On déduit de (1.4), (1.5) et (1.7) que

$$\langle \Delta T_t, \varphi\rangle = \frac{1}{4\pi t} F(t) = \langle T_t^{(2)}, \varphi\rangle\,,$$

ce qui prouve la première partie de (ii). Notons qu'alors, $\langle T_0^{(2)}, \varphi\rangle = \langle T_0, \Delta\varphi\rangle = 0$, $\forall \varphi \in C_0^\infty(\mathbb{R}^3)$. Enfin, en dérivant par rapport à t l'égalité $\langle T_t^{(2)}, \varphi\rangle = \langle T_t, \Delta\varphi\rangle$, on obtient la deuxième égalité de (ii). ■

Considérons pour $t \in \mathbb{R}$ les distributions,

$$S_t = \begin{cases} T_t & \text{si} \quad t \geq 0\,, \\ 0 & \text{si} \quad t < 0\,. \end{cases}$$

Alors,

$$(1.8) \qquad (S_t) \in C^0(\mathbb{R}, \mathcal{E}'(\mathbb{R}^3))\,.$$

En effet, la fonction $t \mapsto \langle S_t, \varphi\rangle$ est C^∞ pour $t > 0$ et $t < 0$; de plus $\lim_{t\to 0^+} \langle S_t, \varphi\rangle = \lim_{t\to 0^+} \langle T_t, \varphi\rangle = \langle T_0, \varphi\rangle = 0 = \lim_{t\to 0^-} \langle S_t, \varphi\rangle$.
Nous avons vu au chapitre 4, proposition 3.4, que la forme linéaire sur $C_0^\infty(\mathbb{R}^4)$ définie par,

$$\begin{aligned}(1.9) \qquad \langle E, \psi\rangle &= \int_{\mathbb{R}} \langle S_t, \psi(t,\cdot)\rangle\, dt = \int_0^{+\infty} \langle T_t, \psi(t,\cdot)\rangle\, dt \\ &= \int_0^{+\infty} \frac{t}{4\pi} \int_{|\omega|=1} \psi(t, t\omega)\, d\omega\, dt, \quad \psi \in C_0^\infty(\mathbb{R}^4)\,,\end{aligned}$$

est une distribution sur $\mathbb{R}^4$. On a,

$$(1.10) \qquad \operatorname{supp} E = \big\{(t,x) \in \mathbb{R} \times \mathbb{R}^3 : t \geq 0 \text{ et } |x| = t\big\}\,.$$

D'autre part, on a le résultat suivant.

Proposition 1.3. *E est une solution élémentaire de $\square$ i.e. $\square E = \delta_0$ dans $\mathcal{D}'(\mathbb{R}^4)$.*

Démonstration. En effet, on a pour $\psi \in C_0^\infty(\mathbb{R}^4)$,

$$\langle \square E, \psi\rangle = \langle E, \partial_t^2\psi\rangle - \langle E, \Delta\psi\rangle = (1) - (2).$$

Considérons le terme (1). On a

$$\langle E, \partial_t^2\psi\rangle = \int_0^\infty \Big\langle T_t, \frac{\partial^2\psi}{\partial t^2}(t,\cdot)\Big\rangle\, dt.$$

Nous allons utiliser la proposition 3.3 du chapitre 4. On a

$$\frac{\partial}{\partial t}\Big\langle T_t, \frac{\partial\psi}{\partial t}(t,\cdot)\Big\rangle = \Big\langle T_t^{(1)}, \frac{\partial\psi}{\partial t}(t,\cdot)\Big\rangle + \Big\langle T_t, \frac{\partial^2\psi}{\partial t^2}(t,\cdot)\Big\rangle$$
$$\frac{\partial}{\partial t}\langle T_t^{(1)}, \psi(t,\cdot)\rangle = \Big\langle T_t^{(1)}, \frac{\partial\psi}{\partial t}(t,\cdot)\Big\rangle + \langle T_t^{(2)}, \psi(t,\cdot)\rangle.$$

On en déduit,

$$\text{(1.11)}\quad \Big\langle T_t, \frac{\partial^2\psi}{\partial t^2}(t,\cdot)\Big\rangle = \frac{\partial}{\partial t}\Big\langle T_t, \frac{\partial\psi}{\partial t}(t,\cdot)\Big\rangle - \frac{\partial}{\partial t}\langle T_t^{(1)}, \psi(t,\cdot)\rangle + \langle T_t^{(2)}, \psi(t,\cdot)\rangle.$$

En intégrant cette égalité entre 0 et $+\infty$ et en remarquant que $\psi(t,\cdot)$ et $\frac{\partial\psi}{\partial t}(t,\cdot)$ sont nulles pour $t = +\infty$, il résulte que,

$$\langle E, \partial_t^2\psi\rangle = -\Big\langle T_0, \frac{\partial\psi}{\partial t}(0,\cdot)\Big\rangle + \langle T_0^{(1)}, \psi(0,\cdot)\rangle + \int_0^{+\infty} \langle T_t^{(2)}, \psi(t,\cdot)\rangle\, dt.$$

On utilise alors la proposition 1.2; elle montre que $\langle T_0, \frac{\partial\psi}{\partial t}0,\cdot)\rangle = 0$ et $\langle T_0^{(1)}, \psi(0,\cdot)\rangle = \langle \delta_0, \psi(0,\cdot)\rangle = \psi(0,0)$; ensuite $T_t^{(2)} = \Delta T_t$. On en déduit,

$$\langle E, \partial_t^2\psi\rangle = \psi(0,0) + \int_0^{+\infty} \langle \Delta T_t, \psi(t,\cdot)\rangle\, dt = \psi(0,0) + \int_0^{+\infty} \langle T_t, \Delta\psi(t,\cdot)\rangle\, dt$$

d'où $\langle E, \partial_t^2\psi\rangle = \psi(0,0) + \langle E, \Delta\psi\rangle$, ce qui prouve le résultat annoncé. ■

2 • Le problème de Cauchy dans $]0,+\infty[\times\mathbb{R}^3$

Rappelons tout d'abord une convention de notation déjà utilisée. Si (u_t) appartient à $C^0(\mathbb{R}, \mathcal{D}'(\mathbb{R}^3))$, on note, $u \in \mathcal{D}'(\mathbb{R}^4)$, la distribution définie par

$$\text{(2.1)}\qquad \langle u, \psi\rangle = \int_{\mathbb{R}} \langle u_t, \psi(t,\cdot)\rangle\, dt, \quad \psi \in C_0^\infty(\mathbb{R}^4).$$

2.1. Le problème homogène

Théorème 2.1. *Soit* $f, g \in \mathcal{D}'(\mathbb{R}^3)$*. Il existe* $(u_t) \in C^\infty(\mathbb{R}, \mathcal{D}'(\mathbb{R}^3))$ *et* $u \in \mathcal{D}'(\mathbb{R}^4)$ *donnée par (2.1) telles que,*

$$\begin{cases} \Box u = 0 \ \ dans \ \mathcal{D}'(]0, +\infty[\times\mathbb{R}^3) \\ u_0 = f \\ u_0^{(1)} = g\,. \end{cases} \tag{2.2}$$

Le problème (2.2) s'appelle le problème de Cauchy homogène pour l'équation des ondes (le problème inhomogène consistera à résoudre $\Box u = F$). C'est un problème pertinent pour cette équation, comme l'était le problème de Dirichlet pour le Laplacien. Nous verrons plus loin que la solution donnée par le théorème 2.1 est unique.

Démonstration. Posons $u_t = T_t * g + T_t^{(1)} * f$. Il résulte de la proposition 5.1 du chapitre 6, que $(u_t) \in C^\infty(\mathbb{R}, \mathcal{D}'(\mathbb{R}))$ puisque, d'après (1.2), on a $(T_t) \in C^\infty(\mathbb{R}, \mathcal{E}'(\mathbb{R}^3))$. D'autre part, $u_0 = T_0 * g + T_0^{(1)} * f = \delta_0 * f = f$ d'après la proposition 1.2 et, comme $u_t^{(1)} = T_t^{(1)} * g + T_t^{(2)} * f$ (proposition 5.1, chapitre 6), on a $u_0^{(1)} = \delta_0 * g = g$. Enfin, soit $\psi \in C_0^\infty(]0, +\infty[\times\mathbb{R}^3)$; alors $\psi(0, \cdot) = \psi(+\infty, \cdot) = 0$ (de même pour $\frac{\partial\psi}{\partial t}$). On a,

$$\langle \Box u, \psi\rangle = \langle u, \Box\psi\rangle = \int_0^{+\infty} \Big(\Big\langle u_t, \frac{\partial^2\psi}{\partial t^2}(t, \cdot)\Big\rangle - \langle u_t, \Delta\psi(t, \cdot)\rangle\Big)\,dt\,.$$

On utilise (1.11) et on obtient

$$\begin{aligned} \int_0^{+\infty} \Big\langle u_t, \frac{\partial^2\psi}{\partial t^2}(t, \cdot)\Big\rangle\,dt &= \int_0^{+\infty} \frac{\partial}{\partial t}\Big\langle u_t, \frac{\partial\psi}{\partial t}(t, \cdot)\Big\rangle\,dt \\ &\quad - \int_0^{+\infty} \frac{\partial}{\partial t}\Big\langle u_t^{(1)}, \psi(t, \cdot)\Big\rangle\,dt + \int_0^{+\infty} \langle u_t^{(2)}, \psi(t, \cdot)\rangle\,dt \\ &= \int_0^{+\infty} \langle u_t^{(2)}, \psi(t, \cdot)\rangle\,dt\,. \end{aligned}$$

On en déduit que

$$\langle \Box u, \psi\rangle = \int_0^{+\infty} \big(\langle u_t^{(2)}, \psi(t, \cdot)\rangle - \langle \Delta u_t, \psi(t, \cdot)\rangle\big)\,dt\,. \tag{2.3}$$

Toujours d'après la proposition 5.1 du chapitre 6, on a $u_t^{(2)} - \Delta u_t = (T_t^{(2)} - \Delta T_t) * g + (T_t^{(3)} - \Delta T_t^{(1)}) * f = 0$, d'après la proposition 1.2. D'où $\Box u = 0$ dans $\mathcal{D}'(]0 + \infty[\times\mathbb{R}^3)$.

Théorème 2.2. *Si* f, g *sont dans* $C^\infty(\mathbb{R}^3)$, *la solution* u *donnée par le théorème 2.1 appartient à* $C^\infty(\mathbb{R}^4)$ *et on a,* $u(t,x) = u_t(x)$.

Démonstration. On a vu à la proposition 5.2 du chapitre 6 que si (T_t) est dans $C^\infty(\mathbb{R}, \mathcal{E}'(\mathbb{R}^3))$ et φ dans $C^\infty(\mathbb{R}^3)$, alors la fonction $(t,x) \mapsto (T_t * \varphi)(x)$ appartient à $C^\infty(\mathbb{R}^4)$. On en déduit que $(t,x) \mapsto u_t(x)$ est C^∞ sur $\mathbb{R}^4$. Alors pour $\psi \in C_0^\infty(]0,+\infty[\times\mathbb{R}^3)$, $\langle u, \psi\rangle = \int_{\mathbb{R}}\int_{\mathbb{R}^3} u_t(x)\psi(t,x)\,dx\,dt$, donc u est donnée par la fonction $u_t(x)$. ■

2.2. Propriétés de la solution

Dans ce paragraphe, u désignera la solution donnée par le théorème 2.1 (dont on verra qu'elle est unique).

Proposition 2.3 (Décroissance à l'infini). *Si* f, g *sont dans* $C_0^\infty(\mathbb{R}^3)$, *on a*

$$|u(t,x)| \leq \frac{1}{4\pi t}\Big(\sum_{i=1}^{3}\Big\|\frac{\partial g}{\partial x_i}\Big\|_{L^1(\mathbb{R}^3)} + \sum_{1\leq|\alpha|\leq 2}\|\partial^\alpha f\|_{L^1(\mathbb{R}^3)}\Big), \quad t \geq 1.$$

Démonstration. On a $u(t,x) = u_t(x) = (T_t * g)(x) + (T_t^{(1)} * f)(x) = (1)+(2)$. On a, $(1) = \langle T_t, g(x-\cdot)\rangle = \frac{t}{4\pi}\int_{S^2} g(x-t\omega)\,d\omega$. Comme $g \in C_0^\infty$, on peut écrire $g(x-t\omega) = -\int_t^{+\infty}\frac{d}{ds}(g(x-s\omega))\,ds = \sum_{i=1}^{3}\int_t^{+\infty}\omega_i\frac{\partial g}{\partial x_i}(x-s\omega)\,ds$ d'où, $(1) = \frac{t}{4\pi}\sum_{i=1}^{3}\int_t^{+\infty}\int_{S^2}\frac{1}{s^2}\omega_i\frac{\partial g}{\partial x_i}(x-s\omega)s^2\,d\omega\,ds$. Or $\frac{1}{s^2} \leq \frac{1}{t^2}$ et $|\omega_i| \leq 1$; donc, $|(1)| \leq \frac{t}{4\pi}\frac{1}{t^2}\sum_{i=1}^{3}\int_t^{+\infty}\int_{S^2}\big|\frac{\partial g}{\partial x_i}(x-s\omega)\big|s^2\,d\omega\,ds$, d'où, en posant, $y = s\omega$, $|(1)| \leq \frac{1}{4\pi t}\sum_{i=1}^{3}\int_{|y|\geq t}\big|\frac{\partial g}{\partial x_i}(x-y)\big|\,dy \leq \frac{1}{4\pi t}\sum_{i=1}^{3}\big\|\frac{\partial g}{\partial x_i}\big\|_{L^1(\mathbb{R}^3)}$. Ensuite d'après (1.3), $(2) = (T_t^{(1)} * f)(x) = \frac{1}{4\pi}\int_{S^2} f(x-t\omega)\,d\omega + \frac{t}{4\pi}\sum_{i=1}^{3}\int_{S^2}\frac{\partial f}{\partial x_i}(x-t\omega)\omega_i\,d\omega$. Un calcul identique montre que,

$$|(2)| \leq \frac{1}{4\pi t^2}\sum_{i=1}^{3}\Big\|\frac{\partial f}{\partial x_i}\Big\|_{L^1(\mathbb{R}^3)} + \frac{1}{4\pi t}\sum_{|\alpha|=2}\|\partial^\alpha f\|_{L^1(\mathbb{R}^3)}.$$

■

Proposition 2.4 (Propagation à vitesse finie). *Soit* $f, g \in C_0^\infty(\mathbb{R}^3)$ *telles que* $\operatorname{supp} f \subset \{x \in \mathbb{R}^3, |x| \leq R\}$, *de même que* $\operatorname{supp} g$, *alors pour tout* $t > 0$, $\operatorname{supp} u(t,\cdot) \subset \{x \in \mathbb{R} : |x| \leq R + t\}$.

Démonstration. On a $u(t,x) = \langle T_t, g(x-\cdot)\rangle + \langle T_t^{(1)} f(x-\cdot)\rangle = (1) + (2)$. Ensuite, $(1) = \frac{t}{4\pi}\int_{S^2} g(x-t\omega)\,d\omega$. Pour $t > 0$ fixé, si $|x| > R + t$, on a

$|x - t\omega| \geq |x| - |t| = |x| - t > R$, donc $g(x - t\omega) = 0$ et $(1) = 0$. De même pour (2), d'où le résultat. ■

Proposition 2.5 (Principe de Huygens). *Soit* $f, g \in C_0^\infty(\mathbb{R}^3)$ *telles que* $\operatorname{supp} f \subset \{x \in \mathbb{R}^3 : |x| \leq R\}$, *de même que* $\operatorname{supp} g$, *alors* u *est nulle dans l'ensemble* $\{(t, x) : t > R, |x| < t - R\}$.

Démonstration. En effet, si $t > R$ et $|x| < t - R$, on a $|x - t\omega| \geq |t\omega| - |x| = t - |x| > R$, donc $g(x - t\omega) = 0$ pour tout $\omega \in S^2$ et $\frac{t}{4\pi} \int_{S^2} g(x - t\omega)\, d\omega = 0$; donc $\langle T_t, g(x - \cdot)\rangle = 0$. On montre de même que $\langle T_t^{(1)}, f(x - \cdot)\rangle = 0$. ■

Voici un dessin qui résume les propositions 2.4 et 2.5.

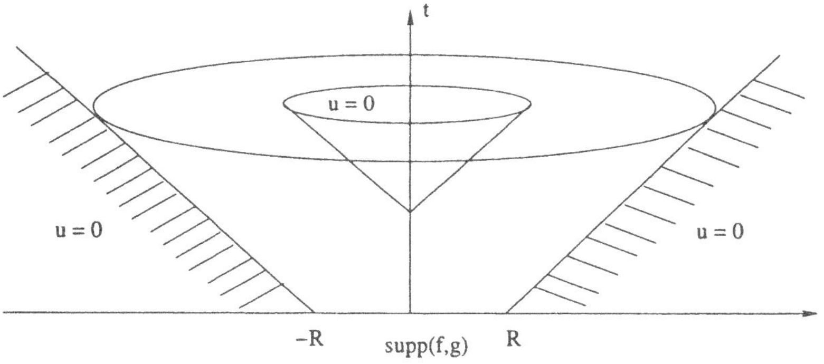

figure 1

Proposition 2.6 (Domaine d'influence). *Soit* $(t_0, x_0) \in \mathbb{R}_+ \times \mathbb{R}^3$. *La valeur de la solution* u *au point* (t_0, x_0) *ne dépend que de la valeur des données* f, g *sur l'intersection de l'hyperplan* $t = 0$ *avec le cône rétrograde de sommet* (t_0, x_0).

Démonstration. Notons $C(t_0, x_0)$ ce cône (voir fig. 2 ci-dessous). La proposition dit que si on modifie les données en dehors de $C(t_0, x_0) \cap \{(t, x) : t = 0\}$, on ne modifie pas la valeur de u en (t_0, x_0). Cela découlera du fait suivant : si les données sont nulles sur $C(t_0, x_0) \cap \{t = 0\}$ alors la solution est nulle dans tout le cône $C(t_0, x_0)$ (considérer la différence de deux données). On a $C(t_0, x_0) = \{(t, x) : |x - x_0| < t_0 - t, t < t_0\}$. Supposons donc $f = g = 0$ pour $|x - x_0| < t_0$ *i.e.* $\operatorname{supp} f$ (et $\operatorname{supp} g$) $\subset \{x : |x - x_0| \geq t_0\}$. Pour $t \in]0, t_0[$ on a, $\operatorname{supp}(T_t * g) \subset \operatorname{supp} T_t + \operatorname{supp} g \subset \{x : |x| = t\} + \{x : |x - x_0| \geq t_0\} \subset \{x : |x - x_0| \geq t_0 - t\}$. En effet, si $x = y + z$ avec $|y| = t$ et $|z - x_0| \geq t_0$, on a $|x - x_0| \geq |z - x_0| - |y| \geq t_0 - t$. Par conséquent si (t, x) est tel que $|x - x_0| < t_0 - t$, on a $(T_t * g)(x) = 0$ (de même pour $T_t^{(1)} * f$) donc $u = 0$

dans $C(t_0, x_0)$ et par continuité dans $\overline{C}(t_0, x_0)$ *i.e.* $u(t_0, x_0) = 0$. ■

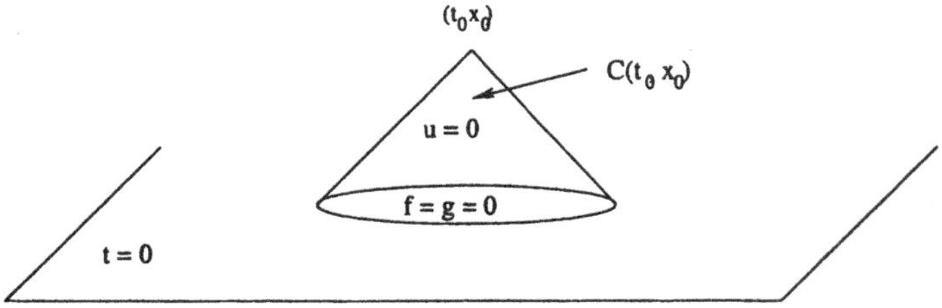

figure 2

Proposition 2.7 (Conservation de l'énergie). *Soit* $f, g \in C_0^\infty(\mathbb{R}^3)$ *et* u *la solution donnée par le théorème 2.1. Pour tout* $t \in \mathbb{R}$ *on a*

$$E(t) := \int \left(\left|\frac{\partial u}{\partial t}(t,x)\right|^2 + |(\nabla u(t,x)|^2\right) dx = \int (|g(x)|^2 + |\nabla f(x)|^2) dx =: E(0)$$

où $|\nabla \cdot|^2 = \sum\limits_{i=1}^{3} \left|\frac{\partial \cdot}{\partial x_i}\right|^2$.

Démonstration. La quantité $2E(t)$ est appelée « l'énergie de la solution à l'instant t » ; la proposition affirme que cette énergie est conservée au cours du temps et qu'elle est donc égale à l'énergie des données.

Nous savons, d'après le théorème 2.2 et la proposition 2.4, que $u \in C^\infty(\mathbb{R}^4)$ et que pour tout $t \in \mathbb{R}$, la fonction $x \mapsto u(t,x)$ appartient à $C_0^\infty(\mathbb{R}^3)$. Il est alors facile de voir que la fonction $t \mapsto E(t)$ est C^1 sur $\mathbb{R}$ et que l'on peut la dériver sous le signe intégral.

Notons $(\, , \,)$ le produit scalaire de $L^2(\mathbb{R}^3)$. On a,

$$\frac{d}{dt}E(t) = 2\,\mathrm{Re}\left(\frac{\partial^2 u}{\partial t^2}(t,\cdot), \frac{\partial u}{\partial t}(t,\cdot)\right) + \sum_{i=1}^{3} 2\,\mathrm{Re}\left(\frac{\partial u}{\partial x_i}(t,\cdot), \frac{\partial^2 u}{\partial x_i \partial t}(t,\cdot)\right).$$

Comme $u(t,\cdot) \in C_0^\infty(\mathbb{R}^3)$, une intégration par parties montre que,

$$\left(\frac{\partial u}{\partial x_i}(t,\cdot), \frac{\partial^2 u}{\partial x_i \partial t}(t,\cdot)\right) = -\left(\frac{\partial^2 u}{\partial x_i^2}(t,\cdot), \frac{\partial u}{\partial t}(t,\cdot)\right).$$

On en déduit que, pour $t \in \mathbb{R}$,

$$\frac{d}{dt}E(t) = 2\,\mathrm{Re}\left(\frac{\partial^2 u}{\partial t^2}(t,\cdot) - \sum_{i=1}^{3}\frac{\partial^2 u}{\partial x_i^2}(t,\cdot), \frac{\partial u}{\partial t}(t,\cdot)\right) = 0,$$

puisque $\Box u(t,x) = 0$ sur $\mathbb{R} \times \mathbb{R}^3$. Il en résulte que $E(t) = E(0)$. Remarquons qu'un argument de densité (de $C_0^\infty(\mathbb{R}^3)$ dans $H^1(\mathbb{R}^3)$ et $L^2(\mathbb{R}^3)$) permet de montrer que l'énoncé reste valable poour $f \in H^1(\mathbb{R}^3)$, $g \in L^2(\mathbb{R}^3)$. ■

2.3. Le problème inhomogène

Rappelons que $\overline{\mathbb{R}}_+^4 = \{(t,x) \in \mathbb{R} \times \mathbb{R}^3 : t \geq 0\}$. On dira que $F \in C^\infty(\overline{\mathbb{R}}_+^4)$ si c'est une fonction de $]0,+\infty[\times\mathbb{R}^3$ dans $\mathbb{C}$ et si il existe $G \in C^\infty(\mathbb{R}^4)$ telle que $F = G$ pour $t > 0$. Le résultat principal de ce paragraphe est le suivant.

Théorème 2.8. *Soit* $F \in C^\infty(\overline{\mathbb{R}}_+^4)$ *et* $f, g \in \mathcal{D}'(\mathbb{R}^3)$. *Il existe* (u_t) *appartenant à* $C^\infty(\mathbb{R}, \mathcal{D}'(\mathbb{R}^3))$ *telle que, si* u *est la distribution sur* $\mathbb{R}^4$ *associée (cf. 2.1)), on a*

$$(2.4) \qquad \begin{cases} \Box u = F \ \text{ dans } \mathcal{D}'(\mathbb{R}_+ \times \mathbb{R}^3), \\ u_0 = f, \\ u_0^{(1)} = g. \end{cases}$$

Démonstration. Supposons qu'il existe $(v_t) \in C^\infty(\mathbb{R}, \mathcal{D}'(\mathbb{R}^3))$ telle que

$$(2.5) \qquad \begin{cases} \Box v = F \ \text{ dans } \mathcal{D}'(\mathbb{R}_+ \times \mathbb{R}^3), \\ v_0 = 0, \\ v_0^{(1)} = 0. \end{cases}$$

Soit $\tilde{u}$ la solution donnée par le théorème 2.1. Il est facile de voir que $u = \tilde{u} + v$ vérifie (2.4). Il suffit donc de résoudre (2.5).

Proposition 2.9. *Il existe une fonction* $v \in C^\infty(\overline{\mathbb{R}}_+^4)$ *telle que, si l'on pose* $v_t = v(t,\cdot)$, *alors* v *est solution du problème (2.4).*

Démonstration. Notons $\tilde{F}$ la fonction définie sur $\mathbb{R}^4$ par, $\tilde{F}(t,x) = F(t,x)$ si $t > 0$, $\tilde{F}(t,x) = 0$ si $t \leq 0$. Alors $\tilde{F} \in \mathcal{D}'(\mathbb{R}^4)$ et $\operatorname{supp} \tilde{F}$ est contenu dans $\{(t,x) \in \mathbb{R}^4 : t \geq 0\}$. Soit E la solution élémentaire de l'opérateur $\Box$ construite dans la proposition 1.3. On a $\operatorname{supp} E = \{(t,x) : t \geq 0 \text{ et } t = |x|\}$; comme les ensembles $\{(t,x) : t \geq 0\}$ et $\{(t,x) : t \geq 0 \text{ et } t = |x|\}$ sont convolutifs (voir chapitre 6, exemple 6.2 c)), la convolution $E * \tilde{F}$ est bien définie. Posons

$$(2.6) \qquad v = E * \tilde{F} \in \mathcal{D}'(\mathbb{R}^4).$$

On a alors le lemme suivant.

Lemme 2.10

(i) $\Box v = F$ *dans* $\mathcal{D}'(\mathbb{R}_+^4)$,

(ii) $v \in C^\infty(\overline{\mathbb{R}}_+^4)$,

(iii) $v(0,\cdot) = \frac{\partial v}{\partial t}(0,\cdot) = 0$.

Démonstration

(i) Soit $\psi \in C_0^\infty(\mathbb{R}_+^4)$. On a $\Box v = (\Box E) * \tilde{F} = \tilde{F}$ d'où $\langle \Box v, \psi \rangle = \langle \tilde{F}, \psi \rangle = \langle F, \psi \rangle$ car $\tilde{F} = F$ pour $t > 0$.

(ii) et (iii) résulteront du lemme suivant.

Lemme 2.11. *Pour $t \geq 0$, on a*

$$(2.7) \qquad (E * \tilde{F})(t,x) = \int_0^t \int_{S^2} \frac{s}{4\pi} F(t-s, x-s\omega)\, d\omega\, ds.$$

Admettons un instant ce résultat et montrons (ii) et (iii). Rappelons que $F \in C^\infty(\overline{\mathbb{R}}^4_+)$, c'est-à-dire qu'il existe $G \in C^\infty(\mathbb{R}^4)$ telle que $F = G$ pour $t > 0$. Considérons pour $(t,x) \in \mathbb{R} \times \mathbb{R}^3$, la fonction $H(t,x) = \int_0^t \int_{S^2} \frac{s}{4\pi} G(t-s, x-s\omega)\, d\omega\, ds$. Il est facile de voir que $H \in C^\infty(\mathbb{R}^4)$ et que $H = E * \tilde{F}$ pour $t > 0$. Donc $E * \tilde{F} \in C^\infty(\overline{\mathbb{R}}^4_+)$. Comme $\frac{\partial}{\partial t}(E * \tilde{F})(t,x) = \frac{t}{4\pi} \int_{S^2} F(0, x - t\omega)\, d\omega + \int_0^t \int_{S^2} \frac{\partial}{\partial t}[\cdots]\, d\omega\, ds$, il est évident que $(E * \tilde{F})(0,x) = \frac{\partial}{\partial t}(E * \tilde{F})(0,x) = 0$, ce qui prouve le lemme 2.10, la proposition 2.9 et le théorème 2.8. ■

Démonstration du lemme 2.11. La difficulté dans la preuve de (2.7) réside dans le fait que $\tilde{F}$ n'est pas une fonction C^∞ au voisinage de $t = 0$. On commence donc par la tronquer au voisinage de ce point. Soit $\chi \in C^\infty(\mathbb{R})$, $\chi(t) = 1$ si $t \geq 1$, $\chi(t) = 0$ si $t \leq 0$ et $\int \chi(t)\, dt = 1$. Posons $F_\varepsilon(t,x) = \chi(\frac{t}{\varepsilon})\, \tilde{F}(t,x)$. Alors $F_\varepsilon \in C^\infty(\mathbb{R}^4)$. Nous allons montrer que,

$$(2.8) \qquad (E * F_\varepsilon)(t,x) = \int_0^t \int_{S^2} \frac{s}{4\pi} F_\varepsilon(t-s, x-s\omega)\, d\omega\, ds.$$

Si E était à support compact, cette formule résulterait immédiatement de la proposition 2.3, (i) du chapitre 6. Mais ici les supports sont seulement convolutifs et donc d'après le théorème 6.4, chapitre 6 on a,

$$E * F_\varepsilon = (\theta E) * (\theta F_\varepsilon) \quad \text{pour} \quad |(t,x)| \leq R$$

où $\theta \in C^\infty(\mathbb{R}^4)$ est égale à 1 dans un voisinage de la boule $\{|(t,x)| \leq \rho(R)\}$. On peut évidemment supposer $\rho(R) \geq 3R$. Comme $\theta F \in C_0^\infty$ on a,

$$\begin{aligned}(E * F_\varepsilon)(t,x) &= \langle \theta E, (\theta F_\varepsilon)(t - \cdot, x - \cdot)\rangle = \langle E, \theta(\cdot)(\theta F_\varepsilon)(t - \cdot, x - \cdot)\rangle \\ &= \int_0^t \frac{s}{4\pi} \int_{S^2} \theta(s, s\omega)\theta(t-s, x-s\omega)\chi\Big(\frac{t-s}{\varepsilon}\Big) \\ &\qquad\qquad \tilde{F}(t-s, x-s\omega)\, d\omega\, ds.\end{aligned}$$

Comme $0 \leq s \leq t$, on a $|(s, s\omega)|^2 = |s|^2 + |s|^2 = 2s^2 \leq 2t^2 \leq 2R^2$, puis $|(t-s, x-s\omega)|^2 = |t-s|^2 + |x-s\omega|^2 \leq 8R^2$, si $|(t,x)| \leq R$. Alors, $|(s,\omega)| \leq 3R$, $|(t-s, x-s\omega| \leq 3R$ et $\theta(s, s\omega) = \theta(t-s, x-s\omega) = 1$, ce qui prouve (2.8). Ensuite $\chi(\frac{t}{\varepsilon})\tilde{F}$ converge vers $\tilde{F}$ dans $L^1_{\text{loc}}(\mathbb{R}^4)$, donc dans $\mathcal{D}'(\mathbb{R}^4)$. Alors $E * F_\varepsilon$ converge vers $E * \tilde{F}$ dans $\mathcal{D}'(\mathbb{R}^4)$ donc dans $\mathcal{D}'(\mathbb{R}^4_+)$. D'autre part, le second membre de (2.8) converge uniformément sur tout compact de $\mathbb{R}^4$ vers $\int_0^t \int_{S^2} \frac{s}{4\pi} F(t-x, x-s\omega)d\omega ds$ (donc dans $\mathcal{D}'$). En effet supposons $(t,x) \in [0,M] \times B(0,R)$ et considérons

$$I_\varepsilon(t,x) = \int_0^t \int_{S^2} \frac{s}{4\pi}\Big(\chi\Big(\frac{t-s}{\varepsilon}\Big) - 1\Big) F(t-s, x-s\omega)d\omega ds.$$

Alors $0 \leq t-s < t \leq M$ et $|x - s\omega| \leq |x| + |s| \leq R + M$. Il existe donc $A > 0$ tel que, $|F(t-s, x-s\omega)| \leq A$. Ensuite $\chi = 1$ pour $t \geq 1$ donc $I_\varepsilon(t,x) = \int_{t-\varepsilon}^t \int_{S^2} \frac{s}{4\pi}(\cdots)F(\cdots)d\omega ds$ d'où,

$$|I_\varepsilon| \leq \int_{t-\varepsilon}^t \int_{S^2} \frac{s}{4\pi} 2A d\omega ds \leq 2At\varepsilon \leq 2AM\varepsilon.$$

On peut passer à la limite dans l'égalité (2.8) et on obtient l'égalité (2.7) dans $\mathcal{D}'(\mathbb{R}_+^4)$. Mais les deux membres de (2.7) étant des fonctions continues sur $\mathbb{R}_+^4$, on a l'égalité ponctuelle. ■

2.4. Unicité de la solution

Théorème 2.12. *Soit* $(u_t) \in C^\infty(\mathbb{R}_t, \mathcal{D}'(\mathbb{R}^3))$ *une solution de* $\Box u = 0$ *pour* $t > 0$, *telle que* $u_0 = u_0^{(1)} = 0$. *Alors* $(u_t) \equiv 0$.

Ce résultat implique évidemment l'unicité de la solution du problème de Cauchy (2.4).

Démonstration. Posons pour $t \in \mathbb{R}$, $\tilde{u}_t = \begin{cases} u_t & t \geq 0 \\ 0 & t < 0 \end{cases}$. On a alors $\langle \tilde{u}_t^{(k)}, \varphi\rangle = H(t)\langle u_t^{(k)}, \varphi\rangle$, pour $0 \leq k \leq 2$. Le cas $k = 0$ est évident. Pour $k = 1$ soit $\varphi \in C_0^\infty(\mathbb{R}^3)$; on a,

$$\langle \tilde{u}_t^{(1)}, \varphi\rangle = \frac{d}{dt}[H(t)\langle u_t, \varphi\rangle] = \delta_{t=0}\langle u_t, \varphi\rangle + H(t)\langle u_t^{(1)}, \varphi\rangle = H(t)\langle u_t^{(1)}, \varphi\rangle$$

car $\langle u_t, \varphi\rangle\, \delta_{t=0} = \langle u_0, \varphi\rangle\, \delta_{t=0} = 0$. Le cas $k = 2$ est analogue puisque $u_0^{(1)} = 0$. D'autre part $\langle \Delta \tilde{u}_t, \varphi\rangle = \langle \tilde{u}_t, \Delta\varphi\rangle = H(t)\langle u_t, \Delta\varphi\rangle = H(t)\langle \Delta u_t, \varphi\rangle$. Donc $\langle \tilde{u}_t^{(2)} - \Delta \tilde{u}_t, \varphi\rangle = H(t)\langle u_t - \Delta u_t, \varphi\rangle$. Soit alors $\tilde{u}$ la distribution associée à $(\tilde{u}_t)$ *i.e.*

$$\langle \tilde{u}, \psi\rangle = \int_{\mathbf{R}} \langle \tilde{u}_t, \psi(t,\cdot)\rangle\, dt.$$

Alors, (cf. (2.3)), pour $\psi \in C_0^\infty(\mathbb{R}^4)$,

$$\langle \Box \tilde{u}, \psi\rangle = \int_{\mathbf{R}} \langle \tilde{u}_t^{(2)} - \Delta \tilde{u}_t, \psi(t,\cdot)\rangle\, dt = \int_0^{+\infty} \langle u_t^{(2)} - \Delta u_t, \psi(t,\cdot)\rangle\, dt = \langle \Box u, \psi\rangle.$$

Donc $\Box \tilde{u} = 0$ dans $\mathcal{D}'(\mathbb{R}^4)$ et le théorème résultera du lemme suivant.

Lemme 2.13. *Soit* $\tilde{u} \in \mathcal{D}'(\mathbb{R}^4)$ *telle que* $\operatorname{supp} \tilde{u} \subset \{(t,x) : t \geq 0\}$ *et* $\Box\tilde{u} = 0$. *Alors* $\tilde{u} = 0$.

Démonstration. Les supports de $\tilde{u}$ et de la solution élémentaire E de $\Box$ sont convolutifs. On peut donc former $E * \tilde{u}$. On a $\Box(E * \tilde{u}) = \Box E * \tilde{u} = E * \Box\tilde{u}$; d'où $\delta_0 * \tilde{u} = E * 0 = 0$, *i.e* $\tilde{u} = 0$. ■

Corollaire 2.14. E *est l'unique solution fondamentale de* $\Box$ *à support dans* $\overline{\mathbb{R}}^4_+$.

Chapitre 10

La transformation de Fourier

C'est une transformation d'une importance capitale en Analyse et plus particulièrement en équations aux dérivées partielles. Elle permet, entre autre, de convertir des problèmes de nature différentielle en des problèmes algébriques, souvent plus faciles à résoudre. Les distributions lui fournissent un cadre très général et particulièrement bien adapté.

1 • L'espace $\mathcal{S}(\mathbb{R}^n)$. La transformation de Fourier dans $\mathcal{S}(\mathbb{R}^n)$

1.1. L'espace de Schwartz $\mathcal{S}(\mathbb{R}^n)$

Toutes les opérations sur $\mathcal{D}'$ que nous avons étudiées ont été définies par dualité à partir de C_0^∞ ; il était important pour cela que C_0^∞ soit invariant par ces opérations. Or, comme nous le verrons plus loin, la transformée de Fourier d'un élément (non identiquement nul) de C_0^∞ n'est jamais à support compact. Il faut donc commencer par trouver un espace qui soit invariant par la transformation de Fourier. L'espace de Schwartz $\mathcal{S}(\mathbb{R}^n)$ conviendra.

Définition 1.1. L'espace $\mathcal{S} = \mathcal{S}(\mathbb{R}^n)$ est constitué des fonctions u appartenant à $C^\infty(\mathbb{R}^n)$ telles que

$$\forall \alpha, \beta \in \mathbb{N}^n, \ \exists C_{\alpha,\beta} > 0, \quad |x^\alpha \partial^\beta u(x)| \leq C_{\alpha,\beta}, \ \forall x \in \mathbb{R}^n. \tag{1.1}$$

Toutes les dérivées d'un élément de $\mathcal{S}$ tendent vers zéro à l'infini « plus vite » que tout polynôme. Voici des exemples.

Exemples 1.2

(i) $C_0^\infty(\mathbb{R}^n) \in \mathcal{S}$.

(ii) La fonction $u(x) = e^{-|x|^2}$, $x \in \mathbb{R}^n$, appartient à $\mathcal{S}$.

(iii) Plus généralement, pour $z \in \mathbb{C}$ tel que $\operatorname{Re} z > 0$, la fonction sur $\mathbb{R}^n$, $u(x) = e^{-z|x|^2}$ appartient à $\mathcal{S}$.

Remarquons que l'on aurait pu, dans la définition 1.1, remplacer la condition (1.1) par $|x|^k |\partial^\beta u(x)| \leq C_{k\beta}$, pour tous $k \in \mathbb{N}$, $\beta \in \mathbb{N}^n$, $x \in \mathbb{R}^n$ ou par $\lim_{|x| \to +\infty} |x^\alpha \partial^\beta u(x)| = 0$, pour tous $\alpha, \beta \in \mathbb{N}$.

Voici quelques propriétés élémentaires dont nous laissons les preuves au lecteur.

(1.2) Muni des semi-normes $p_{\alpha\beta}(u) = \sup_{x \in \mathbb{R}^n} |x^\alpha \partial^\beta u(x)|$, $\alpha, \beta \in \mathbb{N}^n$, $\mathcal{S}$ est un espace vectoriel métrisable et complet.

Soit I un intervalle de $\mathbb{R}$ et $\varphi : I \times \mathbb{R}^n \to \mathbb{C}$. On dira que $\varphi \in C^0(I, \mathcal{S})$ si, pour tout $\lambda \in I$, on a $\varphi(\lambda, .) \in \mathcal{S}$ et, pour tout $\lambda_0 \in I$, toute suite (λ_j) de I convergeant vers λ_0 on a $\lim_{j \to +\infty} p_{\alpha\beta}(\varphi(\lambda_j, \cdot) - \varphi(\lambda_0, \cdot)) = 0$, pour tous $\alpha, \beta \in \mathbb{N}^n$. On définit de manière analogue $C^1(I, \mathcal{S})$ puis $C^k(I, \mathcal{S})$ pour $k \geq 2$. Par exemple $\mathcal{S}(\mathbb{R} \times \mathbb{R}^n) \subset C^k(\mathbb{R}, \mathcal{S})$, pour tout $k \in \mathbb{N}$.

(1.3) Pour tout $\alpha \in \mathbb{N}^n$, les applications $u \mapsto x^\alpha u$ et $u \mapsto \partial^\alpha u$ sont continues de $\mathcal{S}$ dans $\mathcal{S}$.

(1.4) Le produit de deux éléments de $\mathcal{S}$ appartient à $\mathcal{S}$.

(1.5) $C_0^\infty(\mathbb{R}^n)$ est dense dans $\mathcal{S}$.

(1.6) Pour tout $1 \leq p \leq +\infty$, $\mathcal{S} \subset L^p(\mathbb{R}^n)$.

1.2. Transformation de Fourier dans $\mathcal{S}$

Définition 1.3. Pour $u \in \mathcal{S}$, la transformée de Fourier de u, que l'on note $\hat{u}$ ou $\mathcal{F}u$, est la fonction sur $\mathbb{R}^n$ définie par,

$$\hat{u}(\xi) = \mathcal{F}u(\xi) = \int e^{-ix \cdot \xi} u(x)\, dx, \quad \xi \in \mathbb{R}^n, \tag{1.7}$$

où $x \cdot \xi = x_1 \xi_1 + \ldots + x_n \xi_n$.

Cette définition a bien un sens puisque, d'après (1.6), $e^{-ix \cdot \xi} u \in L^1(\mathbb{R}^n)$.

Remarque 1.4. On peut trouver, chez certains auteurs, une autre définition de $\hat{u}$ dans laquelle $x \cdot \xi$ et dx sont remplacés par $2\pi(x \cdot \xi)$ et $(2\pi)^n dx$. Les deux théories sont, bien entendu, tout à fait parallèles; seules les formules diffèrent de puissances de 2π.

Exemple 1.5. Soit $z \in \mathbb{C}$ tel que $\operatorname{Re} z > 0$. Soit $u(x) = e^{-z|x|^2}$. On a,

$$\hat{u}(\xi) = \left(\frac{\sqrt{\pi}}{\sqrt{z}}\right)^n e^{\frac{-|\xi|^2}{4z}}. \tag{1.8}$$

1) On commence par le cas $n = 1$ et $z = \lambda > 0$. Par définition, $\hat{u}(\xi) = \int e^{-ix\xi} e^{-\lambda x^2} dx$. Le théorème de dérivation de Lebesgue montre que $\hat{u}$ est dans $C^1(\mathbb{R})$ et $\frac{d\hat{u}}{d\xi}(\xi) = \int -ix e^{-ix\xi} e^{-\lambda x^2} dx$. Il suffit pour cela de remarquer que $x e^{-\lambda x^2} \in L^1(\mathbb{R})$. Comme $x e^{-\lambda x^2} = -\frac{1}{2\lambda}\frac{d}{dx} e^{-\lambda x^2}$, on a $\frac{d\hat{u}}{d\xi}(\xi) = \frac{i}{2\lambda}\int e^{-ix\xi}\frac{d}{dx} e^{-\lambda x^2} dx$ et une intégration par parties montre que $\frac{d\hat{u}}{d\xi} = -\frac{\xi}{2\lambda}\int e^{-ix\xi} e^{-\lambda x^2} dx$, de sorte que $\hat{u}$ est solution de $\frac{d\hat{u}}{d\xi} = -\frac{\xi}{2\lambda}\hat{u}$, avec $\hat{u}(0) = \int e^{-\lambda x^2} dx = \frac{\sqrt{\pi}}{\sqrt{\lambda}}$, dont l'unique solution est, $\hat{u}(\xi) = \frac{\sqrt{\pi}}{\sqrt{\lambda}} e^{\frac{-\xi^2}{4\lambda}}$.

2) Cas $n \geq 1$ et $z = \lambda > 0$. On peut écrire, en utilisant le théorème de Fubini

$$\int e^{-ix\cdot\xi} e^{-\lambda|x|^2} dx = \Big(\int e^{-ix_1\xi_1} e^{-\lambda x_1^2} dx_1\Big)\cdots\Big(\int e^{-ix_n\xi_n} e^{-\lambda x_n^2} dx_n\Big)$$

de sorte que $\hat{u}(\xi) = \big(\frac{\sqrt{\pi}}{\sqrt{\lambda}}\big)^n e^{\frac{-|\xi|^2}{4\lambda}}$.

3) Enfin, pour $n \geq 1$ et $z \in \Omega = \{z \in \mathbb{C} : \operatorname{Re} z > 0\}$ considérons à ξ fixé la fonction,

$$\Phi(z) = \int e^{-ix\cdot\xi} e^{-z|x|^2} dx.$$

C'est une fonction holomorphe de z dans Ω. En effet, l'intégrant est holomorphe et, si z est dans un compact de Ω, on a en particulier $\operatorname{Re} z \geq \varepsilon$, d'où $\left|e^{-ix\cdot\xi} e^{-z|x|^2}\right| \leq e^{-\varepsilon|x|^2} \in L^1(\mathbb{R}^n)$. Pour $z = \lambda \in \mathbb{R}_+$ on a, d'après l'étape précédente,

$$\Phi(\lambda) = \Big(\frac{\sqrt{\pi}}{\sqrt{\lambda}}\Big)^n e^{\frac{-|\xi|^2}{4\lambda}}. \tag{1.9}$$

Le membre de droite de (1.9) se prolonge en une fonction holomorphe sur l'ensemble Ω. Ces deux fonctions holomorphes coïncident, d'après (1.9), sur l'axe réel positif. Le principe du prolongement analytique implique qu'elles coïncident dans Ω, ce qui prouve (1.8).

Théorème 1.6. *La transformation de Fourier $\mathcal{F}$ est une application linéaire bijective bicontinue de $\mathcal{S}$ sur $\mathcal{S}$. Si on pose pour $v \in \mathcal{S}$,*

$$\overline{\mathcal{F}}v(x) = (2\pi)^{-n}\int e^{ix\cdot\xi} v(\xi)\, d\xi \tag{1.10}$$

alors $\overline{\mathcal{F}}$ envoie $\mathcal{S}$ dans $\mathcal{S}$ et on a $\mathcal{F}\overline{\mathcal{F}} = \overline{\mathcal{F}}\mathcal{F} =$ identité de $\mathcal{S}$, i.e. $\mathcal{F}^{-1} = \overline{\mathcal{F}}$.

Démonstration. Montrons tout d'abord que $\mathcal{F}$ et $\overline{\mathcal{F}}$ envoient $\mathcal{S}$ dans $\mathcal{S}$. Comme $\overline{\mathcal{F}}v(x) = (2\pi)^{-n}\mathcal{F}v(-x)$, il suffit de le faire pour $\mathcal{F}$. Tout d'abord on a $\mathcal{F}u \in C^\infty$ si $u \in \mathcal{S}$. En effet pour x fixé la fonction $\xi \mapsto e^{-ix\cdot\xi} u(x)$ est

C^∞ et $\left|\partial_\xi^\beta(e^{-ix\cdot\xi}u(x))\right| = \left|(-ix)^\beta e^{-ix\cdot\xi}u(x)\right| = |x^\beta u(x)| \in L^1(\mathbb{R}^n)$. Donc $\mathcal{F}u \in C^\infty$ et,

$$\partial_\xi^\beta \mathcal{F}u(\xi) = \int e^{-ix\cdot\xi}(-ix)^\beta u(x)\,dx. \tag{1.11}$$

On montre ensuite, par intégrations par parties successives, que pour $\alpha, \beta \in \mathbb{N}^n$,

$$\begin{aligned} \xi^\alpha \partial_\xi^\beta \mathcal{F}u(\xi) &= \int [(-D_x)^\alpha e^{-ix\cdot\xi}]((-ix)^\beta u(x))\,dx \\ &= \int e^{-ix\cdot\xi} D_x^\alpha((-ix)^\beta u(x))\,dx. \end{aligned} \tag{1.12}$$

On déduit de (1.12) que,

$$|\xi^\alpha \partial_\xi^\beta \mathcal{F}u(\xi)| \leq \int |D_x^\alpha(x^\beta u(x))|\,dx < +\infty, \quad \forall \xi \in \mathbb{R}^n,$$

ce qui prouve que $\mathcal{F}u \in \mathcal{S}(\mathbb{R}^n)$ et que l'application $u \mapsto \mathcal{F}u$ est continue de $\mathcal{S}$ dans $\mathcal{S}$ d'après la formule de Leibniz.

Prouvons que $\overline{\mathcal{F}}\mathcal{F}u = u$ pour $u \in \mathcal{S}$. Il nous faut considérer l'intégrale $\int e^{ix\cdot\xi}\big(\int e^{-iy\cdot\xi}u(y)\,dy\big)\,d\xi$. Mais la fonction $(y,\xi) \mapsto e^{ix\cdot\xi}e^{-iy\cdot\xi}u(y)$ n'appartenant pas à $L^1(\mathbb{R}_y^n \times \mathbb{R}_\xi^n)$, on ne peut intervertir les intégrales. On remarque alors que, d'après le théorème de convergence dominée,

$$\lim_{\substack{\varepsilon\to 0\\ \varepsilon>0}} \int e^{ix\cdot\xi}e^{-\varepsilon|\xi|^2}\hat{u}(\xi)\,d\xi = \lim_{\varepsilon\to 0} I_\varepsilon = \int e^{ix\cdot\xi}\hat{u}(\xi)\,d\xi.$$

Comme la fonction $(y,\xi) \mapsto e^{ix\cdot\xi}e^{-\varepsilon|\xi|^2}e^{-iy\cdot\xi}u(y)$ appartient à $L^1(\mathbb{R}_y^n \times \mathbb{R}_\xi^n)$, pour $\varepsilon > 0$, on peut utiliser le théorème de Fubini et en déduire que,

$$I_\varepsilon = \int \Big(\int e^{i(x-y)\cdot\xi}e^{-\varepsilon|\xi|^2}\,d\xi\Big)u(y)\,dy.$$

D'après (1.8) on a

$$I_\varepsilon = \Big(\frac{\sqrt{\pi}}{\sqrt{\varepsilon}}\Big)^n \int e^{\frac{-|x-y|^2}{4\varepsilon}}u(y)\,dy = \pi^{\frac{n}{2}}2^n \int e^{-|z|^2}u(x - 2\sqrt{\varepsilon}\,z)\,dz.$$

D'après le théorème de convergence dominée, $\lim\limits_{\varepsilon\to 0} I_\varepsilon = \pi^{\frac{n}{2}}2^n u(x)\int e^{-|z|^2}dz = (2\pi)^n u(x)$, d'où, $\int e^{ix\cdot\xi}\hat{u}(\xi)\,d\xi = (2\pi)^n u(x)$.
L'égalité $\mathcal{F}\overline{\mathcal{F}}u = u$ a une preuve identique. ■

Remarque 1.7. Il résulte de l'égalité $\overline{\mathcal{F}}v(x) = (2\pi)^{-n}\mathcal{F}v(-x)$ que l'on a $\mathcal{F}\mathcal{F}u = (2\pi)^n\check{u}$, où $\check{u}(x) = u(-x)$.

2 • Propriétés de la transformation de Fourier dans $\mathcal{S}$

Elles sont résumées dans le théorème suivant.

Théorème 2.1. *Pour $u, v \in \mathcal{S}$ on a,*

(i) $\int \hat{u}(\xi) v(\xi)\, d\xi = \int u(x) \hat{v}(x)\, dx,$

(ii) $\int u(x) \overline{v}(x)\, dx = (2\pi)^{-n} \int \hat{u}(\xi) \overline{\hat{v}(\xi)}\, d\xi.$

En particulier, $\int |u(x)|^2\, dx = (2\pi)^{-n} \int |\hat{u}(\xi)|^2\, d\xi,$

(iii) $u * v \in \mathcal{S}$ *et* $\mathcal{F}(u * v) = \hat{u} \cdot \hat{v},$

(iv) $\widehat{u \cdot v} = (2\pi)^{-n} \hat{u} * \hat{v}$

(v) $\widehat{D_j u} = \xi_j \hat{u}$, *où* $D_j = \frac{1}{i} \frac{\partial}{\partial x_j},$

(vi) $\widehat{x_j u} = -D_j \hat{u}$, *où* $D_j = \frac{1}{i} \frac{\partial}{\partial \xi_j}.$

Démonstration

(i) Le membre de gauche vaut $\int \left(\int e^{-ix\cdot\xi} u(x)\, dx \right) v(\xi)\, d\xi$. Comme l'intégrale double est absolument convergente, elle s'écrit, par le théorème de Fubini, $\int \left(\int e^{-ix\cdot\xi} v(\xi)\, d\xi \right) u(x)\, dx = \int \hat{v}(x) u(x)\, dx.$

(ii) Appliquons (i) à u et $w = (2\pi)^{-n} \overline{\hat{v}}$. On a $\int \hat{u}(\xi) w(\xi)\, d\xi = \int u(x) \hat{w}(x)\, dx$. D'autre part $\hat{w}(x) = (2\pi)^{-n} \int e^{-ix\cdot\xi} \overline{\hat{v}}(\xi)\, d\xi = (2\pi)^{-n} \overline{\int e^{ix\cdot\xi} \hat{v}(\xi)\, d\xi} = \overline{\overline{\mathcal{F}} \hat{v}(x)} = \overline{v}(x)$, d'où le résultat.

(iii) Tout d'abord $u * v$ est bien définie par $\int u(y) v(x-y)\, dy$ car $v \in L^\infty$, $u \in L^1$ et donc l'intégrale converge absolument. Ensuite, à y fixé, la fonction $x \mapsto u(y)v(x-y)$ est C^∞ et $|\partial_x^\beta (u(y)v(x-y))| = |u(y)(\partial^\beta v)(x-y)| \leq M_\beta |u(y)| \in L^1$, donc $u * v \in C^\infty$ et $\partial^\beta(u * v) = u * \partial^\beta v$. Enfin, comme $x^\alpha = (x - y + y)^\alpha = \sum_{\gamma \leq \alpha} \binom{\alpha}{\gamma} (x-y)^\gamma y^{\alpha-\gamma}$ on peut écrire,

$$x^\alpha \partial^\beta (u * v)(x) = x^\alpha (u * \partial^\beta v)(x) = \sum_{\gamma \leq \alpha} \binom{\alpha}{\gamma} (x^{\alpha-\gamma} u) * (x^\gamma \partial^\beta v) \in L^\infty(\mathbb{R}^n),$$

donc $u * v \in \mathcal{S}$. Ensuite, comme d'après le théorème de Fubini-Tonelli la fonction $(x, y) \mapsto u(y)v(x-y)$ est dans $L^1(\mathbb{R}^{2n})$ on a

$$\begin{aligned}(\widehat{u * v})(\xi) &= \iint e^{-ix\cdot\xi} u(y) v(x-y)\, dy\, dx \\ &= \int e^{-iy\cdot\xi} u(y) \Big(\int e^{-i(x-y)\cdot\xi} v(x-y)\, dx \Big)\, dy = \hat{u}(\xi) \hat{v}(\xi).\end{aligned}$$

(iv) Appliquons (iii) à $\varphi = \hat{u}$, $\psi = \hat{v}$. On a $\hat{\varphi} = (2\pi)^n \check{u}$, $\hat{\psi} = (2\pi)^n \check{v}$ et $\mathcal{F}(\varphi\psi) = \mathcal{F}(\hat{u} \cdot \hat{v}) = \mathcal{F}(\mathcal{F}(u * v)) = (2\pi)^n u \check{*} v$. Ensuite,

$$\begin{aligned}(u \check{*} v)(\xi) = (u * v)(-\xi) &= \int u(\eta) v(-\xi - \eta)\, d\eta = (2\pi)^{-2n} \int \hat{\varphi}(-\eta) \hat{\psi}(\xi + \eta)\, d\eta \\ &= (2\pi)^{-2n} \int \hat{\varphi}(\eta) \hat{\psi}(\xi - \eta)\, d\eta = (2\pi)^{-2n} (\hat{\varphi} * \hat{\psi})(\xi).\end{aligned}$$

(v) Par intégration par parties on peut écrire,

$$\int e^{-ix\cdot\xi}\frac{1}{i}\frac{\partial}{\partial x_j}u(x)\,dx = -\frac{1}{i}\int\frac{\partial}{\partial x_j}(e^{-ix\cdot\xi})u(x)\,dx = \xi_j\,\hat{u}(\xi)$$

et

$$\begin{aligned}(\widehat{x_j u})(\xi) &= \int e^{-ix\cdot\xi}x_j u(x)\,dx = \int -\frac{1}{i}\frac{\partial}{\partial \xi_j}(e^{-ix\cdot\xi})u(x)\,dx \\ &= -\frac{1}{i}\frac{\partial}{\partial \xi_j}\int e^{-ix\cdot\xi}u(x)\,dx = -D_j\,\hat{u}(\xi),\end{aligned}$$

par le théorème de dérivation de Lebesgue. ■

3. L'espace $\mathcal{S}'$ et la transformation de Fourier dans $\mathcal{S}'$

3.1. L'espace $\mathcal{S}'$ des distributions tempérées

Définition 3.1. $\mathcal{S}'(\mathbb{R}^n) = \mathcal{S}'$ est le dual topologique de $\mathcal{S}$, *i.e.* l'espace vectoriel des formes linéaires continues de $\mathcal{S}$ dans $\mathbb{C}$.
Donc une application linéaire, $T : \mathcal{S} \to \mathbb{C}$ appartient à $\mathcal{S}'$ si et seulement si,

$$\exists k, \ell \in \mathbb{N},\ \exists C > 0 : |\langle T, \varphi\rangle| \leq C \sum_{\substack{|\alpha|\leq k\\ |\beta|\leq \ell}} \sup_{x\in\mathbb{R}^n} |x^\alpha \partial^\beta \varphi(x)|, \quad \forall \varphi \in \mathcal{S}.$$

Remarques et exemples 3.2

(i) $\mathcal{S}'$ s'injecte dans $\mathcal{D}'(\mathbb{R}^n)$ par application $T \mapsto T|_{C_0^\infty(\mathbb{R}^n)}$. En effet si K est un compact de $\mathbb{R}^n$ on a $\sup_{x\in\mathbb{R}^n} |x^\alpha \partial^\beta \varphi(x)| \leq C_{K,\alpha} \sup_K |\partial^\beta \varphi|$, pour $\varphi \in C_0^\infty(K)$, de sorte que, $|\langle T, \varphi\rangle| \leq C(\sum_{|\alpha|\leq k} C_{K,\alpha}) \sum_{|\beta|\leq \ell} \sup_K |\partial^\beta\varphi|$; donc $T|_{C_0^\infty} \in \mathcal{D}'$. Ensuite si $T|_{C_0^\infty} = 0$, alors $T = 0$ sur $\mathcal{S}$, car C_0^∞ est dense dans $\mathcal{S}$; l'application est donc injective.

(ii) On a $\mathcal{E}' \subset \mathcal{S}'$, car si $T \in \mathcal{E}'$ elle est définie sur C^∞ donc sur $\mathcal{S}$ et il existe $K \subset\subset \mathbb{R}^n$, $\ell \in \mathbb{N}$ et $C > 0$ tels que $|\langle T, \varphi\rangle| \leq C \sum_{|\beta|\leq \ell} \sup_K |\partial^\beta\varphi|$ pour tout $\varphi \in \mathcal{S}$.

(iii) Si $T \in \mathcal{S}'$ alors $\frac{\partial T}{\partial x_i}$ et $x_i T$ sont dans $\mathcal{S}'$, $i = 1, \ldots, n$. Cela résulte immédiatement de la définition. Donc si P est un polynôme sur $\mathbb{R}^n$ et $\alpha \in \mathbb{N}^n$, $P\partial^\alpha T \in \mathcal{S}'$.

(iv) Soit $f \in C^\infty(\mathbb{R}^n)$ vérifiant la condition suivante :

$$\exists k \in \mathbb{N} : \forall \alpha \in \mathbb{N}^n,\ \exists C_\alpha > 0 : |\partial_\xi^\alpha f(\xi)| \leq C_\alpha(1+|\xi|)^k, \quad \forall \xi \in \mathbb{R}^n.$$

Alors, pour $T \in \mathcal{S}'$, $fT \in \mathcal{S}'$, où $\langle fT, \varphi\rangle = \langle T, f\varphi\rangle$, $\forall \varphi \in \mathcal{S}$. En effet pour $\varphi \in \mathcal{S}$ on a $f\varphi \in \mathcal{S}$ et l'application $\varphi \mapsto f\varphi$ est continue de $\mathcal{S}$ dans $\mathcal{S}$.

(v) Pour $1 \leq p \leq +\infty$, $L^p(\mathbb{R}^n) \subset \mathcal{S}'(\mathbb{R}^n)$. En effet, tout élément f de L^p définit une forme linéaire continue sur $\mathcal{S}$ par $\varphi \mapsto \int f(x)\varphi(x)\,dx$. On écrit pour cela, $\left|\int f(x)\varphi(x)\,dx\right| \leq \|f\|_{L^p}\|\varphi\|_{L^q}$, où $\frac{1}{p}+\frac{1}{q}=1$. Si $q=+\infty$ c'est terminé et si $q<+\infty$ on écrit, pour un entier $N>n$,

$$\int |\varphi(x)|^q\,dx = \int (1+|x|)^{-N}(1+|x|)^N|\varphi(x)|^q\,dx$$
$$\leq \Big(\int \frac{dx}{(1+|x|)^N}\Big)\sup_{\mathbb{R}^n}(1+|x|)^N|\varphi(x)|^q \leq C\Big[\sup_{\mathbb{R}^n}(1+|x|)^{\frac{N}{q}}|\varphi(x)|\Big]^q.$$

(vi) Comme la fonction $x \mapsto 1$ est dans L^∞, si P est un polynôme $P(x)\cdot 1 = P(x) \in \mathcal{S}'$. Plus généralement, si $f : \mathbb{R}^n \to \mathbb{C}$ est une fonction mesurable telle que $|f(x)| \leq |P(x)|$, $x \in \mathbb{R}^n$, où P est un polynôme, on a $f \in \mathcal{S}'$. En effet, soit $N > n + d^oP$. On a, $\left|\int f(x)\varphi(x)\,dx\right| \leq \int (1+|x|)^{-N}|P(x)|\cdot(1+|x|)^N|\varphi(x)|\,dx \leq \big(\int(1+|x|)^{-N}|P(x)|\,dx\big)\sup_{\mathbb{R}^n}(1+|x|)^N|\varphi(x)|$.

(vii) Mais pour appartenir à $\mathcal{S}'$, il n'est pas nécessaire d'être majoré par un polynôme. En effet, soit, pour $x \in \mathbb{R}^n$, $f(x) = e^x e^{i\,e^x}$. Alors $|f(x)| = e^x$, mais $f(x) = \frac{1}{i}\frac{d}{dx}e^{i\,e^x} \in \mathcal{S}'$ car $e^{i\,e^x} \in L^\infty(\mathbb{R})$.

(viii) Par contre, la fonction $f(x) = e^{x^2}$ n'appartient pas à $\mathcal{S}(\mathbb{R})$. En effet soit $\psi \in C_0^\infty(\mathbb{R})$, $\operatorname{supp}\psi \subset [0,2]$, $\psi = 1$ sur $\left[\frac{1}{2},1\right]$. Considérons pour $j \geq 1$, $\varphi_j(x) = e^{-x}\psi\big(\frac{x}{j}\big) \in C_0^\infty \subset \mathcal{S}$. Pour tous $\alpha, \beta \in \mathbb{N}$ on a,

$$|x^\alpha\partial^\beta\varphi_j(x)| = \Big|\sum_{\gamma=0}^{\beta}\binom{\beta}{\gamma}(-1)^{|\gamma|}x^\alpha e^{-x}\frac{1}{j^{\beta-\gamma}}(\partial^{\beta-\gamma}\psi)\Big(\frac{x}{j}\Big)\Big|$$
$$\leq C_{\alpha\beta}\sup_{x\geq 0}|x^\alpha e^{-x}|\sum_{\gamma=0}^{\beta}\sup|\partial^{\beta-\gamma}\psi(x)| = M_{\alpha\beta}.$$

Mais $\langle f, \varphi_j\rangle = \int_0^{2j} e^{x^2}e^{-x}\psi\big(\frac{x}{j}\big)\,dx \geq \int_{\frac{j}{2}}^{j} e^{x^2-x}\,dx \geq \frac{j}{2}e^{\frac{j^2}{4}-j} \to +\infty$ si $j \to +\infty$. De même, pour tout $\varepsilon > 0$, $e^{\varepsilon|x|} \notin \mathcal{S}'(\mathbb{R}^n)$.

(ix) Soit $T \in \mathcal{S}'$ et $\varphi \in C^k(I, \mathcal{S})$, où $k \in \mathbb{N}$ et I est un ouvert de $\mathbb{R}^n$. On pose $F(\lambda) = \langle T, \varphi(\lambda,\cdot)\rangle$. Alors $F \in C^k(I)$. Ce résultat est l'analogue pour l'espace $\mathcal{S}'$, du lemme 6.1, chapitre 2.

(x) On peut aussi définir la convergence des suites dans $\mathcal{S}'$. Soit $(T_j)_{j\in\mathbb{N}}$ une suite de $\mathcal{S}'$ et $T \in \mathcal{S}'$. On dira que $\lim_{j\to+\infty} T_j = T$ dans $\mathcal{S}'$, si $\lim_{j\to+\infty}\langle T_j, \varphi\rangle = \langle T, \varphi\rangle$, pour tout $\varphi \in \mathcal{S}$. Le théorème 1.4, chapitre 4, est encore vrai dans ce contexte.

(xi) Soit I un intervalle de $\mathbb{R}$. On peut définir l'espace $C^k(I, \mathcal{S}')$ en disant que $(T_t) \in C^k(I, \mathcal{S}')$ si, pour tout $\varphi \in \mathcal{S}$, l'application de I dans $\mathbb{C}$, $t \mapsto \langle T_t, \varphi\rangle$

appartient à $C^k(I)$. Les résultats du § 3, chapitre 4 restent vrais lorsqu'on remplace $\mathcal{D}'$ par $\mathcal{S}'$ et C_0^∞ par $\mathcal{S}$.

3.2. Transformation de Fourier dans $\mathcal{S}'$

Théorème-Définition 3.3. *Si $T \in \mathcal{S}'$, la transformée de Fourier de T, notée $\mathcal{F}T$ ou $\hat{T}$, est la forme linéaire sur $\mathcal{S}$ définie par*

$$\langle \mathcal{F}T, \varphi\rangle = \langle T, \mathcal{F}\varphi\rangle, \quad \forall \varphi \in \mathcal{S} \tag{3.2}$$

et $\mathcal{F}T \in \mathcal{S}'$.

En effet $\mathcal{F}T \in \mathcal{S}'$ car $|\langle T, \mathcal{F}\varphi\rangle| \leq C \sum\limits_{\substack{|\alpha|\leq k \\ |\beta|\leq \ell}} p_{\alpha\beta}(\mathcal{F}\varphi)$ (où les $p_{\alpha\beta}$ sont des semi-normes de $\mathcal{S}$) puisque $T \in \mathcal{S}'$; mais comme $\mathcal{F}$ est continue de $\mathcal{S}$ dans $\mathcal{S}$, $p_{\alpha,\beta}(\mathcal{F}\varphi)$ est majoré par des semi-normes de φ dans $\mathcal{S}$. ∎

On définit $\overline{\mathcal{F}}T$ par une formule analogue à (3.2).

Théorème 3.4. *La transformation de Fourier est une application linéaire, bijective et bicontinue sur les suites de $\mathcal{S}'$ dans $\mathcal{S}'$ et $\mathcal{F}^{-1} = \overline{\mathcal{F}}$.*

Démonstration. Cela résulte du théorème 1.6. En effet, on a $\overline{\mathcal{F}}\mathcal{F}T = \mathcal{F}\overline{\mathcal{F}}T = T$ pour tout $T \in \mathcal{S}'$ car $\langle\overline{\mathcal{F}}\mathcal{F}T, \varphi\rangle = \langle \mathcal{F}T, \overline{\mathcal{F}}\varphi\rangle = \langle T, \mathcal{F}\overline{\mathcal{F}}\varphi\rangle = \langle T, \varphi\rangle$ pour $\varphi \in \mathcal{S}$. Donc $\mathcal{F}$ est bijective et $\mathcal{F}^{-1} = \overline{\mathcal{F}}$. Ensuite, si $T_j \to T$ dans $\mathcal{S}'$ on a $\langle \mathcal{F}T_j, \varphi\rangle = \langle T_j, \mathcal{F}\varphi\rangle \to \langle T, \mathcal{F}\varphi\rangle = \langle \mathcal{F}T, \varphi\rangle$, donc $\mathcal{F}T_j \to \mathcal{F}T$. De même pour $\overline{\mathcal{F}}$. ∎

3.3. Propriétés de la transformation de Fourier dans $\mathcal{S}'$

Théorème 3.5

(i) La transformation de Fourier dans $\mathcal{S}'$ coïncide avec la transformation de Fourier dans $\mathcal{S}$ (définie en (1.7)) si $T \in \mathcal{S}$.
Pour $T \in \mathcal{S}'$ on a,

(ii) $\mathcal{F}\mathcal{F}T = (2\pi)^n \check{T}$, où $\langle \check{T}, \varphi\rangle = \langle T, \check{\varphi}\rangle$ et $\check{\varphi}(x) = \varphi(-x)$.

(iii) $\mathcal{F}(D_jT) = \xi_j \mathcal{F}T$, $D_j = \frac{1}{i}\partial_j$,

(iv) $\mathcal{F}(x_jT) = -D_j\mathcal{F}T$.

Démonstration

(i) résulte du théorème 2.1, (i) ; (ii), (iii), (iv) résultent très facilement de la remarque 1.7 et du théorème 2.1, (v), (vi). ∎

Exemples et remarques 3.6

1) $\mathcal{F}\delta_0 = 1$. En effet $\langle \mathcal{F}\delta_0, \varphi\rangle = \langle \delta_0, \mathcal{F}\varphi\rangle = (\mathcal{F}\varphi)(0) = \int \varphi(x)\,dx = \langle 1, \varphi\rangle$.

2) $\mathcal{F}1 = (2\pi)^n \delta_0$, car $\mathcal{F}1 = \mathcal{F}\mathcal{F}\delta_0 = (2\pi)^n \check{\delta}_0 = (2\pi)^n \delta_0$.

3) Soit $\lambda \in \mathbb{R} \setminus 0$ et $T = e^{i\lambda|x|^2} \in \mathcal{S}'(\mathbb{R}^n)$. Nous allons montrer que,

$$\mathcal{F}T = \Big(\frac{\sqrt{\pi}}{\sqrt{|\lambda|}} e^{i\,\mathrm{sgn}\,\lambda\cdot\frac{\pi}{4}}\Big)^n e^{-i\frac{|\xi|^2}{4\lambda}}, \tag{3.3}$$

où $\mathrm{sgn}\,\lambda$ désigne le signe de λ.

En effet pour $\varepsilon > 0$, posons $T_\varepsilon = e^{-\varepsilon|x|^2} e^{i\lambda|x|^2} \in \mathcal{S}(\mathbb{R}^n)$. On a $T_\varepsilon \to T$ dans $\mathcal{S}'$, car $\langle T_\varepsilon, \varphi\rangle = \int e^{-\varepsilon|x|^2} e^{i\lambda|x|^2} \varphi(x)\,dx$ converge, d'après le théorème de convergence dominée, vers $\int e^{i\lambda|x|^2}\varphi(x)\,dx = \langle T, \varphi\rangle$. On en déduit que $\mathcal{F}T_\varepsilon \to \mathcal{F}T$ dans $\mathcal{S}'$. Ensuite, $\mathcal{F}T_\varepsilon = \mathcal{F}e^{-z_\varepsilon|x|^2}$ où $z_\varepsilon = \varepsilon - i\lambda$. D'après (1.8), $\mathcal{F}T_\varepsilon = \big(\frac{\sqrt{\pi}}{\sqrt{z_\varepsilon}}\big)^n e^{\frac{-|\xi|^2}{4z_\varepsilon}}$. Si $\lambda > 0$, z_ε tend vers $\lambda e^{-i\frac{\pi}{2}}$, donc $\sqrt{z_\varepsilon} \to \sqrt{\lambda}e^{-i\frac{\pi}{4}}$ et si $\lambda < 0$, $z_\varepsilon \to |\lambda|e^{i\frac{\pi}{2}}$, donc $\sqrt{z_\varepsilon} \to \sqrt{|\lambda|}e^{i\frac{\pi}{4}}$. En résumé $\sqrt{z_\varepsilon} \to \sqrt{|\lambda|}e^{-i\,\mathrm{sgn}\,\lambda\cdot\frac{\pi}{4}}$. D'autre part $e^{-\frac{|\xi|^2}{4z_\varepsilon}}$ converge vers $e^{-i\frac{|\xi|^2}{4\lambda}}$ dans $\mathcal{S}'(\mathbb{R}^n)$. En effet $\displaystyle\int e^{-\frac{|\xi|^2}{4(\varepsilon - i\lambda)}}\varphi(\xi)\,d\xi = \int e^{-\frac{|\xi|^2(\varepsilon+i\lambda)}{4(\varepsilon^2+\lambda^2)}}\varphi(\xi)\,dx$ et

$\big|\exp\big(\frac{-|\xi|^2(\varepsilon + i\lambda)}{4(\varepsilon^2+\lambda^2)}\big)\big|\,|\varphi(\xi)| = \exp\big(-\frac{\varepsilon|\xi|^2}{4(\varepsilon^2+\lambda^2)}\big)\,|\varphi(\xi)| \le |\varphi(\xi)| \in L^1(\mathbb{R}^n)$; donc le théorème de convergence dominée fournit la conclusion. On en déduit que $\mathcal{F}T = \big(\frac{\sqrt{\pi}}{\sqrt{|\lambda|}} e^{i\,\mathrm{sgn}\,\lambda\cdot\frac{\pi}{4}}\big)^n e^{-i\frac{|\xi|^2}{4\lambda}}$.

4) Soit, pour $j = 1, \ldots, k$, $T_j \in \mathcal{S}'(\mathbb{R}^{n_j})$ et $T = T_1 \otimes \ldots \otimes T_k$. Alors $\mathcal{F}T = (\mathcal{F}T_1) \otimes \ldots \otimes (\mathcal{F}T_k)$. Il suffit de le prouver pour $k = 2$. On a $\langle \mathcal{F}(T_1 \otimes T_2), \varphi\rangle = \langle T_1 \otimes T_2, \mathcal{F}\varphi\rangle = \langle T_1, \langle T_2, \mathcal{F}\varphi(y_1 + \cdot)\rangle\rangle$. Or $(\mathcal{F}\varphi)(y_1 + y_2) = \iint e^{-i(\xi_1\cdot y_1 + \xi_2\cdot y_2)}\varphi(\xi_1 + \xi_2)\,d\xi_1\,d\xi_2 = \mathcal{F}_{\xi_2}\big(\int e^{-iy_1\cdot\xi_1}\varphi(y_1 + \cdot)\,d\xi_1\big)$, d'où,

$$\begin{aligned}\langle T_2, \mathcal{F}\varphi(y_1 + \cdot)\rangle &= \langle \mathcal{F}_{\xi_2}T_2, \int e^{-iy_1\cdot\xi_1}\varphi(\xi_1 + \cdot)\rangle \\ &= \int e^{-iy_1\cdot\xi_1}\langle \mathcal{F}_{\xi_2}T_2, \varphi(\xi_1 + \cdot)\rangle\,d\xi_1 = \mathcal{F}_{\xi_1}\langle \mathcal{F}_{\xi_2}T_2, \varphi(\xi_1 + \cdot)\rangle\end{aligned}$$

d'après l'analogue du corollaire 6.4, chapitre 2. Donc

$$\langle \mathcal{F}(T_1 \otimes T_2), \varphi\rangle = \langle \mathcal{F}_{\xi_1}T_1, \langle \mathcal{F}_{\xi_2}T_2, \varphi(\xi_1 + \cdot)\rangle\rangle = \langle \mathcal{F}_{\xi_1}T_1 \otimes \mathcal{F}_{\xi_2}T_2, \varphi\rangle.$$

5) Soit D une matrice réelle, diagonale, inversible, $D = \mathrm{diag}(\lambda_j)$. Alors

$$\mathcal{F}e^{i(Dx,x)} = \Big(\frac{\pi}{|\det D|}\Big)^{\frac{n}{2}} e^{in\frac{\pi}{4}\,\mathrm{sgn}\,D}\, e^{-\frac{i}{4}(D^{-1}\xi,\xi)}, \tag{3.4}$$

où $\operatorname{sgn} D$ est la signature de D qui est égale à $n_+ - n_-$, où n_+ (resp. n_-) est le nombre de $\lambda_j > 0$ (resp. $\lambda_j < 0$).

En effet $e^{i(Dx,x)} = T_1 \otimes \ldots \otimes T_n$ où $T_j = e^{i\lambda_j x_j^2}$. Il suffit alors d'appliquer 4) et 3) ci-dessus.

6) Soit $A \in GL(n, \mathbb{R})$. Si $T \in \mathcal{S}'$ on a $T \circ A \in \mathcal{S}'$ et

$$\mathcal{F}(T \circ A) = |\det A|^{-1} (\mathcal{F}T) \circ {}^t A^{-1}. \tag{3.5}$$

En effet,

$$|\langle T \circ A, \varphi \rangle| = |\det A|^{-1} |\langle T, \varphi \circ A^{-1} \rangle| \leq C \sum_{\substack{|\alpha| \leq k \\ |\beta| \leq \ell}} \sup_{x \in \mathbb{R}^n} |x^\alpha \partial^\beta (\varphi \circ A^{-1}(x))|$$

$$\leq C' \sum_{\substack{|\alpha| \leq k \\ |\beta| \leq \ell}} \sup_{x \in \mathbb{R}^n} |x^\alpha \partial^\beta \varphi(x)|.$$

Donc $T \circ A \in \mathcal{S}'$. Ensuite on peut écrire

$$\langle \mathcal{F}(T \circ A), \varphi \rangle = \langle T \circ A, \hat{\varphi} \rangle = |\det A|^{-1} \langle T, \hat{\varphi} \circ A^{-1} \rangle$$

$$\hat{\varphi}(A^{-1}\xi) = \int e^{-i\langle x, A^{-1}\xi \rangle} \varphi(x)\, dx = \int e^{i\langle {}^t A^{-1} x, \xi \rangle} \varphi(x)\, dx$$

$$= |\det A| \int e^{-iy\cdot\xi} \varphi({}^t A y)\, dy = |\det A| \mathcal{F}(\varphi \circ {}^t A)(\xi).$$

Alors,

$$\langle \mathcal{F}(T \circ A), \varphi \rangle = \langle T, \mathcal{F}(\varphi \circ {}^t A) \rangle = \langle \mathcal{F}T, \varphi \circ {}^t A \rangle = |\det A|^{-1} \langle (\mathcal{F}T) \circ {}^t A^{-1}, \varphi \rangle.$$

7) Soit B une matrice $n \times n$ réelle, symétrique et inversible. Alors,

$$\mathcal{F} e^{i(Bx,x)} = \frac{\pi^{n/2}}{\sqrt{|\det B|}} e^{i\frac{\pi}{4} \operatorname{sgn} B} e^{-\frac{i}{4}(B^{-1}\xi, \xi)} \tag{3.6}$$

où $\operatorname{sgn} B$ est la signature de la matrice B.

En effet, il existe une matrice orthogonale A et une matrice diagonale D telles que $B = ADA^{-1}$. Notons $S = e^{i(Dx,x)}$. Comme $(DA^{-1}x, A^{-1}x) = (ADA^{-1}x, x) = (Bx, x)$ on a $e^{i(Bx,x)} = S \circ A^{-1}$. Utilisant (3.5), on peut écrire $\mathcal{F}(e^{i(Bx,x)}) = \mathcal{F}S \circ A^{-1}$ car $|\det A| = 1$ et ${}^t A = A^{-1}$. Or, d'après (3.4), $\mathcal{F}S = \left(\frac{\pi}{|\det D|}\right)^{n/2} e^{i\frac{\pi}{4} \operatorname{sgn} D} e^{-\frac{i}{4}(D^{-1}\xi, \xi)}$. Comme $\det D = \det B$, $\operatorname{sgn} D = \operatorname{sgn} B$ et $(D^{-1}A^{-1}\xi, A^{-1}\xi) = (AD^{-1}A^{-1}\xi, \xi) = (B^{-1}\xi, \xi)$, on déduit (3.6).

8) Si $T \in \mathcal{S}'$ est invariante par rotation (*i.e.* $T \circ A = T$ pour toute matrice A orthogonale), $\hat{T}$ est aussi invariante par rotation. En effet, on a alors $\mathcal{F}T = \mathcal{F}(T \circ A) = \mathcal{F}T \circ A$ car $|\det A| = 1$ et ${}^t A^{-1} = A$.

9) Si T est homogène de degré m, alors $\hat{T}$ est homogène de degré $-n-m$. En effet $T \circ A_\lambda = \lambda^m T$ où $A_\lambda = \lambda \, \mathrm{Id}$, $\lambda > 0$; alors $\hat{T} = \lambda^{-m} \mathcal{F}(T \circ A_\lambda) = \lambda^{-m} \lambda^{-n} \hat{T} \circ A_\lambda^{-1}$ où $A_\lambda^{-1} = \frac{1}{\lambda} \, \mathrm{Id}$. Posant $\frac{1}{\lambda} = \mu$ il vient, $\hat{T} \circ A_\mu = \mu^{-m-n} \hat{T}$.

10) Si $T \in \mathcal{S}'$ est paire (resp. impaire), il en est de même de $\hat{T}$. T paire veut dire $T \circ A = T$ où $A = -\mathrm{Id}$; alors $\mathcal{F}T = \mathcal{F}(T \circ A) = \mathcal{F}T \circ A$, car $|\det A| = 1$ et $A^{-1} = A$. Même raisonnement si T est impaire.

11) Soit $T = vp \frac{1}{x}$. Alors $T \in \mathcal{S}'(\mathbb{R})$ et $\hat{T} = -2i\pi H + i\pi$, où H est la fonction de Heaviside. En effet, pour $\varphi \in \mathcal{S}$, $\langle vp \frac{1}{x}, \varphi \rangle = \lim_{\varepsilon \to 0} \int_{|x| \geq \varepsilon} \frac{\varphi(x)}{x} \, dx = \lim_{\varepsilon \to 0} I_\varepsilon$. On a $I_\varepsilon = \int_{\varepsilon \leq |x| \leq 1} \frac{\varphi(x)}{x} \, dx + \int_{|x| \geq 1} \frac{\varphi(x)}{x} \, dx = J_\varepsilon + K$. On écrit $\varphi(x) = \varphi(0) + x\psi(x)$, où $|\psi(x)| \leq \sup_{\mathbb{R}} |\varphi'(x)|$. Comme $\int_{\varepsilon \leq |x| \leq 1} \frac{\varphi(0)}{x} \, dx = 0$, on a $I_\varepsilon = \int_{\varepsilon \leq |x| \leq 1} \psi(x) \, dx + \int_{|x| \geq 1} \frac{\varphi(x)}{x} \, dx$. D'après le théorème de convergence dominée, $\lim_{\varepsilon \to 0} I_\varepsilon = \int_{|x| \leq 1} \psi(x) \, dx + \int_{|x| \geq 1} \frac{\varphi(x)}{x} \, dx$. On en déduit que,

$$\left| \left\langle vp \frac{1}{x}, \varphi \right\rangle \right| \leq C \sup_{\mathbb{R}} |\varphi'(x)| + \Big(\int_{|x| \geq 1} \frac{dx}{x^2} \Big) \sup_{x \in \mathbb{R}} |x \varphi(x)|.$$

Donc $vp \frac{1}{x} \in \mathcal{S}'$. Calculons $\hat{T}$. On part de l'égalité, $x \, vp \frac{1}{x} = 1$. On en déduit $\mathcal{F}(xT) = 2\pi\delta_0$ d'où $-\frac{1}{i} \frac{d}{d\xi} \hat{T} = 2\pi\delta_0$. Il en résulte que, $\hat{T} = -2i\pi H + C$. Comme T est impaire, $\hat{T}$ l'est aussi ; donc $-2i\pi + C = -C$, d'où $C = i\pi$.

D'autre part $\mathcal{F}\mathcal{F}T = 2\pi \check{T} = -2\pi \, vp \frac{1}{x}$, donc $-2i\pi \mathcal{F}H + i\pi \cdot 2\pi\delta_0 = -2\pi \, vp \frac{1}{x}$, par conséquent $\mathcal{F}H = -i \, vp \frac{1}{x} + \pi\delta_0$.

4 • Transformée de Fourier des distributions à support compact

Théorème 4.1. *Si $T \in \mathcal{E}'(\mathbb{R}^n)$, $\hat{T}$ est une fonction C^∞ sur $\mathbb{R}^n$ donnée par $\hat{T}(\xi) = \langle T_x, e^{-ix \cdot \xi} \rangle$. De plus, il existe $k \in \mathbb{N}$ tel que $|\partial_\xi^\alpha \hat{T}(\xi)| \leq C_\alpha (1 + |\xi|)^k$, pour tout $\alpha \in \mathbb{N}^n$ et tout $\xi \in \mathbb{R}^n$.*

Démonstration. Posons $v(\xi) = \langle T_x, e^{-ix \cdot \xi} \rangle$; d'après le lemme 6.2, chapitre 2, on a, $v \in C^\infty(\mathbb{R}^n)$ et $\partial_\xi^\alpha v(\xi) = \langle T, (-ix)^\alpha e^{-ix \cdot \xi} \rangle$; il existe donc $k \in \mathbb{N}$, $C > 0$ et K compact de $\mathbb{R}^n$ tels que

$$|\partial_\xi^\alpha v(\xi)| \leq C \sum_{|\beta| \leq k} \sup_{x \in K} |\partial_x^\beta (x^\alpha e^{-ix \cdot \xi})| \leq C' (1 + |\xi|)^k.$$

Il reste à prouver que $v = \hat{T}$. Pour $\varphi \in C_0^\infty(\mathbb{R}^n)$ on peut écrire,

$$\begin{aligned} \langle \hat{T}, \varphi \rangle = \langle T, \hat{\varphi} \rangle = \left\langle T_x, \int e^{-ix \cdot \xi} \varphi(\xi) \, d\xi \right\rangle &= \langle T_x, \langle \varphi_\xi, e^{-ix \cdot \xi} \rangle \rangle \\ &= \langle T_x \otimes \varphi_\xi, e^{-ix \cdot \xi} \rangle, \end{aligned}$$

ce qui a un sens puisque $T_x \otimes \varphi_\xi \in \mathcal{E}'(\mathbb{R}^n_x \times \mathbb{R}^n_\xi)$ et $(x,\xi) \mapsto e^{-ix\cdot\xi}$ est C^∞. Par conséquent on a également,

$$\langle \hat{T}, \varphi \rangle = \langle \varphi_\xi, \langle T_x, e^{-ix\cdot\xi} \rangle \rangle = \int \varphi(\xi) v(\xi)\, d\xi = \langle v, \varphi \rangle .$$

On en déduit que $\hat{T} = v$ sur $C_0^\infty(\mathbb{R}^n)$ qui est dense dans $\mathcal{S}(\mathbb{R}^n)$. Donc $\hat{T} = v$ sur $\mathcal{S}$. ∎

Exemple 4.2. Nous allons calculer la transformée de Fourier de la mesure de surface $d\sigma_R$ portée par la sphère de $\mathbb{R}^3$ de centre 0 et de rayon R. Comme cette mesure est à support compact on peut appliquer le théorème 4.1 et écrire,

$$\widehat{d\sigma_R}(\xi) = \langle d\sigma_R, e^{-ix\cdot\xi} \rangle = \int_{|x|=R} e^{-ix\cdot\xi}\, d\sigma_R .$$

La mesure $d\sigma_R$ est invariante par rotation. En effet, soit A une matrice orthogonale. On a $\langle d\sigma_R \circ A, \varphi \rangle = \langle d\sigma_R, \varphi \circ A^{-1} \rangle$. D'autre part, en posant $x = Ay$, on voit que pour $r > 0$, $\int_{|x|<r} \varphi(A^{-1}x)\, dx = \int_{|y|<r} \varphi(y)\, dy$, puisque $|Ay| = |y|$ et $|\det A| = 1$. En passant en coordonnées polaires, cette égalité s'écrit, $\int_0^r \int_{|x|=t} \varphi(A^{-1}x)\, d\sigma_t\, dt = \int_0^r \int_{|x|=t} \varphi(y)\, d\sigma_t\, dt$. En dérivant cette égalité par rapport à r, puis en faisant $r = R$, on déduit que $\langle d\sigma_R, \varphi \circ A^{-1} \rangle = \langle d\sigma_R, \varphi \rangle$.

Il résulte du théorème 4.1 et de l'exemple 3.6, 8), que $\widehat{d\sigma_R}$ est une fonction C^∞ invariante par rotation. Par conséquent $\widehat{d\sigma_R}(\xi) = \widehat{d\sigma_R}(0,0,|\xi|) = \int_{|x|=R} e^{-ix_3|\xi|}\, d\sigma_R$. En coordonnées polaires on a, $x_1 = R \sin\theta \cos\varphi$, $x_2 = R \sin\theta \sin\varphi$, $x_3 = R\cos\theta$, où $0 < \varphi < 2\pi$, $0 < \theta < \pi$, et $d\sigma_R = R^2 \sin\theta\, d\theta\, d\varphi$. On a alors,

$$\widehat{d\sigma_R}(\xi) = \int_0^{2\pi} \int_0^{\pi} e^{-iR|\xi|\cos\theta} R^2 \sin\theta\, d\theta\, d\varphi = 2\pi R^2 \int_0^{\pi} e^{-iR|\xi|\cos\theta} \sin\theta\, d\theta .$$

Posons $t = \cos\theta$. Il vient,

$$\widehat{d\sigma_R}(\xi) = 2\pi R^2 \int_{-1}^{1} e^{-iR|\xi|t}\, dt = 2\pi R^2 \Big[\frac{e^{-iR|\xi|t}}{-iR|\xi|} \Big]_{-1}^{1} = 4\pi R^2 \frac{\sin(R|\xi|)}{R|\xi|}$$

d'où,

$$\frac{\widehat{d\sigma_R}}{4\pi R} = \frac{\sin(R|\xi|)}{|\xi|} . \tag{4.1}$$

5 • Transformation de Fourier dans L^1 et L^2

On sait que $L^1(\mathbb{R}^n)$ et $L^2(\mathbb{R}^n)$ sont contenus dans $\mathcal{S}'(\mathbb{R}^n)$. Nous allons étudier la restriction à ces espaces de la transformation de Fourier.

Théorème 5.1

1) *Si* $T \in L^1$, $\hat{T}$ *est donnée par la fonction continue* $\hat{T}(\xi) = \int e^{-ix\cdot\xi}\, T(x)\, dx$. *De plus* $\hat{T}$ *tend vers zéro à l'infini.*

2) *Si* $T \in L^1$ *et* $\hat{T} \in L^1$, *on a* $\mathcal{F}\hat{T} = (2\pi)^n \check{T}$ *presque partout.*

3) *L'application* $T \mapsto (2\pi)^{-\frac{n}{2}}\hat{T}$ *est une isométrie bijective de* L^2 *sur lui-même.*

Démonstration

1) Pour $\varphi \in \mathcal{S}$, on a

$$\begin{aligned}\langle \hat{T}, \varphi\rangle = \langle T, \hat{\varphi}\rangle = \int T(x)\hat{\varphi}(x)\,dx &= \int T(x)\Big(\int e^{-ix\cdot\xi}\,\varphi(\xi)\,d\xi\Big)\,dx \\ &= \int \varphi(\xi)\Big(\int e^{-ix\cdot\xi}\,T(x)\,dx\Big)\,d\xi,\end{aligned}$$

la dernière égalité étant justifiée par le théorème de Fubini, applicable ici puisque $T(x)\varphi(\xi) \in L^1(\mathbb{R}^{2n})$. On a donc

$$\langle \hat{T}, \varphi\rangle = \langle v, \varphi\rangle, \quad \text{où} \quad v(\xi) = \int e^{-ix\cdot\xi}\,T(x)\,dx \in L^\infty(\mathbb{R}^n).$$

Il résulte facilement du théorème de convergence dominée que v est continue sur $\mathbb{R}^n$ et et du théorème de Riemann-Lebesgue que v tend vers zéro à l'infini.

2) On a, dans $\mathcal{S}'$, $\mathcal{F}\hat{T} = (2\pi)^n\check{T}$. Comme $\hat{T} \in L^1$, les deux membres sont des fonctions de L^1_{loc}. L'égalité a donc aussi lieu presque partout.

3) On a vu au théorème 2.1, (ii) que pour $\varphi \in \mathcal{S}$ on a, $\|\varphi\|_{L^2} = (2\pi)^{-\frac{n}{2}}\|\hat{\varphi}\|_{L^2}$. D'autre part $\mathcal{S}$ est dense dans L^2 (en fait C_0^∞ est dense dans L^2). Soit alors $T \in L^2$ et $(T_j) \subset \mathcal{S}$ telle que $T_j \to T$ dans L^2. Comme (T_j) est de Cauchy dans L^2, il résulte de l'égalité précédente, que $(\hat{T}_j)$ est de Cauchy dans L^2. On en déduit que $\hat{T}_j \to \hat{T}$ dans $\mathcal{S}'$, d'où $\hat{T} = g$ dans $\mathcal{S}'$. Donc $\hat{T} \in L^2$. Ensuite, en passant à la limite dans l'égalité $\|T_j\|_{L^2} = (2\pi)^{-\frac{n}{2}}\|\hat{T}_j\|_{L^2}$, on obtient $\|T\|_{L^2} = (2\pi)^{-\frac{n}{2}}\|\hat{T}\|_{L^2}$. On en déduit que $T \mapsto \hat{T}\cdot(2\pi)^{-\frac{n}{2}}$ est une isométrie. Elle est bijective car elle est inversible (utiliser $\overline{\mathcal{F}}$). ■

6 • Transformation de Fourier et convolution

Théorème 6.1. *Si $T \in \mathcal{S}'$ et $S \in \mathcal{E}'$, on a $T * S \in \mathcal{S}'$ et $\mathcal{F}(T * S) = \hat{T}\hat{S}$.*

Démonstration. Remarquons tout d'abord que l'expression $\hat{T}\hat{S}$ est bien définie, car $\hat{S}$ est une fonction C^∞ sur $\mathbb{R}^n$ telle que $|\partial_\xi^\alpha \hat{S}(\xi)| \leq C_\alpha(1 + |\xi|)^k$ et $\hat{T} \in \mathcal{S}'$ (cf. remarques et exemples 3.2, (iv)). Supposons tout d'abord $T, S \in \mathcal{E}'$. On sait alors que $T * S \in \mathcal{E}'$ et $\hat{T}$, $\hat{S}$ sont C^∞. D'autre part, en désignant par $(\cdot,\cdot)$ le produit scalaire de $\mathbb{R}^n$, on a

$$\begin{aligned}\mathcal{F}(T * S)(\xi) &= \langle T * S, e^{-i(\cdot,\xi)}\rangle = \langle T_y \otimes S_z, e^{-i(y+z,\xi)}\rangle \\ &= \big\langle T_y, \langle S_z, e^{-i(z,\xi)} e^{-i(y,\xi)}\rangle\big\rangle = \langle T_y, e^{-i(y,\xi)}\rangle\langle S_z, e^{-i(z,\xi)}\rangle = \hat{T}(\xi)\hat{S}(\xi).\end{aligned}$$

Soit maintenant $T \in \mathcal{S}'$, $S \in \mathcal{E}'$. On utilise le lemme suivant.

Lemme 6.2. *Il existe $(T_j) \subset \mathcal{E}'$ telle que $T_j \to T$ dans $\mathcal{S}'$.*

Démonstration. Soit $\theta \in C_0^\infty(\mathbb{R}^n)$, $\theta = 1$ si $|x| \leq 1$, $\theta = 0$ si $|x| \geq 2$. Posons $T_j = \theta(\frac{x}{j})T$. Alors, pour $\varphi \in \mathcal{S}$, $|\langle T_j - T, \varphi\rangle| = |\langle T, (\theta(\frac{x}{j}) - 1)\varphi\rangle| \leq C \sum_{\substack{|\alpha|\leq k \\ |\beta|\leq \ell}} \sup_{x\in\mathbb{R}^n} |x^\alpha \partial^\beta((\theta(\frac{x}{j}) - 1)\varphi(x))| \leq \frac{C'}{j} p_{k',\ell'}(\varphi) \to 0.$ ■

On déduit du lemme que $\hat{T}_j \to \hat{T}$ dans $\mathcal{S}'$. Ensuite, comme T_j, $S \in \mathcal{E}'$, il résulte du premier cas que $\mathcal{F}(T_j * S) = \hat{T}_j\hat{S}$ et, comme $\hat{S}$ est à croissance lente, $\hat{T}_j\hat{S} \to \hat{T}\hat{S}$ dans $\mathcal{S}'$. Posons $U = \overline{\mathcal{F}}(\hat{T}\hat{S}) \in \mathcal{S}'$; on a alors, $T_j * S = \overline{\mathcal{F}}(\hat{T}_j\hat{S}) \to \overline{\mathcal{F}}(\hat{T}\hat{S}) = U$ dans $\mathcal{S}'$, donc dans $\mathcal{D}'$. D'autre part $T_j * S \to T * S$ dans $\mathcal{D}'$. On en déduit que $T * S = U \in \mathcal{S}'$ et $\mathcal{F}(T * S) = \mathcal{F}U = \hat{T}\hat{S}$, ce qui prouve le résultat cherché. ■

Voici un autre cas non couvert par le théorème précédent. Si $T \in \mathcal{S}'$ et $\varphi \in \mathcal{S}$, on peut définir $T * \varphi$ par,

(6.1) $$(T * \varphi)(x) = \langle T, \varphi(x - \cdot)\rangle.$$

La remarque 3.2, (ix) montre que $T * \varphi$ est une fonction C^∞ et que $\partial_x^\alpha(T * \varphi)(x) = \langle T, \partial^\alpha\varphi(x - \cdot)\rangle$. D'autre part, si $\varphi_\varepsilon \to \varphi$ dans $\mathcal{S}$, $T * \varphi_\varepsilon \to T * \varphi$ dans $\mathcal{S}'$.

Théorème 6.3. *Soit $T \in \mathcal{S}'$ et $\varphi \in \mathcal{S}$, alors $T * \varphi \in C^\infty \cap \mathcal{S}'$ et*

(6.2) $$\mathcal{F}(T * \varphi) = \hat{\varphi}\hat{T}.$$

Démonstration. Soit $\psi \in C_0^\infty$; on a $\langle T * \varphi, \psi\rangle = \langle\langle T_y, \varphi(x-y)\rangle, \psi_x\rangle = \langle T_y \otimes \psi_x, \varphi(x-y)\rangle = \langle T_y, \langle\varphi(x-y), \psi_x\rangle\rangle = \langle T_y, \check{\varphi} * \psi\rangle$. On en déduit que

$$|\langle T * \varphi, \psi\rangle| \leq C \sum_{\substack{|\alpha|\leq k \\ |\beta|\leq \ell}} \sup_{y\in\mathbb{R}^n} |y^\alpha(\check{\varphi} * \partial^\beta\psi)(y))|.$$

Or,
$$\begin{aligned}|y^\alpha(\check{\varphi} * \partial^\beta\psi)(y)| &= \Big|\int (y-z+z)^\alpha \check{\varphi}(z)\partial^\beta\psi(y-z)\,dz\Big| \\ &= \Big|\sum_{\gamma\leq\alpha}\binom{\alpha}{\gamma}\int z^\gamma\check{\varphi}(z)(y-z)^{\alpha-\gamma}\partial^\beta\psi(y-z)\,dz\Big| \\ &\leq C\Big(\sum_{\gamma\leq\alpha}\int |z^\gamma\check{\varphi}(z)|\,dz\cdot\sup_{\mathbb{R}^n}|x^{\alpha-\gamma}\partial^\beta\psi(x)|\Big).\end{aligned}$$

Donc $T * \varphi \in \mathcal{S}'$ puisque C_0^∞ est dense dans $\mathcal{S}$. Montrons la formule (6.2). Si $\varphi \in C_0^\infty$, il résulte du théorème 6.1 que, $\mathcal{F}(T*\varphi) = \hat{T}\hat{\varphi}$. Ensuite si $\varphi \in \mathcal{S}$, il existe $(\varphi_j) \subset C_0^\infty$ telle que $\varphi_j \to \varphi$ dans $\mathcal{S}$. Alors $\mathcal{F}(T*\varphi_j) = \hat{T}\hat{\varphi}_j$. D'autre part $\hat{T}\hat{\varphi}_j \to \hat{T}\hat{\varphi}$ dans $\mathcal{S}'$ et $T*\varphi_j \to T*\varphi$ dans $\mathcal{S}'$. On en déduit que $\mathcal{F}(T*\varphi_j) \to \mathcal{F}(T*\varphi)$ dans $\mathcal{S}'$ et donc $\mathcal{F}(T*\varphi) = \hat{\varphi}\hat{T}$. ■

7 • Transformation de Fourier partielle et applications

Dans $\mathbb{R}^p \times \mathbb{R}^n$, nous noterons (t, x), où $t \in \mathbb{R}^p$ et $x \in \mathbb{R}^n$, la variable. Pour $\varphi \in \mathcal{S}(\mathbb{R}^p \times \mathbb{R}^n)$, on définit la transformation de Fourier partielle en x par la formule

$$\tilde{\mathcal{F}}\varphi(t,\xi) = \tilde{\varphi}(t,\xi) = \int_{\mathbb{R}^n} e^{-ix\cdot\xi}\varphi(t,x)\,dx. \tag{7.1}$$

Alors $\tilde{\mathcal{F}}$ est bijective de $\mathcal{S}(\mathbb{R}^p \times \mathbb{R}^n)$ dans lui même, d'inverse

$$\tilde{\mathcal{F}}^{-1}\psi(t,x) = (2\pi)^{-n}\int_{\mathbb{R}^n} e^{ix\cdot\xi}\psi(t,\xi)\,d\xi, \quad \psi \in \mathcal{S}(\mathbb{R}^p \times \mathbb{R}^n). \tag{7.2}$$

Cela permet de définir $\tilde{\mathcal{F}}$ sur $\mathcal{S}'(\mathbb{R}^p \times \mathbb{R}^n)$ par

$$\langle\tilde{\mathcal{F}}T, \varphi\rangle = \langle T, \tilde{\mathcal{F}}\varphi\rangle, \quad \varphi \in \mathcal{S}(\mathbb{R}^p \times \mathbb{R}^n). \tag{7.3}$$

Alors $\tilde{\mathcal{F}}$ est un isomorphisme bicontinu (sur les suites) de $\mathcal{S}'(\mathbb{R}^p \times \mathbb{R}^n)$ dans lui-même. Il est ensuite facile de vérifier que l'on a les formules,

$$\begin{cases}\tilde{\mathcal{F}}(D_x^\alpha T) = \xi^\alpha\tilde{\mathcal{F}}T \text{ où } D_x^\alpha = D_{x_1}^{\alpha_1}\dots D_{x_n}^{\alpha_n}, \ D_{x_j} = \dfrac{1}{i}\dfrac{\partial}{\partial x_j}, \\ \tilde{\mathcal{F}}(x^\alpha T) = (-D_\xi)^\alpha\tilde{\mathcal{F}}T, \\ \tilde{\mathcal{F}}(D_t^\beta u) = D_t^\beta\tilde{\mathcal{F}}u.\end{cases} \tag{7.4}$$

Exemple 7.1. Calculons $\tilde{\mathcal{F}}\delta_0$. On a $\langle \tilde{\mathcal{F}}\delta_0, \varphi\rangle = \langle \delta_0, \tilde{\mathcal{F}}\delta\rangle = \tilde{\mathcal{F}}\varphi(0,0) = \int \varphi(0,\xi)\,d\xi = \langle \delta_{t=0} \otimes 1_\xi, \varphi\rangle$; c'est une mesure portée par l'ensemble $\{(t,\xi) : t = 0\}$.

7.1. Application à la recherche de solutions élémentaires

1) On cherche $E \in \mathcal{S}'(\mathbb{R}_t \times \mathbb{R}^n_x)$ à support dans l'ensemble $\{(t,x) : t \geq 0\}$, telle que $\square E = \delta_0$, où $\square = \partial_t^2 - \Delta_x$ est le d'Alembertien dans $\mathbb{R}_t \times \mathbb{R}^n_x$. Il est équivalent de résoudre l'équation, $\tilde{\mathcal{F}}\square E = \tilde{\mathcal{F}}\delta$. D'après les formules (7.4) et l'exemple 7.1, cette équation est équivalente à,

$$(\partial_t^2 + |\xi|^2)\tilde{E} = \delta_{t=0} \otimes 1_\xi . \tag{7.5}$$

Hors de $t = 0$, la distribution $\tilde{E}$ est solution de l'équation $(\partial_t^2 + |\xi|^2)\tilde{E} = 0$. C'est une équation différentielle en t qui admet des solutions de la forme $a(\xi)\cos(t|\xi|) + b(\xi)\sin(t|\xi|)$. Comme on souhaite que E soit à support dans $t \geq 0$ on tente de prendre $\tilde{E}$ de la forme,

$$\tilde{E}(t,\xi) = H(t)(a(\xi)\cos(t|\xi|) + b(\xi)\sin(t|\xi|))$$

en espérant trouver a et b telles que $\tilde{E}$ appartienne à $\mathcal{S}'(\mathbb{R}_t \times \mathbb{R}^n_x)$ et soit solution de (7.5). On a alors, $\partial_t \tilde{E} = \delta_{t=0}(a(\xi)\cos(t|\xi|) + b(\xi)\sin(t|\xi|)) + H(t)(-|\xi|a(\xi)\sin(t|\xi|) + |\xi|b(\xi)\cos(t|\xi|)) = H(t)(-|\xi|a(\xi)\sin(t|\xi|) + |\xi|b(\xi)\cos(t|\xi|)) + \delta_{t=0} \otimes a(\xi)$. De la même façon,

$$\partial_t^2 \tilde{E} = H(t)(-|\xi|^2(a(\xi)\cos(t|\xi|) + b(\xi)\sin(t|\xi|))) + \delta_{t=0} \otimes |\xi|\,b(\xi) + \delta'_{t=0} \otimes a(\xi),$$

de sorte que, $(\partial_t^2 + |\xi|^2)\tilde{E} = \delta_{t=0} \otimes |\xi|\,b(\xi) + \delta'_{t=0} \otimes a(\xi)$.
Pour que $\tilde{E}$ soit solution de (7.5), il suffit donc de prendre $a \equiv 0$ et $b(\xi) = \frac{1}{|\xi|}$ c'est-à-dire de poser,

$$\tilde{E}(t,\xi) = H(t)\frac{\sin(t|\xi|)}{|\xi|}. \tag{7.6}$$

On définit ainsi une fonction C^∞ en ξ telle que $|\tilde{E}(t,\xi)| \leq \max(t,0)$. Donc on obtient un élément $\tilde{E}$ de $\mathcal{S}'(\mathbb{R}_t \times \mathbb{R}^n_x)$ solution de (7.5) et par conséquent une solution élémentaire E de $\square$ définie par,

$$\langle E, \tilde{\varphi}\rangle = \langle \tilde{\mathcal{F}}E, \varphi\rangle = \int_0^{+\infty} \Big(\int \frac{\sin(t|\xi|)}{|\xi|}\varphi(t,\xi)\,d\xi\Big)\,dt. \tag{7.7}$$

Pour $n = 3$, nous allons retrouver la solution élémentaire donnée au chapitre 9. En effet, nous avons vu au § 4, exemple 4.2 que pour $t > 0$,

$$\frac{\sin(t|\xi|)}{|\xi|} = \frac{\widehat{d\sigma_t}}{4\pi t}. \tag{7.8}$$

Donc $\langle E, \tilde{\varphi}\rangle = \int_0^{+\infty} \langle \widehat{\frac{d\sigma_t}{4\pi t}}, \varphi(t,\cdot)\rangle\, dt$. Comme $\langle \widehat{\frac{d\sigma_t}{4\pi t}}, \varphi(t,\cdot)\rangle = \langle \frac{d\sigma_t}{4\pi t}, \tilde{\varphi}(t,\cdot)\rangle$, on obtient $\langle E, \tilde{\varphi}\rangle = \int_0^{+\infty} \frac{1}{4\pi t} \langle d\sigma_t, \tilde{\varphi}(t,\cdot)\rangle\, dt$, pour tout $\varphi \in \mathcal{S}(\mathbb{R}_t \times \mathbb{R}^n_x)$. En posant $\tilde{\varphi} = \psi$, on obtient,

$$\langle E, \psi\rangle = \int_0^{+\infty} \frac{1}{4\pi t} \int_{|x|=t} \psi(t,x)\, d\sigma_t\, dt = \int_0^{+\infty} \frac{t}{4\pi} \int_{|\omega|=1} \psi(t, t\omega)\, d\omega\, dt.$$

On retrouve la formule (1.9), chapitre 9.

2) Examinons le cas de l'opérateur de la chaleur, $P = \frac{\partial}{\partial t} - \Delta_x$. Résoudre $PE = \delta_0$ est équivalent à résoudre $(\partial_t + |\xi|^2)\tilde{E} = \delta_{t=0} \otimes 1_\xi$. En dehors de $t = 0$, $\tilde{E}$ est solution de $(\partial_t + |\xi|^2)\tilde{E} = 0$. Cette équation admet des solutions de la forme $a(\xi)e^{-t|\xi|^2}$. On tente donc de trouver une fonction a telle que $\tilde{E}(t,\xi) = H(t)a(\xi)e^{-t|\xi|^2}$ soit solution de notre problème. Comme $\partial_t \tilde{E} = -|\xi|^2 H(t)a(\xi)e^{-t|\xi|^2} + \delta_{t=0} \otimes a(\xi)$, on voit qu'il suffit de prendre $a(\xi) \equiv 1$, *i.e.* $\tilde{E}(t,\xi) = H(t)e^{-t|\xi|^2}$. Cette formule définit bien un élément de $\mathcal{S}'(\mathbb{R}_t \otimes \mathbb{R}^n_x)$ qui appartient à $\mathcal{S}(\mathbb{R}^n)$ pour tout $t > 0$. Comme $\tilde{\mathcal{F}}\tilde{\mathcal{F}}T = (2\pi)^n \check{T}$ on obtient $(2\pi)^n \check{E} = H(t)\tilde{\mathcal{F}}e^{-t|\xi|^2}$. En utilisant l'exemple 1.5, on en déduit $(2\pi)^n \check{E} = H(t)\left(\frac{\pi}{t}\right)^{\frac{n}{2}} e^{\frac{-|x|^2}{4t}}$, alors $\check{E} = E$ et $E = \frac{H(t)}{(4\pi t)^{n/2}} e^{\frac{-|x|^2}{4t}}$.

3) L'opérateur de Schrödinger, $P = \partial_t - i\Delta_x$. Un raisonnement identique conduit à prendre $\tilde{E}(t,\xi) = H(t)e^{-it|\xi|^2} \in \mathcal{S}'(\mathbb{R}_t \times \mathbb{R}^n_x)$. L'exemple 3.6, 3) montre que $E = \dfrac{H(t)}{(2\pi)^n}\left(\dfrac{\sqrt{\pi}}{\sqrt{t}}\right)^n e^{-in\frac{\pi}{4}} e^{i\frac{|x|^2}{4t}} = \dfrac{H(t)}{(4\pi t)^{n/2}} e^{-in\frac{\pi}{4}} e^{i\frac{|x|^2}{4t}}$ est une solution élémentaire de P, à support dans $t \geq 0$.

8 • Le théorème de Paley-Wiener-Schwartz

Il s'agit d'un résultat permettant de caractériser, à l'aide de la transformée de Fourier, le fait qu'une fonction (puis une distribution) ait un support compact.

8.1. Le cas des fonctions

Théorème 8.1 (Paley-Wiener)

1) *Soit* $\varphi \in C_0^\infty(\mathbb{R}^n)$ *avec* $\operatorname{supp}\varphi \subset \{t \in \mathbb{R}^n : |t| \leq r\}$. *Il existe une fonction* $F : \mathbb{C}^n \to \mathbb{C}$, *holomorphe sur* $\mathbb{C}^n$ *telle que* $F(\xi) = \hat{\varphi}(\xi)$ *si* $\xi \in \mathbb{R}^n$ *et*

(8.1) $\forall N \in \mathbb{N},\ \exists C_N > 0 : |F(z)| \leq C_N(1+|z|)^{-N} e^{r|\operatorname{Im} z|}, \quad \forall z \in \mathbb{C}^n.$

2) *Réciproquement, soit* $F : \mathbb{C}^n \to \mathbb{C}$ *une fonction holomorphe sur* $\mathbb{C}^n$ *vérifiant (8.1). Il existe* $\varphi \in C_0^\infty(\mathbb{R}^n)$ *telle que* $\operatorname{supp}\varphi \subset \{t \in \mathbb{R}^n : |t| < r\}$ *et* $\hat{\varphi}(\xi) = F(\xi)$ *si* $\xi \in \mathbb{R}^n$.

Rappelons ce que signifie «F holomorphe sur $\mathbb{C}^n$». Un point z de $\mathbb{C}^n$ est repéré par ses coordonnées, $z = (z_1, \dots, z_n)$, où $z_j = x_j + iy_j \in \mathbb{C}$, $j = 1, \dots, n$. Une fonction $F : \mathbb{C}^n \to \mathbb{C}$ est holomorphe sur $\mathbb{C}^n$ si l'application de $\mathbb{R}^{2n}$ dans $\mathbb{C}$, $(x_1, y_1, \dots, x_n, y_n) \mapsto F(x_1 + iy_1, \dots, x_n + iy_n)$ est de classe C^1 et si pour tout $j = 1, \dots, n$, $\frac{\partial F}{\partial \bar{z}_j} = \frac{1}{2}\big(\frac{\partial F}{\partial x_j} + i\frac{\partial F}{\partial y_j}\big) = 0$ en tout point de $\mathbb{C}^n$.

Remarque 8.2. Le résultat ci-dessus montre en particulier qu'il n'existe pas, en dehors de la fonction nulle, d'élément $\varphi \in C_0^\infty(\mathbb{R}^n)$ tel que $\hat{\varphi}$ soit à support compact. En effet, d'après 1), $\hat{\varphi}$ est la restriction à $\mathbb{R}^n$ d'une fonction holomorphe. C'est donc une fonction analytique sur $\mathbb{R}^n$ et une telle fonction, nulle sur un ouvert non vide, est identiquement nulle sur $\mathbb{R}^n$.

Démonstration du théorème 8.1

1) Posons pour $z \in \mathbb{C}^n$, $F(z) = \int_{\mathbb{R}^n} e^{-it\cdot z}\varphi(t)\,dt$ où $t \cdot z = \sum_{j=1}^{n} t_j z_j$. Notons $f(t,z) = e^{-it\cdot z}\varphi(t)$. On a trivialement $\frac{\partial f}{\partial \bar{z}_j} = 0$, $j = 1, \dots, n$. D'autre part, si $|z| \le R$, $\big|\frac{\partial f}{\partial x_j}(t,z)\big| = \big|\frac{\partial f}{\partial y_j}(t,z)\big| = |t_j e^{-it\cdot z}\varphi(t)| = |t_j e^{t\cdot \operatorname{Im} z}\varphi(t)| \le r e^{rR}|\varphi(t)|$, car $|t| \le r$ sur le support de φ. On en déduit qu'on peut dériver l'intégrale sous le signe somme; il résulte que $\frac{\partial F}{\partial \bar{z}_j} = 0$ pour $|z| < R$, pour tout $R > 0$. On a d'autre part, $F(\xi) = \hat{\varphi}(\xi)$ si $\xi \in \mathbb{R}^n$. Reste à prouver (8.1). On a $|z| = \big(\sum_{j=1}^{n} |z_j|^2\big)^{1/2} \le \sum_{j=1}^{n} |z_j|$, d'où $|z|^N \le C_N \sum_{j=1}^{N} |z_j|^N$, pour $N \in \mathbb{N}$. Ensuite $z_j^N F(z) = \int (-D_{t_j})^N (e^{-it\cdot z})\varphi(t)\,dt$, où $D_{t_j} = \frac{1}{i}\frac{\partial}{\partial t_j}$. Comme $\varphi \in C_0^\infty(\mathbb{R}^n)$, on peut intégrer par parties et on obtient $z_j^N F(z) = \int e^{-it\cdot z} D_{t_j}^N \varphi(t)\,dt$, d'où $|z_j^N F(z)| \le \int e^{t\cdot|\operatorname{Im} z|} |D_{t_j}^N \varphi(t)|\,dt \le e^{r|\operatorname{Im} z|}\int |D_{t_j}^N\varphi(t)|\,dt$, puisque $|t| \le r$ sur $\operatorname{supp}\varphi$. Il en résulte que pour tout $N \in \mathbb{N}$ on a, $|z|^N |F(z)| \le C'_N e^{r|\operatorname{Im} z|}$, ce qui prouve (8.1).

2) Posons $\varphi(t) = (2\pi)^{-n}\int_{\mathbb{R}^n} e^{it\cdot x}F(x)\,dx$. Comme, d'après l'inégalité (8.1), $(1 + |x|)^N F \in L^1(\mathbb{R}^n)$, pour tout $N \in \mathbb{N}$, l'intégrale est bien définie et $\varphi \in C^\infty(\mathbb{R}^n)$. Nous allons montrer que $\operatorname{supp}\varphi \subset \{t : |t| \le r\}$; on aura alors $\varphi \in C_0^\infty$ et l'égalité $\hat{\varphi} = F$ résultera du fait que $\varphi = \overline{\mathcal{F}}F$. La première étape consiste à montrer que pour tout $y \in \mathbb{R}^n$ on a,

$$(8.2) \qquad \varphi(t) = (2\pi)^{-n}\int_{\mathbb{R}^n} e^{it\cdot(x+iy)}F(x+iy)\,dx.$$

Cette égalité sera une conséquence de l'affirmation suivante :

$$(8.3) \quad \begin{cases} \text{pour tous nombres complexes } z_2, \dots, z_n \text{ fixés, l'intégrale} \\ I = \displaystyle\int_{-\infty}^{+\infty} e^{it_1(x_1+iy_1)+it'\cdot z'} F(x_1+iy_1, z_2, \dots, z_n)\,dx_1, \text{ est} \\ \text{indépendante de } y_1 \in \mathbb{R}; \text{ ici } t' = (t_2, \dots, t_n),\ z' = (z_2, \dots, z_n). \end{cases}$$

Soit Γ_R le contour de $\mathbb{C}$ décrit dans la figure 1.

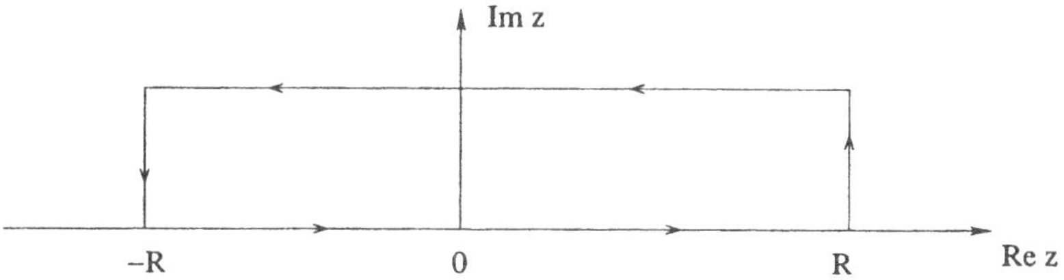

figure 1

La fonction $g(z) = e^{it_1 z + it' \cdot z'} F(z, z_2, \ldots, z_n)$ étant holomorphe sur $\mathbb{C}$, on a $\int_{\Gamma_R} g(z)\, dz = 0$, ce qui s'écrit

$$\int_{-R}^{R} g(x_1)\, dx_1 + \int_0^{y_1} g(R + iy) i\, dy + \int_R^{-R} g(x_1 + iy_1)\, dx_1 + \int_{y_1}^{0} g(-R + iy) i\, dy = 0.$$

Lorsque $R \to +\infty$, les deuxième et quatrième intégrales tendent vers zéro. En effet, on peut écrire

$$|g(R + iy)| \leq C_N (1 + R + |y|)^{-N} e^{r(|y| + \sum_{j=2}^{n} |\operatorname{Im} z_j|)} e^{-t_1 y - \sum_{j=2}^{n} t_j \operatorname{Im} z_j},$$

et par conséquent,

$$\int_0^{y_1} |g(R + iy)|\, dy \leq C_N (1 + R)^{-N} \int_0^{y_1} e^{r(|y| + \cdots) - t_1 y - \sum \cdots} dy \to 0$$

si $R \to +\infty$.

Le raisonnement est le même pour $g(-R + iy)$. Comme d'après (8.1), $|g(x_1)| \leq C_N |e^{it' \cdot z'}| (1 + |x_1|)^{-N}$, on a $\lim\limits_{R \to +\infty} \int_{-R}^{R} g(x_1)\, dx_1 = \int_{-\infty}^{+\infty} g(x_1)\, dx$; il en est de même pour la troisième intégrale. Donc (8.3) est prouvé et (8.2) également.

Soit $t \in \mathbb{R}^n \setminus 0$. Prenons dans (8.2), $y = \lambda \frac{t}{|t|}$ où $\lambda > 0$. Alors $t \cdot y = \lambda |t|$ et $|y| = \lambda$. Soit $N > n + 1$. On a d'après (8.1),

$$\left| e^{it(x+iy)} F(x + iy) \right| \leq C_N e^{-\lambda |t|} (1 + |x|)^{-N} e^{r\lambda}$$

d'où, $|\varphi(t)| \leq C'_N e^{(r - |t|)\lambda} \int_{\mathbb{R}^n} (1 + |x|)^{-N} dx$. En faisant tendre λ vers $+\infty$, on en déduit que $\varphi(t) = 0$ si $r - |t| < 0$. Donc $\operatorname{supp} \varphi \subset \{t : |t| \leq r\}$. ■

8.2. Le cas des distributions

Théorème 8.3 (Paley-Wiener-Schwartz)

1) *Soit $T \in \mathcal{E}'(\mathbb{R}^n)$, d'ordre N_0, telle que* $\operatorname{supp} T \subset \{t \in \mathbb{R}^n : |t| \le r\}$*. Il existe alors une fonction $F : \mathbb{C}^n \to \mathbb{C}$, holomorphe, telle que $F(\xi) = \hat{T}(\xi)$ si $\xi \in \mathbb{R}^n$ et,*

$$(8.4) \qquad |F(z)| \le C(1 + |z|)^{N_0} e^{r|\operatorname{Im} z|}, \quad \forall z \in \mathbb{C}^n.$$

2) *Réciproquement, soit $F : \mathbb{C}^n \to \mathbb{C}$ holomorphe vérifiant (8.4). Il existe alors $T \in \mathcal{E}'(\mathbb{R}^n)$ telle que* $\operatorname{supp} T \subset \{t : |t| \le r\}$ *et $\hat{T}(\xi) = F(\xi)$ pour $\xi \in \mathbb{R}^n$.*

Démonstration

1) Posons $F(z) = \langle T, e^{-i\langle \cdot, z\rangle}\rangle$, $z \in \mathbb{C}^n$. Il résulte facilement du lemme 6.2, chapitre 2, que la fonction $(x_1, y_1, \dots, x_n, y_n) \mapsto F(x_1 + iy_1, \dots, x_n + iy_n)$ est de classe C^1 sur $\mathbb{R}^{2n}$ et que $\frac{\partial F}{\partial \bar{z}_j}(z) = \langle T, \frac{\partial}{\partial \bar{z}_j} e^{-i\langle \cdot, z\rangle}\rangle = 0$. Donc F est holomorphe sur $\mathbb{C}^n$. D'autre part, comme $T \in \mathcal{E}'$ est d'ordre N_0, il existe $C > 0$ et K compact, voisinage arbitrairement petit de $\operatorname{supp} T$, tels que $|F(z)| \le C \sum_{|\alpha| \le N_0} \sup_{x \in K} |\partial_x^\alpha e^{-ix\cdot z}|$. Comme $K \subset \{x : |x| \le r + \varepsilon\}$, on a $|F(z)| \le C \sum_{|\alpha| \le N_0} |z^\alpha| e^{(r+\varepsilon)|\operatorname{Im} z|} \le C'(1 + |z|)^{N_0} e^{(r+\varepsilon)|\operatorname{Im} z|}$. La constante C' étant indépendante de ε, on peut faire tendre ε vers zéro et on obtient l'inégalité (8.4).

2) Pour $x \in \mathbb{R}^n$ on a, d'après (8.4), $|F(x)| \le C(1+|x|)^{N_0}$. Donc la restriction de F à $\mathbb{R}^n$ appartient à $\mathcal{S}'$; il existe donc $T \in \mathcal{S}'$ telle que $F|_{\mathbb{R}^n} = \hat{T}$. Il reste à montrer que $T \in \mathcal{E}'$ avec $\operatorname{supp} T \subset \{x : |x| \le r\}$. Soit $\rho \in C_0^\infty(\mathbb{R}^n)$ telle que $\operatorname{supp} \rho \subset \{x : |x| \le 1\}$, $\rho \ge 0$ et $\int \rho(x)dx = 1$. Posons $\rho_\varepsilon(x) = \varepsilon^{-n} \rho(\frac{x}{\varepsilon})$. D'après le théorème 8.1, $\hat{\rho}_\varepsilon$ se prolonge en une fonction holomorphe sur $\mathbb{C}^n$ (que nous noterons $\hat{\rho}_\varepsilon(z)$) telle que $|\hat{\rho}_\varepsilon(z)| \le C_{N,\varepsilon}(1 + |z|)^{-N} e^{\varepsilon|\operatorname{Im} z|}$, pour tout $z \in \mathbb{C}^n$ et $N \in \mathbb{N}$. Posons $F_\varepsilon(z) = F(z)\hat{\rho}_\varepsilon(z)$. D'après (8.4) on a,

$$|F_\varepsilon(z)| \le C_{N_0}(1 + |z|)^{N_0} C_{N,\varepsilon}(1 + |z|)^{-N} e^{(r+\varepsilon)|\operatorname{Im} z|}, \quad \forall z \in \mathbb{C}^n, \quad \forall N \in \mathbb{N}.$$

Le théorème 8.1, 2) implique alors qu'il existe $\phi_\varepsilon \in C_0^\infty(\mathbb{R}^n)$ telle que $\hat{\phi}_\varepsilon(\xi) = F_\varepsilon(\xi)$ pour $\xi \in \mathbb{R}^n$ et $\operatorname{supp} \phi_\varepsilon \subset \{x : |x| \le r + \varepsilon\}$.

Soit $\psi \in C_0^\infty(\mathbb{R}^n)$ telle que $\operatorname{supp} \psi \subset \{x : |x| > r\}$. Nous allons montrer que $\langle T, \psi\rangle = 0$, ce qui prouvera que $\operatorname{supp} T \subset \{x : |x| \le r\}$. Tout d'abord, comme $\operatorname{supp} \psi$ est compact, il existe $\varepsilon_0 > 0$ tel que $\operatorname{supp} \psi \subset \{x : |x| \ge r + \varepsilon_0\}$. Donc,

$$(8.5) \qquad \psi(x)\phi_\varepsilon(x) \equiv 0 \text{ pour tout } \varepsilon < \varepsilon_0.$$

On a

$$\langle T, \psi\rangle = \langle T, \mathcal{F}\overline{\mathcal{F}}\psi\rangle = \langle \hat{T}, \overline{\mathcal{F}}\psi\rangle = \int_{\mathbb{R}^n} F(\xi)\overline{\mathcal{F}}\psi(\xi)\,d\xi = \lim_{\varepsilon\to 0}\int_{\mathbb{R}^n} F_\varepsilon(\xi)\overline{\mathcal{F}}\psi(\xi)\,d\xi$$

la dernière égalité étant justifiée par le théorème de convergence dominée puisque $F_\varepsilon(\xi) = F(\xi)\hat{\rho}(\varepsilon\xi) \to F(\xi)$ si $\varepsilon \to 0$ et $|F_\varepsilon(\xi)\overline{\mathcal{F}}\psi(\xi)| \leq C|F(\xi)|$. $|\overline{\mathcal{F}}\psi(\xi)| \in L^1$, car $|F(\xi)| \leq C(1+|\xi|)^{N_0}$ et $\overline{\mathcal{F}}\psi \in \mathcal{S}$. Alors,

$$\langle T, \psi\rangle = \lim_{\varepsilon\to 0}\int \hat{\phi}_\varepsilon(\xi)\overline{\mathcal{F}}\psi(\xi)\,d\xi = \lim_{\varepsilon\to 0}\int \phi_\varepsilon(x)\psi(x) = 0$$

d'après (8.5). ∎

8.3. Application

Pour $t > 0$ fixé, considérons la distribution $T_t \in \mathcal{S}'(\mathbb{R}^n)$ donnée par,

$$\text{(8.6)} \qquad \langle T_t, \varphi\rangle = \Big\langle \overline{\mathcal{F}}\Big(\frac{\sin(t|\xi|)}{|\xi|}\Big), \varphi\Big\rangle, \quad \varphi \in \mathcal{S}(\mathbb{R}^n).$$

Lorsque $n = 3$, nous avons calculé explicitement T_t (cf. (4.1)) et nous avions, en particulier, $\operatorname{supp} T_t \subset \{x \in \mathbb{R}^3 : |x| = t\}$. Nous allons montrer, dans le cas général, le résultat suivant.

Proposition 8.4. $\operatorname{supp} T_t \subset \{x \in \mathbb{R}^n : |x| \leq t\}$.

Démonstration. Nous allons utiliser le théorème 8.3. On a $\hat{T}_t(\xi) = \frac{\sin(t|\xi|)}{|\xi|}$. Considérons la fonction F sur $\mathbb{C}^n$ définie par,

$$\text{(8.7)} \qquad F(z) = \sum_{k=0}^{+\infty} \frac{(-1)^k h(z)^k t^{2k+1}}{(2k+1)!}, \quad h(z) = \sum_{j=1}^{n} z_j^2, \quad z_j = \xi_j + i\eta_j \in \mathbb{C}.$$

Remarquons que,

$$\text{(8.8)} \qquad h(z) = |\xi|^2 - |\eta|^2 + 2i\langle \xi, \eta\rangle.$$

La fonction de $\mathbb{C}$ dans $\mathbb{C}$, $\zeta \mapsto G(\zeta) = \sum_{k=0}^{+\infty} \frac{(-1)^k \zeta^k t^{2k+1}}{(2k+1)!}$ est holomorphe sur $\mathbb{C}$, car la série converge normalement sur tout disque $\{\zeta : |\zeta| \leq R\}$, $R > 0$. La fonction $\mathbb{C}^n \to \mathbb{C}$, $z \mapsto h(z)$ est trivialement holomorphe sur $\mathbb{C}^n$. Donc la fonction $z \mapsto F(z) = G(h(z))$ est holomorphe sur $\mathbb{C}^n$. D'autre part, si $z = \xi \in \mathbb{R}^n$, on a $F(\xi) = \sum_{k=0}^{+\infty} \frac{(-1)^k |\xi|^{2k} t^{2k+1}}{(2k+1)!} = \frac{\sin(t|\xi|)}{|\xi|}$; donc F prolonge $\hat{T}_t$ à $\mathbb{C}^n$. Il reste à prouver que $|F(z)| \leq C(1+|z|)^{N_0} e^{t|\operatorname{Im} z|}$. Si $|h(z)| \leq 1$ on a

$|F(z)| \leq \sum_{k=0}^{+\infty} \frac{t^{k+1}}{(2k+1)!} = C(t)$. Si $|h(z)| > 1$, soit Z une racine carrée de $h(z)$, *i.e.* $Z^2 = h(z)$. Alors $|Z| > 1$ et $F(z) = \sum_{k=0}^{+\infty} \frac{(-1)^k Z^{2k} t^{2k+1}}{(2k+1)!} = \frac{1}{Z} \sum_{k=0}^{+\infty} \frac{(-1)^k (tZ)^{2k+1}}{(2k+1)!} = \frac{\sin(tZ)}{Z}$ d'où, $F(z) = \frac{1}{2iZ}(e^{itZ} - e^{-itZ})$ et $|F(z)| \leq \frac{e^{t|\operatorname{Im} Z|}}{|Z|} \leq e^{t|\operatorname{Im} Z|}$. Si $Z = a + ib$ on a, $|Z|^2 = |a|^2 + |b|^2 = |h(z)| = \left[(|\xi|^2 - |\eta|^2)^2 + 4\langle \xi, \eta\rangle^2\right]^{1/2}$, d'après (8.8) ; donc, $|a|^2 + |b|^2 \leq \left[(|\xi|^2 - |\eta|^2)^2 + 4|\xi|^2|\eta|^2\right]^{1/2} = |\xi|^2 + |\eta|^2$. D'autre part $Z^2 = |a|^2 - |b|^2 + 2i\langle a, b\rangle$, d'où $|a|^2 - |b|^2 = \operatorname{Re} h(z) = |\xi|^2 - |\eta|^2$. On en déduit que, $2|b|^2 \leq 2|\eta|^2$, *i.e.* $|\operatorname{Im} Z| \leq |\operatorname{Im} z|$. Il s'en suit que $|F(z)| \leq e^{t|\operatorname{Im} z|}$. En résumé, $|F(z)| \leq (C(t) + 1)\, e^{t|\operatorname{Im} z|}$. ∎

En utilisant la distribution définie par (8.6), on peut développer, en dimension n quelconque, la théorie sur l'équation des ondes décrite au chapitre 9.

9 • La méthode de la phase stationnaire

Il s'agit d'une méhode qui permet de décrire le comportement lorsque $\lambda \to +\infty$ d'intégrales de la forme,

(9.1) $$I(\lambda) = \int e^{i\lambda\varphi(x)} a(x)\, dx,$$

où φ est une fonction C^∞ sur $\mathbb{R}^n$ à valeurs réelles et $a \in C_0^\infty(\mathbb{R}^n)$.

L'asymptotique de $I(\lambda)$ va dépendre du comportement de φ sur le support de a.

1er cas. Si $\varphi'(x) \neq 0$ pour tout $x \in \operatorname{supp} a$, alors, pour tout $N \in \mathbb{N}$, il existe $C_N > 0$ telle que,

(9.2) $$|I(\lambda)| \leq C_N \lambda^{-N}, \quad \text{pour tout } \lambda \geq 1.$$

En effet, considérons, pour $x \in \operatorname{supp} a$, l'opérateur différentiel,

(9.3) $$L = \frac{1}{i} \sum_{j=1}^{n} \frac{1}{\|\varphi'(x)\|^2} \frac{\partial \varphi}{\partial x_j} \frac{\partial}{\partial x_j},$$

où $\|\varphi'(x)\|^2 = \sum_{j=1}^{n} \left(\frac{\partial \varphi}{\partial x_j}\right)^2$. On a alors, $L e^{i\lambda\varphi} = \lambda e^{i\lambda\varphi}$ et donc

(9.4) $$\frac{1}{\lambda^N} L^N(e^{i\lambda\varphi}) = e^{i\lambda\varphi}, \quad \text{pour tout } N \in \mathbb{N},$$

où $L^N = L \circ \ldots \circ L$.

Si on note ${}^tLu = -\frac{1}{i}\sum_{j=1}^{n}\frac{\partial}{\partial x_j}\big(\frac{1}{\|\varphi'(x)\|^2}\frac{\partial\varphi}{\partial x_j}u\big)$ le transposé de L, comme $a \in C_0^\infty(\mathbb{R}^n)$, des intégrations par parties successives montrent que, pour $N \in \mathbb{N}$,

$$I(\lambda) = \int \frac{1}{\lambda^N} L^N(e^{i\lambda\varphi})a(x)\,dx = \frac{1}{\lambda^N}\int e^{i\lambda\varphi}({}^tL)^N a(x)\,dx,$$

d'où,

$$|I(\lambda)| \leq \frac{1}{\lambda^N}\int |({}^tL)^N a(x)|\,dx = C_N\,\lambda^{-N}.$$

2ème cas. Il existe $x_0 \in \overset{\circ}{\widehat{\operatorname{supp}}}\,a$ tel que $\varphi'(x_0) = 0$. Un tel point est appelé un point stationnaire (ou critique) de φ, ce qui donne son nom à la méthode. Dans ce cas, il faut affiner la discussion. Le cas suivant intéressant est celui où $\varphi''(x_0)$ (la dérivée seconde) est non dégénérée. On fera l'hypothèse suivante.

$$(9.5)\qquad \begin{cases} \text{Il existe un unique } x_0 \in \overset{\circ}{\widehat{\operatorname{supp}}}\,a \text{ tel que} \\ \varphi'(x_0) = 0;\ \ \varphi''(x_0) \text{ est non dégénérée.} \end{cases}$$

Dans ce cas, le comportement de $I(\lambda)$ est fourni par la proposition suivante.

Proposition 9.1. *Pour tout $N \in \mathbb{N}$, il existe $a_0, \ldots, a_N$ dans $\mathbb{C}$ (dépendant de a et de φ) une fonction R_N et une constante $C_N > 0$ tels que, pour tout $\lambda \geq 1$ on ait,*

$$(9.6)\qquad \begin{cases} I(\lambda) = e^{i\lambda\varphi(x_0)}\displaystyle\sum_{k=0}^{N} a_k\,\lambda^{-\frac{n}{2}-k} + R_N(\lambda) \\ |R_N(\lambda)| \leq C_N\,\lambda^{-\frac{n}{2}-N-1}. \end{cases}$$

De plus, $a_0 = \frac{(2\pi)^{n/2}}{\sqrt{|\det\varphi''(x_0)|}}e^{i\frac{\pi}{4}\operatorname{sgn}\varphi''(x_0)}a_0(x_0)$, où sgn *désigne la signature.*

Démonstration. On commence par traiter le cas particulier où $x_0 = 0$ et

$$(9.7)\qquad \varphi(x) = \frac{1}{2}(Bx, x),$$

où B est une matrice symétrique de $GL(n,\mathbb{R})$. Le cas général se ramènera à celui-là. On a alors $I(\lambda) = \int e^{i\frac{\lambda}{2}(Bx,x)}a(x)\,dx = \langle e^{i\frac{\lambda}{2}(Bx,x)}, a\rangle$, où on a considéré $e^{i\frac{\lambda}{2}(Bx,x)}$ comme élément de $\mathcal{S}'(\mathbb{R}^n)$. Comme $\overline{\mathcal{F}}\mathcal{F} = \mathrm{Id}$, on peut écrire, $I(\lambda) = \langle \mathcal{F}e^{i\frac{\lambda}{2}(Bx,x)}, \overline{\mathcal{F}}a\rangle$. En utilisant l'exemple 3.6, 7), on en déduit

$$(9.8)\qquad I(\lambda) = \frac{(2\pi)^{n/2}\lambda^{-n/2}}{\sqrt{|\det B|}}e^{i\frac{\pi}{4}\operatorname{sgn}B}\big\langle e^{-\frac{i}{2\lambda}(B^{-1}\xi,\xi)}, \overline{\mathcal{F}}a\big\rangle.$$

La formule de Taylor avec reste intégral montre que, pour $\theta \in \mathbb{R}$, on a,

$$e^{i\theta} = \sum_{k=0}^{N} \frac{(i\theta)^k}{k!} + \frac{\theta^{N+1}}{N!} \int_0^1 (1-t)^N \, i^{N+1} e^{it\theta} \, dt.$$

On en déduit,

$$(9.9) \qquad \begin{cases} e^{-\frac{i}{2\lambda}(B^{-1}\xi,\xi)} = \displaystyle\sum_{k=0}^{N} \frac{1}{k!}\Big(-\frac{i}{2\lambda}(B^{-1}\xi,\xi)\Big)^k + \lambda^{-(N+1)} F_N(\lambda,\xi), \\ \text{avec, } |F_N(\lambda,\xi)| \leq C_N \, |(B^{-1}\xi,\xi)|^{N+1}. \end{cases}$$

En particulier, le terme correspondant à $k=0$ vaut 1.

En utilisant (9.8) et (9.9), on peut écrire,

$$I(\lambda) = \frac{(2\pi)^{n/2}\lambda^{-n/2}}{\sqrt{|\det B|}} e^{i\frac{\pi}{4}\operatorname{sgn} B} \Big[\sum_{k=0}^{N} \frac{\lambda^{-k}}{k!} \int \Big(-\frac{i}{2}(B^{-1}\xi,\xi)\Big)^k \overline{\mathcal{F}}a(\xi)\, d\xi$$
$$+ \lambda^{-(N+1)} \int F_N(\lambda,\xi) \overline{\mathcal{F}}a(\xi)\, d\xi \Big].$$

On trouve donc la formule (9.6) avec,

$$a_k = \frac{(2\pi)^{n/2}}{\sqrt{|\det B|}} e^{i\frac{\pi}{4}\operatorname{sgn} B} \frac{(-i)^k}{2^k k!} \int (B^{-1}\xi,\xi)^k \overline{\mathcal{F}}a(\xi)\, d\xi$$

$$R_N(\lambda) = \frac{(2\pi)^{n/2}}{\sqrt{|\det B|}} \lambda^{-\frac{n}{2}-N-1} e^{i\frac{\pi}{4}\operatorname{sgn} B} \int F_N(\lambda,\xi) \overline{\mathcal{F}}a(\xi)\, d\xi.$$

Lorsque $k=0$ apparaît dans a_0 la quantité $\int \overline{\mathcal{F}}a(\xi)\, d\xi = [\mathcal{F}(\overline{\mathcal{F}}a)](0) = a(0)$. Pour traiter le cas général on utilise le résultat suivant.

Lemme 9.2 (Morse) *Soit $\varphi \in C^2(\mathbb{R}^n)$, $x_0 \in \mathbb{R}^n$ tels que, $d\varphi(x_0) = 0$ et $\det\big(\frac{\partial^2 \varphi}{\partial x_j \partial x_k}(x_0)\big) \neq 0$. Il existe alors un voisinage V de x_0 et un difféomorphisme χ de V sur un voisinage U de zéro tels que pour tout $y \in U$ on ait,*

$$(9.10) \qquad \varphi(\chi^{-1}(y)) = \varphi(x_0) + \frac{1}{2}(y_1^2 + \ldots + y_r^2 - y_{r+1}^2 - \ldots - y_n^2)$$

où $\operatorname{sgn} \varphi''(x_0) = 2r - n$.

Admettons un instant ce lemme et terminons la preuve de la proposition 9.1. Soit $\theta \in C_0^\infty(V)$, $\theta = 1$ dans un voisinage de x_0 et écrivons

$$I(\lambda) = \int e^{i\lambda\varphi(x)} \theta(x) a(x)\, dx + \int e^{i\lambda\varphi(x)} (1-\theta(x)) a(x)\, dx = I_1(\lambda) + I_2(\lambda).$$

D'après l'hypothèse, sur le support de $(1-\theta)\,a$, φ n'a aucun point stationnaire, *i.e.* $\varphi'(x) \neq 0$. On déduit du 1er cas que, $|I_2(\lambda)| \leq C_N\,\lambda^{-N}$, pour tout $N \in \mathbb{N}$ et $\lambda \geq 1$. Ce terme va entrer dans le reste.

Dans l'intégrale I_1 posons, $c(x) = \theta(x)\,a(x)$ puis, $x = \chi^{-1}(y)$. En utilisant le lemme de Morse on peut écrire,

$$I_1(\lambda) = e^{i\lambda\varphi(x_0)} \int e^{i\frac{\lambda}{2}(By,y)}\, c(\chi^{-1}(y))\,|\det J(\chi^{-1})(y)|\,dy\,,$$

où B est la matrice diagonale (b_{ii}), avec $b_{ii} = 1$, $1 \leq i \leq r$, $b_{ii} = -1$, $r+1 \leq i \leq n$. En utilisant (9.6) obtenue dans le cas particulier (9.7) on en déduit (9.6) dans le cas général. Calculons a_0. Comme $|\det B| = 1$ on obtient $a_0 = (2\pi)^{-\frac{n}{2}}\, e^{i\frac{\pi}{4}\operatorname{sgn} B} c(\chi^{-1}(0))|\det J(\chi^{-1})(0)|$. D'autre part $c(\chi^{-1}(0)) = c(x_0) = \theta(x_0)\,a(x_0) = a(x_0)$ et $\operatorname{sgn} B = \operatorname{sgn} \varphi''(x_0)$. Enfin, en dérivant deux fois l'égalité (9.10) qui s'écrit, $\varphi(\chi^{-1}(y)) = \varphi(x_0) + \frac{1}{2}(By,y)$, on obtient $\varphi''(\chi^{-1}(y))(\chi^{-1})'(y)(\chi^{-1})'(y) + \varphi'(\chi^{-1}(y))(\chi^{-1})''(y) = B$; si $y = 0$ on a $\chi^{-1}(0) = x_0$ et $\varphi'(x_0) = 0$, d'où $\varphi''(x_0)(\chi^{-1})'(0)(\chi^{-1})'(0) = B$ et donc $|\det \varphi''(x_0)||\det J(\chi^{-1})(0)|^2 = 1$, ce qui donne la valeur cherchée de a_0. ■

Démonstration du lemme de Morse. Faisons tout d'abord quelques réductions. En posant $\psi(x) = \varphi(x+x_0) - \varphi(x_0)$, on obtient $\psi(0) = d\psi(0) = 0$ et $\det \psi''(0) \neq 0$. Ensuite comme $\psi''(0) = \varphi''(x_0)$ est réelle, symétrique et non dégénérée, il existe une matrice A telle que ${}^t A\psi''(0)\,A = B = (b_{ii})$, avec $b_{ii} = 1$ si $1 \leq i \leq r$, $b_{ii} = -1$ si $r+1 \leq i \leq n$. Posons $\psi_1(x) = \psi(Ax)$. Alors $\psi_1(0) = 0$, $d\psi_1(0) = d\psi(0)\cdot A = 0$ et $\psi''(0) = {}^t A\psi''(0)\,A = B$, et il suffit de prouver le lemme pour ψ_1. D'après la formule de Taylor avec reste intégral, on peut écrire,

$$\text{(9.11)} \qquad \psi_1(x) = \frac{1}{2}(x, Q(x)\,x), \ \text{ où } \ Q(0) = \Big(\frac{\partial^2\psi_1}{\partial x_j \partial x_k}(0)\Big) = B\,.$$

Supposons que nous trouvions, pour x voisin de zéro, une matrice $A(x)$ de $M_n(\mathbb{R})$, à coefficients C^∞ telle que $A(0) = \mathrm{Id}$ et, avec B définie ci-dessus,

$$\text{(9.12)} \qquad {}^t A(x)\,B\,A(x) = Q(x)\,.$$

Posons alors $\chi(x) = A(x)x$. On déduit de (9.11), (9.12) que,

$$\begin{aligned}\psi_1(x) &= \frac{1}{2}(x, {}^t A(x)\,B\,A(x)\,x) = \frac{1}{2}(A(x)x,\, B\,A(x)\,x)\\ &= \frac{1}{2}(\chi(x),\, B\chi(x))\,.\end{aligned}$$

On obtient donc, si χ est inversible près de zéro, $\psi_1(\chi^{-1}(y)) = \frac{1}{2}(y, By)$ ce qui est exactement (9.10). Il suffit donc de résoudre (9.12).

Considérons l'application $F : M_n(\mathbb{R}) \longrightarrow \mathrm{Sym}_n(\mathbb{R})$ (où le deuxième espace est celui des matrices réelles symétriques), $F(A) = {}^tABA$. Calculons sa différentielle au point $A = \mathrm{Id}$. On a, $F(\mathrm{Id}+\lambda A) - F(\mathrm{Id}) = \lambda dF(\mathrm{Id})A + O(\lambda^2)$. Or $F(I+\lambda A) = (I+\lambda {}^tA)B(I+\lambda A) = B + \lambda(BA + {}^tAB) + O(\lambda^2)$ donc $dF(\mathrm{Id})A = BA + {}^tAB$. L'application $dF(\mathrm{Id}) : M_n(\mathbb{R}) \longrightarrow \mathrm{Sym}_n(\mathbb{R})$ est surjective. En effet soit $C \in \mathrm{Sym}_n(\mathbb{R})$. Posons $A = \frac{1}{2}B^{-1}C$, ce qui a un sens puisque B est inversible. Alors $BA = \frac{1}{2}C$, ${}^t(BA) = {}^tAB = \frac{1}{2}{}^tC = \frac{1}{2}C$, d'où $BA + {}^tAB = C$. On en déduit que F admet un inverse à droite G défini près de $M_0 \in \mathrm{Sym}_n(\mathbb{R})$ tel que $G(M_0) = \mathrm{Id}$. Comme $F(G(M_0)) = M_0$ et $F(G(M_0)) = F(\mathrm{Id}) = B$, on a $M_0 = B = Q(0)$. Posons alors pour x voisin de zéro, $A(x) = G(Q(x))$. On a,

$$F(A(x)) = {}^tA(x)\,B\,A(x) = F(G(Q(x))) = Q(x)$$

et $A(0) = G(Q(0)) = G(B) = \mathrm{Id}$. Ceci résout (9.12) et termine la preuve du lemme de Morse. ■

Chapitre 11

Les espaces de Sobolev

Ce sont des espaces incontournables en équations aux dérivées partielles. Leurs avantages sont multiples. Tout d'abord ils possèdent une structure d'espace de Hilbert, ce qui rend leur utilisation commode. Ensuite ils mesurent très finement la régularité d'une distribution. Enfin ils constituent une chaîne d'espaces faisant le lien entre les distributions à support compact et les fonctions C^∞, permettant ainsi de passer des solutions faibles (*i.e.* au sens des distributions) aux solutions classiques (*i.e.* C^m) d'équations aux dérivées partielles.

1 • Les espaces $H^s(\mathbb{R}^n)$

1.1. Définition

Définition 1.1. Soit $s \in \mathbb{R}$. $H^s(\mathbb{R}^n)$ est l'espace vectoriel des éléments $u \in \mathcal{S}'(\mathbb{R}^n)$ tels que $\hat{u}$ soit une fonction mesurable et $(1+|\xi|^2)^{s/2}\,\hat{u} \in L^2(\mathbb{R}^n)$. On munit H^s du produit scalaire,

$$(u,v)_s = \int_{\mathbb{R}^n} (1+|\xi|^2)^s\, \hat{u}(\xi)\overline{\hat{v}(\xi)}\, d\xi, \quad u, v \in H^s \tag{1.1}$$

et on note,

$$\|u\|_s^2 = \int (1+|\xi|^2)^s\, |\hat{u}(\xi)|^2\, d\xi, \tag{1.2}$$

la norme correspondante.

Proposition 1.2

(i) Si $s_1 \geq s_2$, on a $H^{s_1} \subset H^{s_2}$ et l'injection est continue.

(ii) Muni du produit scalaire (1.1), H^s est un espace de Hilbert.

(iii) Si $s = k \in \mathbb{N}$ et $\Omega = \mathbb{R}^n$, $H^k(\Omega)$ et $H^s(\mathbb{R}^n)$ coïncident algébriquement et topologiquement ($H^k(\Omega)$ ayant été défini au chapitre 8).

Démonstration

(i) résulte de l'inégalité $(1+|\xi|^2)^{s_2} \leq (1+|\xi|^2)^{s_1}$.

(ii) Soit (u_j) une suite de Cauchy dans H^s. Alors $((1+|\xi|^2)^{s/2}\hat{u}_j)$ est une suite de Cauchy dans $L^2(\mathbb{R}^n)$, donc converge vers $g \in L^2(\mathbb{R}^n)$. Posons $u = \overline{\mathcal{F}}((1+|\xi|^2)^{-s/2}g) \in \mathcal{S}'$. Alors $u \in H^s$ et,

$$\|u_j - u\|_s = \|(1+|\xi|^2)^{s/2}\hat{u}_j - g\|_{L^2} \to 0.$$

(iii) La formule du binôme montre qu'il existe $C_k > 0$ telle que, pour tout $|\alpha| \leq k$,

$$\prod_{j=1}^{n} |\xi_j|^{2\alpha_j} \leq (1+|\xi|^2)^k \leq C_k \sum_{|\alpha|\leq k} \prod_{j=1}^{n} |\xi_j|^{2\alpha_j}.$$

On utilise ensuite le fait que $\mathcal{F}(D^\alpha u) = \xi^\alpha \hat{u}$, puis que $\|v\|_{L^2}^2 = (2\pi)^{-n}\|\hat{v}\|_{L^2}^2$, pour $v \in L^2$. ■

Exemples 1.3

(i) $L^1(\mathbb{R}^n) \subset H^s(\mathbb{R}^n)$ pour $s < -\frac{n}{2}$. En effet on a alors, $\hat{u} \in L^\infty(\mathbb{R}^n)$ d'où $(1+|\xi|^2)^{s/2}\hat{u} \in L^2$, si $s < -\frac{n}{2}$.

(ii) $\mathcal{S}(\mathbb{R}^n)$ est contenu dans $H^s(\mathbb{R}^n)$, pour tout $s \in \mathbb{R}$.

(iii) $\delta_0 \in H^s(\mathbb{R}^n)$ si et seulement si $s < -\frac{n}{2}$. En effet $(1+|\xi|^2)^{s/2} \in L^2(\mathbb{R}^n)$ si et seulement si $s < -\frac{n}{2}$.

1.2. Densité des fonctions régulières

Théorème 1.4. *$\mathcal{S}(\mathbb{R}^n)$ est dense dans $H^s(\mathbb{R}^n)$ pour tout $s \in \mathbb{R}$.*

Démonstration

1) $\mathcal{S}$ est dense dans L^2. En effet, tout d'abord $L^2 \cap \mathcal{E}'$ est dense dans L^2. Soit $v \in L^2$, soit $\theta \in C_0^\infty(\mathbb{R}^n)$, $\theta(x) = 1$ si $|x| \leq 1$, $\theta(x) = 0$ si $|x| \geq 2$. Posons $v_k = \theta\left(\frac{x}{k}\right) v \in L^2$. Alors $v_k \to v$ dans L^2, d'après le théorème de convergence dominée. Ensuite soit $v \in L^2 \cap \mathcal{E}'$ et $\rho \in C_0^\infty$ telle que $\operatorname{supp}\rho \subset \{x : |x| \leq 1\}$ et $\int \rho(x)\,dx = 1$. On pose $\rho_\varepsilon(x) = \varepsilon^{-n}\rho\left(\frac{x}{\varepsilon}\right)$ puis, $v_\varepsilon = \rho_\varepsilon * v \in C^\infty$. On a $\|v_\varepsilon - v\|_{L^2}^2 = (2\pi)^{-n}\|\hat{v}_\varepsilon - \hat{v}\|_{L^2}^2 = (2\pi)^{-n}\|(\hat{\rho}(\varepsilon\xi) - 1)\hat{v}\|_{L^2}^2 \to 0$, d'après le théorème de convergence dominée.

2) $\mathcal{S}$ est dense dans H^s. Soit $u \in H^s$, alors $(1+|\xi|^2)^{s/2}\hat{u} \in L^2$. D'après le point 1) il existe $v_j \in \mathcal{S}$ telle que $v_j \to (1+|\xi|^2)^{s/2}\hat{u}$ dans L^2. Posons $u_j = \overline{\mathcal{F}}((1+|\xi|^2)^{-s/2}v_j) \in \mathcal{S}$; alors $\|u_j - u\|_s = \|v_j - (1+|\xi|^2)^{s/2}\hat{u}\|_{L^2} \to 0$.

■

Corollaire 1.5. *$C_0^\infty(\mathbb{R}^n)$ est dense dans $H^s(\mathbb{R}^n)$, pour tout $s \in \mathbb{R}$.*

Démonstration. Il suffit de prouver, d'après le théorème 1.4, que C_0^∞ est dense dans $\mathcal{S}$ pour la norme H^s. Soit $\theta \in C_0^\infty$, $\theta(x) = 1$ si $|x| \leq 1$, $\theta(x) = 0$ si $|x| \geq 2$ et $\theta_k(x) = \theta(\frac{x}{k})$. Soit $u \in \mathcal{S}$. Soit s_0 un entier tel que $s \leq s_0$. Posons $u_k = \theta_k u$. Alors $\|u_k - u\|_s^2 \leq \|u_k - u\|_{s_0}^2 \leq C \sum_{|\alpha| \leq s_0} \|D^\alpha(\theta_k - 1)u\|_{L^2}^2$ (d'après la proposition 1.2 (iii)). Il suffit d'utiliser la formule de Leibniz et le théorème de convergence dominée pour montrer que $\|u_k - u\|_s \to 0$. ■

1.3. Opérations sur H^s

Théorème 1.6

(i) Si $\varphi \in \mathcal{S}$ et $u \in H^s$ alors $\varphi u \in H^s$ et on a,

$$\|\varphi u\|_s \leq (2\pi)^{-n} 2^{\frac{|s|}{2}} \Big(\int (1 + |\xi|^2)^{\frac{|s|}{2}} |\hat{\varphi}(\xi)| d\xi \Big) \|u\|_s . \tag{1.3}$$

(ii) Si $\alpha \in \mathbb{N}^n$ et $u \in H^s$ on a $\partial^\alpha u \in H^{s-|\alpha|}$ et $\|\partial^\alpha u\|_{s-|\alpha|} \leq \|u\|_s$.

Démonstration

1) Montrons l'inégalité (1.3) pour $\varphi \in \mathcal{S}$ et $u \in \mathcal{S}$. On peut écrire, $\widehat{\varphi u}(\xi) = (2\pi)^{-n} (\hat{\varphi} * \hat{u})(\xi) = (2\pi)^{-n} \int \hat{\varphi}(\xi - \eta)\hat{u}(\eta) d\eta \in \mathcal{S}$. Alors,

$$\|\varphi u\|_s^2 \leq (2\pi)^{-2n} \int (1 + |\xi|^2)^s \Big[\int |\hat{\varphi}(\xi - \eta)| |\hat{u}(\eta)| d\eta \Big]^2 d\xi . \tag{1.4}$$

D'autre part nous allons montrer que pour tous $\xi, \eta \in \mathbb{R}^n$ on a,

$$(1 + |\xi|^2)^s \leq 2^{|s|} (1 + |\xi - \eta|^2)^{|s|} (1 + |\eta|^2)^s . \tag{1.5}$$

En effet, si $s \geq 0$ on écrit, $|\xi| \leq |\xi - \eta| + |\eta|$ d'où $|\xi|^2 \leq 2(|\xi - \eta|^2 + |\eta|^2)$ et $(1 + |\xi|^2) \leq 2(1 + |\xi - \eta|^2 + |\eta|^2) \leq 2(1 + |\xi - \eta|^2)(1 + |\eta|^2)$, d'où (1.5). Si $s < 0$ on écrit $|\eta| \leq |\xi - \eta| + |\xi|$, d'où comme ci-dessus, $(1 + |\eta|^2) \leq 2(1 + |\xi - \eta|^2)$ $(1 + |\xi|^2)$ et $(1 + |\eta|^2)^{-s} \leq 2^{-s}(1 + |\xi - \eta|)^2)^{-s}(1 + |\xi|^2)^{-s}$, d'où (1.5).

En utilisant (1.4) et (1.5) on obtient,

$$\|\varphi u\|_s^2 \leq (2\pi)^{-2n} 2^{|s|} \int \Big(\int (1 + |\xi - \eta|^2)^{\frac{|s|}{4}} |\hat{\varphi}(\xi - \eta)|^{\frac{1}{2}} (1 + |\xi - \eta|^2)^{\frac{|s|}{4}} |\hat{\varphi}(\xi - \eta)|^{\frac{1}{2}} (1 + |\eta|^2)^{\frac{s}{2}} |\hat{u}(\eta)| d\eta \Big)^2 d\xi .$$

L'inégalité de Cauchy-Schwarz, appliquée à l'intégrale en η, fournit,

$$\|\varphi u\|_s^2 \leq (2\pi)^{-2n} 2^{|s|} \int \Big(\int (1 + |\xi - \eta|^2)^{\frac{|s|}{2}} |\hat{\varphi}(\xi - \eta)| d\eta \Big) \cdot \Big(\int (1 + |\xi - \eta|^2)^{\frac{|s|}{2}} |\hat{\varphi}(\xi - \eta)| \cdot (1 + |\eta|^2)^s |\hat{u}(\eta)|^2 d\eta \Big) d\xi .$$

$$\|\varphi u\|_s^2 \leq (2\pi)^{-2n} 2^{|s|} \Big(\int (1+|\eta|^2)^{\frac{|s|}{2}} |\hat{\varphi}(\eta)| d\eta \Big) \cdot$$
$$\iint (1+|\xi-\eta|^2)^{\frac{|s|}{2}} |\hat{\varphi}(\xi-\eta)| \cdot (1+|\eta|^2)^s |\hat{u}(\eta)|^2 d\eta d\xi.$$

En utilisant le théorème de Fubini dans l'intégrale double il vient

$$\|\varphi u\|_s^2 \leq (2\pi)^{-2n} 2^{|s|} \Big(\int (1+|\eta|^2)^{\frac{|s|}{2}} |\hat{\varphi}(\eta)| d\eta \Big)^2 \|u\|_s^2$$

ce qui prouve (1.3).

Si maintenant $u \in H^s$, soit $(u_j) \subset \mathcal{S}$ telle que $u_j \to u$ dans H^s (donc dans $\mathcal{S}'$). En écrivant (1.3) pour $u_j - u_k$, on voit que (φu_j) est de Cauchy dans H^s et donc $\varphi u_j \to v \in H^s$, dans H^s. Mais $\varphi u_j \to \varphi u$ dans $\mathcal{S}'$, donc $\varphi u = v \in H^s$. On écrit alors (1.3) pour u_j et on passe à la limite. On obtient (1.3) pour $u \in H^s$.

(ii) Pour $u \in H^s$, on écrit $(1+|\xi|^2)^{\frac{1}{2}(s-|\alpha|)} |\widehat{\partial^\alpha u}(\xi)| = (1+|\xi|^2)^{\frac{1}{2}(s-|\alpha|)}$, $|\xi^\alpha \hat{u}(\xi)| \leq (1+|\xi|^2)^{\frac{1}{2}(s-|\alpha|)} |\xi|^{|\alpha|} |\hat{u}(\xi)| \leq (1+|\xi|^2)^{\frac{1}{2}s} |\hat{u}(\xi)| \in L^2$, d'où (ii).

■

1.4. Structure locale des distributions

Théorème 1.7. *On a* $\mathcal{E}'(\mathbb{R}^n) \subset \bigcup_{s\in\mathbb{R}} H^s(\mathbb{R}^n)$.

Démonstration. Nous avons vu au chapitre 6, théorème 4.7, que toute distribution $u \in \mathcal{E}'$ est d'ordre fini et s'écrit comme somme finie de dérivées de fonctions continues à supports compacts, *i.e.* $u = \sum_{|\alpha|\leq N_0} D^\alpha f_\alpha$, $f_\alpha \in C_0^0(\mathbb{R}^n)$.
En particulier $f_\alpha \in L^2(\mathbb{R}^n)$; alors $\hat{u}(\xi) = \sum_{|\alpha|\leq N_0} \xi^\alpha \hat{f}_\alpha(\xi)$ est mesurable et
$(1+|\xi|^2)^{-\frac{N_0}{2}} |\hat{u}(\xi)| \leq \sum_{|\alpha|\leq N_0} \frac{|\xi|^{|\alpha|}}{(1+|\xi|^2)^{\frac{N_0}{2}}} |\hat{f}_\alpha(\xi)| \leq \sum_{|\alpha|\leq N_0} |\hat{f}_\alpha(\xi)| \in L^2(\mathbb{R}^n)$.
Donc $u \in H^{-N_0}$. ■

Théorème 1.8. *Soit $k \in \mathbb{N}$ et $s \in \mathbb{R}$ tels que, $s > \frac{n}{2} + k$. Alors l'espace H^s est inclus, avec injection continue, dans l'espace $C^k_{\to 0}(\mathbb{R}^n)$ des fonctions $u \in C^k(\mathbb{R}^n)$ telles que $\lim_{|x|\to+\infty} D^\alpha u(x) = 0$, pour tout $|\alpha| \leq k$, muni de la norme $|u|_k = \sum_{|\alpha|\leq k} \sup_{\mathbb{R}^n} |D^\alpha u|$.*

Démonstration. Nous allons utiliser le fait que la transformation de Fourier envoie continûment l'espace $L^1(\mathbb{R}^n)$ dans l'espace $C^0_{\to 0}(\mathbb{R}^n)$. Soit $u \in H^s$ avec

$s > \frac{n}{2} + k$. Alors $\hat{u}$ est mesurable et, pour tout $|\alpha| \leq k$, on a $\xi^\alpha \hat{u} \in L^1(\mathbb{R}^n)$. En effet on a

$$|\xi|^{|\alpha|} |\hat{u}(\xi)| = \frac{|\xi|^{|\alpha|}}{(1+|\xi|^2)^{\frac{s}{2}}} (1+|\xi|^2)^{\frac{s}{2}} |\hat{u}(\xi)| \leq \frac{(1+|\xi|^2)^{\frac{k}{2}}}{(1+|\xi|^2)^{\frac{s}{2}}} (1+|\xi|^2)^{\frac{s}{2}} |\hat{u}(\xi)|.$$

Comme $2s - 2k > n$, la fonction $\xi \mapsto \frac{1}{(1+|\xi|^2)^{\frac{s-k}{2}}}$ appartient à L^2 et donc le membre de droite est le produit de deux fonctions L^2 ; il est donc dans L^1 et $\|\xi^\alpha \hat{u}\|_{L^1} \leq C\|u\|_s$. Alors $D^\alpha u = \overline{\mathcal{F}}(\xi^\alpha \hat{u}) \in C^0_{\to 0}$ et,

$$\|D^\alpha u\|_{L^\infty} \leq \|\xi^\alpha \hat{u}\|_{L^1} \leq C\|u\|_{H^s}. \qquad \blacksquare$$

Corollaire 1.9. *On a* $\bigcap_{s\in\mathbb{R}} H^s(\mathbb{R}^n) \subset C^\infty_{\to 0}(\mathbb{R}^n)$.

Remarques 1.10

(i) La conclusion du théorème 1.8 est fausse pour $s = \frac{n}{2} + k$. Par exemple pour $k = 0$, l'espace $H^{\frac{n}{2}}(\mathbb{R}^n)$ n'est pas contenu dans $L^\infty(\mathbb{R}^n)$. Pour $n = 2$ on a un exemple explicite. Soit $\theta \in C_0^\infty(\mathbb{R}^2)$, $\theta = 1$ si $x^2 + y^2 \leq \frac{1}{4}$, $\theta = 0$ si $x^2 + y^2 \geq \frac{1}{2}$. Soit $\alpha \in \left]0, \frac{1}{2}\right[$. Alors la fonction $u(x,y) = \theta(x,y)|\operatorname{Log}(x^2+y^2)|^\alpha$ appartient à $H^1(\mathbb{R}^2)$ mais évidemment $u \notin L^\infty(\mathbb{R}^2)$. Pour la preuve du cas général, on consultera le problème 10, chapitre 14.

(ii) À propos du corollaire 1.9, on notera que $\bigcap_{s\in\mathbb{R}} H^s(\mathbb{R}^n)$ n'est pas contenue dans $\mathcal{S}(\mathbb{R}^n)$. En effet, par exemple, pour $n = 1$, la fonction $u(x) = \frac{1}{1+x^2}$ appartient à $\bigcap_{s\in\mathbb{R}} H^s(\mathbb{R})$, car $\hat{u}(\xi) = e^{-|\xi|}$, mais bien sûr, $u \notin \mathcal{S}(\mathbb{R})$.

1.5. Dualité

Soit $s \in \mathbb{R}$ et $v \in H^{-s}(\mathbb{R}^n)$. Si $u \in H^s$, la fonction $\hat{u}(\xi)\hat{v}(-\xi)$ appartient à $L^1(\mathbb{R}^n)$. En effet, $\hat{u}(\xi)\hat{v}(-\xi) = (1+|\xi|^2)^{\frac{s}{2}}\hat{u}(\xi)(1+|\xi|^2)^{-\frac{s}{2}}\hat{v}(-\xi)$ et le second membre est le produit de deux fonctions de $L^2(\mathbb{R}^n)$. D'autre part, on a d'après l'inégalité de Hölder,

$$\left|\int \hat{u}(\xi)\hat{v}(-\xi)\,d\xi\right| \leq \|u\|_s \|v\|_{-s}. \tag{1.6}$$

Par conséquent, si $v \in H^{-s}$, l'application L_v définie par,

$$u \longmapsto L_v(u) = (2\pi)^{-n} \int \hat{u}(\xi)\hat{v}(-\xi)\,d\xi = \int \hat{u}(\xi)\overline{\mathcal{F}}v(\xi)\,d\xi \tag{1.7}$$

est une forme linéaire continue sur H^s (donc un élément de $(H^s)'$) et $\|L_v\|_{(H^s)'} \leq (2\pi)^{-n}\|v\|_{-s}$. On a donc une application,

$$H^{-s} \xrightarrow{L} (H^s)', \quad v \longmapsto L_v. \tag{1.8}$$

Théorème 1.10. *L'application L, définie en (1.8), est linéaire, bijective et bicontinue. Elle permet d'identifier le dual de H^s à H^{-s}.*

Remarque 1.11. Si $v \in L^2$ et $u \in L^2$ on a $L_v(u) = \int \hat{u}(\xi)\overline{\mathcal{F}}v(\xi)\,d\xi = \int u(x)\,v(x)\,dx$.

Démonstration du théorème 1.10

(i) L'application est évidemment linéaire. Sa continuité résulte de l'inégalité $\|L_v\|_{(H^s)'} \leq (2\pi)^{-n}\,\|v\|_{-s}$ démontrée ci-dessus.

(ii) L est injective. Si $L_v = 0$ on a $L_v(\varphi) = \int \varphi(\xi)\overline{\mathcal{F}}v(\xi)\,d\xi = 0$, $\forall \varphi \in \mathcal{S}$. Donc $\overline{\mathcal{F}}v = 0$ dans $\mathcal{S}'$, d'où $v = 0$, car $\mathcal{F}\overline{\mathcal{F}} = \mathrm{Id}$ sur $\mathcal{S}'$.

(iii) L est surjective. Soit $T \in (H^s)'$. On a $|\langle T, \varphi\rangle| \leq C\,\|\varphi\|_s$, $\forall \varphi \in \mathcal{S}$. D'autre part $T \in \mathcal{S}'$ (car la convergence dans $\mathcal{S}$ implique celle de H^s). On peut écrire pour $\varphi \in \mathcal{S}$,

$$\begin{aligned}|\langle T, \varphi\rangle| &= |\langle \hat{T}, \overline{\mathcal{F}}\varphi\rangle| = |\langle (1+|\xi|^2)^{-\frac{s}{2}}\,\hat{T},\, (1+|\xi|^2)^{\frac{s}{2}}\overline{\mathcal{F}}\varphi\rangle| \\ &\leq C\,\|\varphi\|_s \leq C'\,\|(1+|\xi|^2)^{\frac{s}{2}}\,\overline{\mathcal{F}}\varphi\|_{L^2}.\end{aligned}$$

En posant $\psi(\xi) = (1+|\xi|^2)^{\frac{s}{2}}\,\overline{\mathcal{F}}\varphi \in \mathcal{S}$ on obtient donc,

$$|\langle (1+|\xi|^2)^{-\frac{s}{2}}\,\hat{T}, \psi\rangle| \leq C'\,\|\psi\|_{L^2}, \quad \forall \psi \in \mathcal{S}. \tag{1.9}$$

L'inégalité (1.9) montre que $(1+|\cdot|^2)^{-\frac{s}{2}}\,\hat{T}$ est une forme linéaire continue sur $\mathcal{S}$ muni de la norme L^2. Comme $\mathcal{S}$ est dense dans L^2, elle se prolonge en une forme linéaire continue sur L^2. Donc il existe $w \in L^2$ telle que,

$$\langle (1+|\cdot|^2)^{-\frac{s}{2}}\,\hat{T}, \psi\rangle = (\psi, w)_{L^2} = \int \psi(\xi)\overline{w}(\xi)\,d\xi = \langle \overline{w}, \psi\rangle, \quad \forall \psi \in \mathcal{S}.$$

On en déduit que $(1+|\cdot|^2)^{-\frac{s}{2}}\,\hat{T} = \overline{w} \in L^2$ ce qui prouve que $T \in H^{-s}$. Enfin $\langle T, \varphi\rangle = \langle \overline{\mathcal{F}}T, \mathcal{F}\varphi\rangle = \int \hat{\varphi}(\xi)\overline{\mathcal{F}}T(\xi)\,d\xi = L_T(\varphi)$, donc $T = L_T$ sur $\mathcal{S}$ et, par densité, sur H^s.

(iv) L'application inverse est continue d'après le théorème de Banach. ■

1.6. Compacité

Rappelons que, si H_1 et H_2 sont deux espaces de Hilbert, une application linéaire $A : H_1 \to H_2$ est dite compacte si elle vérifie l'une des conditions équivalentes suivantes (voir chapitre 13).

(C1) L'image par A de la boule unité fermée de H_1 est un compact de H_2.

(C2) Si (x_n) est une suite bornée dans H_1, on peut exraire de la suite $(A(x_n))$ une sous-suite convergente dans H_2.

(C3) Si (x_n) est une suite qui converge faiblement vers zéro dans H_1, la suite $(A(x_n))$ converge ves zéro dans H_2 (pour la norme).

Dans (C3), (x_n) converge faiblement vers zéro se note $(x_n) \rightharpoonup 0$ et veut dire que $(x_n, y)_{H_1} \to 0$, $\forall y \in H_1$ où $(\cdot,\cdot)_{H_1}$ désigne le produit scalaire de H_1.

Remarque 1.12. Une suite (x_n) qui converge faiblement dans H_1 est bornée *i.e.* $\exists M > 0 : \|x_n\|_{H_1} \leq M$, $\forall n \in \mathbb{N}$.
Cela résulte du théorème de Banach-Steinhaus. En effet, soit $T_n : H_1 \to \mathbb{C}$ l'application linéaire, $y \mapsto (y, x_n)_{H_1}$. La norme de T_n est égale à $\|x_n\|_{H_1}$. Si $(x_n) \rightharpoonup x$ dans H_1 on a $T_n(y) \to \alpha_y$ dans $\mathbb{C}$, pour tout $y \in H_1$. Le théorème 2.1, chapitre 4, montre que $\|T_n\| = \|x_n\|_{H_1} \leq M$.

Théorème 1.13. *Soit K un compact de $\mathbb{R}^n$ et $s, s' \in \mathbb{R}$ tels que, $s > s'$. Notons $H^s_K = \{u \in H^s(\mathbb{R}^n) : \operatorname{supp} u \subset K\}$. Alors l'application $H^s_K \to H^{s'}$, $u \mapsto u$, est compacte.*

Démonstration. Soit $(u_k) \in H^s_K$ telle que, $u_k \rightharpoonup 0$ dans H^s. On sait, d'après la remarque 1.12, qu'il existe $M > 0$ telle que,

$$\|u_k\|_s \leq M, \quad \forall k \in \mathbb{N}. \tag{1.10}$$

Soit $\varepsilon > 0$. On écrit pour $R > 0$,

$$\|u_k\|^2_{s'} = \int (1 + |\xi|^2)^{s'} |\hat{u}_k(\xi)|^2 d\xi = \int_{|\xi|>R} \cdots + \int_{|\xi|<R} \cdots = (1) + (2).$$

Considérons le terme (1). On a

$$\begin{aligned}(1) &= \int_{|\xi|>R} (1 + |\xi|^2)^s |\hat{u}_k(\xi)|^2 (1 + |\xi|^2)^{s'-s} d\xi \\ &\leq \frac{1}{(1 + R^2)^{s-s'}} \|u_k\|^2_s \leq \frac{M^2}{(1 + R^2)^{s-s'}}.\end{aligned}$$

On fixe R tel que $\frac{M^2}{(1+R^2)^{s-s'}} \leq \frac{\varepsilon^2}{2}$; alors, $(1) \leq \frac{\varepsilon^2}{2}$.
Pour traiter le terme (2), on utilise le théorème de convergence dominée. Soit $\psi_0 \in C^\infty_0(\mathbb{R}^n)$ telle que $\psi_0 = 1$ sur K. Alors, pour tout k, on a $u_k = \psi_0 u_k$. Soit $|\xi| < R$. Comme $u_k \in \mathcal{E}'$, on a, $\hat{u}_k \in C^\infty$ et $\hat{u}_k(\xi) = \langle u_k, e^{-i\langle\cdot,\xi\rangle}\rangle = \langle \psi_0 u_k, e^{-i\langle\cdot,\xi\rangle}\rangle = \langle u_k, \psi_0 e^{-i\langle\cdot,\xi\rangle}\rangle = \langle \hat{u}_k, \overline{\mathcal{F}}(\psi_0 e^{-i\langle\cdot,\xi\rangle})\rangle = \int \hat{u}_k(\eta) \overline{\mathcal{F}} v(\eta)\, d\eta$, où $v(x) = \psi_0(x) e^{-ix\cdot\xi} \in \mathcal{S}(\mathbb{R}^n)$. D'après les inégalités (1.6) et (1.10), on peut écrire

$$|\hat{u}_k(\xi)| \leq C \|u_k\|_s \|v\|_{-s} \leq CM \|v\|_{-s}. \tag{1.11}$$

Si $-s \leq 0$, on majore $\|v\|_{-s}$ par $\|v\|_{L^2}$ et on obtient $|\hat{u}_k(\xi)| \leq CM \|\psi_0\|_{L^2}$. Si $-s \geq 0$, on considère un entier m tel que $-s \leq m$ et on écrit,

$$\|v\|_{-s} \leq \|v\|_m \leq C_1 \Big(\sum_{|\alpha| \leq m} \|D_x^\alpha(\psi_0 e^{-i\langle \cdot, \xi \rangle})\|_{L^2}^2 \Big)^{1/2} \leq C_2 (1 + |\xi|)^m.$$

Comme $|\xi| < R$, on déduit de (1.11) que, $|\hat{u}_k(\xi)| \leq CMC_2(1+R)^m$. Donc, dans tous les cas, on a,

$$(1.12) \qquad (1 + |\xi|^2)^{s'} |\hat{u}_k(\xi)| \leq C(R).$$

Ensuite, pour ξ fixé, $|\xi| < R$, on a, d'après ci-dessus, $\hat{u}_k(\xi) = \int \hat{u}_k(\eta) \overline{\mathcal{F}} v(\eta)\, d\eta$ $= \int (1 + |\eta|^2)^s \hat{u}_k(\eta)(1 + |\eta|^2)^{-s} \overline{\mathcal{F}} v(\eta)\, d\eta = (u_k, w)_s$, où on a posé $\overline{\hat{w}(\eta)} = (1 + |\eta|^2)^{-s} \overline{\mathcal{F}} v(\eta) \in \mathcal{S}$. Comme $u_k \rightharpoonup 0$ dans H^s, on a, $\hat{u}_k(\xi) \to 0$. Il résulte du théorème de convergence dominée qu'il existe k_0 tel que pour $k \geq k_0$ on ait, (2) $\leq \frac{1}{2}\varepsilon^2$ et donc $\|u_k\|_{s'}^2 \leq \varepsilon^2$. ■

Remarque 1.14. La condition $\operatorname{supp} u \subset K$ est importante dans l'énoncé du théorème 1.13. Par exemple, l'injection $H^1(\mathbb{R}^n) \to L^2(\mathbb{R}^n)$ (sans condition de support) n'est pas compacte. Voici un contre-exemple. Soit $\rho \in C_0^\infty(\mathbb{R}^n)$ telle que $\|\rho\|_{L^2} = 1$. Pour $\varepsilon \in]0, 1]$, posons $u_\varepsilon(x) = \varepsilon^{\frac{n}{2}} \rho(\varepsilon x)$. Il est facile de voir que $\|u_\varepsilon\|_{L^2} = 1$ et $\|u_\varepsilon\|_{H^1} \leq \|\rho\|_{H^1}$. D'autre part $u_\varepsilon \rightharpoonup 0$ dans $H^1(\mathbb{R}^n)$. En effet, tout d'abord pour $\varphi \in C_0^\infty(\mathbb{R}^n)$,

$$\begin{aligned} |(u_\varepsilon, \varphi)_1| &= \Big| \int (1 + |\xi|^2) \varepsilon^{\frac{n}{2}} \varepsilon^{-n} \hat{\rho}\Big(\frac{\xi}{\varepsilon}\Big) \overline{\hat{\varphi}(\xi)}\, d\xi \Big| \\ &\leq \varepsilon^{\frac{n}{2}} \int (1 + \varepsilon^2 |\eta|^2) |\hat{\rho}(\eta)| |\hat{\varphi}(\varepsilon\eta)|\, d\eta \\ &\leq \varepsilon^{\frac{n}{2}} \sup_{\mathbb{R}^n} |\hat{\varphi}| \int (1 + |\eta|^2) |\hat{\rho}(\eta)|\, d\eta \underset{\varepsilon \to 0}{\longrightarrow} 0. \end{aligned}$$

Ensuite, si $v \in H^1(\mathbb{R}^n)$, il existe $(\varphi_j) \subset C_0^\infty$ telle que $(\varphi_j) \to v$ dans H^1. On a, $|(u_\varepsilon, v - \varphi_j)_1| \leq \|u_\varepsilon\|_{H^1} \|v - \varphi_j\|_{H^1} \leq \|\rho\|_{H^1} \|v - \varphi_j\|_{H^1}$ et donc,

$$|(u_\varepsilon, v)_1| \leq |(u_\varepsilon, v - \varphi_j)| + |(u_\varepsilon, \varphi_j)| \leq \|\rho\|_{H^1} \|v - \varphi_j\|_{H^1} + |(u_\varepsilon, \varphi_j)|.$$

Alors, $\delta > 0$ étant donné, on fixe j_0 tel que $\|\rho\|_{H^1} \|v - \varphi_{j_0}\|_{H^1} \leq \frac{\delta}{2}$. Puis, d'après ci-dessus, il existe ε_0 tel que pour $\varepsilon \leq \varepsilon_0$, $|(u_\varepsilon, \varphi_{j_0})| \leq \frac{\delta}{2}$. En résumé $u_\varepsilon \rightharpoonup 0$ dans H^1 mais $\|u_\varepsilon\|_{L^2} = 1$.

1.7. Traces

Dans $\mathbb{R}^n$, considérons l'hyperplan $\mathbb{R}^{n-1} = \{x = (x', x_n) : x' \in \mathbb{R}^{n-1}, x_n = 0\}$. Pour une fonction $u \in C^\infty(\mathbb{R}^n)$, la fonction $u(x', 0)$ s'appelle la trace de u sur l'hyperplan $x_n = 0$; évidemment, la fonction $x' \mapsto u(x', 0)$ appartient à $C^\infty(\mathbb{R}^{n-1})$. La question que l'on se pose ici est la suivante : peut-on définir la trace d'un élément de H^s ? Si oui, à quel espace appartient cette trace ? Voici la réponse.

Théorème 1.15. *Pour tout $s > \frac{1}{2}$, l'application $u \mapsto u(x', 0)$ de $C_0^\infty(\mathbb{R}^n)$ dans $C^\infty(\mathbb{R}^{n-1})$ se prolonge de manière unique en une application γ, linéaire, continue,* **surjective** *de $H^s(\mathbb{R}^n)$ dans $H^{s-\frac{1}{2}}(\mathbb{R}^{n-1})$.*

Démonstration. Le point de départ est d'écrire l'opérateur trace en Fourier. Pour $\varphi \in C_0^\infty(\mathbb{R}^n)$ on a $\varphi(x) = (2\pi)^{-n} \int e^{ix\cdot\xi} \hat{\varphi}(\xi)\, d\xi$; en notant $\xi = (\xi', \xi_n)$, $\xi' \in \mathbb{R}^{n-1}$, $\xi_n \in \mathbb{R}$, on en déduit,

$$\begin{aligned}\varphi(x', 0) &= (2\pi)^{-n} \iint e^{ix'\cdot\xi'}\, \hat{\varphi}(\xi', \xi_n)\, d\xi'\, d\xi_n \\ &= (2\pi)^{-(n-1)} \int e^{ix'\cdot\xi'} \Big(\frac{1}{2\pi} \int \hat{\varphi}(\xi', \xi_n)\, d\xi_n\Big)\, d\xi' \\ &= \overline{\mathcal{F}}_{\xi'} \Big(\frac{1}{2\pi} \int \hat{\varphi}(\xi', \xi_n)\, d\xi_n\Big).\end{aligned}$$

Nous allons montrer que la dernière expression fournit le prolongement recherché.

Lemme 1.16. *Soit $u \in H^s(\mathbb{R}^n)$ avec $s > \frac{1}{2}$. Alors,*

(i) presque partout en ξ', la fonction $\xi_n \mapsto \hat{u}(\xi', \xi_n)$ appartient à $L^1(\mathbb{R}^n)$.

(ii) La fonction $\xi' \mapsto \frac{1}{2\pi} \int \hat{u}(\xi', \xi_n)\, d\xi_n$ appartient à $\mathcal{S}'(\mathbb{R}^{n-1})$.

(iii) $\overline{\mathcal{F}}_{\xi'}\big(\frac{1}{2\pi} \int \hat{u}(\xi', \xi_n)\, d\xi_n\big) \in H^{s-\frac{1}{2}}(\mathbb{R}^{n-1})$ et, en posant $\gamma u = \overline{\mathcal{F}}_{\xi'}\big(\frac{1}{2\pi} \int \hat{u}(\xi', \xi_n)\, d\xi_n\big)$, on a $\|\gamma u\|_{H^{s-\frac{1}{2}}(\mathbb{R}^{n-1})} \le C_s \|u\|_{H^s(\mathbb{R}^n)}$.

Démonstration

i) Si $u \in H^s$, $\hat{u}$ est mesurable et, $\iint (1 + |\xi|^2)^s |\hat{u}(\xi)|^2\, d\xi'\, d\xi_n < +\infty$. Donc presque partout en ξ' on a, $\int (1 + |\xi|^2)^s |\hat{u}(\xi)|^2\, d\xi_n < +\infty$. On écrit alors, $|\hat{u}(\xi', \xi_n)| = |\hat{u}(\xi)|(1 + |\xi|^2)^{\frac{s}{2}} \cdot (1 + |\xi|^2)^{-\frac{s}{2}}$.Pour ξ' fixé, puisque $2s > 1$, la fonction $\xi_n \mapsto (1 + |\xi|^2)^{-\frac{s}{2}}$ appartient à $L^2(\mathbb{R})$ et, en posant $\xi_n = (1 + |\xi'|^2)^{1/2} \eta_n$ on a, $\int \frac{d\xi_n}{(1+|\xi|^2)^s} = (1 + |\xi'|^2)^{\frac{1}{2}-s} \int \frac{d\eta_n}{(1+\eta_n^2)^s}$. On en déduit que la fonction $\xi_n \to |\hat{u}(\xi', \xi_n)|$ est, presque partout en ξ', le produit de deux fonctions de $L^2(\mathbb{R})$. Elle est donc L^1 et, par Cauchy-Schwarz,

$$\int |\hat{u}(\xi', \xi_n)|\, d\xi_n \le \Big(\int \frac{d\eta_n}{(1 + \eta_n^2)^s}\Big)^{\frac{1}{2}} (1 + |\xi'|^2)^{\frac{1}{4}-\frac{s}{2}} \cdot \Big(\int (1 + |\xi|^2)^s |\hat{u}(\xi)|^2\, d\xi_n\Big)^{\frac{1}{2}}. \tag{1.13}$$

ii) Comme $u \in H^s(\mathbb{R}^n)$, $\xi' \mapsto \int (1 + |\xi|^2)^s |\hat{u}(\xi)|^2\, d\xi_n$ appartient à $L^1(\mathbb{R}^{n-1})$. D'après (1.13), $\xi' \mapsto (1 + |\xi'|^2)^{\frac{s}{2}-\frac{1}{4}} \int \hat{u}(\xi', \xi_n)\, d\xi_n$ appartient à $L^2(\mathbb{R}^{n-1})$, *i.e.* $\int \hat{u}(\xi', \xi_n)\, d\xi_n = \frac{g(\xi')}{(1+|\xi'|^2)^{\frac{s}{2}-\frac{1}{4}}}$, où $g \in L^2(\mathbb{R}^{n-1})$. Alors, pour $\psi \in \mathcal{S}(\mathbb{R}^{n-1})$,

$$\begin{aligned}\Big|\int \frac{g(\xi')}{(1 + |\xi'|^2)^{\frac{s}{2}-\frac{1}{4}}} \psi(\xi')\, d\xi'\Big| &\le \Big(\int |g(\xi')|^2\, d\xi'\Big)^{\frac{1}{2}} \Big(\int \frac{|\psi(\xi')|^2\, d\xi'}{(1 + |\xi'|^2)^{s-\frac{1}{2}}}\Big)^{\frac{1}{2}} \\ &\le CN(\psi)\end{aligned}$$

où $N(\psi)$ est une semi-norme de ψ dans $\mathcal{S}(\mathbb{R}^{n-1})$.

iii) D'après (1.13), $(1+|\xi'|^2)^{s-\frac{1}{2}}\left|\frac{1}{2\pi}\int \hat{u}(\xi',\xi_n)\,d\xi_n\right|^2 \leq C_s \int (1+|\xi|^2)^s |\hat{u}(\xi)|^2\,d\xi_n$. Comme le membre de droite appartient à $L^1(\mathbb{R}^{n-1})$, on en déduit iii) et l'inégalité qui suit. ■

Comme $\gamma u = u(x',0)$, si $u \in C_0^\infty(\mathbb{R}^n)$, le lemme 1.16 montre que cette application se prolonge en une application linéaire continue γ de H^s dans $H^{s-\frac{1}{2}}$. Montrons que γ est surjective.

Lemme 1.17. *Soit $s > \frac{1}{2}$. Il existe $N \in \mathbb{N}$, $C_N > 0$, $K_N > 0$ tels que, pour tout $v \in \mathcal{S}(\mathbb{R}^{n-1})$, si on pose $u = \overline{\mathcal{F}}\big(K_N \frac{(1+|\xi'|^2)^N}{(1+|\xi|^2)^{N+\frac{1}{2}}}\hat{v}(\xi')\big)$ alors,*

(i) $u \in H^s$, $\|u\|_{H^s(\mathbb{R}^n)} \leq C_N \|v\|_{H^{s-\frac{1}{2}}(\mathbb{R}^{n-1})}$.

(ii) $\gamma u = v$.

Démonstration

(i) Montrons tout d'abord que u a bien un sens. En effet, si $v \in \mathcal{S}(\mathbb{R}^{n-1})$, la fonction $\xi \mapsto K_N \frac{(1+|\xi'|^2)^N}{(1+|\xi|^2)^{N+\frac{1}{2}}}\hat{v}(\xi')$ appartient à L^∞ donc à $\mathcal{S}'$. Alors $\hat{u}$ est une fonction continue et,

$$(1+|\xi|^2)^s |\hat{u}(\xi)|^2 = (1+|\xi'|^2)^{2N} \frac{K_N^2}{(1+|\xi|^2)^{2N+1-s}} |\hat{v}(\xi')|^2.$$

Fixons N tel que $4N+2-2s > 1$, *i.e.* $N > \frac{s}{2} - \frac{1}{4}$; le membre de droite est intégrable en ξ_n et,

$$(1) = \int (1+|\xi|^2)^s |\hat{u}(\xi)|^2\,d\xi_n \leq K_N^2 \Big(\int \frac{d\xi_n}{(1+|\xi|^2)^{2N+1-s}}\Big)(1+|\xi'|^2)^{2N} |\hat{v}(\xi')|^2.$$

En posant $\xi_n = (1+|\xi'|^2)^{\frac{1}{2}}\eta_n$ dans l'intégrale du membre de droite, on obtient,

$$(1) \leq \frac{(1+|\xi'|^2)^{\frac{1}{2}}}{(1+|\xi'|^2)^{2N+1-s}} K_N^2 \Big(\int \frac{d\eta_n}{(1+\eta_n^2)^{2N+1-s}}\Big)(1+|\xi'|^2)^{2N} |\hat{v}(\xi')|^2$$

$$(1) \leq C_N^2 (1+|\xi'|^2)^{s-\frac{1}{2}} |\hat{v}(\xi')|^2 \text{ où, } C_N^2 = K_N^2 \int \frac{d\eta_n}{(1+\eta_n^2)^{2N+1-s}}.$$

Comme $v \in \mathcal{S}$, le membre de droite est dans $L^1(\mathbb{R}^{n-1})$, donc $u \in H^s$ et $\|u\|_{H^s}^2 \leq C_N^2 \|v\|^2_{H^{s-\frac{1}{2}}(\mathbb{R}^{n-1})}$.

(ii) Puisque $u \in H^s$, on déduit du lemme 1.16 que l'on a,

$$\gamma u = \overline{\mathcal{F}}_{\xi'}\Big(\frac{1}{2\pi}\int K_N \frac{d\xi_n}{(1+|\xi|^2)^{N+\frac{1}{2}}}(1+|\xi'|^2)^N \hat{v}(\xi')\Big).$$

Or $2N+1 > s+\frac{1}{2} > 1$ et

$$\int \frac{d\xi_n}{(1+|\xi|^2)^{N+\frac{1}{2}}} = \frac{1}{(1+|\xi'|^2)^N}\int \frac{d\eta_n}{(1+\eta_n^2)^{N+\frac{1}{2}}} = A_N(1+|\xi'|^2)^{-N}\,;$$

donc

$$\gamma u = \overline{\mathcal{F}}_{\xi'}\Big(\frac{1}{2\pi}K_N A_N(1+|\xi'|^2)^{-N}(1+|\xi'|^2)^N\hat{v}(\xi')\Big) = \frac{1}{2\pi}K_N A_N v.$$

Il suffit donc de prendre $K_N = \frac{2\pi}{A_N}$. ■

Fin de la démonstration du théorème 1.15. Soit $v \in H^{s-\frac{1}{2}}(\mathbb{R}^{n-1})$; il existe $(v_j) \subset \mathcal{S}$ telle que $v_j \to v$ dans $H^{s-\frac{1}{2}}$; alors, avec u_j défini au lemme 1.17, on a $\gamma u_j = v_j$ et $\|u_j - u_k\|_{H^s} \leq C_N\|v_j - v_k\|_{H^{s-\frac{1}{2}}}$. Donc la suite (u_j) est de Cauchy dans H^s et converge vers $u \in H^s$. Alors $v_j = \gamma u_j \to \gamma u$ dans $H^{s-\frac{1}{2}}$, d'après le lemme 1.16. Donc $\gamma u = v$ et γ est surjective. ■

2 • Les espaces $H^k(\mathbb{R}^n_+)$

Nous avons introduit, au chapitre 8, les espaces $H^k(\Omega)$, où $k \in \mathbb{N}$ et Ω est un ouvert de $\mathbb{R}^n$. Nous examinons plus en détail dans ce paragraphe le cas où $\Omega = \mathbb{R}^n_+ = \{x = (x_1, \ldots, x_n) \in \mathbb{R}^n : x_n > 0\}$, car il servira de modèle pour le cas général.

2.1. Densité des fonctions régulières

Notons $C_0^\infty(\overline{\mathbb{R}}^n_+)$ l'espace des fonctions $u : \mathbb{R}^n_+ \to \mathbb{C}$ qui sont restrictions à $\mathbb{R}^n_+$ d'éléments de $C_0^\infty(\mathbb{R}^n)$, *i.e.* il existe $v \in C_0^\infty(\mathbb{R}^n)$ tel que $u = v$ sur $\mathbb{R}^n_+$.

Théorème 2.1. *$C_0^\infty(\overline{\mathbb{R}}^n_+)$ est dense dans $H^k(\mathbb{R}^n_+)$, pour tout $k \in \mathbb{N}$.*

Démonstration. On utilise les deux étapes habituelles : troncature et régularisation.

a) Troncature : l'espace $H^k(\mathbb{R}^n_+) \cap \mathcal{E}'(\mathbb{R}^n)$ est dense dans $H^k(\mathbb{R}^n_+)$. En effet soit $\theta \in C_0^\infty(\mathbb{R}^n)$, $\operatorname{supp}\theta \subset \{x : |x| \leq 1\}$, $\theta(x) = 1$ pour $|x| \leq \frac{1}{2}$. Posons $\theta_j(x) = \theta(\frac{x}{j})$, $j \geq 1$ et, pour $u \in H^k(\mathbb{R}^n_+)$, $u_j = \theta_j u$. On vérifie facilement que $u_j \in H^k(\mathbb{R}^n_+) \cap \mathcal{E}'(\mathbb{R}^n)$ et, en utilisant la formule de Leibniz et le théorème de convergence dominée, que $u_j \to u$ dans $H^k(\mathbb{R}^n_+)$.

b) Régularisation : soit $\rho \in C_0^\infty(\mathbb{R}^n)$, $\rho \geq 0$, $\int \rho(x)\,dx = 1$ et de plus $\operatorname{supp}\rho \subset \{x = (x_1, \ldots, x_n) \in \mathbb{R}^n : x_n \leq 0\}$. Posons, pour $\varepsilon > 0$, $\rho_\varepsilon(x) = \varepsilon^{-n}\rho(\frac{x}{\varepsilon})$; pour $u \in H^k(\mathbb{R}^n_+) \cap \mathcal{E}'(\mathbb{R}^n)$, on note $\tilde{u}$ la fonction qui vaut u pour $x_n > 0$ et zéro pour $x_n \leq 0$. Alors $\tilde{u} \in \mathcal{S}'(\mathbb{R}^n)$. Posons enfin

$u_\varepsilon = (\rho_\varepsilon * \tilde{u})|_{\mathbb{R}^n_+}$. Comme $\rho_\varepsilon * \tilde{u} \in C_0^\infty(\mathbb{R}^n)$, on a $u_\varepsilon \in C_0^\infty(\overline{\mathbb{R}}^n_+)$. Pour $x_n > 0$, on a, $\partial^\alpha u_\varepsilon = \rho_\varepsilon * \partial^\alpha \tilde{u}$. Nous allons montrer que

$$\rho_\varepsilon * \partial^\alpha \tilde{u} = \rho_\varepsilon * \widetilde{\partial^\alpha u}, \quad \text{pour } x_n > 0. \tag{2.1}$$

En effet, $\partial^\alpha \tilde{u} - \widetilde{\partial^\alpha u}$ est nulle pour $x_n > 0$ et $x_n < 0$. Donc $\operatorname{supp}(\partial^\alpha \tilde{u} - \widetilde{\partial^\alpha u}) \subset \{x : x_n = 0\}$, d'où $\operatorname{supp}[\rho_\varepsilon * (\partial^\alpha \tilde{u} - \widetilde{\partial^\alpha u})] \subset \operatorname{supp} \rho_\varepsilon + \operatorname{supp}(\partial^\alpha \tilde{u} - \widetilde{\partial^\alpha u}) \subset \{x : x_n \leq 0\} + \{x : x_n = 0\} \subset \{x : x_n \leq 0\}$, ce qui prouve (2.1). Comme $\partial^\alpha u \in L^2(\mathbb{R}^n_+)$, on a $\widetilde{\partial^\alpha u} \in L^2(\mathbb{R}^n)$ et on a vu au chapitre 8 qu'alors $\rho_\varepsilon * \widetilde{\partial^\alpha u} \to \widetilde{\partial^\alpha u}$ dans $L^2(\mathbb{R}^n)$; par conséquent $\partial^\alpha u_\varepsilon = (\rho_\varepsilon * \widetilde{\partial^\alpha u})|_{x_n > 0}$ converge vers $\widetilde{\partial^\alpha u}|_{x_n > 0} = \partial^\alpha u$ dans $L^2(\mathbb{R}^n_+)$, pour $|\alpha| \leq k$. ■

2.2. Prolongement à $\mathbb{R}^n$

Théorème 2.2. *Pour tout $k \in \mathbb{N}$, il existe un opérateur linéaire continu $P : H^k(\mathbb{R}^n_+) \to H^k(\mathbb{R}^n)$ tel que $Pu = u$, pour $x_n > 0$ et tout $u \in H^k(\mathbb{R}^n_+)$.*

Démonstration. Comme $C_0^\infty(\overline{\mathbb{R}}^n_+)$ est dense dans $H^k(\mathbb{R}^n_+)$, on commence par construire ce prolongement sur $C_0^\infty(\overline{\mathbb{R}}^n_+)$. Pour $u \in C_0^\infty(\overline{\mathbb{R}}^n_+)$ on pose,

$$Pu(x) = \begin{cases} u(x) & \text{si } x_n > 0 \\ \displaystyle\sum_{j=0}^{k-1} a_j u(x', -\lambda_j x_n) & \text{si } x_n \leq 0, \end{cases} \tag{2.2}$$

où $a_j \in \mathbb{R}$ et $\lambda_j \in \mathbb{R}^+$, $j = 0, \ldots, k-1$, seront choisis de manière à ce que les dérivées de Pu d'ordre au plus k ne présentent pas de saut sur $x_n = 0$. En notant $x' = (x_1, \ldots, x_{n-1})$ il vient,

$$\partial^\beta_{x'} Pu(x) = \begin{cases} \partial^\beta_{x'} u & \text{si } x_n > 0, \\ \displaystyle\sum_{j=0}^{k-1} a_j \partial^\beta_{x'} u(x', -\lambda_j x_n) & \text{si } x_n \leq 0. \end{cases}$$

Pour que les fonctions $\partial^\ell_{x_n} \partial^\beta_{x'} Pu$ soient continues sur $\mathbb{R}^n$, lorsque $\ell + |\beta| \leq k$, $0 \leq \ell \leq k-1$, il faut et il suffit que,

$$\sum_{j=0}^{k-1} (-\lambda_j)^\ell a_j = 1, \quad 0 \leq \ell \leq k-1. \tag{2.3}$$

Admettons un instant que ceci soit vérifié ; il résulte de la formule des sauts, chapitre 3, proposition 2.4, que $\partial^\beta_{x'} \partial^\ell_{x_n} Pu \in L^2(\mathbb{R}^n)$, $\ell + |\beta| \leq k$. Alors $Pu \in H^k(\mathbb{R}^n)$ et

$$\partial^\beta_{x'} \partial^\ell_{x_n} Pu(x) = \begin{cases} \partial^\beta_{x'} \partial^\ell_{x_n} u & \text{si } x_n > 0, \\ \displaystyle\sum_{j=0}^{k-1} a_j (-\lambda_j)^\ell \partial^\beta_{x'} \partial^\ell_{x_n} u(x', -\lambda_j x_n) & \text{si } x_n \leq 0. \end{cases}$$

On a

$$(2.4)\qquad \|Pu\|^2_{H^k(\mathbb{R}^n)} = \sum_{|\beta|+\ell\le k}\Big(\int_{\mathbb{R}^n_+}|\partial^\beta_{x'}\partial^\ell_{x_n}u|^2dx + \int_{\mathbb{R}^n_-}\Big|\sum_{j=0}^{k-1}a_j(-\lambda_j)^\ell\partial^\beta_{x'}\partial^\ell_{x_n}u(x',-\lambda_j x_n)\Big|^2dx\Big).$$

D'autre part, d'après l'inégalité de Hölder,

$$\Big|\sum_{j=0}^{k-1}a_j(-\lambda_j)^\ell\partial^\beta_{x'}\partial^\ell_{x_n}u(\cdots)\Big|^2 \le k\sum_{j=0}^{k-1}a_j^2\lambda_j^{2\ell}|\partial^\beta_{x'}\partial^\ell_{x_n}u(\cdots)|^2.$$

Donc la deuxième intégrale du membre de doite de (2.4) se majore par $k\sum_{|\beta|+\ell\le k}\sum_{j=0}^{k-1}a_j^2\lambda_j^{2\ell}\int_{\mathbb{R}^n_-}|\partial^\beta_{x'}\partial^\ell_{x_n}u(x',-\lambda_j x_n)|^2dx$. On pose alors $\lambda_j x_n = -y_n$ dans l'intégrale et celle-ci se majore par $C_k\sum_{|\beta|+\ell\le k}\int_{\mathbb{R}^n_+}|\partial^\beta_{x'}\partial^\ell_{x_n}u|^2dx$; d'où $\|Pu\|^2_{H^k(\mathbb{R}^n)} \le C'_k\|u\|^2_{H^k(\mathbb{R}^n_+)}$. Ceci montre que P est continu sur $C_0^\infty(\overline{\mathbb{R}}^n_+)$, muni de la norme $H^k(\mathbb{R}^n_+)$, à valeurs dans $H^k(\mathbb{R}^n)$. Par densité, P se prolonge en une application linéaire continue de $H^k(\mathbb{R}^n_+)$ dans $H^k(\mathbb{R}^n)$.

Montrons enfin comment se résout (2.3). On prend les λ_j de telle manière que $0<\lambda_0<\lambda_1<\ldots<\lambda_{k-1}$. L'équation (2.3) s'écrit $AX=B$ où $X=\begin{pmatrix}a_0\\ \vdots\\ a_{k-1}\end{pmatrix}\in\mathbb{R}^k$, $B=\begin{pmatrix}1\\ \vdots\\ 1\end{pmatrix}\in\mathbb{R}^k$ et

$$A=\begin{pmatrix}1 & 1 & \cdots & 1\\ -\lambda_0 & \cdots & \cdots & -\lambda_{k-1}\\ (-\lambda_0)^2 & \cdots & \cdots & (-\lambda_{k-1})^2\\ (-\lambda_0)^{k-1} & \cdots & \cdots & (-\lambda_{k-1})^{k-1}\end{pmatrix}.$$

Le déterminant de A est un déterminant de Vandermonde qui, par le choix des λ_j, est non nul. Donc A est inversible. ■

2.3. Régularité et compacité

Théorème 2.3. *Si $k>\frac{n}{2}+\ell$, $H^k(\mathbb{R}^n_+)$ s'injecte continûment dans $C^\ell(\overline{\mathbb{R}}^n_+)$. Par conséquent $\bigcap_{k\in\mathbb{N}}H^k(\mathbb{R}^n_+)\subset C^\infty(\overline{\mathbb{R}}^n_+)$.*

Démonstration. On utilise les théorèmes 2.2 et 1.8. Si $u\in H^k(\mathbb{R}^n_+)$, $Pu\in H^k(\mathbb{R}^n)$ et donc $Pu\in C^\ell_{\to 0}(\mathbb{R}^n)$. Comme $u=Pu|_{\mathbb{R}^n_+}$ on a, par définition, $u\in C^\ell(\overline{\mathbb{R}}^n_+)$. ■

Théorème 2.4. *Soit K un compact de $\mathbb{R}^n$ et $k > k'$. Notons $H_K^k(\mathbb{R}_+^n) = \{u \in H^k(\mathbb{R}_+^n) : \operatorname{supp} u \subset K\}$. Alors l'injection $H_K^k(\mathbb{R}_+^n) \to H^{k'}(\mathbb{R}_+^n)$ est compacte.*

Démonstration. On décompose cette injection de la manière suivante :

$$H_K^k(\mathbb{R}_+^n) \xrightarrow{P} H_{K_1}^k(\mathbb{R}^n) \xrightarrow{i} H^{k'}(\mathbb{R}^n) \xrightarrow{r} H^{k'}(\mathbb{R}_+^n)$$

où P est l'opérateur de prolongement, K_1 un compact de $\mathbb{R}^n$, i l'identité et r l'opérateur restriction, $ru = u|_{\mathbb{R}_+^n}$. Alors P et r sont continus et i est compacte, donc la composée est compacte. ∎

2.4. Traces

Théorème 2.5. *L'application de $C_0^\infty(\overline{\mathbb{R}}_+^n)$ dans $C^\infty(\mathbb{R}^{n-1})$, $u \mapsto u(x', 0)$ se prolonge de manière unique en une application γ_0, linéaire, continue et surjective de $H^1(\mathbb{R}_+^n)$ dans $H^{\frac{1}{2}}(\mathbb{R}^{n-1})$.*

Démonstration. On définit γ_0 par $\gamma_0 = \gamma \circ P$ où P est le prolongement défini au théorème 2.2 et γ l'application définie au théorème 1.15. La continuité de γ_0 résulte de celles de P et γ. Montrons qu'elle est surjective. Soit $v \in H^{\frac{1}{2}}(\mathbb{R}^{n-1})$, il existe $U \in H^1(\mathbb{R}^n)$ tel que $\gamma U = v$ (théorème 1.15). Posons $u = U|_{\mathbb{R}_+^n} \in H^1(\mathbb{R}_+^n)$; alors $\gamma_0 u = \gamma P(U|_{\mathbb{R}_+^n})$. Montrons que $\gamma_0 u = v$. Si $U \in C_0^\infty(\mathbb{R}^n)$ on a, $\gamma P(U|_{\mathbb{R}_+^n}) = \gamma U = U(x', 0)$. Comme $C_0^\infty(\mathbb{R}^n)$ est dense dans $H^1(\mathbb{R}^n)$, si $U \in H^1(\mathbb{R}^n)$ il existe $(U_j) \in C_0^\infty(\mathbb{R}^n)$ telle que $U_j \to U$ dans $H^1(\mathbb{R}^n)$. Alors $\gamma U_j \to \gamma U$ dans $H^{\frac{1}{2}}(\mathbb{R}^{n-1})$, $U_j|_{\mathbb{R}_+^n} \to U|_{\mathbb{R}_+^n}$ dans $H^1(\mathbb{R}_+^n)$ d'où $P(U_j|_{\mathbb{R}_+^n}) \to P(U|_{\mathbb{R}_+^n})$ dans $H^1(\mathbb{R}^n)$ et $\gamma P(U_j|_{\mathbb{R}_+^n}) \to \gamma P(U|_{\mathbb{R}_+^n})$ dans $H^{\frac{1}{2}}(\mathbb{R}^{n-1})$. Comme $\gamma P(U_j|_{\mathbb{R}_+^n}) = \gamma U_j$, on en déduit que $\gamma P(U|_{\mathbb{R}_+^n}) = \gamma U$ pour $U \in H^1(\mathbb{R}^n)$, *i.e.* $\gamma_0 u = v$. ∎

Plus généralement on a le résultat suivant.

Théorème 2.6. *Soit $k \in \mathbb{N} \setminus \{0\}$. L'application de $C_0^\infty(\overline{\mathbb{R}}_+^n)$ dans $[C_0^\infty(\mathbb{R}^{n-1})]^k$, $u \mapsto (u(x',0), \frac{\partial u}{\partial x_n}(x',0), \dots, (\frac{\partial}{\partial x_n})^{k-1} u(x',0))$ se prolonge en une application $\gamma = (\gamma_0, \gamma_1, \dots, \gamma_{k-1})$, linéaire, continue, surjective de $H^k(\mathbb{R}_+^n)$ dans $\prod_{j=0}^{k-1} H^{k-j-\frac{1}{2}}(\mathbb{R}^{n-1})$.*

2.5. Caractérisation de $H_0^1(\mathbb{R}_+^n)$

Nous avons défini l'espace $H_0^1(\mathbb{R}_+^n)$, au chapitre 8, comme étant l'adhérence de $C_0^\infty(\mathbb{R}_+^n)$ pour la norme H^1. Voici une autre interprétation.

Théorème 2.7. *Les assertions suivantes sont équivalentes.*

(a) $u \in H_0^1(\mathbb{R}_+^n)$.

(b) $u \in H^1(\mathbb{R}_+^n)$ *et* $\gamma_0 u = 0$.

(c) $u \in H^1(\mathbb{R}_+^n)$ *et* $\tilde{u} \in H^1(\mathbb{R}^n)$, *où* $\tilde{u}(x) = \begin{cases} u(x) & x_n > 0 \\ 0 & x_n \leq 0 \end{cases}$.

Démonstration. L'équivalence entre (b) et (c) résultera du lemme suivant.

Lemme 2.8. *Pour* $u \in H^1(\mathbb{R}_+^n)$ *on a*

$$\text{(2.5)} \qquad \begin{cases} \dfrac{\partial \tilde{u}}{\partial x_i} = \widetilde{\dfrac{\partial u}{\partial x_i}}, & i = 1, \ldots, n-1 \\ \dfrac{\partial \tilde{u}}{\partial x_n} = \widetilde{\dfrac{\partial u}{\partial x_n}} + \gamma_0 u \otimes \delta_{x_n=0}. \end{cases}$$

Démonstration. Les égalités (2.5), pour $u \in C_0^\infty(\overline{\mathbb{R}}_+^n)$, résultent de la formule des sauts, chapitre 3, proposition 2.4. Soit $u \in H^1(\mathbb{R}_+^n)$; il existe $(u_j) \subset C_0^\infty(\overline{\mathbb{R}}_+^n)$ telle que $u_j \to u$ dans $H^1(\mathbb{R}_+^n)$. On a $\tilde{u}_j \to \tilde{u}$ dans $L^2(\mathbb{R}^n)$, donc dans $\mathcal{D}'(\mathbb{R}^n)$. Alors pour $i = 1, \ldots, n$, $\frac{\partial \tilde{u}_j}{\partial x_i} \to \frac{\partial \tilde{u}}{\partial x_i}$ dans $\mathcal{D}'(\mathbb{R}^n)$ et $\widetilde{\frac{\partial u_j}{\partial x_i}} \to \widetilde{\frac{\partial u}{\partial x_i}}$ dans $L^2(\mathbb{R}^n)$, donc dans $\mathcal{D}'(\mathbb{R}^n)$. Enfin $\gamma_0 u_j \to \gamma_0 u$ dans $H^{\frac{1}{2}}(\mathbb{R}^{n-1})$ et donc, $\gamma_0 u_j \otimes \delta_{x_n=0} \to \gamma_0 u \otimes \delta_{x_n=0}$ dans $\mathcal{D}'(\mathbb{R}^n)$. On obtient ainsi (2.5) pour $u \in H^1(\mathbb{R}_+^n)$. ■

Montrons (b) ⇔ (c). Si $u \in H^1(\mathbb{R}_+^n)$ et $\gamma_0 u = 0$, (2.5) s'écrit $\frac{\partial \tilde{u}}{\partial x_i} = \widetilde{\frac{\partial u}{\partial x_i}}$, $i = 1, \ldots, n$. Comme $\tilde{u}$ et $\widetilde{\frac{\partial u}{\partial x_i}}$ appartiennent à $L^2(\mathbb{R}^n)$ on a $\tilde{u} \in H^1(\mathbb{R}^n)$. Inversement, si $\tilde{u} \in H^1(\mathbb{R}^n)$, on a $\frac{\partial \tilde{u}}{\partial x_n} \in L^2(\mathbb{R}^n)$. Comme $\widetilde{\frac{\partial u}{\partial x_n}} \in L^2(\mathbb{R}^n)$, on déduit de (2.5) que $\gamma_0 u \otimes \delta_{x_n=0} \in L^2(\mathbb{R}^n)$. Soit $\theta \in C_0^\infty(\mathbb{R}^{n-1})$ et $\varphi \in C_0^\infty(\mathbb{R})$ telle que $\varphi(0) = 1$; on pose $\varphi_\varepsilon(x_n) = \varphi(\frac{x_n}{\varepsilon})$. Si $\gamma_0 u \otimes \delta_{x_n=0} \in L^2(\mathbb{R})$ on a, $|\langle \gamma_0 u \otimes \delta_{x_n=0}, \theta \otimes \varphi_\varepsilon \rangle| \leq C \|\theta\|_{L^2(\mathbb{R}^{n-1})} \|\varphi_\varepsilon\|_{L^2(\mathbb{R})} = C\sqrt{\varepsilon} \|\theta\|_{L^2(\mathbb{R}^{n-1})} \|\varphi\|_{L^2(\mathbb{R})}$. D'où, $|\langle \gamma_0 u, \theta \rangle| \cdot |\langle \delta_{x_n=0}, \varphi_\varepsilon \rangle| = |\langle \gamma_0 u, \theta \rangle| \leq c\sqrt{\varepsilon} \|\theta\|_{L^2} \|\varphi\|_{L^2}$. En faisant tendre ε vers zéro on en déduit que $\gamma_0 u = 0$.

(a) ⇔ (c). Soit $E = \{u \in H^1(\mathbb{R}_+^n) : \tilde{u} \in H^1(\mathbb{R}^n)\}$. Si on montre que $C_0^\infty(\mathbb{R}_+^n)$ est dense dans E, pour la norme $H^1(\mathbb{R}_+^n)$, on en déduira que $E = H_0^1(\mathbb{R}_+^n)$. Tout d'abord, par troncature, on voit facilement que les éléments de E, à support compact dans $\mathbb{R}^n$, sont denses dans E, pour la norme $H^1(\mathbb{R}_+^n)$. Ensuite soit $\rho \in C_0^\infty(\mathbb{R}_+^n)$, $\rho \geq 0$, $\int \rho(x)dx = 1$. Alors $\operatorname{supp} \rho \subset \{x \in \mathbb{R}^n : x_n \geq \alpha > 0\}$. Posons $\rho_\varepsilon(x) = \varepsilon^{-n}\rho(\frac{x}{\varepsilon})$; on a $\operatorname{supp} \rho_\varepsilon \subset \{x \in \mathbb{R}^n : x_n \geq \varepsilon\alpha > 0\}$. Si $u \in E$ est à support compact dans $\mathbb{R}^n$, on pose $u_\varepsilon = \rho_\varepsilon * \tilde{u}$. On a, $u_\varepsilon \in C_0^\infty(\mathbb{R}^n)$ et $\operatorname{supp} u_\varepsilon \subset \operatorname{supp} \rho_\varepsilon + \operatorname{supp} \tilde{u}$, d'où $\operatorname{supp} u_\varepsilon \subset \{x : x_n \geq \varepsilon\alpha\} + \{x : x_n \geq 0\} \subset \{x : x_n \geq \varepsilon\alpha\}$. Donc $u_\varepsilon \in C_0^\infty(\mathbb{R}^n_+)$. Comme $\tilde{u} \in L^2(\mathbb{R}^n)$ on a, $u_\varepsilon \to \tilde{u}$ dans $L^2(\mathbb{R}^n)$; si $u \in E$, on a, d'après l'équivalence précédente, $\frac{\partial \tilde{u}}{\partial x_i} = \widetilde{\frac{\partial u}{\partial x_i}} \in L^2(\mathbb{R}^n)$, $i = 1, \ldots, n$. Alors $\frac{\partial u_\varepsilon}{\partial x_i} = \rho_\varepsilon * \widetilde{\frac{\partial u}{\partial x_i}} \to \widetilde{\frac{\partial u}{\partial x_i}}$ dans $L^2(\mathbb{R}^n)$, $i = 1, \ldots, n$. Donc $u_\varepsilon \to u$ dans $L^2(\mathbb{R}^n_+)$, $\frac{\partial u_\varepsilon}{\partial x_i} \to \frac{\partial u}{\partial x_i}$ dans $L^2(\mathbb{R}^n_+)$, d'où $u_\varepsilon \to u$ dans $H^1(\mathbb{R}^n_+)$. ∎

Remarquons que le théorème 2.7 se généralise à $H^k(\mathbb{R}^n_+)$, au sens où, $H_0^k(\mathbb{R}^n_+) = \{u \in H^k(\mathbb{R}^n_+) : \gamma u = 0\}$, γ ayant été définie au théorème 2.6.

3 • Les espaces $H^k(\Omega)$, $k \in \mathbb{N}$

Tout ce que nous avons montré au paragraphe 2, concernant les espaces $H^k(\mathbb{R}^n_+)$ se généralise aux espaces $H^k(\Omega)$, où Ω est un ouvert de $\mathbb{R}^n$ de classe C^k, c'est-à-dire qu'il existe $\rho : \mathbb{R}^n \to \mathbb{R}$, $\rho \in C^k$ telle que,

$$\Omega = \{x \in \mathbb{R}^n : \rho(x) < 0\}, \quad \partial\Omega = \{x \in \mathbb{R}^n : \rho(x) = 0\}, \quad d\rho(x) \neq 0 \text{ sur } \partial\Omega.$$

L'idée étant que par difféomophisme on peut ramener les propriétés sur Ω en des propriétés analogues sur $\mathbb{R}^n_+$. Pour les poins $x_0 \in \partial\Omega$, le difféomorphisme est construit ainsi. Comme $d\rho(x_0) \neq 0$, on peut supposer (quitte à renuméroter les variables) que $\frac{\partial \rho}{\partial x_n}(x_0) \neq 0$. Il existe un voisinage V_{x_0} tel que $\frac{\partial \rho}{\partial x_n}(x) \neq 0$ pour $x \in V_{x_0}$. Considérons l'application $\theta : V_{x_0} \to \mathbb{R}^n$ définie par, $\theta_1(x) = x_1 - x_{0,1}, \ldots, \theta_{n-1}(x) = x_{n-1} - x_{0,n-1}, \theta_n(x) = -\rho(x)$. Le module du Jacobien de θ est égal à $\left|\frac{\partial \rho}{\partial x_n}(x)\right|$; il est donc non nul sur V_{x_0}. Le théorème d'inversion locale implique alors que θ est un C^∞−difféomorphisme de V_{x_0} sur un voisinage $\mathcal{O}$ de zéro dans $\mathbb{R}^n$. De plus θ envoie $\Omega \cap V_{x_0}$ sur $\mathcal{O} \cap \mathbb{R}^n_+$ et $\partial\Omega \cap V_{x_0}$ sur $\mathcal{O} \cap \{x_n = 0\}$. Nous ne détaillerons pas plus ce point technique. Résumons plutôt les propriétés des espaces $H^k(\Omega)$ qui sont ainsi obtenues.

Théorème 3.1

(i) $C_0^\infty(\overline{\Omega})$, *est dense dans* $H^k(\Omega)$, *pour tout* $k \in \mathbb{N}$.

(ii) Il existe une application P, *linéaire, continue, de* $H^k(\Omega)$ *dans* $H^k(\mathbb{R}^n)$ *telle que* $Pu = u$ *dans* Ω.

(iii) Si $k > \frac{n}{2} + \ell$, *on a* $H^k(\Omega) \subset C^\ell(\overline{\Omega})$. *Par conséquent* $\bigcap_{k \in \mathbb{N}} H^k(\Omega) \subset C^\infty(\overline{\Omega})$.

(iv) Si Ω *est borné et* $k > k'$, *l'injection de* $H^k(\Omega)$ *dans* $H^{k'}(\Omega)$ *est compacte.*

(v) L'application $C_0^\infty(\overline{\Omega}) \to [C^\infty(\partial\Omega)]^k$, $u \mapsto \left(u|_{\partial\Omega}, \frac{\partial u}{\partial \nu}\big|_{\partial\Omega}, \ldots, \left(\frac{\partial}{\partial \nu}\right)^{k-1} u|_{\partial\Omega}\right)$ *se prolonge en une application linéaire, continue, surjective* $\gamma = (\gamma_0, \ldots, \gamma_{k-1})$ *de* $H^k(\Omega)$ *dans* $\prod_{j=0}^{k-1} H^{k-j-\frac{1}{2}}(\partial\Omega)$.

(vi) $H_0^k(\Omega) = \{u \in H^k(\Omega) : \gamma u = 0\}$.

4 • Retour sur le problème de Dirichlet pour le Laplacien

4.1. Problème de Dirichlet non homogène

Nous avons vu au chapitre 8 que l'opérateur $-\Delta + \lambda$ est un isomorphisme de $H_0^1(\Omega)$ sur $H^{-1}(\Omega)$. Nous allons ici résoudre le problème de Dirichlet non homogène.

Théorème 4.1. *Soit Ω un ouvert de $\mathbb{R}^n$ de classe C^1. Soit $\lambda \geq 0$ ($\lambda > 0$ si Ω est non borné). Soit $f \in H^{-1}(\Omega)$, $g \in H^{\frac{1}{2}}(\partial\Omega)$. Il existe $u \in H^1(\Omega)$ unique telle que*

$$\begin{cases} (-\Delta + \lambda)u = f \\ \gamma_0 u = g. \end{cases} \tag{4.1}$$

Démonstration. L'unicité résulte de celle du problème homogène. Ensuite, comme $g \in H^{\frac{1}{2}}(\partial\Omega)$, il existe, d'après le théorème 3.1, (v), $w \in H^1(\Omega)$ telle que $\gamma_0 w = g$. Alors $-\Delta w + \lambda w = F \in H^{-1}(\Omega)$. Soit v l'unique solution dans $H_0^1(\Omega)$ de l'équation $-\Delta v + \lambda v = f - F \in H^{-1}(\Omega)$. Alors $u = v + w$ est solution de (4.1). ■

4.2. Régularité d'ordre supérieur

Théorème 4.2. *Soit Ω un ouvert de $\mathbb{R}^n$ de classe C^∞ et soit $\lambda \geq 0$ ($\lambda > 0$ si Ω n'est pas borné). Pour tout $k \in \mathbb{N}$, l'opérateur $-\Delta + \lambda$ est un isomorphisme de $H^{k+2}(\Omega) \cap H_0^1(\Omega)$ sur $H^k(\Omega)$.*

Corollaire 4.3. *Dans les conditions du théorème 4.2, $-\Delta + \lambda$ est un isomorphisme de $\left(\bigcap_{k\in\mathbb{N}} H^k(\Omega)\right) \cap H_0^1(\Omega)$ sur $\bigcap_{k\in\mathbb{N}} H^k(\Omega)$.*

Remarque 4.4

(i) Si Ω est un ouvert borné de classe C^∞, on a $\bigcap_{k\in\mathbb{N}} H^k(\Omega) = C^\infty(\overline{\Omega})$. Sinon on a $C_0^\infty(\overline{\Omega}) \subset \bigcap_{k\in\mathbb{N}} H^k(\Omega) \subset C^\infty(\overline{\Omega})$.

(ii) Il apparaît au théorème 4.2, qu'il y a deux degrés de régularité de différence entre le second membre et la solution. Pour un opérateur d'ordre deux c'est un gain maximum qui est caractéristique des opérateurs elliptiques dont $-\Delta$ est le prototype.

Démonstration du théorème 4.2. Conformément à ce qui a été dit au début du paragraphe 3, nous admettrons qu'il suffit de traiter le cas $\Omega = \mathbb{R}_+^n$. On traite d'abord le cas $k = 0$ puis on raisonne par récurrence sur k.

Soit $f \in L^2(\Omega)$. Alors $\frac{\partial f}{\partial x_i} \in H^{-1}(\Omega)$. On serait tenté de dériver l'équation $-\Delta u + \lambda u = f$ et d'en déduire que $\frac{\partial u}{\partial x_i} = v$ est telle que $-\Delta v + \lambda v \in H^{-1}(\Omega)$. Le problème est que, si $u \in H_0^1(\mathbb{R}_+^n)$, $\frac{\partial u}{\partial x_i}$ n'a pas nécessairement de trace sur $x_n = 0$ et on ne peut donc dire que $v \in H_0^1(\mathbb{R}_+^n)$.

On remplace alors les dérivées par les quotients différentiels. Pour u appartenant à $H_0^1(\mathbb{R}_+^n)$, $h \in \mathbb{R}^*$ et $i = 1, \ldots, n-1$, posons,

$$u_h(x) = \frac{\tau_h u(x) - u(x)}{h} = \frac{u(x + h e_i) - u(x)}{h}, \tag{4.2}$$

où e_i est le i–ème vecteur de la base canonique de $\mathbb{R}^n$.

On a alors $u_h \in H_0^1(\mathbb{R}_+^n)$ et $-\Delta u_h + \lambda u_h = f_h = \frac{\tau_h f - f}{h}$.

D'autre part, comme $-\Delta + \lambda$ est un isomorphisme de H_0^1 sur H^{-1}, on a

$$\|u_h\|_{H_0^1} \leq C(\lambda) \|f_h\|_{H^{-1}}. \tag{4.3}$$

Pour estimer le membre de droite de (4.3) on utilise le :

Lemme 4.5. *On a* $\|f_h\|_{H^{-1}} \leq \|f\|_{L^2}$.

Démonstration. Ceci résultera de l'inégalité

$$\|v_h\|_{L^2} \leq \|v\|_{H_0^1}, \quad \forall v \in H_0^1(\mathbb{R}_+^n), \quad \forall h \in \mathbb{R}^*. \tag{4.4}$$

En effet, supposons (4.4) satisfaite. Si $f \in L^2(\mathbb{R}_+^n)$ on a $f_h \in L^2(\mathbb{R}_+^n)$ et, pour $v \in H_0^1$, la dualié H_0^1, H^{-1} s'écrit, $f_h(v) = \int f_h(x) v(x)\, dx = \int f(x) v_{-h}(x)\, dx$. Alors,

$$\begin{aligned} \|f_h\|_{H^{-1}} &\leq \sup_{\substack{v \in H_0^1 \\ v \neq 0}} \frac{|f_h(v)|}{\|v\|_{H_0^1}} = \sup_{v \neq 0} \frac{\left|\int f(x) v_{-h}(x)\, dx\right|}{\|v\|_{H_0^1}} \\ &\leq \sup_{v \neq 0} \frac{\|f\|_{L^2} \|v_{-h}\|_{L^2}}{\|v\|_{H_0^1}} \leq \|f\|_{L^2}, \end{aligned}$$

d'où le lemme.

Montrons (4.4). Supposons $v \in C_0^\infty(\mathbb{R}_+^n)$. On écrit,

$$v_h(x) = \frac{1}{h} \int_{x_i}^{x_i + h} \frac{\partial v}{\partial x_i}(x_1, .., t, .., x_n)\, dt = \frac{1}{h} \int_0^h \frac{\partial v}{\partial x_i}(x_1, .., t + x_i, .., x_n)\, dt,$$

$$\|v_h\|_{L^2} \leq \frac{1}{h} \int_0^h \left\| \frac{\partial v}{\partial x_i}(., .., . + t, .., .) \right\|_{L^2} dt \leq \frac{1}{h} \int_0^h \left\| \frac{\partial v}{\partial x_i} \right\|_{L^2} dt = \left\| \frac{\partial v}{\partial x_i} \right\|_{L^2},$$

donc (4.4) est vérifiée. Par densité de $C_0^\infty(\mathbb{R}_+^n)$, (4.4) est également satisfaite pour $v \in H_0^1(\mathbb{R}_+^n)$. ∎

En utilisant (4.3) et le lemme 4.5, on obtient $\|u_h\|_{H_0^1} \leq C(\lambda)\|f\|_{L^2}$. Donc (u_h) est une suite bornée de H_0^1. Comme, dans un espace de Hilbert, la boule unité fermée est faiblement compacte, il existe une sous-suite (u_{h_k}) et $w \in H_0^1$ tels que $u_{h_k} \rightharpoonup w$ dans H_0^1, *i.e.* $(u_{h_k}, v)_{H^1} \to (w, v)_{H^1}$, pour tout $v \in H_0^1$. Cela implique que $u_{h_k} \to w$ dans $\mathcal{D}'(\mathbb{R}_+^n)$. D'autre part il est classique que, $u_{h_k} \to \frac{\partial u}{\partial x_i}$ dans $\mathcal{D}'(\mathbb{R}^n)$. On en déduit que $\frac{\partial u}{\partial x_i} \in H_0^1(\mathbb{R}_+^n)$ pour $i = 1, \ldots, n-1$. Par conséquent, $\frac{\partial^2 u}{\partial x_i \partial x_j} \in L^2(\mathbb{R}_+^n)$, $i = 1, \ldots, n-1$, $j = 1, \ldots, n$. D'autre part, $-\frac{\partial^2 u}{\partial x_n^2} = f - \lambda u + \sum\limits_{i=1}^{n-1} \frac{\partial^2 u}{\partial x_i^2} \in L^2(\mathbb{R}_+^n)$ et donc $u \in H^2 \cap H_0^1$, ce qui prouve le théorème 4.2 lorsque $k = 0$.

Pour $k \geq 0$, on raisonne par récurrence pour prouver,

$$f \in H^k \Longrightarrow u \in H^{k+2} \cap H_0^1. \tag{4.5}$$

Si $f \in H^{k+1}$, $k \geq 0$, on sait que $u \in H^{k+2} \cap H_0^1$ et on souhaite montrer que $u \in H^{k+3}$, c'est-à-dire $u \in H^{k+2}$ et $\frac{\partial u}{\partial x_i} \in H^{k+2}$, $i = 1, \ldots, n$. On commence par les dérivées parallèles au bord, *i.e.* $i = 1, \ldots, n-1$. Posons $v = \frac{\partial u}{\partial x_i}$. Alors $v \in H^{k+1} \subset H^1$. Donc v a une trace sur $x_n = 0$ et $\gamma_0 v = 0$, car $u \in H_0^1(\mathbb{R}_+^n)$. On en déduit que v est solution du problème

$$\begin{cases} -\Delta v + \lambda v = \dfrac{\partial f}{\partial x_i} \in H^k \\ \gamma_0 v = 0. \end{cases}$$

Par hypothèse de récurrence on a $v \in H^{k+2}$, *i.e.* $\partial^\alpha \partial_i v \in L^2$, $|\alpha| \leq k+2$, $i = 1, \ldots, n-1$. Pour $|\beta| \leq k+1$ on a, en dérivant l'équation (4.1),

$$\partial_n^2 \partial^\beta u = -\sum_{i=1}^{n-1} \partial^\beta \partial_i^2 u + \lambda \partial^\beta u - \partial^\beta f \in L^2$$

et donc $u \in H^{k+3}$. ■

Chapitre 12

L'équation de Schrödinger dans $\mathbb{R} \times \mathbb{R}^n$

L'opérateur de Schrödinger, $P = \frac{\partial}{\partial t} - i\Delta_x$, a été introduit pour les besoins de la mécanique quantique. C'est un opérateur d'évolution pour lequel le problème de Cauchy est un problème pertinent.

1 • Le problème de Cauchy

1.1. Donnée dans $\mathcal{S}'(\mathbb{R}^n)$

Théorème 1.1. *Soit $g \in \mathcal{S}'(\mathbb{R}^n)$. Il existe une unique $u = (u_t)$ appartenant à $C^\infty(\mathbb{R}, \mathcal{S}'(\mathbb{R}^n))$ telle que,*

$$\begin{cases} \dfrac{\partial u}{\partial t} - i\Delta u = 0, & \text{dans } \mathcal{D}'(\mathbb{R} \times \mathbb{R}^n), \\ u_0 = g. \end{cases} \tag{1.1}$$

Démonstration

a) Existence : pour $t \in \mathbb{R}$, posons,

$$u_t = \overline{\mathcal{F}}(e^{-it|\xi|^2}\, \hat{g}). \tag{1.2}$$

Ceci a un sens car $\hat{g} \in \mathcal{S}'$, $e^{-it|\xi|^2}\, \hat{g} \in \mathcal{S}'$ et donc $u_t \in \mathcal{S}'$. D'autre part $u_0 = g$ et pour $\varphi \in \mathcal{S}$ on a $\langle u_t, \varphi\rangle = \langle \hat{g}, e^{-it|\cdot|^2}\varphi\rangle$ de sorte que la remarque 3.2, (ix) et (xi), chapitre 10, montre que $u_t \in C^\infty(\mathbb{R}, \mathcal{S}')$. Comme $\langle \hat{u}_t, \varphi\rangle = \langle u_t, \hat{\varphi}\rangle$, on a aussi $\hat{u}_t \in C^\infty(\mathbb{R}, \mathcal{S}')$. Rappelons ensuite que u est définie par,

$$\langle u, \psi\rangle = \int_{\mathbb{R}} \langle u_t, \psi(t, \cdot)\rangle\, dt, \quad \psi \in \mathcal{S}(\mathbb{R} \times \mathbb{R}^n). \tag{1.3}$$

Alors pour $\psi \in \mathcal{S}(\mathbb{R} \times \mathbb{R}^n)$,

$$\Big\langle \frac{\partial u}{\partial t} - i\Delta u, \psi\Big\rangle = -\Big\langle u, \frac{\partial \psi}{\partial t} + i\Delta\psi\Big\rangle = -\int_{\mathbb{R}} \Big\langle u_t, \frac{\partial \psi}{\partial t} + i\Delta\psi\Big\rangle dt =$$

$$= -\int_{\mathbb{R}} \Big\langle \hat{u}_t, \overline{\mathcal{F}}\Big(\frac{\partial \psi}{\partial t} + i\Delta\psi\Big)\Big\rangle dt = -\int_{\mathbb{R}} \Big\langle e^{-it|\cdot|^2}\hat{g}, \Big(\frac{\partial}{\partial t} - i|\cdot|^2\Big)\overline{\mathcal{F}}\psi(t, \cdot)\Big\rangle dt.$$

Or,
$$\frac{\partial}{\partial t}\Big(e^{-it|\xi|^2}\overline{\mathcal{F}}\psi(t,\xi)\Big) = \Big[\Big(\frac{\partial}{\partial t} - i|\xi|^2\Big)\overline{\mathcal{F}}\psi(t,\xi)\Big]e^{-it|\xi|^2}.$$
On en déduit,
$$\begin{aligned}\Big\langle \frac{\partial u}{\partial t} - i\Delta u, \psi\Big\rangle &= -\int_{\mathbb{R}} \Big\langle \hat{g}, \frac{\partial}{\partial t}\Big(e^{-it|\cdot|^2}\overline{\mathcal{F}}\psi(t,\cdot)\Big)\Big\rangle dt \\ &= -\int_{\mathbb{R}} \frac{\partial}{\partial t}\Big\langle \hat{g}, e^{-it|\cdot|^2}\overline{\mathcal{F}}\psi(t,\cdot)\Big\rangle dt = 0\end{aligned}$$

car $\overline{\mathcal{F}}\psi(\mp\infty,\xi) = 0$.

b) Unicité : la différence de deux solutions est un élément $u \in C^\infty(\mathbb{R}, \mathcal{S}')$ qui vérifie $(\partial_t - i\Delta u) = 0$ et $u_0 = 0$; nous allons montrer que $u \equiv 0$. Pour tout $\psi \in \mathcal{S}(\mathbb{R}\times\mathbb{R}^n)$ on a,

$$0 = \langle \partial_t u - i\Delta u, \psi\rangle = -\langle u, (\partial_t + i\Delta)\psi\rangle = -\int_{\mathbb{R}} \langle u_t, (\partial_t + i\Delta)\psi(t,\cdot)\rangle\, dt.$$

D'après la proposition 3.3, chapitre 4, on peut écrire

$$\frac{d}{dt}\langle u_t, \psi(t,\cdot)\rangle = \langle u_t^{(1)}, \psi(t,\cdot)\rangle + \langle u_t, \partial_t\psi(t,\cdot)\rangle,$$

il en résulte que

$$0 = -\int_{\mathbb{R}} \frac{d}{dt}\langle u_t, \psi(t,\cdot)\rangle\, dt + \int_{\mathbb{R}} \big[\langle u_t^{(1)}, \psi(t,\cdot)\rangle - i\langle u_t, \Delta\psi(t,\cdot)\rangle\big]\, dt.$$

Comme $\psi(\mp\infty,\cdot) = 0$, il en résulte que,

$$(1.4) \qquad \int_{\mathbb{R}} \big[\langle u_t^{(1)}, \psi(t,\cdot)\rangle - i\langle u_t, \Delta\psi(t,\cdot)\rangle\big]\, dt = 0, \quad \forall\psi \in \mathcal{S}(\mathbb{R}\times\mathbb{R}^n).$$

D'autre part, on a $\mathcal{F}(u_t^{(1)}) = \hat{u}_t^{(1)}$. En effet pour $\varphi \in \mathcal{S}(\mathbb{R}^n)$, on a

$$\langle \mathcal{F}(u_t^{(1)}), \varphi\rangle = \langle u_t^{(1)}, \hat{\varphi}\rangle = \frac{d}{dt}\langle u_t, \hat{\varphi}\rangle = \frac{d}{dt}\langle \hat{u}_t, \varphi\rangle = \langle \hat{u}_t^{(1)}, \varphi\rangle.$$

On déduit de (1.4) que,

$$(1.5) \qquad \int_{\mathbb{R}} \big[\langle \hat{u}_t^{(1)}, \overline{\mathcal{F}}\psi(t,\cdot)\rangle + i\langle \hat{u}_t, |\cdot|^2\overline{\mathcal{F}}\psi(t,\cdot)\rangle\big]\, dt = 0.$$

Ceci est vrai, en particulier, pour ψ telle que $\overline{\mathcal{F}}\psi(t,\xi) = e^{it|\xi|^2}\varphi(\xi)\chi(t)$, où $\varphi \in \mathcal{S}(\mathbb{R}^n)$, $\chi \in \mathcal{S}(\mathbb{R})$ sont quelconques. On en déduit que,

$$(1.6) \qquad \int_{\mathbb{R}} \big[\langle \hat{u}_t^{(1)}, e^{it|\cdot|^2}\varphi\rangle + i\langle \hat{u}_t, |\cdot|^2 e^{it|\cdot|^2}\varphi\rangle\big]\chi(t)\, dt = 0, \quad \forall\chi \in \mathcal{S}(\mathbb{R}).$$

La fonction entre crochets étant une fonction continue de t sur $\mathbb{R}$, il résulte de (1.6) que,

$$\langle \hat{u}_t^{(1)}, e^{it|\cdot|^2}\varphi\rangle + i\langle \hat{u}_t, |\cdot|^2 e^{it|\cdot|^2}\varphi\rangle = 0, \quad \forall t \in \mathbb{R}, \ \forall \varphi \in \mathcal{S}. \tag{1.7}$$

Comme le membre de gauche de (1.7) est égal à $\frac{d}{dt}\langle \hat{u}_t, e^{it|\cdot|^2}\varphi\rangle$, il résulte de (1.7) que, pour tout $\varphi \in \mathcal{S}$, la fonction $t \mapsto \langle \hat{u}_t, e^{it|\cdot|^2}\varphi\rangle$ est constante. Donc $\langle \hat{u}_t, e^{it|\cdot|^2}\varphi\rangle = \langle \hat{u}_0, \varphi\rangle = 0$, puisque $u_0 = 0$. Soient $t_0 \in \mathbb{R}$ et $\theta \in \mathcal{S}(\mathbb{R}^n)$ quelconques. La fonction $\varphi(\xi) = e^{-it_0|\xi|^2}\theta(\xi)$ est dans $\mathcal{S}$ et donc $\langle \hat{u}_{t_0}, e^{-it_0|\cdot|^2}\varphi\rangle = \langle \hat{u}_{t_0}, \theta\rangle = 0$; donc $\hat{u}_{t_0} = 0$ dans $\mathcal{S}'$, d'où $u_t = 0$, $\forall t \in \mathbb{R}$, ce qui prouve que $u = 0$. ∎

1.2. Donnée dans $\mathcal{S}(\mathbb{R}^n)$

Théorème 1.2. *Si $g \in \mathcal{S}(\mathbb{R}^n)$, la solution u donnée par le théorème 1.1 appartient à $C^\infty(\mathbb{R}, \mathcal{S}(\mathbb{R}^n))$. Elle est donnée par la formule,*

$$u(t,x) = (2\pi)^{-n}\int e^{ix\cdot\xi - it|\xi|^2}\hat{g}(\xi)\,d\xi. \tag{1.8}$$

Démonstration. Si $g \in \mathcal{S}$, la formule (1.2) montre que $u_t \in \mathcal{S}$ et que $u_t(x)$ est égal au second membre de (1.8). Il est alors facile de voir que la fonction $(t,x) \mapsto u_t(x)$ est C^∞ sur $\mathbb{R} \times \mathbb{R}^n$. Notons-la $u(t,x)$. On a,

$$\begin{aligned} x^\alpha D^\beta u(t,x) &= (2\pi)^{-n}\int D_\xi^\alpha e^{ix\cdot\xi} e^{-it|\xi|^2}\xi^\beta \hat{g}(\xi)\,d\xi \\ &= (2\pi)^{-n}\int e^{ix\cdot\xi}(-D_\xi)^\alpha\left[e^{-it|\xi|^2}\xi^\beta\hat{g}(\xi)\right]d\xi \\ &= \int e^{ix\cdot\xi} P_{\alpha\beta}(t,\xi)e^{-it|\xi|^2}\hat{g}(\xi)\,d\xi \end{aligned}$$

où $P_{\alpha\beta}$ est un polynôme en (t,ξ). Il résulte facilement du théorème de convergence dominée que si $t_n \to t_0$, $\sup_{x\in\mathbb{R}} |x^\alpha D_x^\beta(u(t_n,x) - u(t_0,x))| \to 0$. On montre de manière tout à fait analogue que pour tout $k \in \mathbb{N}$, $\partial_t^k u$ appartient à $C^0(\mathbb{R}, \mathcal{S}(\mathbb{R}^n))$. ∎

1.3. Donnée dans $H^s(\mathbb{R}^n)$

Théorème 1.3. *Si $g \in H^s(\mathbb{R}^n)$, où $s \in \mathbb{R}$, la solution u donnée par le théorème 1.1 appartient à $C^0(\mathbb{R}, H^s(\mathbb{R}^n))$. Pour $k \in \mathbb{N}$, $(u_t^{(k)})$ appartient à $C^0(\mathbb{R}, H^{s-2k}(\mathbb{R}^n))$ et,*

$$\begin{cases} \|u_t\|_{H^s} = \|g\|_{H^s}, & \forall t \in \mathbb{R}, \\ \|u_t^{(k)}\|_{H^{s-2k}} \le C_k\|g\|_{H^s}, & \forall t \in \mathbb{R}, \ \forall k \in \mathbb{N}^*. \end{cases} \tag{1.9}$$

Démonstration. La formule (1.2) montre que, pour tout $t \in \mathbb{R}$, on a $\hat{u}_t = e^{-it|\xi|^2}\hat{g}$. Comme $g \in H^s$, $\hat{g}$ est une fonction mesurable, donc $\hat{u}_t$ l'est aussi et on a $(1+|\xi|^2)^{s/2}|\hat{u}_t(\xi)| = (1+|\xi|^2)^{s/2}|\hat{g}(\xi)|$, ce qui prouve (1.9). Ensuite si (t_n) est une suite qui converge vers t_0 dans $\mathbb{R}$ on a,

$$\|u_{t_n} - u_{t_0}\|_{H^s}^2 = \int (1+|\xi|^2)^s \left|e^{-it_n|\xi|^2} - e^{-it_0|\xi|^2}\right|^2 |\hat{g}(\xi)|^2 \, d\xi .$$

Le théorème de convergence dominée montre aisément que, $\|u_{t_n} - u_{t_0}\|_{H^s}$ tend vers zéro. D'autre part, (1.2) montre que $u_t^{(k)} = \overline{\mathcal{F}}((-i|\xi|^2)^k e^{-it|\xi|^2}\hat{g})$, d'où $\mathcal{F}(u_t^{(k)}) = (-i|\xi|^2)^k e^{-it|\xi|^2}\hat{g}$. On en déduit que,

$$\|u_{t_n}^{(k)} - u_{t_0}^{(k)}\|_{H^{s-2k}} = \int \left|e^{-it_n|\xi|^2} - e^{it_0|\xi|^2}\right|^2 |\xi|^k (1+|\xi|^2)^{s-2k} |\hat{g}(\xi)|^2 \, d\xi$$

et on conclut de manière analogue. ■

1.4. Forme de la solution

Théorème 1.4. *Pour* $g \in \mathcal{S}'(\mathbb{R}^n)$, *la solution* u *donnée par le théorème 1.1 s'écrit, pour* $t \neq 0$,

$$(1.10) \qquad u_t(\cdot) = \frac{1}{(4\pi|t|)^{n/2}} e^{-in\frac{\pi}{4}\operatorname{sgn} t} e^{i\frac{|\cdot|^2}{4t}} \left[\mathcal{F}(e^{i\frac{|\cdot|^2}{4t}} g)\right]\left(\frac{\cdot}{2t}\right),$$

où sgn t *désigne le signe de* t.

Démonstration

Cas 1. Supposons $g \in C_0^\infty(\mathbb{R}^n)$. D'après le théorème 1.2 et le théorème 6.1 du chapitre 10, on peut écrire,

$$u(t,x) = \overline{\mathcal{F}}\big(e^{-it|\xi|^2}\hat{g}(\xi)\big) = \big[\overline{\mathcal{F}}(e^{-it|\xi|^2}) * g\big](x).$$

On utilise l'exemple 3.6, 3), chapitre 10. Il en résulte que,

$$(1.11) \qquad u(t,x) = (2\pi)^{-n}\left(\frac{\pi}{|t|}\right)^{\frac{n}{2}} e^{-in\frac{\pi}{4}\operatorname{sgn} t}\left(e^{\frac{i|\cdot|^2}{4t}} * g\right)(x).$$

D'autre part, comme $g \in C_0^\infty(\mathbb{R}^n)$ on a

$$\left(e^{\frac{i|\cdot|^2}{4t}} * g\right)(x) = \left\langle g, e^{\frac{i|x-\cdot|^2}{4t}}\right\rangle = \int g(y) e^{\frac{i|x-y|^2}{4t}} \, dy .$$

En écrivant $|x-y|^2 = |x|^2 - 2x \cdot y + |y|^2$, il vient

$$\begin{aligned}\left(e^{\frac{i|\cdot|^2}{4t}} * g\right)(x) &= e^{\frac{i|x|^2}{4t}} \int e^{-i\frac{x}{2t}\cdot y} e^{\frac{i|y|^2}{4t}} g(y) \, dy \\ &= e^{\frac{i|x|^2}{4t}} \mathcal{F}\left(e^{\frac{i|\cdot|^2}{4t}} g\right)\left(\frac{x}{2t}\right).\end{aligned}$$

En utilisant (1.11) on obtient,

$$(1.12) \qquad u(t,x) = \frac{1}{(4\pi|t|)^{n/2}} e^{-in\frac{\pi}{4}\operatorname{sgn} t} e^{i\frac{|x|^2}{4t}} \mathcal{F}\Big(e^{i\frac{|\cdot|^2}{4t}} g\Big)\Big(\frac{x}{2t}\Big)$$

ce qui est la formule (1.10).

Cas 2. $g \in \mathcal{S}'(\mathbb{R}^n)$.

Il existe $(g_k)_k \subset C_0^\infty(\mathbb{R}^n)$ telle que $g_k \to g$ dans $\mathcal{S}'(\mathbb{R}^n)$. Soit u_k la solution du problème (1.1) avec donnée g_k. D'après le théorème 1.2, on a $u_k \in C^\infty(\mathbb{R}, \mathcal{S})$ et d'après le cas 1, u_k est donnée par la formule (1.12). Considérons le membre de droite de (1.12). On a $e^{\frac{i|\cdot|^2}{4t}} g_k \to e^{\frac{i|\cdot|^2}{4t}} g$ dans $\mathcal{S}'(\mathbb{R}^n)$; donc $\mathcal{F}\big(e^{i\frac{|\cdot|^2}{4t}} g_k\big) \circ A_t \to \mathcal{F}\big(e^{i\frac{|\cdot|^2}{4t}} g\big) \circ A_t$ dans $\mathcal{S}'$, où $A_t : \mathbb{R}^n \to \mathbb{R}^n$ est l'application $x \mapsto \frac{x}{2t}$. La multiplication par $e^{i\frac{|x|^2}{4t}}$ étant continue de $\mathcal{S}'$ dans $\mathcal{S}'$, on en déduit que le membre de droite de (1.12), avec g_k, converge vers la même expression avec g, dans $\mathcal{S}'(\mathbb{R}^n)$. D'autre part, d'après l'unicité dans le théorème 1.1, la solution u_k du problème (1.1), avec donnée g_k, est donnée par $(u_k)_t = \overline{\mathcal{F}}\big(e^{-it|\cdot|^2}\hat{g}_k\big)$; comme $\hat{g}_k \to \hat{g}$ dans $\mathcal{S}'$ et $e^{-it|\cdot|^2}\hat{g}_k \to e^{-it|\cdot|^2}\hat{g}$ dans $\mathcal{S}'$, $(u_k)_t$ converge vers u_t dans $\mathcal{S}'$ où u est la solution de (1.1) avec donnée g. Donc la formule (1.12) entraîne (1.10). ■

Le théorème 1.4 va nous permettre de mettre en évidence une propriété importante de l'équation de Schrödinger.

Corollaire 1.5

(i) Si $g \in \mathcal{E}'(\mathbb{R}^n)$ *et* u *est la solution du problème (1.1), alors, pour tout* $t \neq 0$, $u_t \in C^\infty(\mathbb{R}^n)$.

(ii) Soit $g(x) = e^{-i\lambda|x|^2}$, *où* $\lambda > 0$. *Alors* $u_{\frac{1}{4\lambda}} = (4\pi\lambda)^{\frac{n}{2}} e^{-in\frac{\pi}{4}} \delta_0$.

Démonstration

(i) Si $g \in \mathcal{E}'$, alors $e^{i\frac{|\cdot|^2}{4t}} g \in \mathcal{E}'$; d'après le théorème 4.1 du chapitre 10, on a $\mathcal{F}\big(e^{i\frac{|\cdot|^2}{4t}} g\big) \in C^\infty(\mathbb{R}^n)$ et la formule (1.10) prouve (i).

(ii) Pour $t = \frac{1}{4\lambda}$, on a $e^{i\frac{|x|^2}{4t}} e^{-i\lambda|x|^2} = 1$; donc $\mathcal{F}\big(e^{i\frac{|\cdot|^2}{4t}} g\big) = \mathcal{F}1 = (2\pi)^n \delta_0$. Alors $e^{i\frac{|x|^2}{4t}} \mathcal{F}\big(e^{i\frac{|\cdot|^2}{4t}} g\big) = (2\pi)^n \delta_0$, d'où $u_t = 2^n \pi^{\frac{n}{2}} e^{-in\frac{\pi}{4}} \lambda^{\frac{n}{2}} \delta_0$. ■

Que dit le corollaire 1.5 ? Il montre que la régularité de la solution pour $t \neq 0$, n'est pas reliée à la régularité de la donnée en $t = 0$, puisque une donnée irrégulière ($g \in \mathcal{E}'$) donne une solution C^∞ tandis qu'une donnée C^∞ fournit une solution singulière. L'explication est la suivante : la régularité de la solution, pour $t \neq 0$, dépend du comportement à l'infini de la donnée et non de sa régularité. Ce phénomène est connu sous le nom de **propagation à vitesse infinie**.

Voici un résultat qui va dans le même sens mais qui ne nécessite pas que la donnée soit à support compact.

Théorème 1.6. *Soit* $g \in L^2(\mathbb{R}^n)$ *et supposons que, pour tout* $\alpha \in \mathbb{N}^n$, *on ait* $x^\alpha g \in L^2(\mathbb{R}^n)$. *Alors, pour* $t \neq 0$, *la solution* u *du problème (1.1) est telle que* $u_t \in C^\infty(\mathbb{R}^n)$.

Démonstration. Dans ce résultat, la donnée est peu régulière ($g \in L^2$), mais en un certain sens elle décroît rapidement à l'infini. La preuve est basée sur la remarque suivante. On a,

$$\left[\frac{\partial}{\partial t} - i\Delta, x_j + 2it\frac{\partial}{\partial x_j}\right] = 0, \quad j = 1, \ldots, n, \tag{1.13}$$

où $[A, B] = AB - BA$. En effet ce commutateur vaut $2i\frac{\partial}{\partial x_j} - i\left[\sum_{k=1}^{n} \frac{\partial}{\partial x_k^2}, x_j\right] = 2i\frac{\partial}{\partial x_j} - 2i\frac{\partial}{\partial x_j} = 0$. On en déduit que $\left[\frac{\partial}{\partial t} - i\Delta, \left(x + 2it\frac{\partial}{\partial x}\right)^\alpha\right] = 0$, pour tout $\alpha \in \mathbb{N}^n$. Si $g \in L^2$, le théorème 1.3 nous dit que le problème (1.1) a une et une seule solution $u \in C^0(\mathbb{R}, L^2)$. Considérons $v = (x + 2it\partial_x)^\alpha u \in C^0(\mathbb{R}, \mathcal{S}')$. Il est facile de voir que $v_0 = x^\alpha u_0 = x^\alpha g \in L^2(\mathbb{R}^n)$. D'autre part $(\partial_t - i\Delta)v = [\partial_t - i\Delta, (x + 2it\partial_x)^\alpha]u + (x + 2it\partial_x)^\alpha(\partial_t - i\Delta)u = 0$, d'après (1.13). On déduit du théorème 1.3 que, $(x + 2it\partial_x)^\alpha v \in C^0(\mathbb{R}, L^2(\mathbb{R}^n))$, pour tout $\alpha \in \mathbb{N}^n$. Or,

$$(x + 2it\partial_x)^\alpha = \sum_{|\beta| \leq |\alpha| - 1} a_{\alpha\beta}(t, x)\partial_x^\beta + (2it)^{|\alpha|}\partial_x^\alpha \tag{1.14}$$

où $a_{\alpha\beta}$ est un polynôme en (t, x). Une récurrence sur $|\alpha|$, en partant du fait que $u \in C^0(\mathbb{R}, L^2)$, montre que, pour $t \neq 0$, on a $\partial_x^\alpha u_t \in L^2_{\text{loc}}(\mathbb{R}^n)$. Par conséquent, $u_t \in H^s_{\text{loc}}(\mathbb{R}^n)$ pour tout $s \in \mathbb{N}$ et tout $t \neq 0$. Comme $\bigcap_{s \geq 0} H^s_{\text{loc}} \subset C^\infty$, on déduit le résultat. ■

1.5. Décroissance à l'infini de la solution

Théorème 1.7. *Si* $g \in L^1(\mathbb{R}^n)$, *la solution* u *donnée par le théorème 1.1 vérifie*

$$\|u_t\|_{L^\infty(\mathbb{R}^n)} \leq \frac{\|g\|_{L^1}}{(4\pi)^{n/2}}|t|^{-\frac{n}{2}}, \quad \text{pour } |t| \neq 0. \tag{1.15}$$

Démonstration. Cela résulte immédiatement de la formule (1.10). En effet, comme $\mathcal{F}$ est continue de L^1 dans L^∞ (avec une norme ≤ 1) on a,

$$\begin{aligned}\|u_t\|_{L^\infty} &= \frac{1}{(4\pi)^{n/2}}|t|^{-n/2}\left\|\mathcal{F}\left(e^{i\frac{|\cdot|^2}{4t}}g\right)\right\|_{L^\infty}\\ &\leq \frac{|t|^{-n/2}}{(4\pi)^{n/2}}\left\|e^{i\frac{|\cdot|^2}{4t}}g\right\|_{L^1} = \frac{|t|^{-n/2}}{(4\pi)^{n/2}}\|g\|_{L^1}.\end{aligned}$$

■

Chapitre 13

Théorie spectrale du problème de Dirichlet pour le Laplacien

1 • Théorie spectrale des opérateurs auto-adjoints compacts

Dans ce paragraphe H est un espace de Hilbert sur $\mathbb{C}$, dont on notera $(\,,\,)$ le produit scalaire et T un opérateur linéaire continu de H dans H ; on écrira $T \in \mathcal{L}(H)$. On commence par quelques définitions et propriétés.

1.1. Spectre

Le spectre de T, noté $\sigma(T)$, est le sous ensemble de $\mathbb{C}$ défini par,

$$\sigma(T) = \{\mu \in \mathbb{C} : T - \mu \operatorname{Id} \text{ est non inversible}\}, \tag{1.1}$$

où Id est l'opérateur identité $x \mapsto x$ de H dans lui-même. En particulier, $\mu \in \mathbb{C}$ est appelée une valeur propre de T, si $T - \mu \operatorname{Id}$ n'est pas injectif *i.e.* si il existe $x \in H$, $x \neq 0$ tel que $Tx = \mu x$. L'ensemble des valeurs propres est un sous-ensemble du spectre.

Lemme 1.1. *L'ensemble $\sigma(T)$ est fermé dans $\mathbb{C}$.*

Démonstration. On montre que $(\sigma(T))^c$ est ouvert. Soit $\mu_0 \in \mathbb{C}$ tel que $T - \mu_0 \operatorname{Id} = S_0$ soit inversible. Pour $\mu \neq \mu_0$ on écrit $T - \mu \operatorname{Id} = (\mu_0 - \mu)\operatorname{Id} + S_0$, d'où $S_0^{-1}(T - \mu \operatorname{Id}) = (T - \mu \operatorname{Id}) S_0^{-1} = \operatorname{Id} + (\mu_0 - \mu) S_0^{-1}$. Si $|\mu_0 - \mu|$ est assez petit (tel que $|\mu_0 - \mu| \, \|S_0^{-1}\| < 1$), l'opérateur $\operatorname{Id} + (\mu_0 - \mu) S_0^{-1}$ est inversible (série de Neuman) et donc $T - \mu \operatorname{Id}$ est inversible c'est-à-dire, $\mu \in (\sigma(T))^c$. ■

1.2. Adjoint

Proposition 1.2. *Il existe un unique opérateur $T^* \in \mathcal{L}(H)$ tel que,*

$$(Tx, y) = (x, T^* y), \quad \forall x, y \in H. \tag{1.2}$$

Démonstration

a) Unicité : si il existe T_1^*, T_2^* vérifiant (1.2), on a $(x, (T_1^* - T_2^*)y) = 0$ pour tous $x, y \in H$. Donc $(T_1^* - T_2^*)y = 0$, $\forall y \in H$ *i.e.* $T_1^* = T_2^*$.

b) Existence : fixons $y \in H$. L'application $x \mapsto (Tx, y)$ est une forme linéaire continue sur H car, $|(Tx,y)| \leq \|Tx\|\,\|y\| \leq \|T\|\,\|y\|\,\|x\|$. Il existe donc un unique $z_y \in H$ tel que $(Tx, y) = (x, z_y)$, pour tout $x \in H$. L'application $y \mapsto z_y$ est linéaire. Notons $z_y = T^*y$. Alors T^* est continu car $\|T^*y\| = \sup\limits_{x \neq 0} \frac{|(x,T^*y)|}{\|x\|} = \sup\limits_{x \neq 0} \frac{|(Tx,y)|}{\|x\|} \leq \|T\|\,\|y\|$. ∎

On dit que T est **auto-adjoint** si $T = T^*$.

Proposition 1.3. *Si $T \in \mathcal{L}(H)$ est auto-adjoint, ses valeurs propres sont réelles.*

Démonstration. Soit x un vecteur propre relatif à une valeur propre $\mu \in \mathbb{C}$. On a $(Tx, x) = \mu\|x\|^2 = (x, Tx) = \overline{\mu}\|x\|^2$, d'où $\mu = \overline{\mu}$. ∎

1.3. Opérateurs positifs

$T \in \mathcal{L}(H)$ est dit **positif** si $(Tx, x) \geq 0$, pour tout x dans H. On écrit $T \geq 0$. Si $T \geq 0$, ses valeurs propres sont positives ou nulles.

1.4. Opérateurs compacts

$T \in \mathcal{L}(H)$ est dit **compact** si l'image par T d'une boule de H est relativement compacte dans H.

Proposition 1.4. *Les conditions suivantes sont équivalentes.*

(i) T est compact.

(ii) L'image par T de toute suite bornée contient une sous suite convergente.

(iii) T transforme une suite faiblement convergente en une suite fortement convergente (i.e. pour la norme).

Démonstration. L'équivalence de (i) et (ii) est évidente.

(iii) $\Rightarrow$ (ii). Rappelons que $(x_n)_{n\in\mathbb{N}} \subset H$ est dite faiblement convergente vers x et on écrit $x_n \rightharpoonup x$, si $(x_n, y) \to (x, y)$ pour tout $y \in H$. Rappelons également qu'une boule fermée dans un Hilbert est faiblement compacte. Soit alors (x_n) une suite bornée; il existe alors une sous suite (x_{n_k}) qui converge faiblement. D'après (iii) la suite $(T(x_{n_k}))$ est convergente d'où (ii).

(ii) $\Rightarrow$ (iii). On utilise le résultat suivant.

Lemme 1.5. *Toute suite faiblement convergente est bornée.*

Démonstration. Cela résulte du théorème de Banach-Steinhaus. Si (x_n, y) tend vers (x, y) pour tout y, il existe $M_y > 0$ tel que $|(x_n, y)| \leq M_y$ pour tout $n \in \mathbb{N}$. Comme l'application $T_n : y \mapsto (y, x_n)$ est linéaire il existe $M > 0$ tel que $|(x_n, y)| \leq M\,\|y\|$, pour tout $y \in H$. Donc $\|x_n\| = \sup\limits_{y \neq 0} \frac{|(x_n, y)|}{\|y\|} \leq M$. ■

Supposons $x_n \rightharpoonup x$; comme $\|x_n\|$ est bornée on déduit de (ii) que la suite $(Tx_n)_{n \in \mathbb{N}}$ possède au moins une valeur d'adhérence. Si celle-ci est unique, la suite (Tx_n) sera convergente (car $(Tx_n)_{n \in \mathbb{N}}$ est contenu dans un compact). Soit y une valeur d'adhérence. Il existe une sous suite (x_{n_k}) telle que $Tx_{n_k} \to y$. D'autre part $Tx_n \rightharpoonup Tx$ car $(Tx_n - Tx, y) = (x_n - x, T^*y) \to 0$ donc $y = Tx$. ■

On admettra dans ce qui suit le résultat suivant.

Proposition 1.6. *Soit $T \in \mathcal{L}(H)$ un opérateur auto-adjoint compact. Alors T admet comme valeurs propres les nombres $\pm\|T\|$.*

On peut maintenant énoncer le résultat principal de ce paragraphe.

Théorème 1.7. *Soit $T \in \mathcal{L}(H)$ un opérateur auto-adjoint compact.*

1) *Les valeurs propres non nulles de T forment un ensemble fini ou une suite $\{\mu_n\}$ de réels qui tend vers zéro.*

2) *Si μ_n est une valeur propre non nulle, l'espace $E_{\mu_n} = \mathrm{Ker}(T - \mu_n \,\mathrm{Id})$ est de dimension finie.*

3) $H = \bigoplus\limits_{j=1}^{+\infty} E_{\mu_n} \oplus E_0$ *où* $E_0 = \mathrm{Ker}\, T$.

4) *Si* $\dim H = +\infty$, $\sigma(T) = \{0\} \cup \big(\bigcup\limits_{j=1}^{+\infty}\{\mu_j\}\big)$ *où les μ_j sont les valeurs propres non nulles.*
Si $\dim H < +\infty$, $\sigma(T) = \{$*valeurs propres*$\}$.

Démonstration

1er point : soit μ_i et μ_j deux valeurs propres distinctes. Alors E_{μ_i} et E_{μ_j} sont orthogonaux.

En effet soit $x_i \in E_{\mu_i}$, $x_j \in E_{\mu_j}$ *i.e.* $Tx_i = \mu_i x_i$, $Tx_j = \mu_j x_j$. Alors $(Tx_i, x_j) = (x_i, Tx_j)$ d'où $\mu_i(x_i, x_j) = \mu_j(x_i, x_j)$ car les μ_i sont réels. Donc $(\mu_i - \mu_j)(x_i, x_j) = 0$, ce qui implique, $(x_i, x_j) = 0$.

2ème point : $\mu_j \neq 0 \Rightarrow \dim E_{\mu_j} < +\infty$.

Soit B_j la boule unité de E_{μ_j} alors $T(B_j) = \mu_j B_j$ *i.e.* $B_j = \frac{1}{\mu_j} T(B_j)$. Comme T est compact, $T(B_j)$ est relativement compact dans H, donc dans E_{μ_j} qui est un sous espace fermé de H. Il résulte du théorème de Riesz que $\dim E_{\mu_j} < +\infty$.

3ème point : montrons 1). Soit $\varepsilon > 0$; nous allons prouver qu'il y a au plus un nombre fini de valeurs propres μ telles que $|\mu| \geq \varepsilon$. Supposons, au contraire, qu'il y en a un nombre infini; en particulier il existe une suite (μ_{k_j}) telle que $\mu_{k_j} \neq \mu_{k_\ell}$ si $j \neq \ell$ et $|\mu_{k_j}| \geq \varepsilon$. Soit x_{k_j} un vecteur propre de norme 1 associé à μ_{k_j}. Alors

$$\begin{aligned} \|Tx_{k_j} - Tx_{k_\ell}\|^2 &= \|Tx_{k_j}\|^2 + \|Tx_{k_\ell}\|^2 + 2\,\mathrm{Re}(Tx_{k_j}, Tx_{k_\ell}) \\ &= \mu_{k_j}^2 + \mu_{k_\ell}^2 \end{aligned}$$

car $(Tx_{k_j}, Tx_{k_\ell}) = \mu_{k_j}\mu_{k_\ell}(x_{k_j}, x_{k_\ell}) = 0$, d'après le premier point. Donc $\|Tx_{k_j} - Tx_{k_\ell}\|^2 \geq 2\varepsilon^2$. En résumé, on a une suite (x_{k_j}) de la boule unité de H, telle que (Tx_{k_j}) n'admette aucune sous suite convergente. Cela contredit le fait que T est compact. Par conséquent dans chaque intervalle $\left[\frac{1}{n+1}, \frac{1}{n}\right]$ il y a un nombre fini de valeurs propres : celles ci forment donc une suite qui est finie ou infinie. Si elle est infinie, pour tout $n \in \mathbb{N}$, il y en a au plus un nombre fini telles que $|\mu| \geq \frac{1}{n}$. Donc la suite tend vers zéro.

4ème point : montrons 3). Soit $V = \overset{+\infty}{\underset{j=1}{\oplus}} E_{\mu_j}$ la somme Hilbertienne des espaces E_{μ_j} tels que $\mu_j \neq 0$. L'orthogonal N de V est stable par T. En effet, remarquons que $x \in V^\perp$ si et seulement si $x \in E_{\mu_j}^\perp$ pour tout j. Alors $(Tx, y_j) = (x, Ty_j) = \mu_j(x, y_j) = 0$ si $y_j \in E_{\mu_j}$. Donc $Tx \in V^\perp = N$. La restriction T' de T à N, est un opérateur compact et auto-adjoint qui n'a aucune valeur propre non nulle; d'après la proposition 1.6 on a $T' = 0$ *i.e.* $T|_N = 0$ et donc $N \subset \operatorname{Ker} T$. D'autre part, d'après le premier point, $\operatorname{Ker} T$ (s'il est non réduit à zéro) est orthogonal à tous les E_{μ_j} *i.e.* $\operatorname{Ker} T \subset V^\perp = N$. Donc $N = \operatorname{Ker} T$ et $H = V \oplus V^\perp = V \oplus N = \overset{+\infty}{\underset{j=1}{\oplus}} E_{\mu_j} \oplus \operatorname{Ker} T$.

5ème point : montrons 4). Soit $\Lambda = \{0\} \cup \left(\overset{+\infty}{\underset{1}{\cup}} \{\mu_j\}\right)$. Montrons que Λ^c est inclus dans $(\sigma(T))^c$. Soit $\mu \neq 0$ tel que $\mu \neq \mu_j$ pour tout j. Alors $T - \mu\,\mathrm{Id}$ est injectif, car toutes les valeurs propres sont dans Λ. Montrons que $T - \mu\,\mathrm{Id}$ est surjectif. Soit $y \in H$. D'après 3), y s'écrit, $y = y_0 + \sum_{n,j}(y, e_j^{(n)})e_j^{(n)}$ où $(e_j^{(n)})$ est une base orthonormale de E_{μ_n} (qui est de dimension finie) et $y_0 \in \operatorname{Ker} T$.

Posons

$$x = -\frac{1}{\mu} y_0 + \sum_{n,j} (y, e_j^{(n)}) \frac{e_j^{(n)}}{\mu_n - \mu}.$$

Puisque $(\mu_n) \to 0$, à partir d'un certain rang on a $|\mu_n - \mu| \geq \frac{1}{2}|\mu| > 0$, donc $\frac{|(y,e_j^{(n)})|^2}{|\mu_n-\mu|^2} \leq \left(\frac{2}{|\mu|}\right)^2 |(y, e_j^{(n)})|^2$, ce qui montre que la série définissant x converge dans H. Il est facile de voir que $(T - \mu\,\mathrm{Id})x = y$; donc $T - \mu\,\mathrm{Id}$ est bijectif et $\mu \in (\sigma(T))^c$. On a donc montré l'inclusion $\sigma(T) \subset \Lambda$. Inversement on a toujours $\bigcup_1^{+\infty} \{\mu_j\} \subset \sigma(T)$. Si $\dim H = +\infty$, la suite (μ_j) tend vers 0 ; donc $0 \in \sigma(T)$, car $\sigma(T)$ est fermé *i.e.* $\Lambda \subset \sigma(T)$. ■

2 • Application à la théorie spectrale du Laplacien

Soit Ω un ouvert borné de $\mathbb{R}^n$. Posons $E = \{u \in H_0^1(\Omega) : \Delta u \in L^2(\Omega)\}$, que l'on munit de la norme $\|u\|_E = \|u\|_{H_0^1} + \|\Delta u\|_{L^2}$. Alors l'opérateur $-\Delta$ envoie continûment E dans $L^2(\Omega)$.

Lemme 2.1. *$-\Delta : E \to L^2(\Omega)$ est un isomorphisme.*

Démonstration. Cela résulte du théorème 2.1, chapitre 8. En effet, si f appartient à $L^2(\Omega) \subset H^{-1}(\Omega)$, il existe $u \in H_0^1(\Omega)$ unique tel que $-\Delta u = f$. Alors $\Delta u \in L^2$ et donc $u \in E$. Donc $-\Delta$ est bijectif. De plus $-\Delta$ est continu d'après la norme de E et bicontinu d'après le théorème de Banach. ■

Considérons l'opérateur $T = (-\Delta)^{-1} : L^2(\Omega) \to E$. C'est un opérateur linéaire continu. D'autre part, l'application $u \mapsto u$ de E dans $H_0^1(\Omega)$ est continue (d'après la norme de E) et l'application $H_0^1(\Omega) \to L^2(\Omega)$, $u \mapsto u$ est compacte d'après le théorème 1.6, chapitre 8. Comme la composée d'applications linéaires continues et compactes est compacte, on en déduit que

$$T : L^2(\Omega) \to E \to H_0^1(\Omega) \to L^2(\Omega)$$

est compacte.

Montrons que T est auto-adjoint, *i.e.* en notant $(\,,)$ le produit scalaire de L^2,

$$(Tf, g) = (f, Tg), \quad \forall f, g \in L^2(\Omega). \tag{2.1}$$

L'égalité $u = Tf \in E$ est équivalente à $-\Delta u = f$; de même $v = Tg$ est équivalente à $-\Delta v = g$. Donc (2.1) s'écrit,

$$(u, -\Delta v) = (-\Delta u, v), \quad u, v \in E. \tag{2.2}$$

Nous allons montrer que,

$$(2.3)\qquad -(u,\Delta v)=\sum_{i=1}^{n}\left(\frac{\partial u}{\partial x_i},\frac{\partial v}{\partial x_i}\right),\quad u,v\in E.$$

Si $v\in E$ et $u\in C_0^\infty(\Omega)$ l'égalité (2.3) est évidente car

$$(u,\partial_i^2 v)=\langle\partial_i^2\overline{v},u\rangle=-\langle\partial_i\overline{v},\partial_i u\rangle=-\int\partial_i\overline{v}\cdot\partial_i u\,dx=-(\partial_i u,\partial_i v).$$

Si $u\in H_0^1$, il existe $(u_j)\in C_0^\infty$ telle que $u_j\to u$ dans H_0^1. Alors $(u_j,\Delta v)\to(u,\Delta v)$ puisque $|(u_j-u,\Delta v)|\le\|u_j-u\|_{L^2}\|\Delta v\|_{L^2}\to 0$ et $(\partial_i u_j,\partial_i v)\to(\partial_i u,\partial_i v)$ car $|(\partial_i u_j-\partial_i u,\partial_i v)|\le\|u_j-u\|_{H^1}\|v\|_{H^1}\to 0$. Donc (2.3) est prouvée et (2.2) en résulte par permutation de u et v.

Ensuite T est positif car, d'après (2.1), (2.2) et (2.3) on a

$$(Tf,f)=(u,-\Delta u)=\sum_{i=1}^{n}\|\partial_i u\|_{L^2}^2.$$

Enfin T étant injectif, on a $\operatorname{Ker}T=\{0\}$.

On peut donc appliquer, à $H=L^2(\Omega)$ et à T, le théorème 1.7. Le spectre de T est formé de zéro et d'une suite de valeurs propres $\mu_n>0$ qui tend vers zéro, *i.e.* le problème $Tf=\mu f$, $f\in L^2(\Omega)$ a une solution si et seulement si $\mu=\mu_n$. Or,

$$Tf=\mu f,\quad f\in L^2\iff-\Delta u=\lambda u,\quad u\in H_0^1,\quad \mu=\frac{1}{\lambda}.$$

Par conséquent le problème

$$(2.4)\qquad \begin{cases}-\Delta u=\lambda u\\ u\in H_0^1(\Omega)\end{cases}$$

est résoluble si et seulement si λ appartient à une suite (λ_n) de nombres strictement positifs qui tend vers $+\infty$. On les ordonne,

$$(2.5)\qquad 0<\lambda_1\le\lambda_2\le\cdots\le\lambda_n\le\cdots\to+\infty$$

en répétant les valeurs propres multiples.

D'après le théorème 1.7, 3), il existe une base orthonormale (e_n) de L^2 telle que $Te_n=\mu_n e_n$, ou de manière équivalente,

$$(2.6)\qquad \begin{cases}-\Delta e_n=\lambda_n e_n\\ e_n\in H_0^1(\Omega).\end{cases}$$

Remarquons que, par hypoellipticité du Laplacien, on a $e_n \in C^\infty(\Omega)$ et si Ω est à bord C^∞, $e_n \in C^\infty(\overline{\Omega})$.

Nous allons montrer que (e_n) est une base orthogonale de $H_0^1(\Omega)$ et que,

$$\|e_n\|_{H_0^1} = \sqrt{\lambda_n}. \tag{2.7}$$

En effet $(Te_n, e_m)_{L^2} = (u_n, -\Delta v_m)$ où $-\Delta v_m = e_m$ *i.e.* $v_m = Te_m$. Alors $\mu_n(e_n, e_m)_{L^2} = \sum_{i=1}^{n} \left(\frac{\partial u_n}{\partial x_i}, \frac{\partial v_m}{\partial x_i}\right) = \sum_{i=1}^{n} \left(\frac{\partial}{\partial x_i} Te_n, \frac{\partial}{\partial x_i} Te_m\right) = \mu_n \mu_m (e_n, e_m)_{H_0^1}$ donc $\mu_m(e_n, e_m)_{H_0^1} = \delta_{nm}$. En résumé,

$$\text{(2.8)} \quad \begin{cases} u \in L^2(\Omega) \Longleftrightarrow u = \sum_{n=1}^{+\infty} c_n e_n \quad \text{et} \quad \sum_{n=1}^{+\infty} |c_n|^2 < +\infty; \\ \|u\|_{L^2}^2 = \sum_{n=1}^{+\infty} |c_n|^2 \\ u \in H_0^1(\Omega) \Longleftrightarrow u = \sum_{n=1}^{+\infty} c_n e_n \quad \text{et} \quad \sum_{n=1}^{+\infty} \lambda_n |c_n|^2 < +\infty; \\ \|u\|_{H_0^1}^2 = \sum_{n=1}^{+\infty} \lambda_n |c_n|^2. \end{cases}$$

Si Ω est à bord C^∞, on peut caractériser les espaces $H_0^1(\Omega) \cap H^k(\Omega)$. En effet on a vu au chapitre 11, théorème 4.2, que,

$$u \in H_0^1(\Omega), \quad \Delta u \in L^2(\Omega) \Longleftrightarrow u \in H_0^1(\Omega) \cap H^2(\Omega).$$

On peut écrire $u = \sum_{n \geq 1} c_n e_n$ où la série est convergente dans L^2 (*i.e.* $\sum |c_n|^2 < +\infty$). Donc la série converge dans $\mathcal{D}'(\Omega)$. On a alors, dans $\mathcal{D}'(\Omega)$, $\Delta u = \sum_{n \geq 1} c_n \Delta e_n = -\sum_{n \geq 1} c_n \lambda_n e_n$. Si $\Delta u \in L^2$, alors la série converge dans L^2, ce qui est équivalent à $\sum_{n \geq 1} \lambda_n^2 |c_n|^2 < +\infty$ et inversement. On montre ainsi que pour $k \geq 1$,

$$u \in H^k(\Omega) \cap H_0^1(\Omega) \Longleftrightarrow u = \sum_{n \geq 1} c_n e_n \quad \text{avec} \quad \sum_{n \geq 1} \lambda_n^k |c_n|^2 < +\infty$$

et $\|u\|_{H^k}^2 \sim \sum_{n \geq 1} \lambda_n^k |c_n|^2$.

3 • Application au problème mixte

Nous allons voir comment la théorie spectrale du Laplacien permet de résoudre le problème de Cauchy, pour les équations usuelles (chaleur, ondes, etc.) lorsque la variable d'espace x appartient non pas à $\mathbb{R}^d$ (où l'on peut utiliser la transformation de Fourier) mais à un ouvert borné de $\mathbb{R}^d$.

3.1. L'équation de la chaleur

Théorème 3.1. *Soit Ω un ouvert borné de $\mathbb{R}^d$. Soit $g \in L^2(\Omega)$. Il existe alors une unique $u = (u_t) \in C^0([0, +\infty[, L^2(\Omega))$ telle que,*

$$(3.1) \qquad \begin{cases} \dfrac{\partial u}{\partial t} - \Delta u = 0 \ \text{ dans } \mathcal{D}'(]0, +\infty[\times\Omega), \\ u_0 = g, \\ u_t \in H_0^1(\Omega), \quad \forall t > 0, \end{cases}$$

et de plus, pour tous $\ell \in \mathbb{N}$, $k \in \mathbb{N}$, $u_t^{(\ell)} \in C^0(]0, +\infty[, H^k(\Omega) \cap H_0^1(\Omega))$. Cette solution est donnée par la formule

$$(3.2) \qquad u_t = \sum_{n=1}^{+\infty} e^{-\lambda_n t}(g, e_n) e_n$$

où $(\,,\,)$ désigne le produit scalaire de $L^2(\Omega)$, (λ_n) est l'ensemble des valeurs propres du Laplacien, donné par (2.4), (2.5) et (e_n) une base orthonormale de $L^2(\Omega)$ formée de vecteurs propres correspondants.

Démonstration. Remarquons que l'hypoellipticité de l'opérateur de la chaleur (chapitre 6, exemples 4.2 (iii)) implique que toute solution de (3.1) appartient à $C^\infty(]0, +\infty[\times\Omega)$. On aura donc $u_t = u(t, \cdot)$.

a) Existence : tout d'abord la formule (3.2) définit bien, pour $t \geq 0$, un élément de $L^2(\Omega)$; en effet $e^{-\lambda_n t}|(g, e_n)| \leq |(g, e_n)|$ et $\Sigma|(g, e_n)|^2 < +\infty$ puisque $g \in L^2$. On a évidemment $u_0 = g$. Ensuite pour $t > 0$, $u_t \in H_0^1(\Omega)$. En effet $\lambda_n e^{-\lambda_n t}|(g, e_n)| \leq \frac{1}{t}|(g, e_n)|$ et il suffit d'appliquer (2.8). Montrons que $\frac{\partial u}{\partial t} - \Delta u = 0$ dans $\mathcal{D}'(]0, +\infty[\times\Omega)$. Rappelons que l'on a

$$\langle u, \psi \rangle = \int_0^{+\infty} \sum_{n=1}^{+\infty} e^{-\lambda_n t}(g, e_n) \langle e_n, \psi(t, \cdot) \rangle \, dt, \quad \psi \in C_0^\infty(]0, +\infty[\times\Omega).$$

Lemme 3.2. *On a*

$$\langle u, \psi \rangle = \sum_{n=1}^{+\infty} \int_0^{+\infty} e^{-\lambda_n t}(g, e_n) \langle e_n, \psi(t, \cdot) \rangle \, dt, \quad \psi \in C_0^\infty(]0, +\infty[\times\Omega).$$

Démonstration. Nous allons utiliser le théorème de Fubini. Il suffit pour cela de vérifier que $e^{-\lambda_n t}|(g, e_n)||\langle e_n, \psi(t, \cdot) \rangle|$ est intégrable pour la mesure produit. Pour $t > 0$, la fonction $x \mapsto \overline{\psi}(t, x)$ appartient à $L^2(\Omega)$ et

$\|\overline{\psi}(t,\cdot)\|_{L^2}^2 = \sum_{n\geq 1} |(e_n, \overline{\psi}(t,\cdot)|^2 = \sum_{n\geq 1} |\langle e_n, \psi(t,\cdot)\rangle|^2 < +\infty$. En outre, la fonction $\theta(t) = \|\overline{\psi}(t,\cdot)\|_{L^2}$ appartient à $C_0^0(]0,+\infty[)$. Alors,

$$(1) := \sum_{n\geq 1} e^{-\lambda_n t} |(g, e_n)| |\langle e_n, \psi(t,\cdot)\rangle| \leq \Big(\sum_{n\geq 1} |(g, e_n)|^2\Big)^{1/2} \cdot$$

$$\Big(\sum_{n\geq 1} |\langle e_n, \psi(t,\cdot)\rangle|^2\Big)^{1/2} \leq \|g\|_{L^2}\, \theta(t).$$

Donc $\int_0^{+\infty} (1)\, dt \leq \|g\|_{L^2} \int_0^{+\infty} \theta(t)\, dt < +\infty$ et le théorème de Fubini-Tonnelli permet de conclure. ■

On a alors,

$$\langle \Delta u, \psi\rangle = \langle u, \Delta \psi\rangle = \sum_{n\geq 1} \int_0^{+\infty} e^{-\lambda_n t} (g, e_n) \langle \Delta e_n, \psi(t,\cdot)\rangle\, dt.$$

Or $-\Delta e_n = \lambda_n e_n$, donc

$$\langle \Delta u, \psi\rangle = \sum_{n\geq 1} \int_0^{+\infty} (g, e_n)(-\lambda_n)\, e^{-\lambda_n t} \langle e_n, \psi(t,\cdot)\rangle\, dt.$$

On utilise le fait que $-\lambda_n e^{-\lambda_n t} = \frac{d}{dt} e^{-\lambda_n t}$ et on intègre par parties, ce qui est possible car $t \mapsto \langle e_n, \psi(t,\cdot)\rangle \in C_0^0(]0,+\infty[)$. Comme $\psi(0,\cdot) = \psi(+\infty,\cdot) = 0$ il vient,

$$\langle \Delta u, \psi\rangle = -\sum_{n\geq 1} \int_0^{+\infty} e^{-\lambda_n t} (g, e_n) \Big\langle e_n, \frac{\partial \psi}{\partial t}(t,\cdot)\Big\rangle\, dt = -\Big\langle u, \frac{\partial \psi}{\partial t}\Big\rangle = \Big\langle \frac{\partial u}{\partial t}, \psi\Big\rangle.$$

Montrons que $u \in C^0([0,+\infty[, L^2(\Omega))$. Soit $t_0 \in [0,+\infty[$ et (t_j) une suite de $[0,+\infty[$ qui tend vers t_0. Alors,

$$\|u_{t_0} - u_{t_j}\|_{L^2}^2 = \sum_{n\geq 1} \big|e^{-\lambda_n t_0} - e^{-\lambda_n t_j}\big|^2 |(g, e_n)|^2.$$

Comme $|e^{-\lambda_n t_0} - e^{-\lambda_n t_j}|^2 |(g, e_n)|^2 \leq 4|(g, e_n)|^2$, il suffit d'appliquer le théorème de convergence dominée pour conclure.

Ensuite il est facile de voir que dans $\mathcal{D}'(\mathbb{R}^n)$ on a

$$u_t^{(\ell)} = \sum_{n\geq 1} e^{-\lambda_n t} (-\lambda_n)^{\ell} (g, e_n)\, e_n.$$

Pour $t > 0$, $u_t^{(\ell)} \in H^k \cap H_0^1$ car $\lambda_n^k \lambda_n^{2\ell} e^{-2\lambda_n t} |(g, e_n)|^2 \leq \frac{(k+2\ell)!}{(2t)^{k+2\ell}} |(g, e_n)|^2$ et $\sum_{n\geq 1} |(g, e_n)|^2 < +\infty$. Enfin pour $t_0 \in]0, +\infty[$ et $\frac{t_0}{2} \leq t_j \leq \frac{3}{2} t_0$, $t_j \to t_0$,

$$\|u_{t_0}^{(\ell)} - u_{t_j}^{(\ell)}\|_{H^k}^2 \leq C \sum_{n\geq 1} \lambda_n^{k+2\ell} |e^{-\lambda_n t_0} - e^{-\lambda_n t_j}|^2 |(g, e_n)|^2$$

et à nouveau, il suffit d'appliquer le théorème de convergence dominée pour conclure que $u \in C^\ell(]0, +\infty[, H^k(\Omega) \cap H_0^1(\Omega))$.

b) Unicité : soit $u \in C^0([0, +\infty[, L^2(\Omega)) \cap C^0(]0, +\infty[, H^2(\Omega) \cap H_0^1(\Omega))$ telle que

$$\begin{cases} \dfrac{\partial u}{\partial t} - \Delta u = 0 \text{ dans } \mathcal{D}'(]0, +\infty[\times \Omega), \\ u(0, \cdot) = 0. \end{cases}$$

Nous allons montrer que $u \equiv 0$.

Notons tout d'abord qu'il résulte des hypothèses que l'on a $\Delta u \in C^0(]0, +\infty[, L^2(\Omega))$ et donc, par l'équation, que $\frac{\partial u}{\partial t} \in C^0(]0, +\infty[, L^2(\Omega))$. En notant $(\, , \,)$ le produit scalaire de $L^2(\Omega)$, on aura pour tout $t > 0$,

$$2 \operatorname{Re} \Big(\Big(\frac{\partial u}{\partial t} - \Delta u \Big)(t, \cdot), u(t, \cdot) \Big) = 0.$$

Il est facile de voir que, pour $t > 0$,

$$2 \operatorname{Re} \Big(\frac{\partial u}{\partial t}(t, \cdot), u(t, \cdot) \Big) = \frac{d}{dt} \|u(t, \cdot)\|^2,$$

$$-(\Delta u(t, \cdot), u(t, \cdot)) = \sum_{i=1}^n \Big\| \frac{\partial u}{\partial x_i}(t, \cdot) \Big\|^2,$$

la deuxième égalité résultant de (2.3), puisque $u(t, \cdot) \in H_0^1(\Omega)$ et $\Delta u(t, \cdot)$ appartient à $L^2(\Omega)$ pour $t > 0$. On déduit que,

$$\frac{d}{dt} \|u(t, \cdot)\|^2 + \sum_{i=1}^n \Big\| \frac{\partial u}{\partial x_i}(t, \cdot) \Big\|^2 = 0.$$

En intégrant cette égalité entre $\varepsilon > 0$ et $T > 0$ on obtient,

$$\|u(T, \cdot)\|^2 \leq \|u(\varepsilon, \cdot)\|^2.$$

Comme $u \in C^0([0, +\infty[, L^2(\Omega))$ et $u(0, \cdot) = 0$ on a, $\lim_{\varepsilon \to 0^+} \|u(\varepsilon, \cdot)\|^2 = 0$, ce qui prouve que $u(T, \cdot) \equiv 0$, pour tout $T > 0$. ∎

Remarque 3.3. Supposons que Ω soit de classe C^∞ et que $g \in C_0^\infty(\Omega)$. Alors la solution u, donnée par le théorème 3.1, appartient à $C^0([0, +\infty[, H^N(\Omega))$, pour tout $N \in \mathbb{N}$. En particulier, en prenant $N > \frac{d}{2}$ et en appliquant le théorème 3.1, iii), chapitre 11, on voit que u appartient à $C^0([0,+\infty[, C^0(\overline{\Omega}))$, donc à $C^0([0,+\infty[\times\overline{\Omega})$.

En effet, pour tout $N \in \mathbb{N}$ on a, $C_0^\infty(\Omega) \subset H^N(\Omega) \cap H_0^1(\Omega)$, de sorte que, $\sum \lambda_n^N |(g, e_n)|^2 < +\infty$. Il résulte de la formule (3.1) que pour tout $t \geq 0$ on a, $u_t \in H^N(\Omega)$. D'autre part, si $t_0 \in [0,+\infty[$ et $(t_j) \subset [0,+\infty[$ est une suite qui tend vers t_0, on a

$$(1) = \|u_{t_j} - u_{t_0}\|_{H^N}^2 \leq C \sum_{n=1}^{+\infty} \left|e^{-\lambda_n t_j} - e^{-\lambda_n t_0}\right|^2 \lambda_n^N |(g, e_n)|^2 .$$

En utilisant le théorème de convergence dominée (en majorant les exponentielles par 1), on voit que (1) $\to 0$ lorsque $j \to +\infty$; ceci prouve que $u \in C^0([0,+\infty[, H^N(\Omega))$.

Voici, pour terminer ce paragraphe, un résultat intéressant qui est utile pour prouver des résultats d'unicité.

Notons $Q =]0,+\infty[\times\Omega$ alors $\overline{Q} = [0,+\infty[\times\overline{\Omega}$ et la frontière de Q est l'ensemble $\partial Q = [0,+\infty[\times\partial\Omega \cup \{0\} \times \overline{\Omega}$; c'est un fermé. Soit $T > 0$ et $K_T = [0,T] \times \overline{\Omega}$ le «cylindre» tronqué. Posons,

$$\Sigma_T = K_T \cap \partial Q = \{0 \leq t \leq T, x \in \partial\Omega\} \cup \{t = 0, x \in \overline{\Omega}\}.$$

C'est la frontière parabolique de K_T. C'est un compact de $[0,+\infty[\times\mathbb{R}^n$.

Théorème 3.4 (principe du maximum). *Soit $u \in C^0(\overline{Q}) \cap C^2(Q)$ une fonction réelle.*

1) Si $\frac{\partial u}{\partial t} - \Delta u \leq 0$ dans Q, on a $\sup_{K_T} u = \sup_{\Sigma_T} u$.

2) Si $\frac{\partial u}{\partial t} - \Delta u \geq 0$ dans Q, on a $\inf_{K_T} u = \inf_{\Sigma_T} u$.

3) Si $\frac{\partial u}{\partial t} - \Delta u = 0$ dans Q, on a $\sup_{K_T} u = \sup_{\Sigma_T} u$, $\inf_{K_T} u = \inf_{\Sigma_T} u$.

Démonstration. Notons tout d'abord que ce qu'affirme 1), par exemple, c'est que le maximum sur le compact K_T, d'une telle fonction, est atteint sur sa frontière parabolique.

Pour $\varepsilon > 0$ et $(t,x) \in Q$ posons, $u_\varepsilon(t,x) = u(t,x) + \varepsilon |x|^2$. On a évidemment $u(t,x) \leq u_\varepsilon(t,x)$ dans Q. D'autre part $u_\varepsilon \in C^0(\overline{Q}) \cap C^2(Q)$ et

$$(3.3) \qquad \Big(\frac{\partial u_\varepsilon}{\partial t} - \Delta u_\varepsilon\Big)(t,x) \leq -2n\varepsilon, \quad (t,x) \in Q.$$

Comme K_T est compact, soit $m_\varepsilon = (t_\varepsilon, x_\varepsilon) \in K_T$ un point où u_ε atteint son maximum. Supposons $m_\varepsilon \notin \Sigma_T$. Alors $x_\varepsilon \in \Omega$ et $0 < t_\varepsilon \leq T$. Comme

$u_\varepsilon(t_\varepsilon, x) \leq u_\varepsilon(t_\varepsilon, x_\varepsilon)$, la fonction de $\overline{\Omega}$ dans $\mathbb{R}$, $x \mapsto u(t_\varepsilon, x)$, atteint son maximum en x_ε. On a donc $\Delta u_\varepsilon(t_\varepsilon, x_\varepsilon) \leq 0$. D'autre part,

$$\frac{\partial u_\varepsilon}{\partial t}(t_\varepsilon, x_\varepsilon) = \lim_{h\to 0+} \frac{u_\varepsilon(t_\varepsilon - h, x_\varepsilon) - u(t_\varepsilon, x_\varepsilon)}{-h}.$$

Pour $h > 0$ assez petit, on a $0 < t_\varepsilon - h < T$. Donc $(t_\varepsilon - h, x_\varepsilon) \in K_T$, d'où $u_\varepsilon(t_\varepsilon - h, x_\varepsilon) - u_\varepsilon(t_\varepsilon, x_\varepsilon) \leq 0$. Par conséquent, $\frac{\partial u}{\partial t}(t_\varepsilon, x_\varepsilon) \geq 0$, donc $(\frac{\partial u}{\partial t} - \Delta u)(t_\varepsilon, x_\varepsilon) \geq 0$, ce qui contredit (3.3). On en déduit que $m_\varepsilon \in \Sigma_T$.

On peut alors écrire,

$$\sup_{K_T} u \leq \sup_{K_T} u_\varepsilon = \sup_{\Sigma_T}(u + \varepsilon |x|^2) \leq \sup_{\Sigma_T} u + C\varepsilon,$$

car, $\overline{\Omega}$ étant compact on a $|x|^2 \leq C$ pour $x \in \overline{\Omega}$. En faisant tendre ε vers zéro il vient $\sup_{K_T} u \leq \sup_{\Sigma_T} u \leq \sup_{K_T} u$ (car $\Sigma_T \subset K_T$), ce qui prouve 1).

L'assertion 2) résulte de 1) appliquée à la fonction $-u$. Enfin 3) résulte trivialement de 1) et 2). ■

Corollaire 3.5. *Soit $u \in C^0(\overline{Q}) \cap C^2(Q)$ une fonction réelle, telle que $\frac{\partial u}{\partial t} - \Delta u \geq 0$ dans Q. Si $u|_{\partial Q} \geq 0$ alors $u \geq 0$ dans Q.*

Démonstration. Pour tout $T > 0$ on a $\inf_{\Sigma_T} u \geq 0$. D'après le théorème 3.4, 2) on a $\inf_{K_T} u \geq 0$ donc $u \geq 0$ sur K_T pour tout $T > 0$, d'où $u \geq 0$ dans Q. On a bien sûr des énoncés analogues si $\frac{\partial u}{\partial t} - \Delta u \leq 0$; il suffit de changer u en $-u$. ■

3.2. L'équation des ondes

Théorème 3.6 (cas homogène). *Soit Ω un ouvert borné de $\mathbb{R}^n$, I un intervalle de $\mathbb{R}$, $t_0 \in I$, $f \in H_0^1(\Omega)$, $g \in L^2(\Omega)$. Il existe alors une unique $u \in C^0(I, H_0^1(\Omega))$ avec $\partial_t u \in C^0(I, L^2(\Omega))$ telle que,*

$$(3.4) \qquad \begin{cases} \square u = 0 \ \text{ dans } \mathcal{D}'(\overset{\circ}{I} \times \Omega) \\ u_{t_0} = f \\ u_{t_0}^{(1)} = g \\ u_t \in H_0^1(\Omega), \ t \in I. \end{cases}$$

Cette solution est donnée par la formule

$$(3.5) \qquad u_t = \sum_{n=1}^{+\infty} \Big[(f, e_n)\cos[(t-t_0)\sqrt{\lambda_n}] + \frac{(g, e_n)}{\sqrt{\lambda_n}}\sin[(t-t_0)\sqrt{\lambda_n}]\Big] e_n.$$

Démonstration

a) Existence : montrons tout d'abord, que pour $t \in I$, la série du second membre de (3.5) converge dans $H_0^1(\Omega)$. Il suffit pour cela, en notant $c_n(t)e_n$ le terme général, de remarquer que $\lambda_n |c_n|^2 \leq 2(\lambda_n |(f, e_n)|^2 + |(g, e_n)|^2)$ puis d'utiliser le fait que $f \in H_0^1$ et $g \in L^2$. Ensuite on a, $u \in C^0(I, H_0^1(\Omega))$. En effet soit $\bar{t} \in I$ et $(t_j) \subset I$, $t_j \to \bar{t}$. Alors,

$$\|u_{t_j} - u_{\bar{t}}\|_{H_0^1}^2 \leq 2 \sum_{n \geq 1} \Big(\lambda_n |(f, e_n)|^2 \Big| \cos[(t_j - t_0)\sqrt{\lambda_n}] - \cos[(\bar{t} - t_0)\sqrt{\lambda_n}] \Big|^2$$
$$+ |(g, e_n)|^2 \Big| \sin[(t_j - t_0)\sqrt{\lambda_n}] - \sin[(\bar{t} - t_0)\sqrt{\lambda_n}] \Big|^2 \Big).$$

Il suffit d'appliquer le théorème de convergence dominée pour montrer que $\lim\limits_{j \to +\infty} \|u_{t_j} - u_{\bar{t}}\|_{H_0^1} = 0$. Ensuite on voit facilement que dans $\mathcal{D}'(\Omega)$ on a,

$$u_t^{(1)} = \sum_{n \geq 1} \Big(- \sqrt{\lambda_n}\,(f, e_n) \sin[(t - t_0)\sqrt{\lambda_n}] + (g, e_n) \cos[(t - t_0)\sqrt{\lambda_n}] \Big) e_n$$

et un raisonnement analogue montre que $(u_t^{(1)}) = \partial_t u \in C^0(I, L^2(\Omega))$. Il en résulte facilement que $u_{t_0} = f$, $u_{t_0}^{(1)} = g$.

Montrons enfin que $\Box u = 0$ dans $\mathcal{D}'(\overset{\circ}{I} \times \Omega)$. Pour $\psi \in C_0^\infty(\overset{\circ}{I} \times \Omega)$ on a

$$\langle \Delta u, \psi \rangle = \int_I \langle u_t, \Delta \psi(t, \cdot) \rangle \, dt = \int_I \sum_{n \geq 1} c_n(t) \langle e_n, \Delta \psi(t, \cdot) \rangle \, dt$$
$$= \int_I \sum_{n \geq 1} c_n(t) \langle \Delta e_n, \psi(t, \cdot) \rangle \, dt = \int_I \sum_{n \geq 1} c_n(t)(-\lambda_n) \langle e_n, \psi(t, \cdot) \rangle \, dt.$$

Lemme 3.7. *On a* $\langle \Delta u, \psi \rangle = \sum\limits_{n \geq 1} \int_I (-\lambda_n) c_n(t) \langle e_n, \psi(t, \cdot) \rangle \, dt.$

Admettons un instant ce lemme. On a $(-\lambda_n)c_n(t) = \frac{d^2}{dt^2} c_n(t)$. Intégrons deux fois par parties dans l'intégrale sur I. Les termes de bord sont nuls car $\psi \in C_0^\infty(\overset{\circ}{I} \times \Omega)$. On en déduit

$$\langle \Delta u, \psi \rangle = \sum_{n \geq 1} \int_I c_n(t) \frac{d^2}{dt^2} \langle e_n, \psi(t, \cdot) \rangle \, dt = \sum_{n \geq 1} \int_I c_n(t) \langle e_n, \partial_t^2 \psi(t, \cdot) \rangle \, dt$$
$$= \int_I \sum_{n \geq 1} c_n(t) \langle e_n, \partial_t^2 \psi(t, \cdot) \rangle \, dt = \langle u, \partial_t^2 \psi \rangle = \langle \partial_t^2 u, \psi \rangle,$$

d'où $\Box u = 0$ dans $\mathcal{D}'(\overset{\circ}{I} \times \Omega)$. ∎

Démonstration du lemme 3.7. Comme $\psi \in C_0^\infty(\overset{\circ}{I} \times \Omega)$, la fonction $\theta(t) = \|\psi(t,\cdot)\|_{H^1}$ appartient à $C_0^0(I)$. D'autre part,

$$\sum_{n\geq 1} \lambda_n |c_n(t)|^2 \leq 2(\|f\|_{H^1}^2 + \|g\|_{L^2}^2).$$

Alors, en utilisant l'inégalité de Cauchy-Schwarz, on obtient,

$$\sum_{n\geq 1} \lambda_n \, |c_n(t)| \, |\langle e_n, \psi(t,\cdot)\rangle| \leq 2(\|f\|_{H^1}^2 + \|g\|_{L^2}^2)^{1/2} \theta(t) \in L^1(I),$$

de sorte que le lemme 3.7 résulte du théorème de Fubini-Tonnelli, puisque $(\lambda_n c_n(t) \langle e_n, \psi(t,\cdot)\rangle)$ est intégrable pour la mesure produit. ∎

b) Unicité : la différence v de deux solutions est un élément de $C^0(I, H_0^1(\Omega))$ tel que $\partial_t v \in C^0(I, L^2(\Omega))$, qui vérifie,

$$(3.6) \qquad \begin{cases} \Box v = 0 \ \text{dans} \ \mathcal{D}'(\overset{\circ}{I} \times \Omega) \\ v_{t_0} = v_{t_0}^{(1)} = 0 \\ v_t \in H_0^1(\Omega), \quad t \in I. \end{cases}$$

Soit $t_1 \in \overset{\circ}{I}$ et $\varphi \in C_0^\infty(\Omega)$. Soit w une solution du problème,

$$(3.7) \qquad \begin{cases} \Box w = 0 \ \text{dans} \ \mathcal{D}'(\overset{\circ}{I} \times \Omega) \\ w_{t_1} = 0 \\ w_{t_1}^{(1)} = \varphi \\ w_t \in H_0^1(\Omega), \quad t \in I. \end{cases}$$

En utilisant les égalités $\langle \Box v, \psi\rangle = 0$, $\langle \Box w, \psi\rangle = 0$, pour $\psi \in C_0^\infty(\overset{\circ}{I} \times \Omega)$ de la forme $\psi = \theta(t)\chi(x)$ où $\theta \in C_0^\infty(\overset{\circ}{I})$, $\chi \in C_0^\infty(\Omega)$, on montre facilement que,

$$(3.8) \qquad v_t^{(2)} - \Delta v_t = 0, \quad w_t^{(2)} - \Delta w_t = 0.$$

On en déduit que $(v_t^{(2)}) \in C^0(I, H^{-1}(\Omega))$; de même, $(w_t) \in C^0(I, H_0^1(\Omega))$, $(w_t^{(1)}) \in C^0(I, L^2(\Omega))$, $(w_t^{(2)}) \in C^0(I, H^{-1}(\Omega))$. Posons,

$$(3.9) \qquad F(t) = \int_\Omega v_t(x) w_t^{(1)}(x)\, dx - \int_\Omega v_t^{(1)}(x) w_t(x)\, dx.$$

On montre que F est dérivable sur I et,

$$(3.10) \qquad F'(t) = \int_\Omega v_t^{(1)}(x) w_t^{(1)}(x)\, dx + \langle v_t, w_t^{(2)}\rangle - \langle v_t^{(2)}, w_t\rangle - \int_\Omega v_t^{(1)}(x) w_t^{(1)}(x)\, dx$$

où $\langle\ ,\ \rangle$ désigne la dualité entre $H_0^1(\Omega)$ et $H^{-1}(\Omega)$.

Il résulte de (3.8) que $F'(t) = \langle v_t, \Delta w_t\rangle - \langle \Delta v_t, w_t\rangle$. Comme $v_t \in H_0^1$ et $w_t \in H_0^1$, il est facile de voir, par densité de $C_0^\infty(\Omega)$ dans $H_0^1(\Omega)$, que $\langle v_t, \Delta w_t\rangle = -\sum_{j=1}^{n} \int_\Omega \frac{\partial v_t}{\partial x_j} \cdot \frac{\partial w_t}{\partial x_j}\, dx$. De même $\langle \Delta v_t, w_t\rangle = -\sum_{j=1}^{n} \int_\Omega \frac{\partial v_t}{\partial x_j} \cdot \frac{\partial w_t}{\partial x_j}\, dx$. On en déduit que $F'(t) = 0$ pour $t \in I$. Il en résulte que $F(t) = F(t_0)$. Donc,

$$F(t) = \int_\Omega v_{t_0}(x) w_{t_0}^{(1)}(x)\, dx - \int_\Omega v_{t_0}^{(1)}(x) w_{t_0}(x)\, dx = 0$$

d'après (3.6). Par conséquent $F(t_1) = 0$ ce qui, en utilisant (3.7) s'écrit $\int_\Omega u_{t_1}(x)\varphi(x)\, dx = 0$. Comme φ est arbitraire, on en déduit $u_{t_1}(x) = 0$ presque partout et comme t_1 est arbitraire on a $u_t = 0$ pour $t \in I$. ■

Théorème 3.8 (problème inhomogène). *Soit Ω un ouvert borné de $\mathbb{R}^n$, I un intervalle de $\mathbb{R}$, $t_0 \in I$. Soit $F = (F_t) \in C^0(I, L^2(\Omega))$. Il existe une unique $u \in C^0(I, H_0^1(\Omega)) \cap C^1(\overset{\circ}{I}, L^2(\Omega))$ telle que,*

$$\text{(3.11)} \qquad \begin{cases} \Box u = F \ \ \textit{dans}\ \mathcal{D}'(\overset{\circ}{I} \times \Omega), \\ u_{t_0} = 0, \\ u_{t_0}^{(1)} = 0. \end{cases}$$

Cette solution est donnée par,

$$\text{(3.12)} \qquad u_t = \sum_{n \geq 1} \Big(\int_{t_0}^{t} \frac{\sin(\sqrt{\lambda_n}(t-s))}{\sqrt{\lambda_n}} F_n(s)\, ds \Big) e_n,$$

où

$$F_t = \sum_{n \geq 1} F_n(t) e_n.$$

L'unicité résulte du théorème 3.6. La preuve de l'existence est tout à fait analogue à celle du théorème 3.6 et laissée au lecteur.

4 • La formule de Weyl

Nous allons décrire, dans ce paragraphe, le comportement asymptotique (*i.e.* lorsque $n \to +\infty$) des valeurs propres du problème de Dirichlet pour le Laplacien (cf. § 2). Cette question a été l'objet de très nombreuses études car il a été mis en évidence qu'il y avait des liens très étroits entre l'étude du spectre et la géométrie de l'ouvert Ω (volume, surface du bord, nombre de trous, etc.). Nous nous limiterons dans ce paragraphe, pour des raisons de difficulté, à l'étude du premier terme du développement asymptotique. Soit $(\lambda_n)_{n\geq 1}$, la suite des valeurs propres du problème de Dirichlet pour le Laplacien, donnée par (2.5), (2.6).

Introduisons la fonction de comptage $N(\lambda)$. On pose pour $\lambda > 0$,

$$N(\lambda) = \text{ cardinal } \{n \geq 1 : \lambda_n \leq \lambda\}. \tag{4.1}$$

Le résultat principal de ce paragraphe est le suivant.

Théorème 4.1. *Soit Ω un ouvert borné de $\mathbb{R}^d$ de classe C^∞. On a*

$$N(\lambda) \sim (2\pi)^{-d} C_d \operatorname{vol}(\Omega) \lambda^{d/2}, \quad \lambda \to +\infty, \tag{4.2}$$

où $\operatorname{vol}(\Omega) = \int_\Omega dx$ *et* $C_d = \int_{|x|<1} dx$.

Corollaire 4.2. *Sous les hypothèses du théorème 4.1, on a*

$$\lambda_n \sim \frac{(2\pi)^2}{[C_d \operatorname{vol}(\Omega)]^{2/d}} n^{2/d}, \quad n \to +\infty. \tag{4.3}$$

Démonstration. On sait que $\lambda_n \to +\infty$. Prenons dans (4.2), $\lambda = \lambda_{n_0}$ pour n_0 assez grand. Alors $N(\lambda_{n_0}) = n_0$ d'où $n_0 \sim (2\pi)^{-d} C_d \operatorname{vol}(\Omega) \lambda_{n_0}^{d/2}$. ∎

Exemple 4.3. Supposons $\Omega =]0,1[$, $d = 1$. Le problème (2.4) s'écrit alors $-u'' = \lambda u$, $u(0) = u(1) = 0$. Il est facile de voir que $e_n(x) = \frac{1}{\sqrt{2}} \sin(n\pi x)$ et $\lambda_n = n^2\pi^2$. D'autre part $\operatorname{vol}(\Omega) = 1$ et $C_d = \operatorname{vol}([-1,1]) = 2$ de sorte que l'équivalence (4.3) est ici une égalité.

Démonstration du théorème 4.1. On commence par montrer le résultat suivant.

Lemme 4.4. *Soit $(\lambda_n)_{n\geq 1}$ une suite de nombres réels positifs telle que*

$$\text{la série } \sum_{n=1}^{+\infty} e^{-\lambda_n t} \text{ converge pour tout } t > 0, \tag{4.4}$$

$$\exists C_0 > 0, \quad \alpha > 0 : \sum_{n=1}^{+\infty} e^{-\lambda_n t} \sim \frac{C_0}{t^\alpha}, \quad t \to 0^+. \tag{4.5}$$

Alors

$$\text{cardinal } \{j \in \mathbb{N}^* : \lambda_j \leq \lambda\} \sim \frac{C_0 \lambda^\alpha}{\alpha \Gamma(\alpha)}, \quad \lambda \to +\infty,$$

où Γ désigne la fonction gamma.

Démonstration.(*) Notons que l'on a, cardinal $\{j \in \mathbb{N}^* : \lambda_j \leq \lambda\} =$ cardinal $\{j \in \mathbb{N}^* : \frac{\lambda_j}{\lambda} \leq 1\} = \sum_{j\in\mathbb{N}^*} \mathbf{1}_{[0,1]}(\frac{\lambda_j}{\lambda})$ où, $\mathbf{1}_{[0,1]}(x) = \begin{cases} 1, & x \in [0,1] \\ 0, & x \notin [0,1] \end{cases}$.
Nous devons donc montrer que

$$\lim_{\lambda\to+\infty} \lambda^{-\alpha} \sum_{j\in\mathbb{N}^*} \mathbf{1}_{[0,1]}\Big(\frac{\lambda_j}{\lambda}\Big) = \frac{C_0}{\alpha\Gamma(\alpha)}. \tag{4.6}$$

On interprète la quantité $\lambda^{-\alpha} \sum_{j\in\mathbb{N}^*} \mathbf{1}_{[0,1]}(\frac{\lambda_j}{\lambda})$ comme étant la valeur au point $\mathbf{1}_{[0,1]}$, de la forme linéaire donnée par,

$$g \longrightarrow \lambda^{-\alpha} \sum_{j\in\mathbb{N}^*} g\Big(\frac{\lambda_j}{\lambda}\Big).$$

Soit $\mathcal{E}$ l'espace vectoriel des fonctions $f : [0,+\infty[\to \mathbb{R}$, intégrables (au sens de Riemann) sur $[0,+\infty[$ telles que $\sup_{s\geq 0} e^s |f(s)| < +\infty$; on le norme par $\|f\| = \sup_{s\geq 0} e^s |f(s)|$. Pour $t > 0$, on considère la forme linéaire sur $\mathcal{E}$ définie par,

$$\mathcal{L}_t(f) = t^\alpha \sum_{j\in\mathbb{N}^*} f(\lambda_j t). \tag{4.7}$$

On a

$$|\mathcal{L}_t(f)| \leq t^\alpha \sum_{j\in\mathbb{N}^*} e^{-\lambda_j t} e^{\lambda_j t} |f(\lambda_j t)| \leq t^\alpha \sum_{j\in\mathbb{N}^*} e^{-\lambda_j t} \|f\| \leq K(t)\|f\|$$

d'après (4.4). Dont $\mathcal{L}_t$ est continue sur $\mathcal{E}$.

Ensuite considérons, pour $k \in \mathbb{N}^*$, les fonctions $f_k(s) = e^{-ks} \in \mathcal{E}$. Il résulte de (4.5) que,

$$\mathcal{L}_t(f_k) = t^\alpha \sum_{j\in\mathbb{N}^*} e^{-\lambda_j kt} \xrightarrow[t\to 0+]{} \frac{C_0}{k^\alpha} = \frac{C_0}{\Gamma(\alpha)} \int_0^{+\infty} f_k(s)\, s^{\alpha-1}\, ds$$

car

$$\int_0^{+\infty} e^{-ks} s^{\alpha-1}\, ds = \frac{1}{k^\alpha} \int_0^{+\infty} e^{-x} x^{\alpha-1}\, dx = \frac{\Gamma(\alpha)}{k^\alpha}.$$

La forme linéaire $\mathcal{L}_0$ sur $\mathcal{E}$ définie par,

$$\mathcal{L}_0(f) = \frac{C_0}{\Gamma(\alpha)} \int_0^{+\infty} f(s)\, s^{\alpha-1}\, ds \tag{4.8}$$

(*) Nous remercions M. Patrick Gérard de nous avoir communiqué la preuve de ce lemme.

est telle que,

$$|\mathcal{L}_0(f)| \leq \frac{C_0}{\Gamma(\alpha)}\Big(\int_0^{+\infty} e^{-s} s^{\alpha-1}\, ds\Big)\|f\| \leq C_0\|f\|.$$

Elle est donc continue sur $\mathcal{E}$ et $\|\mathcal{L}_0\| \leq C_0$. De plus si on désigne par $\mathcal{E}_0$ l'espace vectoriel engendré par les f_k, $k \in \mathbb{N}^*$, on a

$$\lim_{t\to 0+} \mathcal{L}_t = \mathcal{L}_0 \text{ sur } \mathcal{E}_0 \subset \mathcal{E}.$$

Par continuité, on a

$$\lim_{t\to 0+} \mathcal{L}_t(f) = \mathcal{L}_0(f), \quad \forall f \in \overline{\mathcal{E}}_0 \text{ (adhérence de } \mathcal{E}_0 \text{ dans } \mathcal{E}). \tag{4.9}$$

Lemme 4.5. *Soit* $f : [0, +\infty[\to \mathbb{R}$ *une fonction continue à support compact dans* $[0, +\infty[$. *Alors* $f \in \overline{\mathcal{E}}_0$.

Admettons un instant ce résultat. On en déduit que,

$$\lim_{t\to 0+} \mathcal{L}_t(f) = \mathcal{L}_0(f), \quad \forall f \in C_0^0([0, +\infty[). \tag{4.10}$$

Soit $g = \mathbf{1}_{[0,1]}$. Soient f_+ et f_- deux fonctions continues à support compact dans $[0, +\infty[$ telles que $0 \leq f_\pm \leq 1$, $f_- \leq g \leq f_+$ et

$$f_-(x) = \begin{cases} 1, & 0 \leq x \leq 1-\varepsilon \\ 0, & x \geq 1 - \frac{\varepsilon}{2} \end{cases}, \quad f_+(x) = \begin{cases} 1, & 0 \leq x \leq 1 \\ 0, & x \geq 1+\varepsilon \end{cases}.$$

On a alors,

$$\mathcal{L}_t(f_-) \leq \mathcal{L}_t(g) \leq \mathcal{L}_t(f_+).$$

D'après (4.10) on a

$$\mathcal{L}_0(f_-) \leq \varliminf_{t\to 0+} \mathcal{L}_t(g) \leq \varlimsup_{t\to 0+} \mathcal{L}_t(g) \leq \mathcal{L}_0(f_+)$$

ce qui implique

$$\frac{C_0}{\Gamma(\alpha)}\int_0^{1-\varepsilon} s^{\alpha-1}\, ds \leq \varliminf_{t\to 0+} \mathcal{L}_t(g) \leq \varlimsup_{t\to 0+} \mathcal{L}_t(g) \leq \frac{C_0}{\Gamma(\alpha)}\int_0^{1+\varepsilon} s^{\alpha-1}\, ds.$$

En faisant tendre ε vers 0 on obtient,

$$\lim_{t\to 0+} \mathcal{L}_t(g) = \frac{C_0}{\alpha\Gamma(\alpha)}$$

ce qui s'écrit,

$$\lim_{t\to 0^+} t^\alpha \sum_{j\in\mathbb{N}^*} \mathbf{1}_{[0,1]}(\lambda_j t) = \frac{C_0}{\alpha\Gamma(\alpha)}.$$

Ceci prouve (4.6) et le lemme 4.4. ■

Démonstration du lemme 4.5. En faisant le changement de variable $e^{-s} = x$, on se ramène à montrer que, si $g :]0,1] \to \mathbb{R}$ est continue et à support compact contenu dans $[\delta, 1]$ pour un $\delta > 0$, il existe une suite (P_n) de polynômes telle que $\sup_{]0,1]} \frac{1}{x}|g(x) - P_n(x)| \to 0$, lorsque $n \to +\infty$. La fonction $h(x) = \begin{cases} \frac{1}{x}g(x) & x \in]0,1] \\ 0 & x = 0 \end{cases}$ est continue sur $[0,1]$, car elle l'est sur $]0,1]$ et si $x_n \to 0$ on a $x_n \leq \delta$ pour $n \geq n_0$ et $h(x_n) = \frac{1}{x_n}\, g(x_n) = 0$ *i.e.* $h(x_n) \to 0$. Le théorème de Stone-Weierstrass implique qu'il existe une suite (Q_n) de polynômes telle que $\sup_{[0,1]} |h(x) - Q_n(x)| \to 0$, $n \to +\infty$. Alors $\sup_{]0,1]} \frac{1}{x}|g(x) - xQ_n(x)| \to 0$. ■

Retour à la preuve du théorème 4.1

Soit (λ_n) la suite des valeurs propres du problème de Dirichlet pour $-\Delta$. En vertu du lemme 4.4, pour prouver le théorème 4.1, il nous suffit d'avoir un équivalent de $\sum_{n\geq 1} e^{-\lambda_n t}$ lorsque $t \to 0^+$. Mais une telle expression apparaît dans la formule (3.2), qui donne la solution du problème mixte pour l'équation de la chaleur (théorème 3.1). Cette remarque nous permet de préciser la stratégie de la preuve.

Tout d'abord, compte tenu de (3.2) il est naturel d'introduire la définition suivante.

Définition 4.6. On appelle «noyau de la chaleur» l'expression formelle

$$p(t,x,y) = \sum_{n\geq 1} e^{-\lambda_n t} e_n(x)\overline{e_n(y)}, \quad t \geq 0, \ x, y \in \Omega.$$

Ce noyau permet de résoudre le problème mixte pour l'équation de la chaleur. Puisque $\|e_n\|_{L^2(\Omega)} = 1$, on peut espérer avoir,

$$\int_\Omega p(t,x,x)\,dx = \sum_{n\geq 1} e^{-\lambda_n t}. \tag{4.11}$$

Il nous suffirait donc d'avoir un équivalent du membre de gauche de cette égalité. Cet équivalent n'est pas facile à avoir, mais si $\Omega = \mathbb{R}^n$, le noyau de la chaleur $k(t,x,y)$ peut être calculé par transformation de Fourier et on pourra trouver un équivalent de $\int_{\mathbb{R}^n} k(t,x,x)\,dx$ pour $t \to 0^+$. La fin de la preuve consistera alors à comparer cette dernière expression à $\int_\Omega p(t,x,x)\,dx$.

4.1. Étude du noyau de la chaleur

Théorème 4.7

1) $p \in C^0([0,+\infty[, \mathcal{D}'(\Omega \times \Omega))$.

2) $p(0,x,y) = \delta(x-y)$.

3) La série définissant p, ainsi que les séries dérivées (en (t,x,y)) de tous ordres, convergent uniformément sur tout compact de $]0,+\infty[\times\Omega\times\Omega$.

4) $p \in C^\infty(]0,+\infty[\times\Omega\times\Omega)$.

5) Si $g \in C_0^0(\Omega)$, la solution du problème mixte (3.1) est donnée par,

$$u_t(x) = \int_\Omega p(t,x,y)\,g(y)\,dy, \quad t>0, \quad x \in \Omega.$$

Démonstration

1) Montrons tout d'abord, que la série définissant p converge dans $\mathcal{D}'(\Omega\times\Omega)$ pour $t \geq 0$. Soit $\Phi \in C_0^\infty(\Omega\times\Omega)$; posons $b_n = \langle e_n \otimes \overline{e}_n, \Phi\rangle$. Comme $\Phi \in C_0^\infty(\Omega\times\Omega) \subset C_0^\infty(\mathbb{R}^d \times \mathbb{R}^d)$ on peut écrire,

$$\Phi(x,y) = (2\pi)^{-d} \int e^{iy\cdot\xi}\,\hat{\Phi}^2(x,\xi)\,d\xi$$

où $\hat{\Phi}^2$ désigne la transformée de Fourier en y. Ensuite, comme $\operatorname{supp}\Phi$ est contenu dans $K_1 \times K_2$, il existe $\theta \in C_0^\infty(\Omega)$ telle que $\Phi(x,y) = \theta(y)\,\Phi(x,y)$ (on prend $\theta = 1$ sur K_2). On a alors, puisque $e_n \in C^\infty(\Omega)$,

$$\begin{aligned} b_n &= \int_\Omega\int_\Omega e_n(x)\,\overline{e_n(y)}\,\Phi(x,y)\,dx\,dy \\ &= (2\pi)^{-d}\int_\Omega\int_\Omega\int_{\mathbb{R}^d} e^{iy\cdot\xi}\,e_n(x)\,\overline{e_n(y)}\,\theta(y)\,\hat{\Phi}^2(x,\xi)\,d\xi\,dx\,dy \end{aligned}$$

où l'intégrale triple est absolument convergente. Par conséquent,

$$b_n = (2\pi)^{-d}\int_{\mathbb{R}^d} \left(e_n, \overline{\hat{\Phi}^2(\cdot,\xi)}\right)_{L^2} (\theta\, e^{i\langle\cdot,\xi\rangle}, e_n)_{L^2}\,d\xi.$$

On en déduit que

$$\sum_{n=1}^N |b_n| \leq (2\pi)^{-d}\int_{\mathbb{R}^d}\Big(\sum_{n=1}^N \big|e_n, \overline{\hat{\Phi}^2(\cdot,\xi)})_{L^2}\big|^2\Big)^{1/2}\cdot$$
$$\Big(\sum_{n=1}^N \big|(e_n, \theta e^{i\langle\cdot,\xi\rangle})_{L^2}\big|^2\Big)^{1/2} d\xi.$$

On a d'autre part,

$$\sum_{n=1}^{N}\left|(e_n,\overline{\hat{\Phi}^2(\cdot,\xi)})\right|^2 \leq \sum_{n=1}^{+\infty}\left|(e_n,\overline{\hat{\Phi}^2(\cdot,\xi)})\right|^2 = \|\hat{\Phi}^2(\cdot,\xi)\|_{L^2}^2.$$

De même,

$$\sum_{n=1}^{N}\left|(e_n,\theta e^{i\langle\cdot,\xi\rangle})\right|^2 \leq \|\theta\|_{L^2}^2.$$

Il en résulte que,

$$\sum_{n=1}^{N}|b_n| \leq (2\pi)^{-d}\|\theta\|_{L^2}\int_{\mathbb{R}^d}\|\hat{\Phi}^2(\cdot,\xi)\|_{L^2}\,d\xi.$$

On en déduit que la série $\sum\limits_{n=1}^{+\infty} e^{-\lambda_n t}b_n$ est convergente pour $t \geq 0$ (puisque $e^{-\lambda_n t} \leq 1$) et, par le théorème de convergence dominée, que la fonction $t \mapsto \sum\limits_{n\geq 1} e^{-\lambda_n t}\langle e_n \otimes \overline{e}_n, \Phi\rangle$ est continue.

2) Il suffit de montrer que, pour tous $\varphi, \psi \in C_0^\infty(\Omega)$ on a

$$\langle p(0,\cdot,\cdot),\varphi\otimes\psi\rangle = \langle\delta(x-y),\varphi\otimes\psi\rangle = \int_\Omega \varphi(x)\psi(x)\,dx. \tag{4.12}$$

Posons

$$a_N = \Big\langle\sum_{n=1}^{N} e_n\otimes\overline{e_n},\varphi\otimes\psi\Big\rangle = \sum_{n=1}^{N}\int_\Omega e_n(x)\varphi(x)\,dx\int_\Omega \overline{e_n(y)}\psi(y)\,dy$$
$$= \Big\langle\sum_{n=1}^{N}(\psi,e_n)_{L^2}e_n,\varphi\Big\rangle.$$

Comme $\psi \in C_0^\infty(\Omega) \subset L^2(\Omega)$ on a $\lim\limits_{N\to+\infty}\sum\limits_{n=1}^{N}(\psi,e_n)_{L^2}e_n = \psi$ dans $L^2(\Omega)$ donc dans $\mathcal{D}'(\Omega)$. On en déduit que $\lim\limits_{N\to+\infty} a_N = \langle\psi,\varphi\rangle = \int\psi(x)\varphi(x)\,dx$, d'où (4.12).

3) et 4). Posons $p_N(t,x,y) = \sum\limits_{n=0}^{N} e^{-\lambda_n t}e_n(x)\overline{e_n(y)}$. On vérifie facilement que $\left(\frac{\partial}{\partial t} - \frac{1}{2}(\Delta_x + \Delta_y)\right)p_N = 0$. D'autre part, on a vu que cet opérateur admet pour solution élémentaire, la fonction,

$$E(t,x,y) = \frac{H(t)}{(4\pi t)^n}\exp\Big[-\Big(\frac{|x|^2+|y|^2}{2t}\Big)\Big]$$

qui est une fonction C^∞ en dehors de l'origine $t = x = y = 0$. Nos résultats seront une conséquence du lemme suivant.

Lemme 4.8. *Soit P un opérateur différentiel à coefficients constants sur $\mathbb{R}^k$, admettant une solution élémentaire $E \in C^\infty(\mathbb{R}^k \setminus \{0\})$. Soit X un ouvert de $\mathbb{R}^k$ et (u_j) une suite de solutions (C^∞) de l'équation $Pu = 0$ dans X. Si (u_j) converge dans $\mathcal{D}'(X)$, elle converge aussi dans $C^\infty(X)$.*

Remarquons tout d'abord que ce lemme implique les assertions 3) et 4).

Démonstration du lemme 4.8. Soit K un compact de X, $\omega \subset X$ un voisinage de K, $\varphi \in C_0^\infty(X)$, $\varphi = 1$ sur un voisinage de $\overline{\omega}$. Posons $r_j = P(\varphi u_j) = \varphi P u_j + [P, \varphi]u_j = [P, \varphi]u_j$; on a, $\operatorname{supp} r_j \subset X \setminus \omega$; donc $r_j \in C_0^\infty(X \setminus \omega)$ et il existe un compact $\tilde{K}$ de $X \setminus \omega$ (indépendant de j) tel que $\operatorname{supp} r_j \subset \tilde{K}$, $\forall j$. D'autre part, comme $PE = \delta_0$ on a, $\varphi u_j = E * r_j$. Soit $\theta \in C^\infty(\mathbb{R}^k)$ telle qu'il existe $\varepsilon > 0$ pour lequel $\operatorname{supp}(1-\theta) \subset B(0,\varepsilon)$ (*i.e.* $\theta = 1$ hors de $B(0,\varepsilon)$). On a $\operatorname{supp}[(1-\theta)E] * r_j \subset B(0,\varepsilon) + \tilde{K}$. On choisit ε assez petit pour que $[\tilde{K} + B(0,\varepsilon)] \cap \omega = \emptyset$. Alors pour $x \in \omega$ on a $u_j = (\theta E) * r_j$ et par hypothèse $\theta E \in C^\infty(\mathbb{R}^k)$. On a alors pour $x \in K$,

$$\partial^\alpha u_j(x) = [\partial^\alpha(\theta E)] * r_j = \langle r_j, \partial^\alpha(\theta E)(x - \cdot)\rangle . \tag{4.13}$$

Comme $r_j \to r$ dans $\mathcal{D}'(X)$, le corollaire 2.2 du chapitre 4 (Banach-Steinhaus) implique que la convergence est uniforme sur tout compact de $C^\infty(X)$, c'est-à-dire sur tout fermé borné de $C^\infty(X)$ (voir chapitre 1, § 2.4). Or si K est un compact de X et $\psi \in C^\infty(\mathbb{R}^k)$, l'ensemble $\{\psi_x\}_{x\in K}$, où ψ_x est l'application $y \mapsto \psi(x-y)$, est un compact de $C^\infty(X)$. Pour cela on considère l'application $\Phi : K \to C^\infty(X)$, $x \mapsto \psi_x$. Cette application est continue ; en effet, si $x_n \to x$ dans K et K_1 est un compact de X, alors $\sup_{y\in K_1} |\partial^\alpha \psi(x_n - y) - \partial^\alpha \psi(x - y)| \leq |x_n - x| \sup_{z \in K_2} |\partial^\alpha \partial \psi(z)|$. Alors, $\Phi(K) = \{\psi_x\}_{x\in K}$ est un compact de C^∞. La formule (4.13) montre que $(\partial^\alpha u_j)_{j\in\mathbb{N}}$ converge uniformément sur K. ∎

Fin de la démonstration du théorème 4.7. Il reste à prouver l'assertion 5). Si $g \in C_0^0(\Omega)$, $\operatorname{supp} g \subset K$, on a $\int_\Omega p(t,x,y)g(y)\,dy = \int_K p(t,x,y)g(y)\,dy = \int \sum_{n\geq 1} e^{-\lambda_n t} e_n(x)\overline{e_n(y)}g(y)\,dy = \sum_{n\geq 1} e^{-\lambda_n t} e_n(x)(g, e_n)_{L^2}$, par convergence uniforme de la série sur le compact $\{t\} \times \{x\} \times K$. Donc 5) résulte de (3.2). ∎

On déduit du théorème 4.7 que,

$$p(t,x,x) = \sum_{n\geq 1} e^{-\lambda_n t} |e_n(x)|^2 \in C^\infty(]0,+\infty[\times\Omega).$$

D'après le théorème de Beppo-Levi, on peut écrire,

$$\int_\Omega p(t,x,x)\,dx = \sum_{n\geq 1} e^{-\lambda_n t} \|e_n\|_{L^2}^2 = \sum_{n\geq 1} e^{-\lambda_n t} \leq +\infty. \tag{4.14}$$

En vertu du lemme 4.4, il nous suffit d'étudier le premier membre de (4.14). Cette étude n'étant pas facile, nous commencerons par étudier le noyau de la chaleur sur $\mathbb{R}^n$ tout entier.

Soit $k(t,x) = (4\pi t)^{-\frac{d}{2}} H(t) e^{-\frac{|x|^2}{4t}}$.

Proposition 4.9

1) $k \in C^0([0,+\infty[, \mathcal{D}'(\mathbb{R}^d)) \cap C^\infty(]0,+\infty[\times\mathbb{R}^d)$.

2) $k(0,\cdot) = \delta_0$ *(la mesure de Dirac à l'origine).*

3) $(\frac{\partial k}{\partial t} - \Delta k)(t,x) = 0$ *pour* $(t,x) \in]0,+\infty[\times\mathbb{R}^d$.

4) Soit $g \in C_0^0(\mathbb{R}^d)$. *Posons, pour* $t \geq 0$, $u_t = k(t,\cdot) \underset{x}{*} g$. *Alors* $u = (u_t)$ *appartient à* $C^\infty(]0,+\infty[\times\mathbb{R}^d) \cap C^0([0,+\infty[\times\mathbb{R}^d)$ *et résout le problème de Cauchy,* $\frac{\partial u}{\partial t} - \Delta u = 0$ *dans* $[0,+\infty[\times\mathbb{R}^n$, $u_0 = g$.

Démonstration

1) Il est évident que $k \in C^\infty(]0,+\infty[\times\mathbb{R}^d)$. D'autre part, soit $\varphi \in C_0^\infty(\mathbb{R}^d)$; le changement de variable $x = 2\sqrt{t}y$ permet d'écrire,

$$\langle k(t,\cdot), \varphi\rangle = \pi^{-\frac{d}{2}} \int e^{-|y|^2} \varphi(2\sqrt{t}y)\,dy.$$

Le théorème de convergence dominée montre que le membre de droite est une fonction continue sur $[0,+\infty[$.

2) La formule ci-dessus implique que,

$$\langle k(0,\cdot), \varphi\rangle = \pi^{-\frac{d}{2}} \int e^{-|y|^2} \varphi(0)\,dy = \varphi(0) = \langle \delta_0, \varphi\rangle.$$

3) On peut écrire, pour $t > 0$, $k(t,x) = (4\pi t)^{-\frac{d}{2}} F_t(|x|)$ où $F(r) = e^{-\frac{r^2}{4t}}$. Par la formule (2.22), chapitre 3, on a,

$$\Delta F_t(|x|) = F_t''(|x|) + \frac{d-1}{|x|} F'(|x|) = \Big(\frac{|x|^2}{4t^2} - \frac{d}{2t}\Big) e^{-\frac{|x|^2}{4t}}.$$

D'autre part, on voit facilement que,

$$\frac{\partial k}{\partial t}(t,x) = (4\pi t)^{-\frac{d}{2}} \Big(\frac{|x|^2}{4t^2} - \frac{d}{2t}\Big) e^{-\frac{|x|^2}{4t}},$$

ce qui prouve 3).

4) On peut écrire, pour $t > 0$,

$$u_t(x) = (4\pi t)^{-\frac{d}{2}} \int e^{-\frac{|x-y|^2}{4t}} g(y)\,dy = \pi^{-\frac{d}{2}} \int e^{-|z|^2} g(x - 2\sqrt{t}z)\,dz.$$

À l'aide de la première égalité et du théorème de dérivation de Lebesgue on montre aisément que $(t,x) \mapsto u_t(x)$ est C^∞ sur $]0,+\infty[\times\mathbb{R}^d$; la deuxième égalité et le théorème de convergence dominée montrent que $(u_t) \in C^0([0,+\infty[\times\mathbb{R}^d)$.

On a, en vertu de 2), $u_0 = \delta_0 * g = g$. Sur $]0,+\infty[\times\mathbb{R}^d$, u est la fonction C^∞, $(t,x) \mapsto k(t,\cdot) * g$. Il résulte de 3) que,
$\Delta u(t,x) = [(\Delta k(t,\cdot)) * g](x) = \left[\frac{\partial k}{\partial t}(t,\cdot) * g\right](x) = \frac{\partial}{\partial t}[k(t,\cdot) * g] = \frac{\partial u}{\partial t}(t,x)$. ■

La fin de la démonstration du théorème 4.1 consiste à comparer p et k.

4.2. Comparaison de p et k

Voici le résultat principal de ce paragraphe. Posons $\theta(y) = d(y,\partial\Omega)$ pour $y \in \Omega$, où $d(\cdot,\cdot)$ est la distance euclidienne.

Proposition 4.10. *Pour* $(t,x,y) \in]0,+\infty[\times\Omega\times\Omega$ *on a*

$$0 \le k(t,x-y) - p(t,x,y) \le \begin{cases} (4\pi t)^{-\frac{d}{2}} e^{-\frac{\theta(y)^2}{4t}}, & 0 < t \le t_0(y) \\ (4\pi t_0(y))^{-\frac{d}{2}} e^{-\frac{\theta(y)^2}{t_0(y)}}, & t \ge t_0(y) \end{cases}$$

où $t_0(y) = \frac{\theta(y)^2}{2d}$ *(d est ici la dimension).*

Démonstration. Soit $g \in C_0^\infty(\Omega)$ positive. On note $\tilde{g} \in C_0^\infty(\mathbb{R}^n)$ sa prolongée par zéro hors de Ω. Pour $t \ge 0$, on pose $v_t = k(t,\cdot) * \tilde{g}$. Alors la distribution v correspondante est une solution du problème

$$\begin{cases} \dfrac{\partial v}{\partial t} - \Delta v = 0 \text{ dans } \mathcal{D}'(]0,+\infty[\times\mathbb{R}^d), \\ v_0 = \tilde{g} \end{cases} \tag{4.15}$$

et $v \in C^\infty(]0,+\infty[\times\mathbb{R}^d) \cap C^0([0,+\infty[\times\mathbb{R}^d)$ d'après la proposition 4.9. En particulier, $v \in C^0(\overline{Q})$ où $\overline{Q} = [0,+\infty[\times\overline{\Omega}$. En outre, pour $t > 0$ on a

$$v(t,x) = (4\pi t)^{-\frac{d}{2}} \int_\Omega e^{-\frac{|x-y|^2}{4t}} g(y)\,dy, \tag{4.16}$$

puisque $\tilde{g}$ est nulle hors de Ω.

Si on pose $\theta_0 = d(\operatorname{supp} g, \partial\Omega)$, on a $|x-y| \ge \theta_0$ pour $x \in \partial\Omega$ et $y \in \operatorname{supp} g$. On en déduit que,

$$0 \le v(t,x) \le (4\pi t)^{-\frac{d}{2}} e^{-\frac{\theta_0^2}{4t}} \int_\Omega g(y)\,dy, \quad \forall x \in \partial\Omega, \ \forall t > 0. \tag{4.17}$$

Soit $u \in C^0([0,+\infty[,L^2(\Omega)) \cap C^\infty(]0,+\infty[\times\Omega)$ la solution, donnée par le théorème 3.1, du problème,

$$(4.18)\qquad \begin{cases} \dfrac{\partial u}{\partial t} - \Delta u = 0 \text{ dans } \mathcal{D}'(]0,+\infty[\times\Omega), \\ u_0 = g, \\ u_t \in H_0^1(\Omega), \quad t>0. \end{cases}$$

Il résulte de la remarque 3.3 que $u \in C^0(\overline{Q})$.

Posons $w = v - u$. Alors w est solution du problème,

$$(4.19)\qquad \begin{cases} \dfrac{\partial w}{\partial t} - \Delta w = 0 \text{ dans } \mathcal{D}'(]0,+\infty[\times\Omega), \\ w_0 = 0, \\ w_t = v_t|_{\partial\Omega} \text{ sur } \partial\Omega, \quad t>0. \end{cases}$$

On a alors $w \in C^0(\overline{Q}) \cap C^2(Q)$, où $Q =]0,+\infty[\times\Omega$. D'après (4.17), on a $w \geq 0$ sur ∂Q. On déduit du corollaire 3.4 (principe du maximum) que $w \geq 0$ dans Q.

D'après le théorème 4.7, 5) et (4.16) on a, pour $t > 0$,

$$w(t,x) = \int_\Omega k(t,x-y)g(y)\,dy - \int_\Omega p(t,x,y)g(y)\,dy$$

$$(4.20)\qquad w(t,x) = \langle g, k(t,x-\cdot) - p(t,x,\cdot)\rangle \geq 0 \text{ dans } Q,$$

où on a noté $\langle\,,\rangle$ la dualité $\mathcal{E}'$, C^∞, puisque $g \in \mathcal{E}'$ et pour tous $t > 0$, $x \in \Omega$, la fonction $y \mapsto k(t,x-y) - p(t,x,y)$ est C^∞ dans Ω.

Soit $t > 0$, $x \in \Omega$ et $y_0 \in \Omega$. Soit $\psi \in C_0^\infty(\mathbb{R}^d)$, $\psi \geq 0$, $\int \psi(y)\,dy = 1$, $\operatorname{supp}\psi \subset \{x : |x| \leq 1\}$. Posons $\psi_\varepsilon(y) = \varepsilon^{-n}\psi(\frac{y-y_0}{\varepsilon})$; si ε est assez petit on a, $\psi_\varepsilon \in C_0^\infty(\Omega)$. De plus $(\psi_\varepsilon) \to \delta_{y_0}$ dans $\mathcal{E}'(\Omega)$. En prenant $g = \psi_\varepsilon$ dans (4.20) et en faisant tendre ε vers zéro on obtient,

$$k(t,x-y_0) - p(t,x,y_0) = \lim_{\varepsilon\to 0} \langle \psi_\varepsilon, k(t,x-\cdot) - p(t,x,\cdot)\rangle \geq 0.$$

Ceci prouve la première inégalité de la proposition 4.10. Ensuite revenons aux inégalités de (4.17). La fonction $t \mapsto t^{-\frac{d}{2}}e^{-\frac{\theta_0^2}{4t}}$ est croissante pour $t \leq t_0 = \frac{\theta_0^2}{2d}$ et décroissante pour $t \geq t_0$. On en déduit que pour $t > 0$ et $x \in \partial\Omega$ on a,

$$\sup_{0<s\leq t} v(s,x) \leq \begin{cases} (4\pi t)^{-\frac{d}{2}} e^{-\frac{\theta_0^2}{4t}} \displaystyle\int_\Omega g(y)\,dy, & \text{si } t \leq t_0, \\ (4\pi t_0)^{-\frac{d}{2}} e^{-\frac{\theta_0^2}{4t_0}} \displaystyle\int_\Omega g(y)\,dy, & \text{si } t \geq t_0. \end{cases}$$

Comme d'après (4.19), $w = v$ sur $]0, +\infty[\times\partial\Omega$, le corollaire 3.5 implique que w vérifie les mêmes inégalités dans $]0, +\infty[\times\partial\Omega$. Si maintenant nous prenons, dans (4.20), $g(y) = \varepsilon^{-n}\psi(\frac{y-y_0}{\varepsilon})$, alors $\int_\Omega g(y)\,dy \leq 1$ et comme le support de g converge vers y_0, $\theta_0 = d(\operatorname{supp} g, \partial\Omega)$ converge vers $\theta(y_0) = d(y_0, \partial\Omega)$, ce qui prouve la deuxième inégalité de la proposition 4.10. ■

Corollaire 4.11. *Soit* $(t, x) \in]0, +\infty[\times\Omega$ *; notons* $\theta(x) = d(x, \partial\Omega)$*. Alors,*

(i) $0 \leq (4\pi t)^{-\frac{d}{2}} - p(t, x, x) \leq (4\pi t)^{-\frac{d}{2}} e^{-\frac{\theta(x)^2}{4t}}$, $t \in \left]0, \frac{\theta(x)^2}{2d}\right]$.

(ii) $(4\pi t)^{-\frac{d}{2}} \operatorname{vol}(\Omega) - \int_\Omega p(t, x, x)\,dx \leq C t^{-\frac{d}{2}+\frac{1}{2}}$, $t \to 0^+$.

Démonstration

(i) résulte de la proposition 4.10 ; il suffit de prendre $x = y \in \Omega$.

(ii) Posons $g(t, x) = (4\pi t)^{-\frac{d}{2}} - p(t, x, x)$. On peut écrire,

$$0 \leq \int_\Omega g(t, x)\,dx = \int_{\theta(x)\leq\sqrt{2\,dt}} g(t, x)\,dx + \int_{\theta(x)>\sqrt{2\,dt}} g(t, x)\,dx = I_1 + I_2\,.$$

Nous aurons besoin du lemme suivant. Pour $\alpha > 0$ posons,

$$F(\alpha) = \int_{\theta(x)\leq\alpha} dx = \mu\{x \in \Omega : \theta(x) < \alpha\}\,.$$

Lemme 4.12. *Il existe* $C > 0$ *telle que* $F(\alpha) \leq C\alpha$ *pour tout* $\alpha > 0$.

Admettons un instant ce lemme.

• Considérons le terme I_1.

D'après la définition 4.6, on a $p(t, x, x) \geq 0$, de sorte que $g(t, x)$ est majoré par $(4\pi t)^{-\frac{d}{2}}$. Il résulte du lemme 4.12 que,

$$I_1 \leq (4\pi t)^{-\frac{d}{2}} F(\sqrt{2dt}) \leq C_1 t^{-\frac{d}{2}+\frac{1}{2}}, \quad t > 0 \text{ assez petit}. \tag{4.21}$$

• Considérons le terme I_2.

On remarque que $\theta(x) > \sqrt{2dt}$ est équivalent à $t < \frac{\theta(x)^2}{2d}$; on peut donc utiliser l'inégalité (i) du corollaire 4.11. On obtient,

$$I_2 \leq (4\pi t)^{-\frac{d}{2}} \int_{\theta(x)\geq\sqrt{2\,dt}} e^{-\frac{\theta(x)^2}{4t}}\,dx\,. \tag{4.22}$$

Lemme 4.13. *Posons* $s_0 = \sqrt{2dt}$ *et* $\psi(s) = e^{-\frac{s^2}{4t}}$ *pour* $s > 0$*. Alors,*

$$\int_{\theta(x)\geq s_0} \psi(\theta(x))\,dx = -\int_{s_0}^{+\infty} \psi'(s) F(s)\,ds - \psi(s_0) F(s_0)\,.$$

Admettons aussi un instant ce lemme. On déduit de (4.22) et des lemmes 4.12 et 4.13 que,

$$I_2 \leq C(4\pi t)^{-\frac{d}{2}} \int_{\sqrt{2dt}}^{+\infty} \frac{s}{2t} e^{-\frac{s^2}{4t}} s\,ds, \quad (\text{car } -\psi(s_0)F(s_0) \leq 0).$$

Posons dans l'intégrale, $s = \sqrt{t}x$; il vient $I_2 \leq \frac{1}{2}(4\pi t)^{-\frac{d}{2}+\frac{1}{2}} \int_0^{+\infty} x^2 e^{-\frac{x^2}{4}}\,dx$, ce qui, ajouté à (4.21), prouve (ii) du corollaire 4.11.

Démonstration du lemme 4.12. On sait que Ω est un ouvert borné et qu'il existe $\rho \in C^1(\mathbb{R}^d)$ telle que,

$$\Omega = \{x \in \mathbb{R}^d : \rho(x) < 0\},\ \partial\Omega = \{x \in \mathbb{R}^d : \rho(x) = 0\},\ d\rho \neq 0 \text{ sur } \partial\Omega.$$

Point 1 : $\exists M > 0 : |\rho(x)| \leq M\theta(x),\ \forall x \in \Omega$.

Il existe $R > 0$ tel que $\overline{\Omega} \subset \{x \in \mathbb{R}^d : |x| < R\}$. Posons $M = \sup_{|x| \leq R} \|\rho'(x)\|$. Pour $x \in \Omega$ et $y \in \partial\Omega$ on a, $|\rho(x) - \rho(y)| \leq M|x-y|$. Comme $\rho(y) = 0$ il vient, $|\rho(x)| \leq M|x-y|$ et donc $|\rho(x)| \leq M \inf_{y \in \partial\Omega} |x-y|$ *i.e.* $|\rho(x)| \leq M\theta(x)$.

Posons $\mathcal{O}_\alpha = \{x \in \Omega : \rho(x) \leq M\alpha\}$; alors,

$$F(\alpha) \leq \int_{\mathcal{O}_\alpha} dx. \tag{4.23}$$

Point 2 : pour $x \in \partial\Omega$, il existe $i_x \in \{1, \ldots, n\}$, $\varepsilon_x > 0$, $c_x > 0$, tels que $\left|\frac{\partial\rho}{\partial i_x}(y)\right| \geq c_x$, pour tout $y \in B(x, \varepsilon_x)$ (boule ouverte). On a bien sûr $\partial\Omega \subset \bigcup_{x \in \partial\Omega} B(x, \varepsilon_x)$ et comme $\partial\Omega$ est compacte, il existe $N \geq 1$, $x_j \in \partial\Omega$, $\varepsilon_j > 0$, $c_j > 0$, $j = 1, \ldots, N$ tels que, $\partial\Omega \subset \bigcup_{j=1}^N B(x_j, \varepsilon_j)$ et, sur $B(x_j, \varepsilon_j)$, on a, $\left|\frac{\partial\rho}{\partial x_{\varphi(j)}}(y)\right| \geq c_j$, où $\varphi(j) \in \{1, \ldots, n\}$.

Point 3 : il existe $\alpha_0 > 0$ tel que $\mathcal{O}_{\alpha_0} \subset \bigcup_{j=1}^N B(x_j, \varepsilon_j)$. On raisonne par l'absurde ; sinon, pour tout $k \geq 1$ il existe $y_k \in \mathcal{O}_{\frac{1}{k}}$ tel que $y_k \notin \bigcup_{j=1}^N B(x_j, \varepsilon_j)$. Comme $\overline{\Omega}$ est compact, il existe une sous suite $(y_{\varphi(k)})$ qui tend vers $\overline{y} \in \overline{\Omega}$; or $\rho(y_k) \leq \frac{M}{k}$ donc $\rho(\overline{y}) = 0$ *i.e.* $\overline{y} \in \partial\Omega$ mais $\overline{y} \notin \bigcup_{j=1}^N B(x_j, \varepsilon_j)$, ce qui est une contradiction.

Conséquence : pour $\alpha \leq \alpha_0$ on a, $\mathcal{O}_\alpha \subset \bigcup_{j=1}^N (B(x_j, \varepsilon_j) \cap \mathcal{O}_\alpha)$; donc.

$$F(\alpha) \leq \sum_{j=1}^N \int_{\mathcal{O}_\alpha \cap B(x_j, \varepsilon_j)} dx. \tag{4.24}$$

Point 4 : fixons $j \in \{1, \ldots, N\}$ et supposons, pour simplifier l'écriture, que l'on a $\left|\frac{\partial \rho}{\partial x_d}\right| \geq c_d > 0$ sur $B(x_j, \varepsilon_j)$. Soit $\chi : \mathcal{O}_\alpha \cap B(x_j, \varepsilon_j) \to \mathbb{R}^d$, $x \mapsto \chi(x) = y$, où $\chi_j(x) = x_j$, $j = 1, \ldots, d-1$, $\chi_d(x) = -\rho(x)$. Le module du déterminant du jacobien de cette transformation vaut $\left|\frac{\partial \rho}{\partial x_d}(x)\right|$. Donc χ est un C^1 difféomorphisme sur son image. Comme dans $\mathcal{O}_\alpha \cap B(x_j, \varepsilon_j)$ on a $|x| \leq |x_j| + \varepsilon_j$ et $|\rho(x)| \leq M\alpha$, l'image est contenue dans un ensemble de la forme $\{y = (y', y_d) : |y'| \leq A,\, y_d \in]0, M\alpha]\}$. Par le théorème du changement de variable on a

$$\int_{\mathcal{O}_\alpha \cap B(x_j,\varepsilon_j)} dx = \int_{\chi[\mathcal{O}_\alpha \cap B]} \left|\frac{\partial \rho}{\partial x_d}(\chi^{-1}(y))\right|^{-1} dy$$
$$\leq c_d^{-1} \int_{|y'| \leq A} \int_0^{M\alpha} dy_d\, dy' \leq K\alpha.$$

Il résulte de (4.24) que $F(x) \leq C\alpha$, pour $\alpha \in]0, \alpha_0]$. Pour $\alpha > \alpha_0$ on a, $\mathrm{F}(\alpha) \leq \mathrm{vol}(\Omega) \leq \frac{\mathrm{vol}(\Omega)}{\alpha_0}\alpha$. ■

Démonstration du lemme 4.13. C'est une conséquence du théorème de Fubini-Tonnelli. En effet posons $\varphi = \psi'$ et $\mathcal{O} = \{x \in \Omega : \theta(x) > s_0\}$. On a

$$\int_{\mathcal{O}} \Big(\int_{\theta(x)}^{+\infty} \varphi(s)\, ds\Big) dx = \int_{\mathcal{O}} \int_{s_0}^{+\infty} \mathbf{1}_{\{s > \theta(x)\}}\, \varphi(s)\, ds\, dx$$
$$= \int_{s_0}^{+\infty} \varphi(s) \Big(\int_{\mathcal{O}} \mathbf{1}_{\{\theta(x) < s\}}\, dx\Big) ds$$
$$= \int_{s_0}^{+\infty} \varphi(s) \Big(\int_{s_0 < \theta(x) < s} dx\Big) ds$$
$$= \int_{s_0}^{+\infty} \varphi(s) (F(s) - F(s_0))\, ds.$$

Comme $\psi \to 0$ lorsque $s \to +\infty$ il vient,

$$-\int_{\mathcal{O}} \psi(\theta(x))\, dx = \int_{s_0}^{+\infty} \psi'(s) F(s)\, ds + \psi(s_0) F(s_0).$$

■

Fin de la démonstration du théorème 4.1. On déduit de (4.14) et du corollaire 4.11, que $\Sigma e^{-\lambda_n t}$ est convergente pour tout $t > 0$ et que $\sum_{n=1}^{+\infty} e^{-\lambda_n t}$ est équivalent à, $\frac{\mathrm{vol}(\Omega)}{(4\pi t)^{d/2}}$ pour $t \to 0^+$. Il résulte du lemme 4.4 que, $N(\lambda) \sim \frac{\mathrm{vol}(\Omega)}{(4\pi)^{d/2} \frac{d}{2} \Gamma(\frac{d}{2})} \lambda^{\frac{d}{2}} = (2\pi)^{-d} C_d\, \mathrm{vol}(\Omega)\, \lambda^{\frac{d}{2}}$, où $C_d = \int_{|x|<1} dx$. ■

Chapitre 14

Problèmes

I • Énoncés

Problème 1. Soit $X = \sum_{j=1}^{n} a_j(x) \frac{\partial}{\partial x_j}$ un opérateur différentiel du premier ordre sur $\mathbb{R}^n$. On suppose que les a_j sont C^∞ sur $\mathbb{R}^n$, à valeurs **réelles** et qu'il existe une constante $A > 0$ telle que, pour tout $j = 1, \ldots, n$,

$$\sup_{x \in \mathbb{R}^n} |a_j(x)| \leq A. \tag{1}$$

On rappelle que sous ces conditions, pour tout $x \in \mathbb{R}^n$, il existe un unique $n-$uple de fonctions réelles, $\chi(t,x) = (\chi^1(t,x), \ldots, \chi^n(t,x))$ définies pour tout $t \in \mathbb{R}$, solutions du système différentiel,

$$\begin{cases} \dfrac{d\chi^j}{dt}(t,x) = a_j(\chi(t,x)), \quad t \in \mathbb{R}, \\ \chi^j(0,x) = x_j, \quad j = 1, \ldots, n, \end{cases} \tag{2}$$

et que, de plus, $(t,x) \mapsto \chi^j(t,x)$ est C^∞ sur $\mathbb{R} \times \mathbb{R}^n$, pour tout $j \in \{1, \ldots, n\}$. On notera dans ce qui suit χ_t l'application de $\mathbb{R}^n$ dans $\mathbb{R}^n$, $x \mapsto \chi(t,x)$.

I. 1) Justifier le résultat rappelé ci-dessus.

2) Montrer que pour $s, t \in \mathbb{R}$ et x dans $\mathbb{R}^n$, on a

$$\chi(t, \chi(s,x)) = \chi(t+s, x).$$

3) En déduire que pour tout $t \in \mathbb{R}$ on a, $\chi_{-t} \circ \chi_t = \mathrm{Id}$ et que χ_t est un difféomorphisme C^∞ de $\mathbb{R}^n$ dans $\mathbb{R}^n$.

II. 1) Soit $\varphi \in C_0^\infty(\mathbb{R}^n)$. Calculer $\frac{\partial}{\partial t}(\varphi \circ \chi_t)$.

2) Montrer que pour $t \in \mathbb{R}$ on a, $\|\chi_t(x) - x\| \leq A|t|$, où $\|y\| = \sup_j |y_j|$ et A est défini en (1). En déduire que si $\operatorname{supp} \varphi \subset \{x : |x| \leq M\}$ on a

$$\operatorname{supp}(\varphi \circ \chi_t) \cup \operatorname{supp} \frac{\partial}{\partial t}(\varphi \circ \chi_t) \subset \{x : |x| \leq M + A|t|\}.$$

3) Soit $T \in \mathcal{D}'(\mathbb{R}^n)$ et $\varphi \in C_0^\infty(\mathbb{R}^n)$. On considère la fonction G définie sur $\mathbb{R}$ par $G(t) = \langle T, \varphi \circ \chi_t \rangle$. Montrer que G est dérivable en zéro et que $G'(0) = \langle T, X\varphi \rangle$. En utilisant I.2), montrer que G est dérivable en tout point $t_0 \in \mathbb{R}$ et que $G'(t_0) = \langle T, X\psi \rangle$ où $\psi = \varphi \circ \chi_{t_0}$.

4) Soit ${}^tX$ le transposé de X défini par, ${}^tXT = -\sum\limits_{j=1}^{n} \frac{\partial}{\partial x_j}(a_j T)$, $T \in \mathcal{D}'(\mathbb{R}^n)$. Soit $T \in \mathcal{D}'(\mathbb{R}^n)$ telle que ${}^tXT = 0$. Montrer que pour tout $t \in \mathbb{R}$, $x_0 \notin \operatorname{supp} T$ si et seulement si $\chi_t(x_0) \notin \operatorname{supp} T$, (ou bien $x_0 \in \operatorname{supp} T$ ssi $\chi_t(x_0) \in \operatorname{supp} T$).

Problème 2. Une fonction $u \in L^\infty_{\text{loc}}(\mathbb{R}^2)$ sera appelée solution faible de l'équation,

$$\frac{\partial u}{\partial t} + \frac{\partial}{\partial x} u^2 = 0 \tag{1}$$

dans $\mathbb{R}^2$ si, pour toute $\varphi \in C_0^\infty(\mathbb{R}^2)$ on a

$$\iint_{\mathbb{R}^2} \Big(u \frac{\partial \varphi}{\partial t} + u^2 \frac{\partial \varphi}{\partial x} \Big)(x,t)\, dx\, dt = 0 . \tag{2}$$

1) Montrer qu'une solution faible de (1), qui est de classe C^1 dans un ouvert Ω de $\mathbb{R}^2$, est une solution au sens usuel dans Ω de l'équation,

$$\frac{\partial u}{\partial t} + 2u \frac{\partial u}{\partial x} = 0 . \tag{3}$$

2) Soit $f \in C^1(\mathbb{R}^2, \mathbb{R})$ telle que $f' \neq 0$ sur l'ensemble $f^{-1}(0)$. On pose $\Gamma = \{(x,t) \in \mathbb{R}^2 : f(x,t) = 0\}$, $\Omega_+ = \{(x,t) \in \mathbb{R}^2 : f(x,t) > 0\}$, $\Omega_- = \{(x,t) \in \mathbb{R}^2 : f(x,t) < 0\}$. Soit u_+ (resp. u_-) une fonction C^1 sur $\overline{\Omega}_+$ (resp. $\overline{\Omega}_-$) et u la fonction qui vaut u_+ dans Ω_+ et u_- dans Ω_-. Montrer que si u est une solution faible de (1) on a

$$(u_+^2 - u_-^2) \frac{\partial f}{\partial x} + (u_+ - u_-) \frac{\partial f}{\partial t} = 0 \text{ sur } \Gamma . \tag{4}$$

Problème 3. Pour $m \in \mathbb{N}$, on notera A_m l'ensemble des fonctions continues sur $\mathbb{R}$ telles que, $|f(x)| \leq C|x|^m$, pour tout $|x| \geq 1$.

Soit $\chi \in C_0^\infty(\mathbb{R})$, $\chi(x) = 1$ pour $|x| \leq 1$. Pour $f \in A_m$, on introduit les fonctions continues sur $\mathbb{R}$,

$$t \longmapsto F_1(t) = \int_{|x|\leq 1} e^{itx} f(x)\, dx, \quad t \longmapsto F_2(t) = \int_{|x|\geq 1} e^{itx} \frac{f(x)}{x^{m+2}}\, dx$$

et on considère la distribution,

$$T = F_1 + \left(\frac{1}{i}\frac{d}{dt}\right)^{m+2} F_2 . \tag{1}$$

On notera dans la suite $T = \int_* e^{itx} f(x)\,dx$.

1) Montrer que si $f \in L^1(\mathbb{R})$, T coïncide avec l'intégrale usuelle, $\int e^{itx} f(x)\,dx$.

2) Montrer que pour $f \in A_m$, T est la limite dans $\mathcal{D}'(\mathbb{R})$, lorsque ε tend vers zéro, de la suite de fonctions continues,

$$T_\varepsilon(t) = \int e^{itx} \chi(\varepsilon x) f(x)\,dx . \tag{2}$$

3) Soit $f \in A_m$. Montrer que pour $k \in \mathbb{N}$, $x^k f \in A_{m+k}$ et,

$$\int_* e^{itx} x^k f(x)\,dx = \left(\frac{1}{i}\frac{d}{dt}\right)^k \int_* e^{itx} f(x)\,dx .$$

4) Soit $f \in A_m$ telle que $f' \in A_m$. Montrer que,

$$\int_* e^{itx} f'(x)\,dx = -it \int_* e^{itx} f(x)\,dx .$$

(*Indication :* montrer auparavant que, $\varepsilon \int_{|x|\geq 1} e^{itx} \chi'(\varepsilon x) \frac{f(x)}{x^{m+2}}\,dx$ converge vers zéro uniformément sur $\mathbb{R}$, lorsque $\varepsilon \to 0$).

En déduire la forme de T lorsque $f \equiv 1$.

5) On suppose $f \in C^\infty(\mathbb{R})$ et $f^{(k)} \in A_{m-k}$, $\forall k \in \mathbb{N}$.

a) Montrer que pour $j \in \mathbb{N}$, la fonction $t \mapsto \int_* e^{itx} f^{(m+2+j)}(x)\,dx$ est dans $C^j(\mathbb{R})$.

b) Montrer, en utilisant 4), que $t^{m+2+j} T \in C^j(\mathbb{R})$, $j \in \mathbb{N}$. En déduire que $T \in C^\infty(\mathbb{R} \setminus 0)$.

6) Soit (f_n) une suite de A_m et $f \in A_m$. On suppose que (f_n) converge vers f dans $L^1_{\text{loc}}(\mathbb{R})$ et $\lim\limits_{n\to+\infty} \int_{|x|\geq 1} \frac{|f_n(x)-f(x)|}{|x|^{m+2}}\,dx = 0$. Montrer que l'on a, dans $\mathcal{D}'(\mathbb{R})$,

$$\lim_{n\to+\infty} \int_* e^{itx} f_n(x)\,dx = \int_* e^{itx} f(x)\,dx .$$

Problème 4. Soit P un opérateur linéaire continu de $C_0^\infty(\mathbb{R}^n)$ dans $C^\infty(\mathbb{R}^n)$. Si il existe une distribution $K_p \in \mathcal{D}'(\mathbb{R}^n \times \mathbb{R}^n)$ telle que,

$$\langle Pu, v\rangle = \langle K_p, v \otimes u\rangle , \quad \forall u, v \in C_0^\infty(\mathbb{R}^n) \tag{1}$$

(où $(v \otimes u)(x,y) = v(x)u(y)$), on dit que K_p est le noyau distribution de l'opérateur P.

I. 1) En utilisant la densité de l'espace $C_0^\infty(\mathbb{R}_x^n)\otimes C_0^\infty(\mathbb{R}_y^n)$ dans $C_0^\infty(\mathbb{R}_x^n\times\mathbb{R}_y^n)$ montrer que, si il existe, ce noyau est unique.

2) On suppose que, $P = \sum_{|\alpha|\leq m} a_\alpha(x)D_x^\alpha$ est un opérateur différentiel à coefficients C^∞ sur $\mathbb{R}^n$.

a) On note $T = \delta(x-y)$, la distribution $\varphi \mapsto \langle T,\varphi\rangle = \int \varphi(x,x)\,dx$. Montrer que $(D_{x_j} + D_{y_j})T = 0$, $j = 1,\ldots,n$. En déduire que,

$$P(x,D_x)T = {}^tP(y,D_y)T$$

où ${}^tP(y,D_y)T = \sum_{|\alpha|\leq m} (-1)^{|\alpha|} D_y^\alpha(a_\alpha(y)T)$.

b) Montrer que P a pour noyau, la distribution $K_p = {}^tP(y,D_y)T$. Quel est le support de K_p ?

II. Dans ce qui suit, pour $m \in \mathbb{R}$, on note S^m l'ensemble des fonctions $a = a(x,\xi)$ de classe C^∞ sur $\mathbb{R}_x^n \times \mathbb{R}_\xi^n$, à valeurs dans $\mathbb{C}$, telles que pour tous $\alpha \in \mathbb{N}$, $\beta \in \mathbb{N}$,

$$|\partial_x^\beta \partial_\xi^\alpha a(x,\xi)| \leq C_\alpha(1+|\xi|)^{m-|\alpha|}, \quad \forall (x,\xi) \in \mathbb{R}_x^n \times \mathbb{R}_\xi^n. \tag{2}$$

Les éléments de S^m sont appelés les symboles. A un symbole $a \in S^m$, on associe l'opérateur P sur $C_0^\infty(\mathbb{R}^n)$ par la formule,

$$Pu(x) = (2\pi)^{-n}\int e^{ix\cdot\xi} a(x,\xi)\,\hat{u}(\xi)\,d\xi. \tag{3}$$

1) Montrer que P envoie $C_0^\infty(\mathbb{R}^n)$ dans $C^\infty(\mathbb{R}^n)$.

2) On suppose $a \in S^m$, avec $m < -n$. Montrer que P admet pour noyau, la fonction continue sur $\mathbb{R}_x^n \times \mathbb{R}_y^n$,

$$K_p(x,y) = (2\pi)^{-n}\int e^{i(x-y)\cdot\xi} a(x,\xi)\,d\xi.$$

Montrer que si $m + j < -n$, où $j \in \mathbb{N}$, on a $K_p \in C^j(\mathbb{R}^{2n})$.

3) On suppose $a \in S^m$, m quelconque. Soit $\chi \in C_0^\infty(\mathbb{R}^n)$, $\chi = 1$ pour $|x| \leq 1$. On considère l'opérateur P_ε défini sur $C_0^\infty(\mathbb{R}^n)$ par,

$$P_\varepsilon u(x) = (2\pi)^{-n}\int e^{ix\cdot\xi} \chi(\varepsilon\xi)\,a(x,\xi)\,\hat{u}(\xi)\,d\xi. \tag{4}$$

Montrer que, pour $u \in C_0^\infty(\mathbb{R}^n)$, $P_\varepsilon u$ converge uniformément sur $\mathbb{R}^n$ vers Pu défini en (3), lorsque $\varepsilon \to 0$.

4) Soit $K_{p_\varepsilon}(x,y) = (2\pi)^{-n} \int e^{i(x-y)\cdot\xi} \chi(\varepsilon\xi)\, a(x,\xi)\, d\xi$, le noyau distribution de P_ε. Montrer que, pour tout $N \in \mathbb{N}$ et tous $u, v \in C_0^\infty(\mathbb{R}^n)$,

$$(5) \quad \langle K_{p_\varepsilon}, v \otimes u\rangle = (2\pi)^{-n} \iiint e^{i(x-y)\cdot\xi} \frac{\chi(\varepsilon\xi)\, a(x,\xi)}{(1+|\xi|^2)^N} u(y)((1-\Delta_x)^N v)(x)\, dx\, dy\, d\xi.$$

5) En prenant, dans (5), $2N > m+n$, en déduire que $\langle K_{p_\varepsilon}, v \otimes u\rangle$ converge, lorsque $\varepsilon \to 0$, vers,

$$(2\pi)^{-n} \iiint e^{i(x-y)\cdot\xi} \frac{a(x,\xi)}{(1+|\xi|^2)^N} u(y)((1-\Delta_x)^N v)(x)\, dx\, dy\, d\xi.$$

6) En déduire que l'opérateur défini en (3) a un noyau distribution K_p.

7) Montrer que, pour $\alpha \in \mathbb{N}$,

$$(x-y)^\alpha K_{p_\varepsilon}(x,y) = (2\pi)^{-n} \int e^{i(x-y)\cdot\xi} (-D_\xi)^\alpha [\chi(\varepsilon\xi)\, a(x,\xi)]\, d\xi.$$

8) On suppose $|\alpha| > m+n$. Montrer que, $(x-y)^\alpha K_{p_\varepsilon}$ converge uniformément sur $\mathbb{R}_x^n \times \mathbb{R}_y^n$ vers $(2\pi)^{-n} \int e^{i(x-y)\cdot\xi} (-D_\xi)^\alpha a(x,\xi)\, d\xi$.

9) En déduire que

$$(x-y)^\alpha K_p(x,y) = (2\pi)^{-n} \int e^{i(x-y)\cdot\xi} (-D_\xi)^\alpha a(x,\xi)\, d\xi.$$

10) Soit $j \in \mathbb{N}$. En prenant α tel que $|\alpha| > m+n+j$, montrer que $K_p \in C^j(\mathbb{R}_x^n \times \mathbb{R}_y^n \setminus D)$ où $D = \{(x,y) : x = y\}$. En déduire que $K_p \in C^\infty(\mathbb{R}_x^n \times \mathbb{R}_y^n \setminus D)$.

Problème 5. Soit $(a_n)_{n\in\mathbb{Z}}$ une suite de $\mathbb{C}$ telle que :

$$\exists C > 0, \quad \exists \alpha \geq 0 : |a_n| \leq C|n|^\alpha, \quad \forall n \in \mathbb{Z}.$$

1) On considère la suite de fonctions C^∞ sur $\mathbb{R}$ définies par,

$$T_N(x) = \sum_{n=-N}^{N} a_n e^{inx}, \quad N \in \mathbb{N}.$$

Montrer que la suite $(T_N)_{N\in\mathbb{N}}$ converge dans $\mathcal{D}'(\mathbb{R})$, lorsque $N \to +\infty$. On notera $\sum_{n\in\mathbb{Z}} a_n e^{inx}$ sa somme.

(On pourra considérer $S_N(x) = \sum_{\substack{n=-N\\n\neq 0}}^{N} \frac{a_n}{n^{k+2}} e^{inx}$, où $k \in \mathbb{N}$, $k \geq \alpha$).

2) On considère la fonction 2π−périodique, définie sur $[0, 2\pi[$ par,

$$f(x) = \frac{1}{2}(\pi - x).$$

En développant cette fonction en série de Fourier, montrer que,

$$\lim_{N\to+\infty} \sum_{n=1}^{N} \frac{\sin nx}{n} = \frac{1}{2}(\pi - x), \quad \text{dans } L^2(0, 2\pi).$$

En déduire que $\sum_{n=1}^{+\infty} \frac{\sin nx}{n} = f(x)$, dans $\mathcal{D}'(\mathbb{R})$.

3) En calculant de deux façons la dérivée au sens des distributions de f, montrer que, dans $\mathcal{D}'(\mathbb{R})$, on a l'égalité,

$$\sum_{n\in\mathbb{Z}} e^{inx} = 2\pi \sum_{n\in\mathbb{Z}} \delta_{2n\pi}$$

où δ_{x_0} est la distribution $\varphi \mapsto \varphi(x_0)$.

4) Soit $\varphi \in C_0^\infty(\mathbb{R})$. On note $\hat{\varphi}(n) = \int e^{inx}\varphi(x)\,dx$. Montrer que

$$\sum_{n\in\mathbb{Z}} \hat{\varphi}(n) = 2\pi \sum_{n\in\mathbb{Z}} \varphi(2\pi n).$$

Problème 6. On note $\Box$ l'opérateur des ondes dans $\mathbb{R}_t \times \mathbb{R}^2_{(x,y)}$,

$$\Box = \frac{\partial^2}{\partial t^2} - \frac{\partial^2}{\partial x^2} - \frac{\partial^2}{\partial y^2}$$

et on pose $\rho(t, x, y) = t^2 - x^2 - y^2$, $t \in \mathbb{R}$, $x \in \mathbb{R}$, $y \in \mathbb{R}$.

1) Soit f une fonction C^2 sur $\mathbb{R}^3$ ne dépendant que de ρ, *i.e.*

$$f(t, x, y) = F(\rho(t, x, y))$$

où $s \mapsto F(s)$ est une fonction définie sur $\mathbb{R}$. Montrer qu'alors,

$$(1) \qquad \Box f = LF \quad \text{où} \quad L = 4s\frac{d^2}{ds^2} + 6\frac{d}{ds}.$$

2) Pour $\varepsilon > 0$, on note $H_\varepsilon(s)$ la fonction caractéristique de $]\varepsilon, +\infty[$. Calculer $L(\frac{H_\varepsilon(s)}{\sqrt{s}})$ dans $\mathcal{D}'(\mathbb{R})$.

Soit $C = \{(t, x, y) \in \mathbb{R}^3 : t > 0, \rho(t, x, y) > 0\}$. On considère la fonction $\mathbb{R}^3$ définie par,

$$E(t, x, y) = \begin{cases} \dfrac{1}{2\pi} \dfrac{1}{\sqrt{t^2 - x^2 - y^2}} & \text{dans } C, \\ 0 & \text{ailleurs}. \end{cases}$$

3) Montrer que $E \in L^1_{\text{loc}}(\mathbb{R}^3)$. (Calculer $\int_{x^2+y^2 \leq t^2} (t^2 - x^2 - y^2)^{-1/2} dx\, dy$).

4) Montrer que, pour $\varphi \in C_0^\infty(\mathbb{R}^3)$ on a,

$$\langle \Box E, \varphi \rangle = \\ = \frac{1}{2\pi} \int_0^{+\infty} \frac{1}{\sqrt{s}} \Big(\int_0^{2\pi} \int_0^{+\infty} \frac{(\Box\varphi)(\sqrt{s + r^2}, r\cos\theta, r\sin\theta)}{2\sqrt{s + r^2}} r\, dr\, d\theta \Big) ds.$$

5) Soit $\psi \in C_0^\infty(\mathbb{R})$ et L défini à la question 1) par l'égalité (1). Montrer que pour $T \in \mathcal{D}'(\mathbb{R})$ on a,

$$\langle LT, \psi \rangle = \langle T, L^* \psi \rangle \tag{2}$$

où L^* est un opérateur différentiel que l'on précisera.

6) Pour $\varphi \in C_0^\infty(\mathbb{R}^3)$ on pose

$$\tilde{\varphi}(s) = \int_0^{2\pi} \int_0^{+\infty} \frac{\varphi(\sqrt{s + r^2}, r\cos\theta, r\sin\theta)}{2\sqrt{s + r^2}} r\, dr\, d\theta. \tag{3}$$

En admettant que $\widetilde{\Box\varphi}(s) = (L^*\tilde{\varphi})(s)$, où L^* est défini en (2), montrer que $\langle \Box E, \varphi \rangle = -\frac{2}{\pi} \lim\limits_{\varepsilon \to 0} \big(\sqrt{\varepsilon} \frac{d\tilde{\varphi}}{ds}(\varepsilon) \big)$.

7) Pour $\varphi \in C_0^\infty(\mathbb{R}^3)$ et r, t fixés, on pose,

$$\overline{\varphi}(t, r) = \int_0^{2\pi} \varphi(t, r\cos\theta, r\sin\theta)\, d\theta.$$

Montrer, en utilisant (3) que,

$$\frac{d\tilde{\varphi}}{ds}(\varepsilon) = \frac{1}{4} \Big(\int_0^{+\infty} \frac{\partial\overline{\varphi}}{\partial t} (\sqrt{r^2 + \varepsilon}, r) \frac{r\, dr}{r^2 + \varepsilon} \\ - \int_0^{+\infty} \overline{\varphi}(\sqrt{r^2 + \varepsilon}, r) \frac{r\, dr}{(r^2 + \varepsilon)^{3/2}} \Big).$$

8) En intégrant par parties, dans la deuxième intégrale du membre de droite, montrer que,

$$\frac{d\tilde{\varphi}}{ds}(\varepsilon) = -\frac{1}{4\sqrt{\varepsilon}}\overline{\varphi}(\sqrt{\varepsilon}, 0) + R(\varepsilon, \varphi)$$

où $\lim_{\varepsilon \to 0} \sqrt{\varepsilon}\, R(\varepsilon, \varphi) = 0$.

9) En déduire que la distribution E vérifie dans $\mathcal{D}'(\mathbb{R}^3)$,

$$\Box E = \delta_0 .$$

Problème 7. Pour $R > 0$, on notera, dans ce qui suit, μ_R la distribution sur $\mathbb{R}^n$ définie par,

$$\langle \mu_R, \varphi \rangle = \frac{1}{|S_R|} \int_{|x|=R} \varphi(x)\, d\sigma_R , \quad \varphi \in C_0^\infty(\mathbb{R}^n),$$

où $d\sigma_R$ est la mesure portée par la sphère de $\mathbb{R}^n$, $\{x : |x| = R\}$ et $|S_R| = \int_{|x|=R} d\sigma_R$.

1) En utilisant la formule de Gauss, calculer,

$$a_i = \int_{|x|=R} x_i \, d\sigma_R \text{ et } a_{ij} = \int_{|x|=R} x_i x_j \, d\sigma_R , \quad i, j = 1, \dots, n.$$

2) Calculer la limite, dans $\mathcal{D}'(\mathbb{R}^n)$, lorsque R tend vers zéro, de la famille de distributions $\frac{1}{R^2}(\delta_0 - \mu_R)$, où δ_0 est la distribution de Dirac à l'origine.

3) Soit $f \in L^1_{\text{loc}}(\mathbb{R}^n)$. On suppose que pour tout $R > 0$ on a, pour presque tout x, $f(x) \geq (\mu_R * f)(x)$. Montrer que Δf (où $\Delta = \sum_{i=1}^{n} \frac{\partial^2}{\partial x_i^2}$) est une distribution négative c'est-à-dire $\langle \Delta f, \varphi \rangle \leq 0$, pour tout $\varphi \in C_0^\infty(\mathbb{R}^n)$, $\varphi \geq 0$.

Problème 8. On notera dans ce qui suit, $\text{Lip}(\mathbb{R}^n)$, l'espace des fonctions $u \in L^\infty(\mathbb{R}^n)$ telles que,

$$(1) \qquad \exists A > 0 : |u(x) - u(y)| \leq A|x - y|, \quad \forall x, y \in \mathbb{R}^n .$$

L'objet de ce problème est de montrer l'équivalence suivante.

$$(2) \qquad u \in \text{Lip}(\mathbb{R}^n) \Longleftrightarrow u \in L^\infty(\mathbb{R}^n) \text{ et } \frac{\partial u}{\partial x_i} \in L^\infty(\mathbb{R}^n), \quad i = 1, \dots, n.$$

I. 1) Soit $T \in \mathcal{D}'(\mathbb{R}^n)$. Pour $h \in \mathbb{R}$, on note $\tau_h^i T$ la distribution définie par $\langle \tau_h^i T, \varphi \rangle = \langle T, \tau_{-h}^i \varphi \rangle$, $\varphi \in C_0^\infty(\mathbb{R}^n)$, où $\tau_{-h}^i \varphi(x) = \varphi(x_1, \dots, x_i - h, \dots, x_n)$. Montrer que dans $\mathcal{D}'(\mathbb{R}^n)$ on a, $\lim_{\substack{h \to 0 \\ h \neq 0}} \frac{\tau_h^i T - T}{h} = \frac{\partial T}{\partial x_i}$.

2) Soit $u \in \mathrm{Lip}(\mathbb{R}^n)$. En utilisant (1) et 1) montrer que,

$$(3) \qquad \left|\left\langle \frac{\partial u}{\partial x_i}, \varphi \right\rangle\right| \leq A\|\varphi\|_{L^1(\mathbb{R}^n)}, \quad \forall \varphi \in C_0^\infty(\mathbb{R}^n).$$

3) En déduire que $\frac{\partial u}{\partial x_i} \in L^\infty(\mathbb{R}^n)$.

II. Soit $u \in L^\infty(\mathbb{R}^n)$ telle que $\frac{\partial u}{\partial x_i} \in L^\infty(\mathbb{R}^n)$, $i = 1, \ldots, n$. On suppose de plus u continue.

1) Soit $\rho \in C_0^\infty(\mathbb{R}^n)$, $\rho \geq 0$, telle que $\int \rho(x)\,dx = 1$ et $\rho_\varepsilon(x) = \varepsilon^{-n}\rho(\frac{x}{\varepsilon})$. On pose $u_\varepsilon = u * \rho_\varepsilon$. Montrer que $|u_\varepsilon(x) - u_\varepsilon(x')| \leq \sum_{i=1}^n \left\|\frac{\partial u}{\partial x_i}\right\|_{L^\infty(\mathbb{R}^n)} |x - x'|$, $\forall x, x' \in \mathbb{R}^n$. En déduire que $u \in \mathrm{Lip}(\mathbb{R}^n)$.

III. Soit $u \in L^\infty(\mathbb{R}^n)$ telle que $\frac{\partial u}{\partial x_i} \in L^\infty(\mathbb{R}^n)$, $i = 1, \ldots, n$. Soit $E = c_n|x|^{2-n}$ si $n \geq 3$, $E = cLn|x|$ si $n = 2$, une solution élémentaire de Δ (le Laplacien).

1) Soit $\theta \in C_0^\infty(\mathbb{R}^n)$, $\theta = 1$ pour $|x| \leq 1$. Montrer que $\Delta(\theta E) = \delta_0 + \omega$, $\omega \in C_0^\infty(\mathbb{R}^n)$.

2) On pose $E_i = \theta \frac{\partial E}{\partial x_i}$. Montrer que $E_i \in L^1(\mathbb{R}^n)$, $i = 1, \ldots, n$.

3) Montrer que $u = \sum_{i=1}^n \frac{\partial u}{\partial x_i} * E_i + \tilde{\omega}$, $\tilde{\omega} \in C^\infty(\mathbb{R}^n)$.

4) Soient $x, x' \in \mathbb{R}^n$ et $(\tau_{x-x'}f)(z) = f(x - x' + z)$. Montrer que

$$\left|\left(\frac{\partial u}{\partial x_i} * E_i\right)(x) - \left(\frac{\partial u}{\partial x_i} * E_i\right)(x')\right| \leq \|\tau_{x-x'}E_i - E_i\|_{L^1(\mathbb{R}^n)} \left\|\frac{\partial u}{\partial x_i}\right\|_{L^\infty(\mathbb{R}^n)}.$$

5) En déduire que u est continue et conclure.

Problème 9.

Rappels (i) Pour $p \in [1, +\infty[$, $L^p_{\mathrm{loc}}(\mathbb{R}^n)$ désigne l'ensemble des (classes de) fonctions $u : \mathbb{R}^n \to \mathbb{C}$, telles que $\theta u \in L^p(\mathbb{R}^n)$ pour tout $\theta \in C_0^\infty(\mathbb{R}^n)$, ou, de manière équivalente, $u \in L^p(K)$ pour tout compact $K \subset \mathbb{R}^n$.

(ii) Le Laplacien, $\Delta = \sum_{j=1}^n \frac{\partial^2}{\partial x_j^2}$, possède pour $n \geq 3$, une solution élémentaire E de la forme, $E = \frac{C_n}{|x|^{n-2}}$ où C_n est une constante non nulle.

On supposera dans ce qui suit $n \geq 3$.

I. 1) Montrer que $E \in L^p_{\mathrm{loc}}(\mathbb{R}^n)$, pour $p \in [1, p_0(n)[$, où $p_0(n)$ est à déterminer. On fixe dans ce qui suit $p \in]1, p_0(n)[$. Soit q tel que $\frac{1}{p} + \frac{1}{q} = 1$. Alors $q \in \left]\frac{p_0(n)}{p_0(n)-1}, +\infty\right[$.

Soit μ une distribution positive à support compact dans $\mathbb{R}^n$. Alors $\mu * E \in \mathcal{D}'(\mathbb{R}^n)$. On se propose de prouver que $\mu * E \in L^p_{\text{loc}}(\mathbb{R}^n)$.

Soit $\theta \in C_0^\infty(\mathbb{R}^n)$, $\operatorname{supp}\theta \subset \{x : |x| \leq A\}$.

2) Montrer que, pour $\varphi \in C_0^\infty(\mathbb{R}^n)$ on a

$$\langle \theta(\mu * E), \varphi \rangle = \langle \mu, E * (\theta\varphi) \rangle .$$

3) Montrer qu'il existe $C_1 > 0$, $M > 0$ tels que,

$$|\langle \theta(\mu * E), \varphi \rangle| \leq C_1 \sup_{|x| \leq M} |(E * (\theta\varphi))(x)| .$$

4) Montrer qu'il existe $C_2 > 0$ telle que, pour $|x| \leq M$ et $\varphi \in C^\infty(\mathbb{R}^n)$ on a

$$|(E * (\theta\varphi))(x)| \leq C_2 \Big(\int_{|z| \leq A+M} |E(z)|^p \, dz \Big)^{1/p} \|\varphi\|_{L^q(\mathbb{R}^n)} .$$

5) En déduire que $\mu * E \in L^p_{\text{loc}}(\mathbb{R}^n)$, puis que $\mu * E \in L^r_{\text{loc}}(\mathbb{R}^n)$, pour $r \in [1, p_0(n)[$.

II. Soit $u \in \mathcal{D}'(\mathbb{R}^n)$ telle que Δu soit une distribution positive. On se propose de montrer que $u \in L^r_{\text{loc}}(\mathbb{R}^n)$, pour $r \in [1, p_0(n)[$.

Soit $\theta \in C_0^\infty(\mathbb{R}^n)$, V un voisinage ouvert de $\operatorname{supp}\theta$ et $\chi \in C_0^\infty(\mathbb{R}^n)$, $\chi \geq 0$, $\chi = 1$ sur V.

1) On pose $\mu = \chi \Delta u$ et $T = u - \mu * E \in \mathcal{D}'(\mathbb{R}^n)$. Montrer que $ss(T) \subset V^c$.

2) Montrer que $\theta u \in L^r(\mathbb{R}^n)$ pour $r \in [1, p_0(n)[$.

Problème 10. Soit $u \in L^\infty(\mathbb{R}^n)$ telle que $\hat{u}$ soit une fonction mesurable, positive, bornée. Soit $\varphi \in C^\infty([0, +\infty[)$ décroissante, $\varphi(t) = 1$ si $0 \leq t \leq 1$, $\varphi(t) = 0$ si $t \geq 2$ et $0 \leq \varphi \leq 1$. On pose $\varphi_k(\xi) = \varphi(\frac{|\xi|}{k})$, $k \in \mathbb{N}^*$, puis $v_k = \hat{u}\varphi_k$ et $I_k = \int v_k(\xi)\, d\xi$.

1) Montrer que $(I_k)_{k \in \mathbb{N}^*}$ est une suite croissante, positive et que,

$$I_k \leq \|u\|_{L^\infty} \|\hat{\varphi}_1\|_{L^1} . \tag{1}$$

2) Déduire du théorème de convergence monotone (*) que $\hat{u} \in L^1(\mathbb{R}^n)$.

(*) N.B. On rappelle l'énoncé du théorème de convergence monotone. Soit (v_k) une suite croissante de fonctions intégrables réelles ; alors

$$\lim_{k \to +\infty} \int v_k(\xi)\, d\xi = \int \big(\lim_{k \to +\infty} v_k(\xi) \big)\, d\xi \leq +\infty.$$

3) En utilisant la distribution $u \in \mathcal{S}'(\mathbb{R}^n)$ telle que,

$$\hat{u}(\xi) = \frac{(1+|\xi|)^{-n}}{\mathrm{Log}(2+|\xi|)}.$$

Montrer que $H^{n/2}(\mathbb{R}^n)$ n'est pas contenu dans $L^\infty(\mathbb{R}^n)$.

Problème 11. Pour $s \in \mathbb{R}$, on notera H^s l'espace de Sobolev $H^s(\mathbb{R}^n)$. Soit $P = P(D)$ un opérateur différentiel d'ordre m à coefficients constants dans $\mathbb{R}^n$. On suppose qu'il existe $\delta \in]0, m]$ tel que, pour tout $s \in \mathbb{R}$, il existe $C_s > 0$ telle que,

$$(1) \qquad \|u\|_{H^{s+\delta}} \leq C_s(\|Pu\|_{H^s} + \|u\|_{H^s}), \quad \forall u \in C_0^\infty(\mathbb{R}^n).$$

1) Montrer que (1) est encore vraie pour $u \in H^{s+m}$.

2) Soit $\varphi \in C_0^\infty(\mathbb{R}^n)$, $\operatorname{supp}\varphi \subset \{x : |x| \leq 1\}$ telle que $\int \varphi(x)\,dx = 1$. Pour $\varepsilon \in]0,1]$, on pose $\varphi_\varepsilon(x) = \varepsilon^{-n}\varphi(\frac{x}{\varepsilon})$. Soit $u \in H^s$ telle que $Pu \in H^s$. On pose $u_\varepsilon = \varphi_\varepsilon * u$.

a) Montrer que $u_\varepsilon \in H^{s+m}$.

b) Montrer que (u_ε) converge vers u dans H^s et (Pu_ε) converge vers Pu dans H^s, lorsque ε tend vers zéro.

c) En déduire que $\|u_\varepsilon\|_{H^{s+\delta}}$ reste bornée par une constante indépendante de ε.

d) Montrer que $u \in H^{s+\delta}$.

3) Soit $u \in \mathcal{E}'(\mathbb{R}^n)$ telle que $Pu \in \bigcap_{s\in\mathbf{R}} H^s$. Montrer que $u \in \bigcap_{s\in\mathbf{R}} H^s$.

Problème 12. On utilisera dans ce qui suit le fait suivant : si $u \in L^\infty(\mathbb{R}^n)$ et $\chi \in \mathcal{S}(\mathbb{R}^n)$ alors $u * \chi \in L^\infty(\mathbb{R}^n)$ et $\mathcal{F}(u * \chi) = \hat{u} \cdot \hat{\chi}$.

I. *Notations :* soit $\psi \in C_0^\infty(\mathbb{R}^n)$, $\psi = 1$ pour $|\xi| \leq \frac{1}{2}$, $\psi = 0$ pour $|\xi| \geq 1$. On pose $\varphi(\xi) = \psi(\frac{\xi}{2}) - \psi(\xi)$. On voit facilement que,

i) $\operatorname{supp}\varphi \subset \{\xi : \frac{1}{2} \leq |\xi| \leq 2\}$.

ii) $\psi(\xi) + \sum_{p=0}^{N-1} \varphi(2^{-p}\xi) = \psi(2^{-N}\xi)$, $\forall \xi \in \mathbb{R}^n$, $\forall N \geq 1$.

Soit $\sigma \in]0,1[$. On introduit l'espace

$$C^{0,\sigma} = \left\{u \in L^\infty(\mathbb{R}^n) : [u]_\sigma = \sup_{x\neq y} \frac{|u(x)-u(y)|}{|x-y|^\sigma} < +\infty\right\}.$$

Pour $u \in C^{0,\sigma}$, on définit $u_p \in \mathcal{S}'(\mathbb{R}^n)$, pour $p \in \mathbb{Z}, p \geq -1$, par $\hat{u}_{-1} = \psi(\xi)\,\hat{u}$, $\hat{u}_p = \varphi(2^{-p}\xi)\,\hat{u}$, $p \in \mathbb{N}$.

1) Montrer que $u_p \in C^\infty(\mathbb{R}^n)$ et $\partial^\alpha u_p \in L^\infty(\mathbb{R}^n)$, $\forall \alpha \in \mathbb{N}^n$, $\forall p \geq -1$.

2) a) Montrer que pour $p \geq 0$,

$$u_p(x) = \int \Big[u\Big(x - \frac{y}{2^p}\Big) - u(x)\Big] h(y)\,dy \text{ où } \hat{h} = \varphi.$$

b) En déduire qu'il existe $C > 0$, indépendante de u et p, telle que,

$$\|u_{-1}\|_{L^\infty} \leq C\|u\|_{L^\infty} \text{ et } \|u_p\|_{L^\infty} \leq C\,[u]_\sigma 2^{-p\sigma}, \quad p \in \mathbb{N}.$$

3) Montrer que les séries $\sum\limits_{p\geq 0} u_p$ et $\sum\limits_{p\geq 0} \hat{u}_p$ convergent dans $\mathcal{S}'(\mathbb{R}^n)$ et que $\mathcal{F}\big(\sum\limits_{p\geq 0} u_p\big) = \sum\limits_{p\geq 0} \hat{u}_p$.

4) Montrer que la suite $(\psi(2^{-N}\xi)\,\hat{u})_{N\in\mathbb{N}^*}$ converge vers $\hat{u}$ dans $\mathcal{S}'(\mathbb{R}^n)$.

5) En déduire que $u = u_{-1} + \sum\limits_{p\geq 0} u_p$.

II. On étudie la réciproque.

Soit, pour $p \in \mathbb{Z}$, $p \geq -1$, $v_p \in C^\infty(\mathbb{R}^n)$ telle que $\partial^\alpha v_p \in L^\infty(\mathbb{R}^n)$, $\forall \alpha \in \mathbb{N}^n$ et,

i) $\operatorname{supp} \hat{v}_p \subset \{\xi : \frac{1}{2}2^p \leq |\xi| \leq 2\,2^p\}$, $p \in \mathbb{N}$, $\operatorname{supp} \hat{v}_{-1} \subset \{\xi : |\xi| \leq 1\}$.

ii) $\|v_p\|_{L^\infty} \leq M\,2^{-p\sigma}$, $p \geq -1$.

On pose $u = v_{-1} + \sum\limits_{p\geq 0} v_p$ (série qui converge dans L^∞); on se propose de montrer que $u \in C^{0,\sigma}$.

1) Soit $x, y \in \mathbb{R}^n$ tels que, $0 < |x - y| < 1$. On fixe un entier q tel que $2^q < \frac{1}{|x-y|} \leq 2^{q+1}$ et on pose, $S_q = \sum\limits_{p=-1}^{q-1} v_p$, $R_q = \sum\limits_{p=q}^{+\infty} v_p$. Montrer que $|R_q(x) - R_q(y)| \leq C\,2^{-\sigma q}$.

2) Montrer que $|S_q(x) - S_q(y)| \leq |x - y| \sum\limits_{p=-1}^{q-1} \sum\limits_{|\alpha|\leq 1} \|\partial^\alpha v_p\|_{L^\infty}$.

3) Soit $w \in C^\infty(\mathbb{R}^n) \cap L^\infty(\mathbb{R}^n)$ telle que $\operatorname{supp} \hat{w} \subset \{\xi : |\xi| \leq R\}$. Montrer que : $\forall \alpha \in \mathbb{N}^n$, $\exists C_\alpha > 0 : \|\partial^\alpha w\|_{L^\infty} \leq C_\alpha R^{|\alpha|}\|w\|_{L^\infty}$.

Indication : écrire $\hat{w} = \theta\big(\frac{\xi}{R}\big)\,\hat{w}$, où $\theta \in C_0^\infty(\mathbb{R}^n)$, $\theta = 1$ si $|\xi| \leq 1$.

4) En déduire que $u \in C^{0,\sigma}$.

III. On introduit l'espace

$$C^{2,\sigma} = \{u \in L^\infty(\mathbb{R}^n) : \partial^\alpha u \in C^{0,\sigma}, |\alpha| \leq 2\} \text{ et } [u]_{2,\sigma} = \sum_{|\alpha|\leq 2} [\partial^\alpha u]_\sigma.$$

On admettra que la méthode développée aux parties 1 et 2 permet de montrer que,

1) si $u \in C^{2,\sigma}$ et $\hat{u}_{-1} = \psi(\xi)\hat{u}$, $\hat{u}_p = \varphi(2^{-p}\xi)\hat{u}$, $p \in \mathbb{N}$, alors $u_p \in C^\infty$ $\partial^\alpha u_p \in L^\infty$, $\forall \alpha$, $\|u_{-1}\|_{L^\infty} \leq C\|u\|_{L^\infty}$, $\|u_p\|_{L^\infty} \leq C[u]_{2,\sigma} 2^{-p(2+\sigma)}$ et $u = u_{-1} + \sum\limits_{p\geq 0} u_p$.

2) Soit $v_p \in C^\infty$, $\partial^\alpha v_p \in L^\infty$, $\forall \alpha$, $\forall p \geq -1$ telle que,

i) $\operatorname{supp} \hat{v}_p \subset \left\{\xi : \frac{1}{2} 2^p \leq |\xi| \leq 2\, 2^p\right\}$, $p \in \mathbb{N}$, $\operatorname{supp} \hat{v}_{-1} \subset \{\xi : |\xi| \leq 1\}$.

ii) $\|v_p\|_{L^\infty} \leq M\, 2^{-p(2+\sigma)}$, $p \geq -1$, alors $u = v_{-1} + \sum\limits_{p\geq 0} v_p \in C^{2,\sigma}$.

IV. Soit $u \in L^\infty(\mathbb{R}^n)$ telle que $\Delta u = f \in C^{0,\sigma}$, où $\Delta = \sum\limits_{j=1}^{n} \frac{\partial^2}{\partial x_j^2}$. On se propose de montrer que $u \in C^{2,\sigma}$.

Soit $f = f_{-1} + \sum\limits_{p\geq 0} f_p$, le développement de f donné par la partie 1. On pose $\hat{v}_p = -\frac{1}{|\xi|^2} \hat{f}_p$, $p \geq -1$. Montrer que,

1) $\operatorname{supp} \hat{v}_{-1} \subset \{\xi : |\xi| \leq 1\}$, $\operatorname{supp} \hat{v}_p \subset \left\{\xi : \frac{1}{2} 2^p \leq |\xi| \leq 2\, 2^p\right\}$.

2) $v_p \in C^\infty$, $\partial^\alpha v_p \in L^\infty$, $\forall \alpha \in \mathbb{N}^n$, $\forall p \geq -1$.

3) $\|v_p\|_{L^\infty} \leq C\, 2^{-p(2+\sigma)}$, $p \geq -1$; (écrire $\hat{v}_p = \chi(2^{-p}\xi)\hat{v}_p$ comme dans 3), partie 2).

4) $u = v_{-1} + \sum\limits_{p\geq 0} v_p$ et conclure.

V. Nous allons montrer que le résultat de la partie 4 est faux dans la chaîne des espaces $C^k(\mathbb{R}^n)$ usuels, $n \geq 2$.

Notons pour $R > 0$, $B_R = \{x \in \mathbb{R}^n : |x| \leq R\}$. On introduit les espaces

$$E = \left\{u \in C^0(\mathbb{R}^n) : \Delta u \in C^0(\mathbb{R}^n), \operatorname{supp} u \subset B_R\right\}$$
$$F = \left\{u \in C^2(\mathbb{R}^n) : \operatorname{supp} u \subset B_R\right\}.$$

Ce sont des espaces de Banach, lorsqu'on les munit des normes,

$$\|u\|_E = \sup_{\mathbb{R}^n} |u(x)| + \sup_{\mathbb{R}^n} |\Delta u(x)|$$
$$\|u\|_F = \sum_{|\alpha|\leq 2} \sup_{\mathbb{R}^n} |D^\alpha u(x)|.$$

On va montrer que $E \not\subset F$. On raisonne par l'absurde.

1) Supposons $E \subset F$. Montrer, en utilisant le théorème du graphe fermé, qu'il existe $C > 0$ telle que, pour tout $u \in E$, on ait,

$$(1) \qquad \sum_{|\alpha|=2} |D^\alpha u(0)| \leq C\Big(\sup_{\mathbb{R}^n} |u(x)| + \sup_{\mathbb{R}^n} |\Delta u(x)|\Big).$$

2) Montrer qu'il existe $\zeta \in \mathbb{C}^n$ tel que $\sum\limits_{j=1}^{n} \zeta_j^2 = 0$ mais $\sum\limits_{|\alpha|=2} |\zeta^\alpha| \neq 0$. On pose $U(x) = e^{i\langle x,\zeta\rangle}$, $x \in \mathbb{R}^n$, où $\langle x,\zeta\rangle = \sum\limits_{j=1}^{n} x_j \zeta_j$. Calculer ΔU et $(D^\alpha U)(0)$.

3) Soit $\chi \in C_0^\infty(B_R)$, $\chi = 1$ pour $|x| \leq \frac{2}{3} R$. Soit $N \in \mathbb{N}$. On pose,

$$u_j(x) = 2^{-2j}(\chi U)(2^j x) \text{ et } u = \sum_{j=0}^{N} u_j .$$

a) Montrer que $u \in E$ et qu'il existe $C' > 0$, indépendante de N, telle que, $\sup\limits_{\mathbb{R}^n} |u(x)| \leq C'$.

b) Montrer que $\Delta u = \sum\limits_{j=0}^{N} v_j$, où $\operatorname{supp} v_j \subset C_j$ et $C_j \cap C_k = \emptyset$, si $j \neq k$. En déduire qu'il existe $C'' > 0$, indépendante de N, telle que $\sup\limits_{\mathbb{R}^n} |\Delta u(x)| \leq C''$.

c) En utilisant l'inégalité (1), puis les questions 2), 3) a), b), déduire une contradiction.

Problème 13. Soit $s \in \mathbb{R}$ et $g \in H^s = H^s(\mathbb{R})$. On considère la famille $(u_t)_{t\in\mathbb{R}}$ de distributions tempérées définies par,

$$u_t = \overline{\mathcal{F}}(e^{it\xi^3}\,\hat{g}) .$$

1) a) Montrer que $u_t \in H^s$, pour tout $t \in \mathbb{R}$ et calculer $\|u_t\|_{H^s}$ en fonction de $\|g\|_{H^s}$.

b) Montrer que $(u_t) \in C^0(\mathbb{R}, H^s)$ puis que $(\partial_x^k u_t) \in C^0(\mathbb{R}, H^{s-k})$, pour tout $k \in \mathbb{N}$.

c) Montrer que $(u_t) \in C^1(\mathbb{R}, H^{s-3})$.

2) Soit $u \in \mathcal{D}'(\mathbb{R}^2)$ la distribution associée à la famille (u_t). Montrer que u est l'unique solution, appartenant à $C^0(\mathbb{R}, H^s) \cap C^1(\mathbb{R}, H^{s-3})$, du problème de Cauchy,

$$(1) \qquad \begin{cases} \dfrac{\partial u}{\partial t} + \dfrac{\partial^3 u}{\partial x^3} = 0, \ \text{ dans } \mathcal{D}'(\mathbb{R}^2), \\ u_0 = g . \end{cases}$$

On posera dans ce qui suit $u_t = S(t)g$.

3) Pour quelles valeurs de $s \in \mathbb{R}$, la distribution $S(t)\delta_0$ (où δ_0 est la mesure de Dirac à l'origine) est-elle définie et appartient-elle à H^s, pour tout $t \in \mathbb{R}$? On notera $E(t) = S(t)\delta_0 \in \mathcal{S}'(\mathbb{R})$.

4) Montrer que, pour tout $t \in \mathbb{R} \setminus 0$ on a, $E(t) = t^{-\frac{1}{3}} E(1) \circ A_{t^{-\frac{1}{3}}}$ où, pour $\lambda \neq 0$, A_λ est l'application de $\mathbb{R}$ dans $\mathbb{R}$, $x \mapsto \lambda x$.

5) Montrer que $E(1)$ est solution, dans $\mathcal{D}'(\mathbb{R})$, de l'équation différentielle,

$$\frac{d^2 v}{dx^2} + cxv = 0, \tag{2}$$

où c est une constante que l'on déterminera.

On rappelle que l'espace $H^2_{\text{loc}}(\mathbb{R})$ est défini par,

$$H^2_{\text{loc}}(\mathbb{R}) = \Big\{ u \in L^2_{\text{loc}}(\mathbb{R}) : \Big(\frac{d}{dx}\Big)^k u \in L^2_{\text{loc}}(\mathbb{R}), 0 \le k \le 2 \Big\}.$$

6) a) Soit $v \in L^2_{\text{loc}}$ telle que $v'' = \frac{d^2}{dx^2} v \in L^2_{\text{loc}}$. Montrer que $v'' \in L^1_{\text{loc}}(\mathbb{R})$.

b) En déduire que $v \in H^2_{\text{loc}}(\mathbb{R})$. (Considérer $w(x) = \int_0^x v''(t)\,dt$).

7) On considère l'opérateur $X = x + at\frac{\partial^2}{\partial x^2}$ et on pose $P = \frac{\partial}{\partial t} + \frac{\partial^3}{\partial x^3}$. Déterminer la valeur de $a \in \mathbb{R}$ pour laquelle on a,

$$XPT = PXT, \quad \forall T \in \mathcal{D}'(\mathbb{R}^2).$$

8) Soit $g \in L^2(\mathbb{R})$; on suppose que $xg \in L^2(\mathbb{R})$. Soit $(u_t) = (S(t)g)$ la solution du problème (1) trouvée à la question 2). On pose $v_t = X u_t$.

a) Montrer que $(v_t) \subset C^1(\mathbb{R}, \mathcal{S}'(\mathbb{R}))$.

b) De quel problème de Cauchy $v = (v_t)$ est-elle solution ?

c) En utilisant la question 2), montrer que pour tout $t \in \mathbb{R}$, on a $v_t \in L^2(\mathbb{R})$.

d) En déduire que pour tout $t_0 \neq 0$ on a $u_{t_0} \in H^2_{\text{loc}}(\mathbb{R})$.

Problème 14. On note dans ce qui suit $Q =]0, +\infty[\times \mathbb{R}^3$ et (t, x) les éléments de Q avec $t \in]0, +\infty[$ et $x \in \mathbb{R}^3$. On note aussi $\partial_j = \frac{\partial}{\partial x_j}$ pour $j = 1, 2$ ou 3.

On considère la distribution sur Q définie par la fonction

$$u(t,x) = \frac{1}{t}\mathbf{1}_{\{|x|<t\}}(t,x).$$

I. 1) Montrer que pour tout φ dans $C_0^\infty(Q)$ on a,

$$\langle \partial_t u, \varphi \rangle = \int_{\mathbb{R}^3} \frac{1}{|x|}\varphi(|x|, x)\,dx - \int_0^{+\infty} \int_{|x|<t} \frac{1}{t^2}\varphi(t,x)\,dx\,dt$$

et

$$\langle \partial_j u, \varphi \rangle = -\int_{\mathbb{R}^3} \frac{x_j}{|x|^2}\varphi(|x|, x)\,dx.$$

2) Calculer, pour $x \neq 0$, $\sum_{j=1}^{3} \partial_j\left(\frac{x_j}{|x|^2}\varphi(|x|,x)\right)$. En déduire que pour tout φ dans $C_0^\infty(Q)$,

$$\langle \partial_t^2 u, \varphi\rangle = \sum_{j=1}^{3} \int_{\mathbb{R}^3} \frac{x_j}{|x|^2}(\partial_j\varphi)(|x|,x)\,dx + 2\int_0^{+\infty}\int_{|x|<t} \frac{1}{t^3}\varphi(t,x)\,dx\,dt.$$

3) Soit $\Box = \partial_t^2 - \sum_{j=1}^{3}\partial_j^2$, l'opérateur des ondes. Montrer que l'on a, $\Box u = 2u^3$ dans $\mathcal{D}'(Q)$.

II. Pour $t > 0$ on considère la distribution v_t sur $\mathbb{R}^3$ définie par $v_t = u(t,\cdot)$.

1) Montrer que $(v_t) \in \mathcal{C}^\infty([0,+\infty[,\mathcal{E}'(\mathbb{R}^3))$.

Indication : pour $\varphi \in \mathcal{C}^\infty(\mathbb{R}^3)$, on exhibera une fonction, $t \mapsto G(t)$, dans $\mathcal{C}^\infty(\mathbb{R})$ telle que $G(t) = \langle v_t, \varphi\rangle$, pour $t > 0$.

Calculer v_0 et $v_0^{(1)}$.

2) Montrer que $\hat{v}_t$ est bien définie et que $\hat{v}_t(\xi) = \hat{v}_t(0,0,|\xi|)$.

3) Montrer que $\hat{v}_t(\xi) = \frac{4\pi}{|\xi|^2}\left(\frac{\sin(t|\xi|)}{t|\xi|} - \cos(t|\xi|)\right)$.

4) Montrer que, pour tout $s \in \left[0,\frac{1}{2}\right[$, la fonction $\xi \mapsto |\xi|^s|\hat{v}_t(\xi)|$ appartient à $L^2(\mathbb{R}^3)$. En déduire que $v_t \in H^s(\mathbb{R}^3)$, pour $s < \frac{1}{2}$.

N.B. On rappelle :

– la formule de Green pour un ouvert borné Ω de classe $\mathcal{C}^1$ et f_j, $u \in \mathcal{C}^1(\overline{\Omega})$. Pour $F = (f_j)_{j=1,\dots,n}$,

$$\int_\Omega u \operatorname{div} F\,dx = -\int_\Omega F\cdot \operatorname{grad} u\,dx + \int_{\partial\Omega} u(F\cdot n)\,d\sigma$$

où n est la normale extérieure et σ la mesure de surface de $\partial\Omega$;

– les coordonnées polaires dans $\mathbb{R}^3$: $x_1 = r\sin\theta\cos\phi$, $x_2 = r\sin\theta\sin\phi$, $x_3 = r\cos\theta$ avec $0<\phi<2\pi$, $0<\theta<\pi$, $r \in]0,+\infty[$ et $dx = r^2\sin\theta\,dr\,d\theta\,d\phi$.

II • Solutions

Solution du problème 1

I. 1) Les a_j étant de classe C^1, le problème (2) admet, d'après le théorème de Cauchy-Lipschitz, une solution maximale définie sur l'intervalle $I =]T_*, T^*[$ où $T_* < 0 < T^*$. De plus, on a $T^* = +\infty$ (resp. $T_* = -\infty$) ou bien $T^* < +\infty$ (resp. $T_* > -\infty$) et $\lim\limits_{t \to T^*} \|\chi(t,x)\|_{\mathbb{R}^n} = +\infty$ (resp. $\lim\limits_{t \to T_*} \|\chi(t,x)\|_{\mathbb{R}^n} = +\infty$). Si $T^* < +\infty$, pour $0 \leq t < T^*$, on a $\chi^j(t,x) = x_j + \int_0^t \frac{d\chi^j}{ds}(s,x)ds = x_j + \int_0^t a_j(\chi(s,x))ds$; d'où $|\chi^j(t,x)| \leq |x_j| + AT^*$, ce qui contredit la limite ci-dessus. Donc $T^* = +\infty$ et de même $T_* = -\infty$. La régularité de l'application, $(t,x) \mapsto \chi(t,x)$, résulte des théorèmes classiques de dépendance de la solution par rapport aux conditions initiales.

2) Fixons $s \in \mathbb{R}$ et x dans $\mathbb{R}^n$. Considérons les deux fonctions C^∞ de t, $y_1(t) = \chi^j(t+s,x)$, $y_2(t) = \chi^j(t, \chi(s,x))$. On a d'après (2), $\frac{dy_1}{dt} = a_j(y_1(t))$ et $y_1(0) = \chi^j(s,x)$; $\frac{dy_2}{dt} = a_j(y_2(t))$, $y_2(0) = \chi^j(0, \chi(s,x)) = \chi^j(s,x)$. Ces deux fonctions étant solution du même problème de Cauchy, on a, par unicité globale, $y_1(t) = y_2(t)$ pour tout $t \in \mathbb{R}$.

3) $\chi_{-t} \circ \chi_t(x) = \chi(-t, \chi(t,x)) = \chi(-t+t, x) = \chi(0,x) = x$. On en déduit que χ_t est inversible et que $\chi_t^{-1} = \chi_{-t}$. Comme $x \mapsto \chi_t(x)$ est C^∞ pour tout $t \in \mathbb{R}$, χ_t est un C^∞−difféomorphisme de $\mathbb{R}^n$ sur lui-même.

II. 1) $\frac{d}{dt}[\varphi(\chi(t,x))] = \sum\limits_{j=1}^{n} \frac{\partial \varphi}{\partial x_j}(\chi(t,x)) \frac{d\chi^j}{dt}(t,x) = \sum\limits_{j=1}^{n} a_j(\chi(t,x)) \frac{\partial \varphi}{\partial x_j}(\chi(t,x))$ $= (X\varphi)(\chi(t,x))$.

2) $\chi_j(t,x) = x_j + \int_0^t a_j(\chi(s,x))ds$ d'où, $\|\chi_j(t,x) - x_j\| \leq A|t|$, d'après (1). Si $\|x\| > M + A|t|$ on a, $\|\chi(t,x)\| \geq \|x\| - \|\chi(t,x) - x\| \geq M + A|t| - A|t| = M$ d'où, $\varphi(\chi(t,x)) = 0$. De même pour $(X\varphi)(\chi(t,x))$.

3) Pour $|t| \leq \delta$, $\operatorname{supp}(\varphi \circ \chi_t) \cup \operatorname{supp}_x \frac{\partial}{\partial t}(\varphi \circ \chi_t) \subset \{x : |x| \leq M + A\delta\}$ (cf. 2)) qui est un compact fixe. De plus, pour tout $\alpha \in \mathbb{N}^n$, les fonctions $(t,x) \mapsto \partial_x^\alpha(\varphi \circ \chi_t)$ et $(t,x) \mapsto \partial_x^\alpha \partial_t(\varphi \circ \chi_t)$ sont continues dans l'ensemble $\{(t,x) : |t| \leq \delta, |x| < M + A\delta\}$. On en déduit que G est dérivable en zéro et que $G'(0) = \langle T, \frac{\partial}{\partial t}(\varphi \circ \chi_t)|_{t=0}\rangle$. Il résulte de II.1) que $G'(0) = \langle T, (X\varphi)(\chi(0,x))\rangle = \langle T, X\varphi\rangle$. Pour $t_0 \in \mathbb{R}$ on a, $G'(t_0) = \frac{d}{dt}[G(t+t_0)]|_{t=0} = \frac{d}{dt}\langle T, \varphi \circ \chi_{t+t_0}\rangle\big|_{t=0} = \frac{d}{dt}\langle T, (\varphi \circ \chi_{t_0}) \circ \chi_t\rangle\big|_{t=0} = \langle T, X(\varphi \circ \chi_{t_0})\rangle$ et ce, d'après I.2) et le calcul de $G'(0)$ ci-dessus.

4) Par définition de ${}^tX$, on a $\langle {}^tXT, \varphi\rangle = \langle T, X\varphi\rangle$. Par conséquent, si ${}^tXT = 0$, on a $\langle T, X\varphi\rangle = 0$ pour tout $\varphi \in C_0^\infty(\mathbb{R}^n)$; donc $\langle T, X(\varphi \circ \chi_{t_0})\rangle = 0$

ce qui montre que $G'(t_0) = 0$, $\forall t_0 \in \mathbb{R}$. On en déduit que G est constante *i.e.* $G(t) = G(0)$; donc $\langle T, \varphi \circ \chi_t \rangle = \langle T, \varphi \rangle$, $\forall t \in \mathbb{R}$, $\forall \varphi \in C_0^\infty(\mathbb{R}^n)$.

Si $x_0 \notin \operatorname{supp} T$, il existe un voisinage V_{x_0} de x_0 tel que $\langle T, \varphi \rangle = 0$, $\forall \varphi \in C_0^\infty(V_{x_0})$. Posons $W = \chi_t(V_{x_0})$; alors W est un voisinage de $\chi_t(x_0)$. Si $\psi \in C_0^\infty(W)$, on a $\varphi = \psi \circ \chi_t \in C_0^\infty(V_{x_0})$ donc $\langle T, \varphi \rangle = 0 = \langle T, \psi \circ \chi_t \rangle = \langle T, \psi \rangle$ *i.e.* $\langle T, \psi \rangle = 0$, ce qui montre que $\chi_t(x_0) \notin \operatorname{supp} T$. Inversement si $\chi_t(x_0) \notin \operatorname{supp} T$, par le calcul ci-dessus, $\chi_{-t} \circ (\chi_t(x_0)) = x_0 \notin \operatorname{supp} T$. Par contraposée on a donc $x_0 \in \operatorname{supp} T \Leftrightarrow \chi_t(x_0) \in \operatorname{supp} T$, $\forall t \in \mathbb{R}$.

Solution du problème 2

1) Prenons, dans (2), $\varphi \in C_0^\infty(\Omega)$; on peut intégrer par parties et il n'y a pas de terme de bord. Comme $u \in C^1(\Omega)$, on obtient,

$$\iint_\Omega \left(\frac{\partial u}{\partial t} + 2u\frac{\partial u}{\partial x}\right)\varphi\, dx\, dt = 0, \quad \forall \varphi \in C_0^\infty(\Omega).$$

Comme $\frac{\partial u}{\partial t} + 2u\frac{\partial u}{\partial x} \in C^0(\Omega)$ cela implique que $\frac{\partial u}{\partial t} + 2u\frac{\partial u}{\partial x} = 0$ dans Ω.

2) D'après (2), on a

$$(5) \qquad \iint_{\Omega_+} \left(u_+\frac{\partial \varphi}{\partial t} + u_+^2\frac{\partial \varphi}{\partial x}\right) dx\, dt + \iint_{\Omega_-} \left(u_-\frac{\partial \varphi}{\partial t} + u_-^2\frac{\partial \varphi}{\partial x}\right) dx\, dt = 0.$$

On applique la formule de Gauss à chacune de ces intégrales ; Γ est le bord de Ω_+ et Ω_-. La normale unitaire extérieure à Ω_+ est, $n_+ = \frac{1}{\sqrt{f_x'^2 + f_t'^2}}\begin{pmatrix} -f_x' \\ -f_t' \end{pmatrix}$ et celle à Ω_- est, $n = \begin{pmatrix} f_x' \\ f_t' \end{pmatrix}$. On obtient,

$$\iint_{\Omega_+} \left(\frac{\partial u_+^2}{\partial x} + \frac{\partial u_+}{\partial t}\right)\varphi\, dx\, dt - \iint_{\Omega_+} \left(u_+^2\frac{\partial \varphi}{\partial x} + u_+\frac{\partial \varphi}{\partial t}\right) dx\, dt =$$
$$- \int_\Gamma \frac{f_x' u_+^2 + f_t' u_+}{\sqrt{f_x'^2 + f_t'^2}} \varphi\, d\sigma.$$

D'après la question 1), la première intégrale du membre de gauche est nulle. En écrivant une formule analogue pour u_- et en utilisant (5), on obtient,

$$\int_\Gamma \frac{f_x'(u_+^2 - u_-^2) + f_t'(u_+ - u_-)}{\sqrt{f_x'^2 + f_t'^2}} \varphi\, d\sigma = 0$$

pour tout $\varphi \in C_0^\infty(\mathbb{R}^2)$. On en déduit la relation (4) de l'énoncé.

Solution du problème 3

1) Si $f \in L^1(\mathbb{R})$ on a $F_2 \in C^{m+2}(\mathbb{R})$; cela résulte du théorème de dérivation de Lebesgue. En effet pour $k \leq m+2$ et $|x| \geq 1$, on a

$$\left|\left(\frac{d}{dt}\right)^k \left(e^{itx}\frac{f(x)}{x^{m+2}}\right)\right| = \frac{|x|^k}{|x|^{m+2}}|f(x)| \leq |f(x)| \in L^1(\mathbb{R}).$$

Alors $\left(\frac{1}{i}\frac{d}{dt}\right)^{m+2} F_2(t) = \int_{|x|\geq 1} e^{itx} f(x)\,dx$, d'où $T = \int e^{itx} f(x)\,dx$.

2) $T_\varepsilon(t) = \int_{|x|\leq 1} e^{itx}\chi(\varepsilon x) f(x)\,dx + \int_{|x|\geq 1} e^{itx}\chi(\varepsilon x) f(x)\,dx = J_\varepsilon + K_\varepsilon$.
On a

$$|J_\varepsilon(t) - F_1(t)| \leq \sup_{|x|\leq 1} |f(x)| \int_{|x|\leq 1} |1-\chi(\varepsilon x)|\,dx \xrightarrow[\varepsilon\to 0]{} 0$$

d'après le théorème de convergence dominée. Donc J_ε converge vers F_1 uniformément sur $\mathbb{R}$, donc dans $\mathcal{D}'(\mathbb{R})$. D'autre part, pour ε fixé,

$$\begin{aligned} K_\varepsilon(t) &= \int_{|x|\geq 1} \left[\left(\frac{1}{i}\frac{d}{dt}\right)^{m+2} e^{itx}\right]\chi(\varepsilon x)\frac{f(x)}{x^{m+2}}\,dx \\ &= \left(\frac{1}{i}\frac{d}{dt}\right)^{m+2} \int_{|x|\geq 1} e^{itx}\chi(\varepsilon x)\frac{f(x)}{x^{m+2}}\,dx, \end{aligned}$$

la deuxième égalité résultant du théorème de dérivation de Lebesgue, puisque $\chi(\varepsilon x)$ est à support compact. Posons $L_\varepsilon(t) = \int_{|x|\geq 1} e^{itx}\chi(\varepsilon x)\frac{f(x)}{x^{m+2}}\,dx$. On a

$$|L_\varepsilon(t) - F_2(t)| \leq \int_{|x|\geq 1} |1-\chi(\varepsilon x)|\frac{|f(x)|}{|x|^{m+2}}\,dx \leq C\int_{|x|\geq 1} |1-\chi(\varepsilon x)|\frac{dx}{|x|^2},$$

car $f \in A_m$. On déduit du théorème de convergence dominée, que L_ε converge vers F_2 uniformément sur $\mathbb{R}$, donc aussi dans $\mathcal{D}'(\mathbb{R})$. Par continuité de la dérivation dans $\mathcal{D}'(\mathbb{R})$, on a, $K_\varepsilon\left(\frac{1}{i}\frac{d}{dt}\right)^{m+2} L_\varepsilon \to \left(\frac{1}{i}\frac{d}{dt}\right)^{m+2} F_2$ dans $\mathcal{D}'(\mathbb{R})$. Donc $T_\varepsilon = J_\varepsilon + K_\varepsilon$ converge vers T dans $\mathcal{D}'(\mathbb{R})$.

3) On a évidemment $|x^k f(x)| \leq C|x|^{m+k}$. Ensuite d'après 2), on a dans $\mathcal{D}'(\mathbb{R})$,

$$\begin{aligned} \int_* e^{itx} x^k f(x)\,dx &= \lim_{\varepsilon\to 0} \int e^{itx}\chi(\varepsilon x) x^k f(x)\,dx \\ &= \lim_{\varepsilon\to 0} \left(\frac{1}{i}\frac{d}{dt}\right)^k \int e^{itx}\chi(\varepsilon x) f(x)\,dx \\ &= \left(\frac{1}{i}\frac{d}{dt}\right)^k \lim_{\varepsilon\to 0} \int e^{itx}\chi(\varepsilon x) f(x)\,dx = \left(\frac{1}{i}\frac{d}{dt}\right)^k T, \end{aligned}$$

d'après la continuité de la dérivation dans $\mathcal{D}'(\mathbb{R})$.

4) On a $\int_* e^{itx} f'(x)\,dx = \lim_{\varepsilon\to 0} \int e^{itx}\chi(\varepsilon x) f'(x)\,dx$, dans $\mathcal{D}'(\mathbb{R})$. Ensuite, comme χ est à support compact, on peut intégrer par parties. On obtient,

$$\begin{aligned}\int e^{itx}\chi(\varepsilon x) f'(x)\,dx &= -it\int e^{itx}\chi(\varepsilon x) f(x)\,dx - \varepsilon\int e^{itx}\chi'(\varepsilon x) f(x)\,dx\\ &= I_\varepsilon + J_\varepsilon\,.\end{aligned}$$

On a d'après 2), $\lim_{\varepsilon\to 0} I_\varepsilon = -it\int_* e^{itx} f(x)\,dx$ dans $\mathcal{D}'(\mathbb{R})$. Ensuite,

$$\varepsilon\left|\int_{|x|\le 1} e^{itx}\chi'(\varepsilon x) f(x)\,dx\right| \le \varepsilon\sup_{\mathbb{R}}|\chi'|\int_{|x|\le 1}|f(x)|\,dx \longrightarrow 0$$

et comme $\chi' \in C_0^\infty$,

$$\begin{aligned}\varepsilon\int_{|x|\ge 1} e^{itx}\chi'(\varepsilon x) f(x)\,dx &= \left(\frac{1}{i}\frac{d}{dt}\right)^{m+2}\varepsilon\int_{|x|\ge 1} e^{itx}\chi'(\varepsilon x)\frac{f(x)}{x^{m+2}}\,dx\\ &= \left(\frac{1}{i}\frac{d}{dt}\right)^{m+2} R_\varepsilon\,.\end{aligned}$$

On a, $|R_\varepsilon| \le C\varepsilon\sup_{\mathbb{R}}|\chi'|\int_{|x|\ge 1}\frac{dx}{|x|^2}$, car $f\in A_m$, ce qui prouve que $R_\varepsilon \to 0$ uniformément sur $\mathbb{R}$, donc dans $\mathcal{D}'(\mathbb{R})$. Alors, $\left(\frac{1}{i}\frac{d}{dt}\right)^{m+2} R_\varepsilon \to 0$ dans $\mathcal{D}'(\mathbb{R})$. Par conséquent, $J_\varepsilon \to 0$ dans $\mathcal{D}'(\mathbb{R})$. Si $f = 1$ on a $-itT = 0$ d'où $T = C\delta_0$. En fait $C = 2\pi$, car pour $\varphi \in C_0^\infty$, d'après Fubini et le théorème de convergence dominée on a,

$$\langle T_\varepsilon, \varphi\rangle = \iint e^{itx}\chi(\varepsilon x)\varphi(t)\,dx\,dt = \int \chi(\varepsilon x)\hat{\varphi}(-x)\,dx \underset{\varepsilon\to 0}{\longrightarrow} \int \hat{\varphi}(-x)\,dx$$

i.e. $\langle T_\varepsilon, \varphi\rangle \to 2\pi\varphi(0) = 2\pi\langle \delta_0, \varphi\rangle$.

5) a) Pour $|x| \ge 1$, $|f^{(m+2+j)}(x)| \le C|x|^{-(j+2)}$. Donc $f^{(m+2+j)} \in L^1(\mathbb{R})$ et, d'après 1), $\int_* e^{itx} f^{(m+2+j)}(x)\,dx = \int e^{itx} f^{(m+2+j)}(x)\,dx = F(t)$. Le fait que $F \in C^j(\mathbb{R})$ résulte du théorème de dérivation de Lebesgue et du fait que, pour $k \le j$ et $|x| \ge 1$,

$$\left|\left(\frac{d}{dt}\right)^k e^{itx} f^{(m+2+j)}(x)\right| = |x^k f^{(m+2+j)}(x)| \le C|x|^{k-2-j} \le C|x|^{-2}.$$

b) D'après 4),

$$t^{m+2+j}T = \left(-\frac{1}{i}\right)^{m+2+j}\int_* e^{itx} f^{(m+2+j)}(x)\,dx \in C^j(\mathbb{R})\,.$$

Pour tout $j \in \mathbb{N}$ on a, $T \in C^j(\mathbb{R}\setminus 0)$, puisque $T = \frac{h(t)}{t^{m+2+j}}$ où $h \in C^j$. Donc $T \in C^\infty(\mathbb{R}\setminus 0)$.

6) $\left|\int_{|x|\le 1} e^{itx}(f_n(x)-f(x))\,dx\right| \le \int_{|x|\le 1}|f_n(x)-f(x)|\,dx \longrightarrow 0$, puisque $f_n \to f$ dans $L^1_{\text{loc}}(\mathbb{R})$. D'autre part,

$$\left|\int_{|x|\ge 1} e^{itx}\,\frac{f_n(x)-f(x)}{x^{m+2}}\,dx\right| \le \int_{|x|\ge 1}\frac{|f_n(x)-f(x)|}{|x|^{m+2}}\,dx \longrightarrow 0,$$

par hypothèse. Ceci prouve que, $\int_{|x|\ge 1} e^{itx}\,\frac{f_n(x)}{x^{m+2}}\,dx$ converge uniformément sur $\mathbb{R}$ vers $\int_{|x|\ge 1} e^{itx}\,\frac{f(x)}{x^{m+2}}\,dx$ et donc dans $\mathcal{D}'(\mathbb{R})$. Par continuité de la dérivation dans $\mathcal{D}'(\mathbb{R})$, on en déduit que,

$$\left(\frac{1}{i}\frac{d}{dt}\right)^{m+2}\int_{|x|\ge 1} e^{itx}\,\frac{f_n(x)}{x^{m+2}}\,dx \longrightarrow \left(\frac{1}{i}\frac{d}{dt}\right)^{m+2}\int_{|x|\ge 1} e^{itx}\,\frac{f(x)}{x^{m+2}}\,dx,$$

ce qui prouve le résultat cherché.

Solution du problème 4

I. 1) évident.

2) a) $\langle (D_{x_j}+D_{y_j}),T,\varphi\rangle = -\left\langle T,\frac{1}{i}\left(\frac{\partial\varphi}{\partial x_j}+\frac{\partial\varphi}{\partial y_j}\right)\right\rangle = -\frac{1}{i}\int\left[\frac{\partial\varphi}{\partial x_j}(x,x)\right.$
$$\left.+\frac{\partial\varphi}{\partial y_j}(x,x)\right]dx = -\frac{1}{i}\int\frac{\partial}{\partial x_j}[\varphi(x,x)]\,dx = 0.$$

Donc $D_{x_j}T = -D_{y_j}T$ et $D_x^\alpha T = (-1)^{|\alpha|}D_y^\alpha T$. Alors,

$a_\alpha(x)\,D_x^\alpha T = (-1)^{|\alpha|}a_\alpha(x)\,D_y^\alpha T = (-1)^{|\alpha|}D_y^\alpha[a_\alpha(x)T] = (-1)^{|\alpha|}D_y^\alpha[a_\alpha(y)T]$

(car $\langle a_\alpha(y)T,\varphi\rangle = \langle T,a_\alpha(y)\varphi\rangle = \int a_\alpha(x)\varphi(x,x)\,dx = \langle a_\alpha(x)T,\varphi\rangle$).

b) $\langle Pu,v\rangle = \int Pu(x)v(x)\,dx = \langle\delta(x-y),v\otimes Pu\rangle$
$= \langle\delta(x-y),P(y,D_y)(v\otimes u)\rangle = \langle{}^tP(y,D_y)\delta(x-y),v\otimes u\rangle.$

II. 1) Dans le membre de droite de (3), l'intégrant est C^∞ en x et, pour tout $\alpha\in\mathbb{N}^n$,

$$\partial_x^\alpha(e^{ix\cdot\xi}a(x,\xi)\,\hat{u}(\xi)) = \sum_{\beta\le\alpha}\binom{\alpha}{\beta}(i\xi)^\beta e^{ix\cdot\xi}(\partial_x^{\alpha-\beta}a)(x,\xi)\,\hat{u}(\xi)$$

d'où,

$$\left|\partial_x^\alpha(e^{ix\cdot\xi}a(x,\xi)\,\hat{u}(\xi))\right| \le C_\alpha(1+|\xi|)^{m+|\alpha|}|\hat{u}(\xi)| \in L^1$$

car $u\in\mathcal{S}$; donc $Pu\in C^\infty(\mathbb{R}^n)$.

2) On a $Pu(x) = (2\pi)^{-n}\int e^{ix\cdot\xi}a(x,\xi)\left(\int e^{-iy\cdot\xi}u(y)\,dy\right)d\xi$, $u\in C_0^\infty$. Si $m<-n$ l'intégrale double est absolument convergente. Alors pour $v\in C_0^\infty$,

$$\langle Pu,v\rangle = (2\pi)^{-n}\iiint e^{i(x-y)\cdot\xi}a(x,\xi)\,u(y)\,v(x)\,dx\,dy\,d\xi$$
$$= \iint\left[(2\pi)^{-n}\int e^{i(x-y)\cdot\xi}a(x,\xi)\,d\xi\right]u(y)\,v(x)\,dx\,dy$$

d'où $K_p = (2\pi)^{-n} \int e^{i(x-y)\cdot\xi}\, a(x,\xi)\, d\xi$.

Si $m + j < -n$, pour tout $\alpha \in \mathbb{N}^n$ tel que $|\alpha| \le j$, on a

$$\left|\partial_x^\alpha [e^{i(x-y)\cdot\xi}\, a(x,\xi)]\right| \le C\,(1+|\xi|)^{m+j} \in L^1(\mathbb{R}^n),$$

donc $K_p \in C^j(\mathbb{R}^n)$.

3) $$|Pu_\varepsilon(x) - Pu(x)| \le \int |\chi(\varepsilon\xi) - 1|\,|a(x,\xi)|\,|\hat{u}(\xi)|\,d\xi \le \int |\chi(\varepsilon\xi) - 1|(1+|\xi|)^m\,|\hat{u}(\xi)|\,d\xi$$

et on peut appliquer le théorème de convergence dominée puisque $\hat{u} \in \mathcal{S}$.

4) $\langle K_{p_\varepsilon}, v\otimes u\rangle = (2\pi)^{-n} \iiint e^{i(x-y)\cdot\xi}\,\chi(\varepsilon\xi)\,a(x,\xi)\,u(y)\,v(x)\,dx\,dy\,d\xi.$

On utilise le fait que, $e^{i(x-y)\cdot\xi} = \frac{(1-\Delta_x)^N}{(1+|\xi|^2)^N}\, e^{i(x-y)\cdot\xi}$ et on intègre par parties dans l'intégrale (absolument convergente) ci-dessus.

5) Si $2N > m + n$, on a, $\frac{|a(x,\xi)|}{(1+|\xi|^2)^N} \le \frac{C}{(1+|\xi|^2)^{N-\frac{m}{2}}} \le \frac{C}{(1+|\xi|^2)^{\frac{n}{2}+\varepsilon}} \in L^1(\mathbb{R}^n)$. Donc,

$$\left|\langle K_{p_\varepsilon}, v\otimes u\rangle - (2\pi)^{-n}\iiint \ldots\, dx\,dy\,d\xi\right| \le (2\pi)^{-n} \iiint |\chi(\varepsilon\xi)-1|\frac{1}{(1+|\xi|^2)^{\frac{n}{2}+\varepsilon}}\,|u(y)|\,|(1-\Delta_x)^N v(x)|\,dx\,dy\,d\xi$$

et applique le théorème de convergence dominée.

6) On a, pour $u, v \in C_0^\infty$, $\langle P_\varepsilon u, v\rangle \to \langle Pu, v\rangle$. D'autre part $\langle P_\varepsilon u, v\rangle = \langle K_{p_\varepsilon}, v\otimes u\rangle \to \langle (2\pi)^{-n}\iiint \ldots, v\otimes u\rangle$; le résultat cherché en découle.

7) $(x-y)^\alpha K_{p_\varepsilon}(x,y) = (2\pi)^{-n} \int [D_\xi^\alpha e^{i(x-y)\cdot\xi}]\,\chi(\varepsilon\xi)\,a(x,\xi)\,d\xi$ et on peut intégrer par parties, puisque $\chi a \in \mathcal{S}$.

8) On a $(-D_\xi)^\alpha[\chi(\varepsilon\xi)\,a(x,\xi)] = \sum_{\beta\le\alpha} C_{\alpha\beta}\,\varepsilon^{|\beta|}\chi^{(\beta)}(\varepsilon\xi)(D_\xi^{\alpha-\beta}a)(x,\xi)$. Donc,

$$\begin{aligned}\left|(x-y)^\alpha K_{p_\varepsilon} - (2\pi)^{-n}\int e^{i(x-y)\cdot\xi}(-D_\xi)^\alpha a(x,\xi)\,d\xi\right| &\le \underbrace{(2\pi)^{-n}\int |\chi(\varepsilon\xi)-1|\,|(-D_\xi)^\alpha a(x,\xi)|\,d\xi}_{1)} \\ &\quad + C\sum_{\beta\ne 0}\underbrace{\int \varepsilon^{|\beta|}\,|\chi^{(\beta)}(\varepsilon\xi)|\,|D_\xi^{\alpha-\beta}a(x,\xi)|\,d\xi}_{(2)}.\end{aligned}$$

Comme $|D_\xi^\alpha a| \le C(1+|\xi|)^{m-|\alpha|} \le C(1+|\xi|)^{-n-\varepsilon} \in L^1(\mathbb{R}^n)$, le terme (1) tend vers zéro, d'après le théorème de convergence dominée. Montrons que

(2) tend vers zéro. Pour ξ fixé, l'intégrant tend vers zéro à cause du $\varepsilon^{|\beta|}$, $|\beta| \neq 0$. Puis,

$$\begin{aligned}
&\varepsilon^{|\beta|} |\chi^{(\beta)}(\varepsilon\xi)| |D_\xi^{\alpha-\beta} a| \\
&\qquad \leq \varepsilon^{|\beta|}(1+|\xi|)^{|\beta|} |\chi^{(\beta)}(\varepsilon\xi)| (1+|\xi|)^{-|\beta|}(1+|\xi|)^{m-|\alpha|+|\beta|} \\
&\qquad \leq (1+\varepsilon|\xi|)^{|\beta|} |\chi^{(\beta)}(\varepsilon\xi)| (1+|\xi|)^{m-|\alpha|} \\
&\qquad \leq \Big\{ \sup_{\eta\in\mathbb{R}^n} (1+|\eta|)^{|\beta|} |\chi^{(\beta)}(\eta)| \Big\} (1+|\xi|)^{m-|\alpha|} \in L^1
\end{aligned}$$

donc l'intégrale, pour $\beta \neq 0$, tend vers zéro d'après le théorème de convergence dominée.

9) résulte de 5), 6) et du fait que la convergence uniforme implique la convergence $\mathcal{D}'$.

10) Soit $\beta, \gamma \in \mathbb{N}^n$ tels que, $|\beta| + |\gamma| \leq j$. On a,

$$\begin{aligned}
\big|\partial_y^\gamma \partial_x^\beta \{ e^{i(x-y)\cdot\xi}(-D_\xi)^\alpha a(x,\xi) \}\big| &\leq C(1+|\xi|)^{|\beta|+|\gamma|}(1+|\xi|)^{m-|\alpha|} \\
&\leq C(1+|\xi|)^{m+j-|\alpha|} \in L^1(\mathbb{R}^n)
\end{aligned}$$

et donc, $(x-y)^\alpha K_p$ est C^j.

Solution du problème 5

1) Considérons la suite $(S_N) \subset C^0(\mathbb{R})$. Comme $\frac{|a_n|}{|n|^{k+2}} \leq \frac{C|n|^\alpha}{|n|^{k+2}} \leq \frac{C}{n^2}$, cette suite converge uniformément sur $\mathbb{R}$, donc dans $\mathcal{D}'(\mathbb{R})$, vers une fonction continue S. Alors $\left(\left(\frac{d}{dx}\right)^{k+2} S_N\right)$ converge, dans $\mathcal{D}'(\mathbb{R})$, vers $S^{(k+2)}$. Mais $S_N^{(k+2)} = \sum\limits_{\substack{n=-N \\ n\neq 0}}^{N} i^{k+2} a_n e^{inx} = i^{k+2}(T_N - a_0)$, donc (T_N) converge, dans $\mathcal{D}'(\mathbb{R})$, vers $a_0 + i^{-(k+2)} S^{(k+2)}$.

2) Soit c_n le coefficient de Fourier de la fonction $f \in L^2(0, 2\pi)$. On a,

$$c_n = \frac{1}{2\pi} \int_0^{2\pi} \frac{1}{2}(\pi - x) e^{-inx}\, dx = \frac{(-1)^n}{4\pi} \int_{-\pi}^{\pi} y e^{iny}\, dy.$$

Donc $c_0 = 0$ et, pour $n \in \mathbb{Z}^*$, $c_n = \frac{1}{2in}$. Comme $f \in L^2(0, 2\pi)$ on a, $f = \lim\limits_{N\to+\infty} \sum\limits_{\substack{n=-N \\ n\neq 0}}^{N} \frac{e^{inx}}{2in} = \lim\limits_{N\to+\infty} \sum\limits_{n=1}^{N} \frac{\sin nx}{n}$, dans $L^2(0, 2\pi)$. Comme les fonctions sont 2π-périodiques, la convergence dans $L^2(0, 2\pi)$ implique la convergence dans $L^1_{\text{loc}}(\mathbb{R})$, donc dans $\mathcal{D}'(\mathbb{R})$.

3) Comme, dans $\mathcal{D}'(\mathbb{R})$, on a l'égalité $\sum\limits_{n=1}^{+\infty} \frac{\sin nx}{n} = f$, on en déduit, toujours dans $\mathcal{D}'$, $f' = \frac{d}{dx} \sum\limits_{n=1}^{+\infty} \frac{\sin nx}{n} = \sum\limits_{n=1}^{+\infty} \cos nx$; puisque $\cos nx = \frac{1}{2}(e^{inx} + e^{-inx})$, il vient, $f' = \frac{1}{2} \sum_{\substack{n\in\mathbb{Z}\\ n\neq 0}} e^{inx}$, d'où $\sum_{n\in\mathbb{Z}} e^{inx} = 1+2f'$. D'autre part, dans l'intervalle $(2k\pi, (2k+2)\pi)$, l'équation de la fonction f est $\frac{1}{2}((2k+1)\pi - x)$ (car, par périodicité, elle est parallèle à $y = -\frac{1}{2}x$ et s'annule au point $(2k+1)\pi$, milieu de l'intervalle). Pour $\varphi \in C_0^\infty(\mathbb{R})$ on a

$$\begin{aligned}
\langle f', \varphi\rangle = -\langle f, \varphi'\rangle &= -\sum_{k\in\mathbb{Z}} \int_{2k\pi}^{(2k+2)\pi} f(x)\varphi'(x)\,dx \\
&= \frac{1}{2}\sum_{k\in\mathbb{Z}} \int_{2k\pi}^{(2k+2)\pi} (x - (2k+1)\pi)\varphi'(x)\,dx \\
&= \frac{1}{2}\sum_{k\in\mathbb{Z}} \left(\left[(x - (2k+1)\pi)\varphi(x)\right]_{2k\pi}^{(2k+2)\pi} - \int_{2k\pi}^{(2k+2)\pi} \varphi(x)\,dx \right) \\
&= \frac{1}{2}\sum_{k\in\mathbb{Z}} \left(\pi\varphi((2k+2)\pi) + \pi\varphi(2k\pi)\right) - \frac{1}{2}\int_{\mathbb{R}} \varphi(x)\,dx
\end{aligned}$$

(ici la somme sur k est finie, car φ est à support compact).
On en déduit,

$$\langle f', \varphi\rangle = \pi \sum_{k\in\mathbb{Z}} \varphi(2k\pi) - \frac{1}{2}\int_{\mathbb{R}} \varphi(x)\,dx \quad i.e. \quad f' = \pi\sum_{k\in\mathbb{Z}} \delta_{2k\pi} - \frac{1}{2}.$$

En conclusion,

$$\sum_{n\in\mathbb{Z}} e^{inx} = 1 + 2f' = 2\pi \sum_{k\in\mathbb{Z}} \delta_{2k\pi}.$$

C'est la formule de **Poisson**.

4) Si $\varphi \in C_0^\infty$, alors $\hat{\varphi} \in \mathcal{S}$ et les séries $\sum_{n\in\mathbb{Z}} \varphi(2\pi n)$, $\sum_{n\in\mathbb{Z}} \hat{\varphi}(n)$ sont absolument convergentes. D'autre part,

$$\left\langle \sum_{n\in\mathbb{Z}} e^{inx}, \varphi \right\rangle = \lim_{N\to+\infty} \left\langle \sum_{n=-N}^{N} e^{inx}, \varphi \right\rangle = \lim_{N\to+\infty} \sum_{n=-N}^{N} \hat{\varphi}(n) = \sum_{n\in\mathbb{Z}} \hat{\varphi}(n).$$

Ensuite,

$$\left\langle \sum_{n\in\mathbb{Z}} \delta_{2n\pi}, \varphi \right\rangle = \lim_{N\to+\infty} \left\langle \sum_{n=-N}^{N} \delta_{2n\pi}, \varphi \right\rangle = \lim_{N\to+\infty} \sum_{n=-N}^{N} \varphi(2\pi n) = \sum_{n\in\mathbb{Z}} \varphi(2\pi n)$$

ce qui prouve le résultat cherché.

Solution du problème 6

1) Par calcul direct on trouve,

$$\frac{\partial^2 f}{\partial t^2}(t,x,y) = 4t^2\,F''(\rho(t,x,y)) + 2\,F'(\rho(t,x,y)),$$
$$\frac{\partial^2 f}{\partial x^2}(t,x,y) = 4x^2\,F''(\rho(t,x,y)) - 2\,F'(\rho(t,x,y)),$$
$$\frac{\partial^2 f}{\partial y^2}(t,x,y) = 4y^2\,F''(\rho(t,x,y)) - 2\,F'(\rho(t,x,y)),$$

donc $\Box f(t,x,y) = 4\rho(t,x,y)\,F''(\rho(t,x,y)) + 6\,F'(\rho(t,x,y))$.

2) On a dans $\mathcal{D}'(\mathbb{R})$,

$$\frac{d}{ds}\Big(\frac{H_\varepsilon(s)}{\sqrt{s}}\Big) = -\frac{1}{2}\,\frac{H_\varepsilon(s)}{s^{3/2}} + \frac{1}{\sqrt{\varepsilon}}\,\delta_\varepsilon\,,$$
$$\frac{d^2}{ds^2}\Big(\frac{H_\varepsilon(s)}{\sqrt{s}}\Big) = \frac{3}{4}\,\frac{H_\varepsilon(s)}{s^{5/2}} - \frac{1}{2}\,\frac{1}{\varepsilon^{3/2}}\delta_\varepsilon + \frac{1}{\sqrt{\varepsilon}}\,\delta'_\varepsilon\,.$$

En utilisant l'identité $s\,\delta'_\varepsilon = \varepsilon\,\delta'_\varepsilon - \delta_\varepsilon$, on trouve donc,

$$\Big(4s\,\frac{d^2}{ds^2} + 6\,\frac{d}{ds}\Big)\,\frac{H_\varepsilon(s)}{\sqrt{\varepsilon}} = 4\sqrt{\varepsilon}\,\delta'_\varepsilon\,.$$

3) $\displaystyle\int_{x^2+y^2\le t^2} \frac{1}{\sqrt{t^2-x^2-y^2}}\,dx\,dy = 2\pi\int_0^t \frac{r}{\sqrt{t^2-r^2}}\,dr = 2\pi t,$ pour tout $t>0$; donc,

$$\int_{-T}^{T}\int_{x^2+y^2\le t^2} E(t,x,y)\,dx\,dy\,dt$$
$$= 2\int_0^T\Big\{\int_{x^2+y^2\le t^2} E(t,x,y)\,dx\,dy\Big\}\,dt = T^2 < \infty$$

pour tout $T>0$. Par le théorème de Fubini-Tonnelli, $E \in L^1_{\mathrm{loc}}(\mathbb{R}^3)$.

4) $\langle \Box E, \varphi\rangle = \langle E, \Box\varphi\rangle = \displaystyle\int_C E(t,x,y)\,\Box\varphi(t,x,y)\,dt\,dx\,dy$. On utilise le changement de variables, $(t,x,y)\to(s,r,\theta)$, défini par $t=\sqrt{s+r^2}$, $x = r\cos\theta$, $y = r\sin\theta$. L'image du cône C est le domaine,

$$D = \big\{(s,r,\theta) : 0<s<\infty,\, 0<r<\infty,\, 0<\theta<2\pi\big\}.$$

Le Jacobien de la transformation est

$$\mathcal{J} = \left|\det\begin{pmatrix} \frac{1}{2\sqrt{s+r^2}} & \frac{r}{\sqrt{s+r^2}} & 0 \\ 0 & \cos\theta & -r\sin\theta \\ 0 & \sin\theta & r\cos\theta \end{pmatrix}\right| = \frac{r}{2\sqrt{s+r^2}}\,.$$

Ainsi :

$$\begin{aligned}\langle \Box E, \varphi\rangle &= \frac{1}{2\pi}\int_D \frac{1}{\sqrt{s}}\Box\varphi(\sqrt{s+r^2}, r\cos\theta, r\sin\theta)\,\frac{r}{2\sqrt{s+r^2}}\,ds\,dr\,d\theta\\ &= \frac{1}{2\pi}\int_0^\infty \frac{1}{\sqrt{s}}\Big\{\int_0^{2\pi}\int_0^\infty \Box\varphi(\sqrt{s+r^2}, r\cos\theta, r\sin\theta)\cdot\\ &\qquad\qquad \cdot\frac{r}{2\sqrt{s+r^2}}\,dr\,d\theta\Big\}\,ds\end{aligned}$$

la dernière égalité résultant du théorème de Fubini.

5) $\langle LT, \psi\rangle = \langle 4sT'' + 6T', \psi\rangle = 4\langle T, (s\psi)''\rangle\rangle - 6\langle T, \psi'\rangle$
$= 4\langle T, s\psi'' + 2\psi'\rangle - 6\langle T, \psi'\rangle = \langle T, L^*\psi\rangle,$
avec $L^* = 4s\,\frac{d^2}{ds^2} + 2\,\frac{d}{ds}$.

6) $\langle \Box E, \varphi\rangle = \dfrac{1}{2\pi}\displaystyle\int_0^\infty \frac{1}{\sqrt{s}}(\widetilde{\Box\varphi})(s)\,ds = \frac{1}{2\pi}\int_0^\infty \frac{1}{\sqrt{s}}L^*\tilde{\varphi}(s)\,ds$. Comme $\tilde{\varphi}$ appartient à $C^\infty(]0,\infty[)$ et $\operatorname{supp}\tilde{\varphi}$ est borné supérieurement, la quantité $\big\langle \frac{1}{\sqrt{s}}H_\varepsilon, L^*\tilde{\varphi}(s)\big\rangle$ est bien définie et on a

$$\begin{aligned}\langle \Box E, \varphi\rangle &= \lim_{\varepsilon\to 0+}\frac{1}{2\pi}\int_\varepsilon^\infty \frac{1}{\sqrt{s}}L^*\tilde{\varphi}(s)\,ds = \frac{1}{2\pi}\lim_{\varepsilon\to 0+}\Big\langle \frac{1}{\sqrt{s}}H_\varepsilon, L^*\tilde{\varphi}\Big\rangle\\ &= \frac{1}{2\pi}\lim_{\varepsilon\to 0+}\Big\langle L\frac{H_\varepsilon}{\sqrt{s}}, \tilde{\varphi}\Big\rangle = \frac{2}{\pi}\lim_{\varepsilon\to 0+}\langle \sqrt{\varepsilon}\,\delta'_\varepsilon, \tilde{\varphi}\rangle\\ &= -\frac{2}{\pi}\lim_{\varepsilon\to 0+}\sqrt{\varepsilon}\,\tilde{\varphi}'(\varepsilon).\end{aligned}$$

7) Le théorème de Lebesgue de dérivation sous le signe intégral implique que $\tilde{\varphi}(s)$ est différentiable en tout point $\varepsilon > 0$ et que,

$$\begin{aligned}\tilde{\varphi}'(\varepsilon) = \int_0^{2\pi}\int_0^\infty \Big\{&\frac{1}{4}\frac{1}{\varepsilon+r^2}\frac{\partial\varphi}{\partial t}(\sqrt{\varepsilon+r^2}, r\cos\theta, r\sin\theta)\\ &-\frac{1}{4}\frac{1}{(\varepsilon+r^2)^{3/2}}\varphi(\sqrt{\varepsilon+r^2}, r\cos\theta, r\sin\theta)\Big\}\,r\,dr\,d\theta.\end{aligned}$$

Le même théorème montre que $\overline{\varphi}(t,r)$ est différentiable et que,

$$\frac{\partial\overline{\varphi}}{\partial t}(\sqrt{\varepsilon+r^2}, r) = \int_0^{2\pi}\frac{\partial\varphi}{\partial t}(\sqrt{\varepsilon+r^2}, r\cos\theta, r\sin\theta)\,d\theta,\quad \forall\varepsilon > 0,\ \forall r \geq 0.$$

Il résulte du théorème de Fubini que,

$$\begin{aligned}\tilde{\varphi}'(\varepsilon) &= \frac{1}{4}\int_0^\infty \Big\{\int_0^{2\pi}\frac{\partial\varphi}{\partial t}(\sqrt{\varepsilon+r^2}, r\cos\theta, r\sin\theta)\,d\theta\Big\}\frac{r}{\varepsilon+r^2}\,dr\\ &\quad -\frac{1}{4}\int_0^\infty \Big\{\int_0^{2\pi}\varphi(\sqrt{\varepsilon+r^2}, r\cos\theta, r\sin\theta)\,d\theta\Big\}\frac{r}{(\varepsilon+r^2)^{3/2}}\,dr\\ &= \frac{1}{4}\int_0^\infty \frac{\partial\overline{\varphi}}{\partial t}(\sqrt{\varepsilon+r^2}, r)\,\frac{r}{\varepsilon+r^2}\,dr - \frac{1}{4}\int_0^\infty \overline{\varphi}(\sqrt{\varepsilon+r^2}, r)\,\frac{r}{(\varepsilon+r^2)^{3/2}}\,dr.\end{aligned}$$

8) Après intégration par parties il vient,

$$\tilde{\varphi}'(\varepsilon) = \frac{1}{4}\int_0^\infty \frac{\partial\overline{\varphi}}{\partial t}(\sqrt{\varepsilon+r^2}, r)\frac{r}{\varepsilon+r^2}\,dr + \frac{1}{4}\varphi(\sqrt{\varepsilon+r^2}, r)\frac{1}{\sqrt{\varepsilon+r^2}}\Big|_{r=0}^{r=+\infty}$$

$$-\frac{1}{4}\int_0^\infty \Big\{\frac{1}{\sqrt{\varepsilon+r^2}}\frac{\partial\overline{\varphi}}{\partial r}(\sqrt{\varepsilon+r^2}, r) + \frac{r}{\varepsilon+r^2}\frac{\partial\overline{\varphi}}{\partial t}(\sqrt{\varepsilon+r^2}, r)\Big\}\,dr$$

$$= -\frac{1}{4}\frac{1}{\sqrt{\varepsilon}}\overline{\varphi}(\sqrt{\varepsilon}, 0) - \frac{1}{4}\int_0^\infty \frac{\partial\overline{\varphi}}{\partial r}(\sqrt{\varepsilon+r^2}, r)\frac{1}{\sqrt{\varepsilon+r^2}}\,dr$$

$$= -\frac{1}{4}\frac{1}{\sqrt{\varepsilon}}\overline{\varphi}(\sqrt{\varepsilon}, 0) + R(\varepsilon, \varphi).$$

Or $\sqrt{\varepsilon}R(\varepsilon,\varphi) = -\frac{1}{4}\int_0^\infty \frac{\partial\overline{\varphi}}{\partial r}((\sqrt{\varepsilon+r^2}, r)\frac{\sqrt{\varepsilon}}{\sqrt{\varepsilon+r^2}}\,dr$, et

$$\Big|\frac{\partial\overline{\varphi}}{\partial r}(\sqrt{\varepsilon+r^2}, r)\frac{\sqrt{\varepsilon}}{\sqrt{\varepsilon+r^2}}\Big| \le \Big|\frac{\partial\overline{\varphi}}{\partial r}(\sqrt{\varepsilon+r^2}, r)\Big| \le C(\varphi)\mathbf{1}_{\{0\le r\le M\}}(r),$$

où $C(\varphi) > 0$ et $M > 0$ est choisi suffisamment grand pour que $r > M$ implique $\overline{\varphi}(t,r) = 0$, pour tout t. En appliquant le théorème de convergence dominée, on a donc $\lim\limits_{\varepsilon\to 0+}\sqrt{\varepsilon}R(\varepsilon,\varphi) = 0$.

9) En vertu de tout ce qui précède, on peut écrire,

$$\langle \Box E, \varphi\rangle = \frac{1}{2\pi}\lim_{\varepsilon\to 0+}\overline{\varphi}(\sqrt{\varepsilon}, 0) = \frac{1}{2\pi}\overline{\varphi}(0,0) = \varphi(0,0,0),$$

pour tout $\varphi \in C_0^\infty(\mathbb{R}^3)$, donc $\Box E = \delta_0$.

Solution du problème 7

1) Si $\Omega = \{x : |x| < R\}$, la normale unitaire extérieure à Ω, en un point du bord, est $n = \frac{x}{|x|} = \frac{x}{R}$. En prenant $F = (0, \dots, 1, \dots, 0)$ et $\varphi = 1$ dans la formule de Gauss, on obtient $\operatorname{div} F = \operatorname{grad}\varphi = 0$, d'où $\int_{|x|=R} x_i\, d\sigma_R = 0$, $\forall i$. Avec le même F et $\varphi = x_j$, on trouve $\int_{|x|=R} x_i x_j\, d\sigma_R = 0$, si $i \ne j$ et, si $i = j$,

$$\frac{1}{R}\int_{|x|=R} x_i^2\, d\sigma_R = \int_{|x|<R} dx = \frac{R^n}{n}|S_1| = \frac{R}{n}|S_R|.$$

2) Notons $T_R = \frac{1}{R^2}(\delta_0 - \mu_R) \in \mathcal{E}'(\mathbb{R}^n)$. Pour $\varphi \in C^\infty(\mathbb{R}^n)$ on a, $\frac{1}{|S_R|}\int_{|x|=R} d\sigma_R = 1$ et $\langle T_R, \varphi\rangle = \frac{-1}{R^2|S_R|}\int_{|x|=R}(\varphi(x) - \varphi(0))\, d\sigma_R$ d'où, par la formule de Taylor, $\langle T_R, \varphi\rangle = (1) + (2) + (3)$ où,

$$(1) = \frac{-1}{R^2|S_R|}\int_{|x|=R}\sum_{i=1}^n x_i\frac{\partial\varphi}{\partial x_i}(0)\, d\sigma_R$$

$$(2) = -\frac{1}{R^2|S_R|}\int_{|x|=R}\frac{1}{2}\sum_{i,j=1}^n x_i x_j\frac{\partial^2\varphi}{\partial x_i\partial x_j}(0)\, d\sigma_R$$

$$(3) = -\frac{1}{R^2|S_R|}\int_{|x|=R} o(|x|^2)\, d\sigma_R.$$

D'après la question 1), on a (1) = 0; ensuite,

$$(2) = \frac{-1}{R^2|S_R|}\frac{1}{2}\sum_{i=1}^{n}\frac{R^2}{n}|S_R|\frac{\partial^2\varphi}{\partial x_i^2}(0) = -\frac{1}{2n}(\Delta\varphi)(0).$$

Enfin, $|(3)| \leq \frac{1}{R^2|S_R|}o(R^2)|S_R| = \frac{o(R^2)}{R^2}$. On en déduit que T_R converge vers $-\frac{1}{2n}\Delta\delta_0$ dans $\mathcal{D}'(\mathbb{R}^n)$.

3) Par hypothèse, $\frac{1}{R^2}(\delta_0 * f - \mu_R * f) \geq 0$ dans $L^1_{\text{loc}}(\mathbb{R}^n)$, donc dans $\mathcal{D}'(\mathbb{R}^n)$. Comme $\frac{1}{R^2}(\delta_0 - \mu_R)$ tend vers $-\frac{1}{2n}\Delta\delta_0$ dans $\mathcal{D}'$, on a, par continuité de la convolution,

$$\frac{1}{R^2}(\delta_0 * f - \mu_R * f) \longrightarrow -\frac{1}{2n}(\Delta\delta_0) * f = -\frac{1}{2n}\Delta f$$

et donc $-\frac{1}{2n}\Delta f \geq 0$ dans $\mathcal{D}'$.

Solution du problème 8

I. 1) On a $\langle\frac{\tau_h^i T - T}{h}, \varphi\rangle = -\langle T, \varphi_{-h}^i\rangle$ où $\varphi_{-h}^i(x) = \frac{\tau_{-h}^i\varphi(x) - \varphi(x)}{-h}$. Il suffit donc de montrer que (φ_h^i) converge vers $\frac{\partial\varphi}{\partial x_i}$ dans $C_0^\infty(\mathbb{R}^n)$. Tout d'abord, si $\operatorname{supp}\varphi \subset \{x : |x| \leq M\}$ et $|h| \leq \varepsilon$, on a $\operatorname{supp}\varphi_h^i \subset \{x : |x| \leq M+\varepsilon\}$. Ensuite, par la formule de Taylor avec reste intégral, on a (avec $e_i = (0,\ldots,1,\ldots,0)$)

$$\left|\partial_x^\alpha\varphi(x - he_i) - \partial_x^\alpha\varphi(x) + h\partial_x^\alpha\frac{\partial\varphi}{\partial x_i}(x)\right| \leq C|h|^2\sum_{|\beta|\leq|\alpha|+2}\sup_{\mathbb{R}^n}|\partial_x^\beta\varphi(x)|,$$

ce qui montre que $(\partial_x^\alpha\varphi_h^i)$ converge uniformément sur $\mathbb{R}^n$ vers $\partial_x^\alpha\frac{\partial\varphi}{\partial x_i}$ et prouve le résultat cherché.

2) Si $u \in \operatorname{Lip}(\mathbb{R}^n)$ et $h \neq 0$ on a $\left|\frac{\tau_h^i u(x) - u(x)}{h}\right| = \left|\frac{u(x+he_i) - u(x)}{h}\right| \leq A$ d'après (1); alors,

$$\left|\left\langle\frac{\tau_h^i u - u}{h}, \varphi\right\rangle\right| = \left|\int\frac{u(x+he_i) - u(x)}{h}\varphi(x)dx\right| \leq A\|\varphi\|_{L^1(\mathbb{R}^n)}.$$

En faisant tendre h vers zéro et en utilisant 1), on obtient (3).

3) Il résulte de (3), que $\varphi \mapsto F(\varphi) = \langle\frac{\partial u}{\partial x_i}, \varphi\rangle$ est une forme linéaire continue sur $C_0^\infty(\mathbb{R}^n)$ muni de la norme L^1. Comme $C_0^\infty(\mathbb{R}^n)$ est dense dans $L^1(\mathbb{R}^n)$, il existe une forme linéaire continue $\tilde{F}$ sur L^1 telle que $\tilde{F} = F$ sur $C_0^\infty(\mathbb{R}^n)$. Comme $\tilde{F} \in (L^1(\mathbb{R}^n))' = L^\infty(\mathbb{R}^n)$, il existe $g \in L^\infty(\mathbb{R}^n)$ telle que $\tilde{F}(\varphi) = \int g\varphi dx$, $\forall\varphi \in L^1(\mathbb{R}^n)$. Si $\varphi \in C_0^\infty(\mathbb{R}^n)$, on a $\int g\varphi dx = \tilde{F}(\varphi) = F(\varphi) = \langle\frac{\partial u}{\partial x_i}, \varphi\rangle$ *i.e.* $\frac{\partial u}{\partial x_i} = g$ dans $\mathcal{D}'$ et $\frac{\partial u}{\partial x_i} \in L^\infty(\mathbb{R}^n)$.

II. Comme u est continue, on sait (cf. chapitre 1, proposition 3.4) que u_ε converge uniformément sur tout compact vers u. D'autre part $u_\varepsilon \in C^\infty$ et $\frac{\partial u_\varepsilon}{\partial x_i} = \rho_\varepsilon * \frac{\partial u}{\partial x_i}$. D'après l'inégalité des accroissements finis, on peut écrire, $|u_\varepsilon(x) - u_\varepsilon(x')| \leq \sum_{i=1}^n \left\|\frac{\partial u_\varepsilon}{\partial x_i}\right\|_{L^\infty} |x - x'| \leq \sum_{i=1}^n \left\|\frac{\partial u}{\partial x_i}\right\|_{L^\infty} |x - x'|$, car $\|\rho_\varepsilon\|_{L^1} = \|\rho\| = 1$. En faisant tendre ε vers zéro, on obtient l'inégalité, $|u(x) - u(x')| \leq \|u'\|_{L^\infty} |x - x'|$. D'où $u \in \mathrm{Lip}(\mathbb{R}^n)$.

III. 1) On sait que $\Delta E = \delta_0$. Alors $\Delta(\theta E) = \theta \Delta E + 2 \sum_{i=1}^n \frac{\partial \theta}{\partial x_i} \frac{\partial E}{\partial x_i} + (\Delta \theta) E$. Comme $\theta = 1$ pour $|x| \leq 1$, $\frac{\partial \theta}{\partial x_i}$ et $\Delta\theta$ sont nulles pour $|x| \leq 1$ et $E \in C^\infty(\mathbb{R}^n \setminus 0)$ donc $\frac{\partial \theta}{\partial x_i} \frac{\partial E}{\partial x_i}$ et $\Delta\theta \cdot E$ sont dans $C_0^\infty(\mathbb{R}^n)$. On a ensuite $\theta \Delta E = \theta \delta_0 = \theta(0) \delta_0 = \delta_0$.

2) On a $\frac{\partial E}{\partial x_i} = c'_n \frac{x_i}{|x|^n}$. Donc $\frac{\partial E}{\partial x_i}$ est localement intégrable et $\theta \frac{\partial E}{\partial x_i} \in L^1(\mathbb{R}^n)$.

3) D'après 1), $u = u * \delta_0 = u * \Delta(\theta E) + u * \omega = \sum_{i=1}^n \frac{\partial u}{\partial x_i} * \frac{\partial}{\partial x_i}(\theta E) + u * \omega = \sum_{i=1}^n \frac{\partial u}{\partial x_i} * (\theta \frac{\partial E}{\partial x_i}) + \sum_{i=1}^n \frac{\partial u}{\partial x_i} * (\frac{\partial \theta}{\partial x_i} E) + u * \omega$. Comme $\frac{\partial \theta}{\partial x_i} E \in C_0^\infty(\mathbb{R}^n)$, on a $\frac{\partial u}{\partial x_i} * (\frac{\partial \theta}{\partial x_i} E) \in C^\infty(\mathbb{R}^n)$; de même, $\omega \in C_0^\infty(\mathbb{R}^n)$, donc $u * \omega \in C^\infty(\mathbb{R}^n)$.

4) Notons $E_i = \theta \frac{\partial E}{\partial x_i}$. On a,

$$\left|\Big(\frac{\partial u}{\partial x_i} * E_i\Big)(x) - \Big(\frac{\partial u}{\partial x_i} * E_i\Big)(x')\right| = \left|\int \frac{\partial u}{\partial x_i}(y) \Big[E_i(x - y) - E_i(x' - y)\Big] dy\right|$$
$$\leq \left\|\frac{\partial u}{\partial x_i}\right\|_{L^\infty} \int |E_i(x - x' + z) - E_i(z)| dz \leq \left\|\frac{\partial u}{\partial x_i}\right\|_{L^\infty} \|\tau_{x-x'} E_i - E_i\|_{L^1}.$$

Or $E_i \in L^1(\mathbb{R}^n)$ et la translation est continue dans $L^1(\mathbb{R}^n)$; on en déduit que la fonction $\frac{\partial u}{\partial x_i} * E_i$ est continue. Il résulte de 3) que u est continue.

En conclusion, si $u \in L^\infty$ et $\frac{\partial u}{\partial x_i} \in L^\infty$, alors u est continue et d'après II, $u \in \mathrm{Lip}(\mathbb{R}^n)$.

Solution du problème 9

I. 1) On a $|(\theta E)(x)|^p = \frac{|c_n \theta(x)|^p}{|x|^{p(n-2)}} \in L^1(\mathbb{R}^n)$ si et seulement si $p(n-2) < n$. Donc $p_0(n) = \frac{n}{n-2}$.

2) Posons $\psi = \theta\varphi$. On a $\langle \theta(\mu * E), \varphi \rangle = \langle \mu * E, \psi \rangle = [(\mu * E) * \check{\psi}](0) = [\mu * (E * \check{\psi})](0) = \langle \mu, E \check{*} \check{\psi} \rangle = \langle \mu, \check{E} * \psi \rangle = \langle \mu, E * \psi \rangle$ car $\check{E} = E$.

3) μ étant positive, c'est une mesure (à support compact). Il existe donc $C_1 > 0$ et un compact K, $K \subset \{x : |x| \leq M\}$, tels que,

$$|\langle \theta(\mu * E), \varphi \rangle| \leq C_1 \sup_{x \in K} |(E * (\theta\varphi))(x)| \leq C_1 \sup_{|x| \leq M} |(E * (\theta\varphi))(x)|.$$

4) Pour $|x| \leq M$ et $\varphi \in C_0^\infty(\mathbb{R}^n)$, on a, puisque $\operatorname{supp}\theta \subset \{x : |x| \leq A\}$, $(E*(\theta\varphi))(x) = \int_{|y|\leq A} E(x-y)\,\theta(y)\,\varphi(y)\,dy$. En utilisant l'inégalité de Hölder, on obtient,

$$\begin{aligned}|(E*(\theta\varphi))(x)| &\leq \Big(\int_{|y|\leq A} |E(x-y)|^p\,dy\Big)^{\frac{1}{p}} \Big(\int |(\theta\varphi)(y)|^q\,dy\Big)^{\frac{1}{q}}\\ &\leq \Big(\int_{|x-z|\leq A} |E(z)|^p\,dz\Big)^{\frac{1}{p}} C_2\,\|\varphi\|_{L^q}\\ &\leq C_2\Big(\int_{|z|\leq A+M} |E(z)|^p\,dz\Big)^{\frac{1}{p}} \|\varphi\|_{L^q} \leq C_3\,\|\varphi\|_{L^q}\end{aligned}$$

car $E \in L^p_{\text{loc}}(\mathbb{R}^n)$.

5) On déduit de 2), 3), 4) que,

$$|\langle\theta(\mu*E),\varphi\rangle| \leq C_1\,C_3\,\|\varphi\|_{L^q}, \quad \forall\varphi \in C_0^\infty(\mathbb{R}^n).$$

Il s'en suit que $\theta(\mu*E)$ est une forme linéaire continue sur $C_0^\infty(\mathbb{R}^n)$ muni de la norme L^q. Comme C_0^∞ est dense dans L^q (puisque $q < +\infty$), $\theta(\mu*E)$ se prolonge en une forme linéaire continue L sur L^q. Comme le dual de L^q est L^p (où $\frac{1}{p}+\frac{1}{q}=1$), il existe $f \in L^p(\mathbb{R}^n)$ telle que $L(v) = \int f(x)\,v(x)\,dx$ pour tout $v \in L^q$. Si $v = \varphi \in C_0^\infty$ on a $L(\varphi) = \langle\theta(\mu*E),\varphi\rangle = \int f\cdot\varphi\,dx = \langle f,\varphi\rangle$ *i.e.* $\theta(\mu*E) = f \in L^p(\mathbb{R}^n)$. Donc $\mu*E \in L^p_{\text{loc}}(\mathbb{R}^n)$. Ce raisonnement étant vrai pour tous les p tels que, $1 < p < p_0(n)$, on déduit que $\mu*E \in L^p_{\text{loc}}$ pour $p \in]1,p_0(n)[$. Mais si $p > 1$, $L^p_{\text{loc}} \subset L^1_{\text{loc}}$, donc $\mu*E \in L^p_{\text{loc}}$ pour $p \in [1,p_0(n)[$.

II. 1) On a $\Delta T = \Delta u - \mu*\Delta E = \Delta u - \mu = (1-\chi)\,\Delta u$. Donc $\Delta u = 0$ dans V. Comme Δ est hypoelliptique, on a $T \in C^\infty(V)$ *i.e.* $ss(T) \subset V^c$.

2) On peut appliquer la partie I à $\mu = \chi\,\Delta u$. On a $\theta u = \theta(\mu*E)+\theta T$. D'après la partie I, 5), on a $\theta(\mu*E) \in L^r$, $r \in [1,p_0(n)[$. Ensuite, θT appartient à $C_0^\infty(\mathbb{R}^n)$, car $ss(\theta T) \subset \operatorname{supp}\theta \cap ss(T) \subset V \cap V^c = \emptyset$. Donc $\theta T \in L^r(\mathbb{R}^n)$ pour tout $r \geq 1$, ce qui prouve le résultat cherché.

Solution du problème 10

1) Si $k' \geq k$ et $\xi \in \mathbb{R}^n$, on a $\frac{|\xi|}{k'} \leq \frac{|\xi|}{k}$; comme φ est décroissante on obtient $\varphi_k(\xi) = \varphi(\frac{|\xi|}{k}) \leq \varphi(\frac{|\xi|}{k'}) = \varphi_{k'}(\xi)$. Puisque $\hat{u}$ est une fonction positive, on en déduit que (v_k) est croissante, ainsi que (I_k). D'autre part comme $\varphi_k = 1$ pour $|\xi| \leq k$, c'est une fonction $C_0^\infty(\mathbb{R}^n)$. Ainsi on a $I_k = \langle\hat{u},\varphi_k\rangle = \langle u,\hat{\varphi}_k\rangle$; or $\hat{\varphi}_k(x) = k^n\,\hat{\varphi}_1(kx)$. Comme $u \in L^\infty$, on peut écrire $I_k = \int u(x)\,\hat{\varphi}_k(x)dx \leq \|u\|_{L^\infty} \int k^n\,|\hat{\varphi}_1(kx)|\,dx$, d'où $I_k \leq \|u\|_{L^\infty}\,\|\hat{\varphi}_1\|_{L^1}$; ceci montre que I_k est une suite croissante, majorée, donc admet une limite lorsque $k \to +\infty$.

2) La suite (v_k) est une suite croissante de fonctions intégrables et réelles. Pour presque tout ξ, on a $\lim_{k\to+\infty} v_k(\xi) = \hat{u}(\xi)$. Il résulte du théorème de convergence monotone, que $\lim_{k\to+\infty} I_k = \int \hat{u}(\xi)\,d\xi$. Donc $\hat{u} \in L^1(\mathbb{R}^n)$, puisqu'elle est positive.

3) La fonction $\hat{u}$ est positive, mesurable et bornée. D'autre part $u \in H^{\frac{n}{2}}(\mathbb{R}^n)$ car,

$$(1+|\xi|^2)^{\frac{n}{2}}\,|\hat{u}(\xi)|^2 = \frac{(1+|\xi|^2)^{n/2}}{(1+|\xi|)^{2n}[\mathrm{Log}(2+|\xi|)]^2} \in L^1(\mathbb{R}^n).$$

Cela résulte, en passant en coordonnées polaires, du fait que $\frac{1}{r(\mathrm{Log}\,r)^2}$ est intégrable sur $[1,+\infty[$. Enfin $\hat{u} \notin L^1(\mathbb{R}^n)$ car, (toujours en passant en coordonnées polaires) $\frac{1}{r\,\mathrm{Log}\,r}$ n'est pas intégrable au voisinage de $+\infty$. Il résulte des questions précédentes que $u \notin L^\infty(\mathbb{R}^n)$.

Solution du problème 11

1) Soit $u \in H^{s+m}$ et $(u_k) \subset C_0^\infty$ telle que $u_k \to u$ dans H^{s+m}. Comme $0 < \delta \le m$ et P est d'ordre m, on a, $u_k \to u$ dans $H^{s+\delta}$ (et dans H^s), $Pu_k \to Pu$ dans H^s. Il suffit alors de passer à la limite dans (1).

2) a) On a $\hat{u}_\varepsilon = \hat{\varphi}_\varepsilon \hat{u}$ et $\hat{\varphi}_\varepsilon(\xi) = \hat{\varphi}(\varepsilon\xi) \in \mathcal{S}(\mathbb{R}^n)$; il existe donc $C_\varepsilon > 0$ telle que $(1+|\xi|^2)^{m/2}|\hat{\varphi}(\varepsilon\xi)| \le C_\varepsilon$, pour tout ξ dans $\mathbb{R}^n$. Alors $(1+|\xi|^2)^{m/2}\hat{\varphi}(\varepsilon\xi)\cdot(1+|\xi|^2)^{s/2}\hat{u} \in L^2(\mathbb{R}^n)$, d'où $u_\varepsilon \in H^{s+m}$.

b) $\|u_\varepsilon - u\|_{H^s}^2 = \int (1+|\xi|^2)^s\,|1-\hat{\varphi}(\varepsilon\xi)|^2\,|\hat{u}(\xi)|^2\,d\xi$. Comme u appartient à H^s, on peut appliquer le théorème de convergence dominée ; pour ξ fixé $\hat{\varphi}(\varepsilon\xi) \to \hat{\varphi}(0) = \int \varphi(x)\,dx = 1$, donc l'intégrant tend vers zéro. De plus $|1-\hat{\varphi}(\varepsilon\xi)| \le 1 + \sup_{\mathbb{R}}|\hat{\varphi}|$. Ensuite $Pu_\varepsilon = P(\varphi_\varepsilon * u) = \varphi_\varepsilon * Pu$. Comme $Pu \in H^s$, le raisonnement ci-dessus s'applique.

c) Comme $u_\varepsilon \in H^{s+m}$, on peut, d'après 1), écrire pour tout $\varepsilon \in]0,1]$,

$$\|u_\varepsilon\|_{H^{s+\delta}} \le C_s(\|Pu_\varepsilon\|_{H^s} + \|u_\varepsilon\|_{H^s}).$$

Puisque $Pu_\varepsilon \to Pu$ dans H^s et $u_\varepsilon \to u$ dans H^s, le membre de droite est, pour $\varepsilon \in]0,1]$, borné par une constante C indépendante de ε.

d) On a $\underline{\lim}_{\varepsilon\to 0}(1+|\xi|^2)^{s+\delta}\,|\hat{\varphi}(\varepsilon\xi)|^2\,|\hat{u}(\xi)|^2 = (1+|\xi|^2)^{s+\delta}\,|\hat{u}(\xi)|^2$ et d'après c), $\underline{\lim}_{\varepsilon\to 0}\int (1+|\xi|^2)^{s+\delta}\,|\hat{\varphi}(\varepsilon\xi)^2\,|\hat{u}(\xi)|^2\,d\xi \le C$. On peut appliquer le lemme de Fatou pour conclure que $u \in H^{s+\delta}$.

3) Comme $\mathcal{E}' \subset \bigcup_{s\in\mathbb{R}} H^s$, il existe $s_0 \in \mathbb{R}$ tel que $u \in H^{s_0}$. Nous allons montrer, par récurrence sur $k \in \mathbb{N}$, que $u \in H^{s_0+k\delta}$. Ceci est vrai pour $k = 0$. Si $u \in H^{s_0+k\delta}$, comme $Pu \in \bigcap_{s\in\mathbb{R}} H^s$, on a $Pu \in H^{s_0+k\delta}$. On peut appliquer le résultat de la question 2), pour conclure que $u \in H^{s_0+k\delta+\delta} = H^{s_0+(k+1)\delta}$. Donc $u \in H^{s_0+k\delta}$ pour tout $k \in \mathbb{N}$.

Solution du problème 12

I. 1) Comme $\hat{u}_p \in \mathcal{E}'$, on a $u_p \in C^\infty$, $p \geq -1$. D'autre part, $\hat{u}_{-1} = \psi\hat{u} = \mathcal{F}(u * g)$, où $\hat{g} = \psi$, $\hat{u}_p = \hat{h}_p\hat{u} = \mathcal{F}(h_p * u)$, où $\hat{h}_p = \varphi(2^{-p}\xi)$; on a $h_p = \overline{\mathcal{F}}[\varphi(2^{-p}\xi)] = 2^{pn}h(2^p x)$ où $\hat{h} = \varphi$. Donc $u_{-1} = u * g$, $u_p = u * h_p$, $p \geq 0$, d'où $\partial^\alpha u_{-1} = u * \partial^\alpha g \in L^\infty$ car $\partial^\alpha g \in \mathcal{S}$ et $\partial^\alpha u_p = u * \partial^\alpha h_p \in L^\infty$ car $\partial^\alpha h_p \in \mathcal{S}$.

2) a) On a, $\varphi(0) = 0$, car $\operatorname{supp}\varphi \subset \{\frac{1}{2} \leq |\xi| \leq 2\}$, d'où $\hat{h}(0) = \int h(x)dx = 0$. Alors, $u_p(x) = (h_p * u)(x) = 2^{pn}\int u(x-y)h(2^p y)\,dy$

$$= \int \left[u\left(x - \tfrac{y}{2^p}\right) - u(x)\right] h(y)\,dy.$$

b) On a, $|u_{-1}(x)| = |(g * u)(x)| \leq \|g\|_{L^1}\|u\|_{L^\infty}$; ensuite, comme $u \in C^{0,\sigma}$, il résulte de a) que,

$$|u_p(x)| \leq \int \left(\frac{|y|}{2^p}\right)^\sigma [u]_\sigma\, |h(y)|\,dy = 2^{-p\sigma}[u]_\sigma \int |y|^\sigma\, |h(y)|\,dy.$$

3) D'après 2), b), la série converge dans L^∞ (car $\|u_p\|_{L^\infty} \leq C\,[u]_\sigma 2^{-p\sigma}$), donc dans $\mathcal{S}'$, *i.e.* $\sum_{p=-1}^{N} u_p \xrightarrow[N\to+\infty]{} \sum_{p=-1}^{+\infty} u_p$ dans $\mathcal{S}'$; alors, $\mathcal{F}(\sum_{p=-1}^{N} u_p) = \sum_{p=-1}^{N} \hat{u}_p$ converge vers $\mathcal{F}(\sum_{p\geq-1} u_p)$, *i.e.* la série $\sum_{p\geq-1}\hat{u}_p$ converge dans $\mathcal{S}'$ et sa somme est $\mathcal{F}(\sum_{p\geq-1} u_p)$.

4) Il suffit de montrer que pour $\theta \in \mathcal{S}$, $(\psi(2^{-N}\xi)\theta)_N \to \theta$, dans $\mathcal{S}$. On a

$$|\xi^\beta\partial^\alpha[\psi(2^{-N}\xi)\theta - \theta]| \leq \underbrace{|\xi|^{|\beta|}\,|\psi(2^{-N}\xi) - 1|\,|\partial^\alpha\theta|}_{(1)}$$

$$+ \underbrace{\sum_{\substack{\gamma\leq\alpha\\ \gamma\neq0}} \binom{\alpha}{\gamma} |\xi|^{|\beta|}\, 2^{-N|\gamma|}\, |\psi^{(\gamma)}(2^{-N}\xi)|\,|\partial^{\alpha-\gamma}\theta|}_{(2)}.$$

On a, $|\psi(2^{-N}\xi) - 1| \leq 2^{-N}|\xi|\,\|\psi'\|_{L^\infty}$, d'où,

$$(1) \leq 2^{-N}\sup_{\mathbb{R}^n}(|\xi|^{|\beta|+1}\,|\partial^\alpha\theta|)$$

$$(2) \leq C2^{-N}\sum_{\substack{\gamma\leq\alpha\\ \gamma\neq0}} \sup_{\mathbb{R}^n}|\psi^{(\gamma)}|\,\sup_{\mathbb{R}^n}(|\xi|^{|\beta|}\,|\partial^{\alpha-\gamma}\theta|);$$

donc (1) + (2) → 0, si $N \to +\infty$.

5) On a $\hat{u}\psi + \sum_{p=0}^{N-1} \varphi(2^{-p}\cdot)\,\hat{u} = \psi(2^{-N}\cdot)\,\hat{u}$ *i.e.* $\sum_{p=-1}^{N-1} \hat{u}_p = \psi(2^{-N}\cdot)\,\hat{u}$. Le membre de gauche converge vers $\sum_{p=-1}^{+\infty} \hat{u}_p = \mathcal{F}(\sum_{p=-1}^{+\infty} u_p)$ (d'après 3)) et celui de droite vers $\hat{u}$ d'après 4) d'où, $u = \sum_{p\geq -1} u_p$.

II. 1) $|R_q(x) - R_q(y)| \leq 2\sum_{p=q}^{+\infty} \|v_p\|_\infty \leq 2M\sum_{p=q}^{+\infty} 2^{-p\sigma} = 2M\,2^{-q\sigma}\sum_{p=q}^{+\infty} 2^{-(p-q)\sigma}$

$$\leq 2M\sum_{r=0}^{+\infty}\left(\frac{1}{2^\sigma}\right)^r 2^{-q\sigma} \leq C\,2^{-q\sigma}.$$

2) Cela résulte du fait que, $|v_p(x) - v_p(y)| \leq |x-y| \sum_{|\alpha|=1} \|\partial^\alpha v_p\|_{L^\infty}$.

3) On a, $\hat{w}(\xi) = \theta(\frac{\xi}{R})\,\hat{w}(\xi)$ d'où, $w = R^n(h(R\cdot)) * w$ où $\hat{h} = \theta$. Alors $\partial^\alpha w = R^n[R^{|\alpha|}h^{(\alpha)}(R\cdot)] * w$ et $\|\partial^\alpha w\|_{L^\infty} \leq R^{|\alpha|}\|R^n h^{(\alpha)}(R\cdot)\|_{L^1}\|w\|_{L^\infty}$ d'où, $\|\partial^\alpha w\|_{L^\infty} \leq R^{|\alpha|}\|h^{(\alpha)}\|_{L^1}\|w\|_{L^\infty}$.

4) On a $\|\partial^\alpha v_p\|_{L^\infty} \leq C_\alpha 2^p\|v_p\|_{L^\infty} \leq C_\alpha 2^{p(1-\sigma)}M$, pour $|\alpha| = 1$, car $\operatorname{supp}\hat{v}_p \subset \{\xi : |\xi| \leq 2\,2^p\}$. Par conséquent,

$$\begin{aligned}
|S_q(x) - S_q(y)| &\leq \sum_{p=-1}^{q-1} |x-y|\Big(\sum_{|\alpha|=1} C_\alpha M\Big)2^{p(1-\sigma)} \\
&\leq C'\,2^{q(1-\sigma)}\,|x-y| \sum_{p=-1}^{q-1} 2^{(1-\sigma)(p-q)} \\
&\leq C'\,2^{q(1-\sigma)}\,|x-y| \sum_{r=1}^{+\infty}\left(\frac{1}{2^{1-\sigma}}\right)^r \\
&\leq C''\,|x-y|\,2^{q(1-\sigma)}, \quad \text{car } 1-\sigma > 0.
\end{aligned}$$

Alors, $|u(x) - u(y)| \leq |S_q(x) - S_q(y)| + |R_q(x) - R_q(y)|$,
$\leq C_1|x-y|2^{q(1-\sigma)} + C_2 2^{-q\sigma} \leq C_3|x-y|^\sigma$,
car $2^{-q-1} \leq |x-y| < 2^{-q}$.

IV. 1) $\hat{v}_{-1} = \frac{1}{|\xi|^2}\psi(\xi)\hat{f}$, $\hat{v}_p = -\frac{1}{|\xi|^2}\varphi(2^{-p}\xi)\hat{f}$, par conséquent, $\operatorname{supp}\hat{v}_{-1}$ est contenu dans $\{\xi : |\xi| \leq 1\}$ et $\operatorname{supp}\hat{v}_p$ dans $\{\xi : \frac{1}{2}2^p \leq |\xi| \leq 2\,2^p\}$, par définition de ψ et φ.

2) On a $\Delta u = f$, d'où, $-|\xi|^2\hat{u} = \hat{f}$ et $\hat{v}_{-1} = \psi(\xi)\hat{u} \in \mathcal{E}'$, donc $v_{-1} \in C^\infty$; de même $v_p \in C^\infty$. Posons $\theta(\xi) = \frac{1}{|\xi|^2}\varphi(\xi) \in C_0^\infty(\mathbb{R}^n)$. On a $\hat{v}_p = 2^{-2p}\theta(2^{-2p}\xi)\hat{f}$. On en déduit, $v_{-1} = \hat{\psi} * u$, $v_p = 2^{-2p}2^{2pn}\hat{\theta}(2^p\cdot) * f$

d'où $\partial^\alpha v_{-1} = \partial^\alpha \hat{\psi} * u \in L^\infty$, $\partial^\alpha v_p = 2^{-2p} 2^{pn+p|\alpha|}(\partial^\alpha \hat{\theta})(2^p \cdot) * f \in L^\infty$, car $\partial^\alpha \hat{\psi}$, $\partial^\alpha \hat{\theta}$ sont dans $\mathcal{S}(\mathbb{R}^n)$.

3) $\|v_{-1}\|_{L^\infty} \leq \|\hat{\psi}\|_{L^1} \|u\|_{L^\infty}$; $\hat{v}_p = -\frac{1}{|\xi|^2} \chi(2^{-p}\xi) \hat{f}_p = 2^{-2p} \chi_1(2^{-p}\xi) \hat{f}_p$, où $\chi = 1$ sur le support de φ et $\chi_1 = -\frac{1}{|\xi|^2} \chi(\xi) \in C_0^\infty$. On en déduit que $v_p = 2^{-2p} 2^{pn} \hat{\chi}_1(2^p \cdot) * f_p$ et $\|v_p\|_{L^\infty} \leq 2^{-2p} \|2^{pn} \hat{\chi}_1(2^p \cdot)\|_{L^1} \|f_p\|_{L^\infty}$ d'où $\|v_p\|_{L^\infty} \leq 2^{-2p} \|\hat{\chi}_1\|_{L^1} 2^{-p\sigma} [f]_\sigma \leq M 2^{-p(2+\sigma)}$.

4) Comme $\Delta u = f = f_{-1} + \sum\limits_{p \geq 0} f_p$, on a $-|\xi|^2 \hat{u} = \hat{f}_{-1} + \sum\limits_{p \geq 0} \hat{f}_p$ d'où $\hat{u} = -\frac{1}{|\xi|^2} \hat{f}_{-1} + \sum\limits_{p \geq 0} -\frac{1}{|\xi|^2} \hat{f}_p = \hat{v}_{-1} + \sum\limits_{p \geq 0} \hat{v}_p$. On en déduit que $u = v_{-1} + \sum\limits_{p \geq 0} v_p \in C^{2,\sigma}$, d'après le 2) de la partie 3.

V. 1) L'injection de E dans F a un graphe fermé, car si (u_n, u_n) converge dans $E \times F$ vers (u, v), alors $u_n \to u$ dans C^0 et $u_n \to v$ dans C^2 donc $u = v$. Les espaces E et F étant des Banach, cette injection est continue. L'inégalité (1) résulte de cette continuité et du fait que $\sum\limits_{|\alpha|=2} |D^\alpha u(0)| \leq \|u\|_F$.

2) Il suffit de prendre $\zeta = (z, iz, 0, \ldots, 0)$ où $z \in \mathbb{C} \setminus \{0\}$. On a alors $\Delta U = -\sum\limits_{j=1}^{n} \zeta_j^2 e^{i\langle x, \zeta \rangle} = 0$ et $D^\alpha U(0) = \zeta^\alpha$.

3) a) $u \in C_0^\infty(B_R) \subset E$ et $|u(x)| \leq \sum\limits_{j=0}^{N} 2^{-2j} \sup\limits_{\mathbb{R}^n} |\chi U| \leq C \sum\limits_{j=0}^{+\infty} 2^{-2j} = C'$.

b) Notons $C_j = \{x : \frac{2}{3} 2^{-j} R \leq |x| \leq 2^{-j} R\}$. Comme $\Delta U = 0$ on a

$$\Delta u_j = 2^{-2j} 2^{2j} [\Delta(\chi U)](2^j x) = [(\Delta \chi) U + 2\chi' U'](2^j x).$$

Puisque $\chi = 1$ pour $|x| \leq \frac{2}{3} R$, on a $\operatorname{supp} \Delta u_j \subset C_j$ et il est facile de voir que $C_j \cap C_k = \emptyset$ si $j \neq k$, car, si $j < k$ on a $2^{-k} R < \frac{2}{3} 2^{-j} R$. Ensuite comme $\Delta u \in C_0^\infty(B_R)$, il existe $x_N \in B_R$ tel que $\sup\limits_{\mathbb{R}^n} |\Delta u(x)| = |\Delta u(x_N)|$. Si x_N n'appartient pas à $\operatorname{supp} \Delta u$, alors $\Delta u(x_N) = 0$ et $\Delta u \equiv 0$. Si $x_N \in \operatorname{supp} \Delta u \subset \bigcup\limits_{j=0}^{N} \operatorname{supp} \Delta u_j$, comme $\operatorname{supp} \Delta u_j \subset C_j$ et $C_j \cap C_k = \emptyset$ si $j \neq k$, il existe un unique j_0 tel que $x_N \in \operatorname{supp} \Delta u_j$. On en déduit que, $|\Delta u(x_N)| = |\Delta u_{j_0}(x_N)| \leq \sup\limits_{\mathbb{R}^n} |\Delta(\chi U)| = C''$, car $\Delta u_{j_0}(x) = \Delta(\chi U)(2^{j_0} x)$.

c) Appliquons (1) à u. On a $D^\alpha u_j(0) = 2^{-2j} 2^{2j} D^\alpha U(0) = \zeta^\alpha$, si $|\alpha| = 2$; d'où $D^\alpha u(0) = (N+1)\zeta^\alpha$. Il résulte de (1) et de 3), a), b), que $(N+1) \sum\limits_{|\alpha|=2} |\zeta^\alpha| \leq C(C' + C'')$; ceci montre, en faisant tendre N vers l'infini, que $\sum\limits_{|\alpha|=2} |\zeta^\alpha| = 0$, ce qui est contraire au choix de ζ.

Solution du problème 13

1) a) Tout d'abord, u_t est bien définie, car $\hat{g} \in \mathcal{S}'(\mathbb{R})$ et $e^{it\xi^3}\hat{g} \in \mathcal{S}'(\mathbb{R})$. Alors $\hat{u}_t = e^{it\xi^3}\hat{g}$, d'où $(1+|\xi|^2)^{s/2}|\hat{u}_t| = (1+|\xi|^2)^{s/2}|\hat{g}| \in L^2(\mathbb{R})$, donc $u_t \in H^s$ et $\|u_t\|_{H^s} = \|g\|_{H^s}$.

b) Soit $t_0 \in \mathbb{R}$ et soit $(t_n) \in \mathbb{R}$, $t_n \to t_0$. On a,

$$\|u_{t_n} - u_{t_0}\|^2_{H^s} = \int (1+|\xi|^2)^s \left|e^{it_n\xi^3} - e^{it_0\xi^3}\right|^2 |\hat{u}_0(\xi)|^2 \, d\xi .$$

Le théorème de convergence dominée montre que cette quantité tend vers zéro. (On majore le module des exponentielles par 1). Comme on a, $\widehat{\partial_x^k u_t} = (i\xi)^k \hat{u}_t$, le même raisonnement prouve que $(\partial_x^k u_t) \in C^0(\mathbb{R}, H^{s-k})$.

c) Montrons que l'application $t \mapsto u_t$ de $\mathbb{R}$ dans H^{s-3} est dérivable. Soit $t_0 \in \mathbb{R}$ et $(t_n) \to t_0$. Soit $v_{t_0} = \overline{\mathcal{F}}(i\xi^3 e^{it_0\xi^3}\hat{u}_0) \in \mathcal{S}'$. On a $(1+|\xi|^2)^{\frac{s-3}{2}}|\hat{v}_{t_0}| = (1+|\xi|^2)^{\frac{s-3}{2}}|\xi|^3|\hat{u}_0| \leq (1+|\xi|^2)^{\frac{s}{2}}|\hat{u}_0| \in L^2$. Donc $v_{t_0} \in H^{s-3}$. Alors,

$$\left\|\frac{u_{t_n} - u_{t_0}}{t_n - t_0} - v_{t_0}\right\|^2_{H^{s-3}} = \int (1+|\xi|^2)^s |\hat{u}_0(\xi)|^2 |\Phi(t_n, t_0, \xi)|^2 \, d\xi$$

où,

$$\Phi(t_n, t_0, \xi) = e^{it_0\xi_0^3}\Big(\frac{e^{i(t_n - t_0)\xi^3} - 1}{t_n - t_0} - i\xi^3\Big).$$

On a évidemment pour ξ fixé, $\lim_{n\to+\infty} \Phi(t_n, t_0, \xi) = 0$. D'autre part la formule de Taylor avec reste intégral montre que, pour $\theta \in \mathbb{R}$, $|e^{i\theta} - 1| \leq |\theta|$, de sorte que $|\Phi(t_n, t_0, \xi)| \leq 2|\xi|^3$. Le théorème de convergence dominée montre alors que (u_t) est dérivable à valeurs dans H^{s-3} et $u_{t_0}^{(1)} = v_{t_0}$. Comme l'application $t \mapsto v_t$ appartient à $C^0(\mathbb{R}, H^{s-3})$ on a le résultat cherché.

2) Soit $\psi \in C_0^\infty(\mathbb{R}^2)$. On a,

$$\begin{aligned}\Big\langle \frac{\partial u}{\partial t}, \psi \Big\rangle &= -\Big\langle u, \frac{\partial \psi}{\partial t}\Big\rangle = -\int_{\mathbb{R}} \Big\langle \overline{\mathcal{F}}(e^{it\xi^3}\hat{g}), \frac{\partial \psi}{\partial t} t, \cdot)\Big\rangle \, dt \\ &= -\int_{\mathbb{R}} \frac{d}{dt}\langle \overline{\mathcal{F}}(e^{it\xi^3}\hat{g}), \psi(t,\cdot)\rangle \, dt + \int_{\mathbb{R}} \langle \overline{\mathcal{F}}(i\xi^3 e^{it\xi^3}\hat{g}), \psi(t,\cdot)\rangle \, dt .\end{aligned}$$

Comme $\psi(\pm\infty, \cdot) = 0$ on a,

$$\begin{aligned}\Big\langle \frac{\partial u}{\partial t}, \psi \Big\rangle &= -\int_{\mathbb{R}} \langle \partial_x^3 u_t, \psi(t,\cdot)\rangle \, dt = \int_{\mathbb{R}} \langle u_t, \partial_x^3 \psi(t,\cdot)\rangle \, dt \\ &= \langle u, \partial_x^3 \psi\rangle = -\langle \partial_x^3 u, \psi\rangle .\end{aligned}$$

Évidemment on a $u_0 = g$.

Montrons que c'est l'unique solution. La différence v de deux solutions vérifie l'équation $\frac{\partial v}{\partial t} + \frac{\partial^3 v}{\partial x^3} = 0$ ainsi que $v_0 = 0$. On utilise alors un calcul identique à celui fait dans la preuve (b) du théorème 1.1, chapitre 12 pour montrer que $v = 0$.

3) On a $\delta_0 \in H^s(\mathbb{R})$ si et seulement si $s < -\frac{1}{2}$.

4) On a
$$E(t) = \overline{\mathcal{F}}(e^{it\xi^3}\hat{\delta}_0) = \overline{\mathcal{F}}(e^{it\xi^3}) = \overline{\mathcal{F}}(e^{i\xi^3} \circ A_{t^{1/3}})$$
$$= |\det A_{t^{1/3}}|^{-1}\overline{\mathcal{F}}(e^{i\xi^3}) \circ {}^t(A_{t^{1/3}}^{-1}) = t^{-1/3}E(1) \circ A_{t^{-1/3}}.$$

5) La distribution $G = \widehat{E(1)} = e^{i\xi^3}$ est solution de l'équation différentielle, $iG'(\xi) + 3\xi^2 G(\xi) = 0$. Donc $E(1) = \overline{\mathcal{F}}G$ est solution, dans $\mathcal{S}'$, de l'équation $xE(1) - 3E(1)'' = 0$ d'où $c = -\frac{1}{3}$.

6) a) On a évidemment $L^2_{\text{loc}} \subset L^1_{\text{loc}}$.

b) On peut alors définir la fonction $w(x) = \int_0^x v''(t)\,dt$. C'est une fonction continue (d'après le théorème de convergence dominée), donc L^1_{loc} et nous avons vu au chapitre 3, exemples 2.3, (1) que, dans $\mathcal{D}'(\mathbb{R})$, on a $w' = v''$. Ainsi $w = v' +$ constante. Comme $w \in L^2_{\text{loc}}$ on a $v' \in L^2_{\text{loc}}$, d'où $v \in H^2_{\text{loc}}$.

7) Un calcul direct, montre que $PXT - XPT = (3 + a)\partial_x^2 T$. La valeur désirée est donc $a = -3$.

8) a) On sait que $(u_t) \in C^1(\mathbb{R}, H^{-3})$. Comme les applications $u_t \mapsto xu_t$ et $u_t \mapsto \partial_x^2 u_t$ sont continues de $\mathcal{S}'$ dans $\mathcal{S}'$ (donc de H^{-3} dans $\mathcal{S}'$), on a xu et $\partial_x^2 u \in C^1(\mathbb{R}, \mathcal{S}')$. Enfin, l'application $t \mapsto (tw_t)$ appartient à $C^1(\mathbb{R}, \mathcal{S}')$ si $(w_t) \in C^1(\mathbb{R}, \mathcal{S}')$. Ainsi finalement $(v_t) \in C^1(\mathbb{R}, \mathcal{S}')$.

b) Comme $Pu = 0$, on a $Pv = PXu = XPu = 0$. Donc v est solution du problème de Cauchy, $Pv = 0$, $v_0 = xg$.

c) Par unicité de la solution, on a $v_t = S(t)xg$. Par hypothèse $xg \in L^2(\mathbb{R})$. Donc $v_t \in L^2(\mathbb{R})$.

d) Pour tout $t \neq 0$, on a $u_t \in L^2(\mathbb{R}) \subset L^2_{\text{loc}}(\mathbb{R})$ et $\partial_x^2 u_t = \frac{1}{at}(v_t - xu_t)$ est dans $L^2_{\text{loc}}(\mathbb{R})$. Par 6) on a $u_t \in H^2_{\text{loc}}(\mathbb{R})$.

Solution du problème 14

1) Soit $\varphi \in C_0^\infty(Q)$. On a

$$\left\langle \frac{\partial u}{\partial t}, \varphi \right\rangle = -\left\langle u, \frac{\partial \varphi}{\partial t} \right\rangle = -\int_0^{+\infty} \int_{|x|<t} \frac{1}{t} \frac{\partial \varphi}{\partial t}(t,x)\,dx\,dt$$
$$= -\int_{\mathbb{R}^3} \int_{|x|}^{+\infty} \frac{1}{t} \frac{\partial \varphi}{\partial t}(t,x)\,dx\,dt$$
$$= \int_{\mathbb{R}^3} \frac{1}{|x|}\varphi(|x|,x)\,dx - \int_0^{+\infty} \int_{|x|<t} \frac{1}{t^2}\varphi(t,x)\,dx\,dt.$$

$$\left\langle \frac{\partial u}{\partial x_j}, \varphi \right\rangle = -\left\langle u, \frac{\partial \varphi}{\partial x_j} \right\rangle = -\int_0^{+\infty} \frac{1}{t} \int_{|x|<t} \frac{\partial \varphi}{\partial x_j}\, dx\, dt$$
$$= -\int_0^{+\infty} \frac{1}{t} \int_{|x|=t} \frac{x_j}{|x|} \varphi(t,x)\, d\sigma_t\, dt,$$

d'après la formule de Green. On a donc

$$\left\langle \frac{\partial u}{\partial x_j}, \varphi \right\rangle = -\int_0^{+\infty} \int_{|x|=t} \frac{x_j}{|x|^2} \varphi(t,x)\, d\sigma_t\, dt = -\int_{\mathbb{R}^3} \frac{x_j}{|x|^2} \varphi(|x|, x)\, dx.$$

2) On a tout d'abord,

$$\frac{\partial}{\partial x_j} [\varphi(|x|, x)] = \frac{x_j}{|x|} \frac{\partial \varphi}{\partial t} (|x|, x) + \frac{\partial \varphi}{\partial x_j} (|x|, x)$$

d'où

$$(*) \qquad \sum_{j=1}^{3} \frac{x_j}{|x|} \frac{\partial}{\partial x_j} [\varphi(|x|, x)] = \frac{\partial \varphi}{\partial t} (|x|, x) + \sum_{j=1}^{3} \frac{x_j}{|x|} \frac{\partial \varphi}{\partial x_j} (|x|, x).$$

Ensuite, $I = \left\langle \frac{\partial^2 u}{\partial t^2}, \varphi \right\rangle = -\left\langle \frac{\partial u}{\partial t}, \frac{\partial \varphi}{\partial t} \right\rangle$. D'après la question 1) on a

$$I = -\int_{\mathbb{R}^3} \frac{1}{|x|} \frac{\partial \varphi}{\partial t} (|x|, x)\, dx + \int_0^{+\infty} \int_{|x|<t} \frac{1}{t^2} \frac{\partial \varphi}{\partial t} (t, x)\, dx\, dt = (1) + (2).$$

$$(2) = \int_{\mathbb{R}^3} \int_{|x|}^{+\infty} \frac{1}{t^2} \frac{\partial \varphi}{\partial t} (t, x)\, dt\, dx$$
$$= \int_{\mathbb{R}^3} \left[\frac{1}{t^2} \varphi(t, x) \right]_{|x|}^{+\infty} dx + \int_{\mathbb{R}^3} \int_{|x|}^{+\infty} \frac{2}{t^3} \varphi(t, x)\, dt\, dx$$
$$= -\int_{\mathbb{R}^3} \frac{1}{|x|^2} \varphi(|x|, x)\, dx + 2 \int_0^{+\infty} \int_{|x|<t} \frac{1}{t^3} \varphi(t, x)\, dx\, dt.$$

D'après l'égalité $(*)$ on a

$$(1) = -\sum_{j=1}^{3} \int_{\mathbb{R}^3} \frac{x_j}{|x|^2} \frac{\partial}{\partial x_j} [\varphi(|x|, x)]\, dx + \sum_{j=1}^{3} \int_{\mathbb{R}^3} \frac{x_j}{|x|^2} \frac{\partial \varphi}{\partial x_j} (|x|, x)\, dx.$$

D'autre part,

$$\sum_j \frac{\partial}{\partial x_j} \Big(\frac{x_j}{|x|^2} \varphi(|x|, x) \Big) = \frac{1}{|x|^2} \varphi(|x|, x) + \sum_j \frac{x_j}{|x|^2} \frac{\partial}{\partial x_j} [\varphi(|x|, x)]$$

et, comme $\varphi \in C_0^\infty(Q)$, il vient

$$(1) = \int_{\mathbb{R}^3} \frac{1}{|x|^2} \varphi(|x|, x)\, dx + \sum_{j=1}^{3} \int_{\mathbb{R}^3} \frac{x_j}{|x|^2} \frac{\partial \varphi}{\partial x_j} (|x|, x)\, dx.$$

On en déduit que,

$$I = (1) + (2) = \sum_{j=1}^{3} \int_{\mathbb{R}^3} \frac{x_j}{|x|^2} \frac{\partial \varphi}{\partial x_j} (|x|, x)\, dx + 2 \int_0^{+\infty} \int_{|x|<t} \frac{1}{t^3} \varphi(t, x)\, dx\, dt,$$

ce qui est la formule annoncée.

3) D'après la question 1) on a

$$\Big\langle \frac{\partial^2 u}{\partial x_j^2}, \varphi \Big\rangle = -\Big\langle \frac{\partial u}{\partial x_j}, \frac{\partial \varphi}{\partial x_j} \Big\rangle = \int_{\mathbb{R}^3} \frac{x_j}{|x|^2} \frac{\partial \varphi}{\partial x_j} (|x|, x)\, dx$$

et d'après la question 2),

$$\langle \Box u, \varphi \rangle = 2 \int_0^{+\infty} \int_{|x|<t} \frac{1}{t^3} \varphi(t, x)\, dx\, dt = 2\langle u^3, \varphi \rangle .$$

II. 1) Tout d'abord, pour $t > 0$, le support de v_t est contenu dans $\{x \in \mathbb{R}^n : |x| \leq t\}$. Donc $v_t \in \mathcal{E}'(\mathbb{R}^3)$. Ensuite, soit $t > 0$; pour $\varphi \in C^\infty(\mathbb{R}^3)$ on a, $\langle v_t, \varphi \rangle = \frac{1}{t} \int_{|x|<t} \varphi(x)\, dx$. Posons $x = ty$; alors $dx = t^3\, dy$, d'où $\langle v_t, \varphi \rangle = t^2 \int_{|y|<1} \varphi(ty) dy$. Considérons la fonction $G : \mathbb{R} \to \mathbb{C}$, $G(t) = t^2 \int_{|y|<1} \varphi(ty)\, dy$; c'est une fonction C^∞ sur $\mathbb{R}$ d'après le théorème de dérivation de Lebesgue. On voit facilement que $v_0 = v_0^{(1)} = 0$.

2) Comme $v_t \in \mathcal{E}'(\mathbb{R}^3) \subset \mathcal{S}'$ on a, $\hat{v}_t \in C^\infty$. De plus v_t est invariante par rotation, car $v_t(x) = \frac{1}{t} H(t - |x|)$. Donc $\hat{v}_t$ est aussi invariante par rotation, d'où, $\hat{v}_t(\xi) = \hat{v}_t(0, 0, |\xi|) = \frac{1}{t} \int_{|x|<t} e^{-ix_3|\xi|}\, dx$.

En passant en coordonnées polaires dans l'intégrale, il vient,

$$\begin{aligned}
\hat{v}_t(\xi) &= \frac{1}{t} \int_0^t \int_0^{2\pi} \int_0^{\pi} e^{-ir\cos\theta|\xi|}\, r^2 \sin\theta\, d\theta\, d\varphi\, dr \\
&= \frac{2\pi}{t} \int_0^t r^2 \Big(\int_0^{\pi} e^{-ir\cos\theta|\xi|} \sin\theta\, d\theta \Big)\, dr \\
&= \frac{2\pi}{t} \int_0^t r^2 \Big(\int_{-1}^{1} e^{-irx|\xi|}\, dx \Big)\, dr = \frac{4\pi}{t|\xi|} \int_0^t r \sin(r|\xi|)\, dr \\
&= \frac{-4\pi}{t|\xi|^2} \int_0^t r(\cos(r|\xi|))'\, dr = \frac{-4\pi}{t|\xi|^2} [r\cos(r|\xi|)]_0^t \\
&\quad + \frac{4\pi}{t|\xi|^3} \sin(t|\xi|) = \frac{4\pi}{|\xi|^2} \Big(\frac{\sin(t|\xi|)}{t|\xi|} - \cos(t|\xi|) \Big).
\end{aligned}$$

3) Pour $t|\xi| \leq \varepsilon$ on a, $\hat{v}_t(\xi) \sim Ct^2$ et pour $t|\xi| \geq \varepsilon$, on a, $|\hat{v}_t(\xi)| \leq \dfrac{8\pi}{|\xi|^2}$, d'où $|\xi|^s |\hat{v}_t(\xi)| \leq \dfrac{C}{|\xi|^{2-s}}$; alors $|\xi|^s |\hat{v}_t(\xi)| \in L^2$ si $4 - 2s > 3$, *i.e.* $0 \leq s < \frac{1}{2}$. Donc $\hat{v}_t \in L^2$ et $|\xi|^s \hat{v}_t \in L^2$, *i.e.* $v_t \in H^s$, $0 \leq s < \frac{1}{2}$.

Bibliographie

[B] BONY J.-M., *Cours d'Analyse; théorie des distributions et analyse de Fourier.* Editions de l'Ecole Polytechnique, 2001, Paris.

[D] DIEUDONNÉ J., *Éléments d'Analyse.* Tome 2, Gauthiers-Villars, 1968, Paris.

[H-L] HIRSCH F. et LACOMBE G., *Éléments d'Analyse Fonctionnelle.* Dunod, 1999, Paris.

[Ho] HÖRMANDER L., *The Analysis of Linear Partial Differential Operators.* Tome 1, Springer Verlag, 1983, Berlin Heidelberg.

[R] RUDIN W., *Analyse Fonctionnelle.* Ediscience International, 1995, Paris.

[S] SCHWARTZ L., *Théorie des Distributions.* Hermann, 1966, Paris.

[Z] ZUILY C., *Distributions et Équations aux Dérivées Partielles, Exercices Corrigés.* Hermann Coll. Méthodes, 2nd édition, 1986, Paris.

Notations

Les chiffres renvoient aux pages où les notations sont définies.

Index

N

O

P

R

S

T

V

W

82182 – (II) – OSB 80° – AUT – PRU
Dépôt légal : mars 2021 - Suite du tirage : septembre 2023
Achevé d'imprimer par DupliPrint à Domont (95)
N° d'impression : 2023090408
www.dupliprint.fr
Imprimé en France